독특해도 괜찮아

일러두기

- 이 책에 쓰인 어휘들은 대부분 널리 통용되는 것이다. 그러나 사람들이 자폐라는 말로 한 사람의 정체성을 정의하는 경향을 고려하여 '자폐인'보다는 '자폐가 있는 사람'을 더 활용하려고 애썼다.

- 미국정신과협회는 아스퍼거 증후군을 정신 질환 진단 및 통계 편람(DSM-5)의 정식 진단명에서 제외하기로 결정했지만, 이 책에서는 평균적인 인지 능력과 언어 능력이 있으면서 사회 적응에 어려움을 겪는 사람들을 설명하기 위해 이 명칭을 사용하였다.

- '아이들'이라고 지칭한 사례는 대부분의 경우 청소년과 성인에게도 적용할 수 있다. 자폐가 없는 사람들을 일컬을 때는 '일반적인 발달 단계의'나 '평범한' 등의 용어를 사용하였다.

- 통계적으로 자폐가 있는 다섯 명 중 네 명은 남성이다. 책에서 언급한 사례도 남성의 비율이 높다. 그러나 거의 모든 사례들을 남성과 여성에 동일하게 적용할 수 있다.

- 한국에도 알려진 책, 영화, 기타 콘텐츠의 경우 따로 첨자를 적지 않았다.

UNIQUELY HUMAN: Updated and Expanded: A Different Way of Seeing Autism
by BARRY PRIZANT
Copyright © 2015 by Childhood Communication Services, Inc.
All rights reserved.
This Korean edition was published by Yeamoon Archive Co., Ltd. in 2023
by arrangement with the original publisher, Simon & Schuster, Inc.
through KCC(Korea Copyright Center Inc.), Seoul.

이 책은 (주)한국저작권센터(KCC)를 통한 저작권자와의 독점계약으로
㈜예문아카이브에서 출간되었습니다.

자폐스펙트럼장애 최고 권위자가 알려 주는 보호자 행동 지침서

독특해도
괜찮아

배리 프리전트·톰 필즈메이어 지음 | 한상민 감수 | 김세영 옮김

우리가 세워야 할 목표는 아이를 고쳐서
'정상'으로 보이도록 만드는 것이 아니라,
스스로 결정하는 능력을 키워서
자신의 삶을 통제할 수 있게 하는 것이다.

이 책에 대한 찬사

이 책에는 희망을 주는 긍정의 메시지가 가득하다. 자폐스펙트럼장애 또는 다른 장애를 겪는 아이들이 망가진 존재가 아니라 특별한 존재라고 부모와 보호자들을 안심시킨다.

〈북리스트Booklist〉리뷰

'자폐'와 관련된 수많은 책들 중에 오래 기다려온 명작이다. 자폐를 가진 사람들과 함께하는 이들이라면 꼭 읽어야 하며, 능력 있고 인간적인 사회인이 되고 싶은 사람들도 반드시 읽길 바란다.

파멜라 울프버그, 샌프란시스코 주립대학교 자폐스펙트럼 연구 교수

프리전트 박사는 자폐를 가진 사람들과 그 가족에 대해 수십 년간 연구한 결과를 이 책에 담았다. 스트레스는 줄이고 강점과 흥미는 살릴 수 있는 방법, 마음의 회복을 위한 유용한 조언을 제시한다. 독특한 차이점을 받아들일 수 있도록 해주는 것도 중요한 점이다. 공감과 응원, 격려를 전한다.

〈네이처Nature〉

자폐를 가진 사람들, 또 그 가족과 함께해온 프리전트 박사의 존경스러운 연구가 페이지마다 펼쳐진다. 그는 유익하고 인간적인 방법으로 자폐 이야기를 들려준다. 자폐에 대한 경험을 분석한 흥미로운 실제 사례들은 눈에 보이는 이상한 행동과 원인을 분리해서 설명한다. 획기적이다!

다이앤 트워치맨컬렌, 임상병리사, 〈계간 자폐스펙트럼장애〉전 수석 편집자

프리전트 박사는 자폐 커뮤니티에서 명성이 높다. 책에 나온 그의 방식은 사례 연구와 경험들이 입증한다. 부모들, 특히 최근 자폐 진단을 알게 된 부모들은 끝없이 정보를 찾아야 하는 암울한 상황 속에서 이 책을 통해 실낱같은 희망을 찾을 수 있다.

〈라이브러리 저널Library Journal〉

《독특해도 괜찮아》는 학교, 가정 및 지역 사회에 영향을 주는 복잡한 주제 '자폐'를 분명하고 품위 있게 다룬다. 자폐를 가진 사람들과 함께하기 위한 세 가지 필수 요소인 공감, 배움과 도움은 이 책에서 꼭 읽어야 할 주제다.

미셸 그라시아 위너, 언어병리학자, 자폐 지원 단체 '소셜 씽킹' 설립자

아이가 처음 자폐 진단을 받았을 때 부모나 아이를 사랑하는 사람들의 공감을 형성하는 이야기다. 그들은 아마 프리전트 박사의 방법을 찾아낼 것이다. 긍정적이고 멋진 책이다.

〈프로비던스 저널Providence Journal〉

이 책은 제목도 완벽할 뿐 아니라 프리전트 박사의 업적을 잘 드러낸다. 그는 임상학자이기 전에 인간을 사랑하는 사람이며, 행복할 수 있지만 그렇지 못한 사람들에게 끌린 전문가이기도 하다. 책에 나오는 훌륭한 사례를 보며 우리는 자폐의 고정관념에서 벗어날 수 있다. 그는 모든 사람에게 어울리는 방법을 계속 탐구해 나가며 보람을 느낀다.

마이클 존 칼리, 자폐 부모 전문가, 자폐 옹호 단체 'GRASP' 설립자

자폐가 있는 사람을 만나고 이해하고 원하는 것을 주는 데 필요한 변화를 안내한다. 이 책은 자폐는 물론 심각한 장애를 겪는 사람들을 돌보는 모든 부모와 그들을 사랑하는 이들을 위해 쓰였다. 책이 뜻하는 변화가 생기길 바란다.

데이비드 E. 요더, 노스캐롤라이나 주립대학교 의과대학 학과장 및 명예 교수

자폐가 무엇인지, 그리고 자폐를 가진 사람들이 어떻게 자신의 장점을 살리고 사회를 살아가며, 어떻게 이해를 얻을지 도움이 될 수 있는 훌륭한 책이다. 자폐가 있는 사람의 가족과 교사에게 유용한 수많은 조언을 담았으며 유연한 관점을 지니고 있다.

마이클 러터, 아동심리학자, 런던 킹스칼리지 정신의학연구소 교수

권위 있는 의사이자 임상학자인 프리전트 박사는 다양한 학습 방법을 성공하는 삶과 연결할 수 있도록 알려준다. 이 책은 자폐가 있는 사람들의 무한한 가능성에 초점을 맞추어 그들의 삶이 장애가 아닌 기회이고, 어둠이 아닌 희망임을 보여주려 한다. 아이들의 잠재력뿐 아니라 우리 사회 전체의 잠재력을 발휘할 수 있도록 그의 안내에 귀를 기울이자.

아미 클린, 에모리 대학교 의과대학 소아과 교수, 마커스자폐센터 이사

이 책을 읽기 전에

이 책의 바탕을 이루는 철학, 가치, 여러 가지 실행 방안들은 SCERTS모델(2006)에 따른 것이다. SCERTS모델은 나와 동료들이 함께 개발한 교육 체계이자 치료를 위한 기본적인 틀로서, 자폐를 가진 사람들에게 중점을 맞춰야 할 가장 중요한 영역으로 사회적 의사소통과 감정 조절, 교류 지원을 최우선시한다. 현재 미국 각 지역의 많은 학교와 병원, 관련 기관들은 물론 세계 여러 나라가 이 모델을 실천하고 있다.

- SCERTS모델은 각 개인이 능숙하고 자신 있게 사회적 상호작용을 하고 적극적인 학습 태도를 갖추게 하는 한편, 인간관계 형성과 학습에 방해되는 행동을 막을 수 있는 구체적인 지침을 제시한다.

- SCERTS는 Social Communication(사회적 의사소통), Emotional Regulation(정서 조절), Transactional Support(교류 지원)의 약자다.

- 이는 증거에 기반을 둔 포괄적인 개입 모델로서, 자폐스펙트럼장애를 가진 아이들과 성인들, 또 그들의 가족들을 대상으로 한다.

- SCERTS모델은 가족, 교육자, 치료사들로 신중하게 구성된 팀들이 의미 있는 진전을 극대화하는 것을 돕기 위해 개발되었다.

- SCERTS모델은 저자인 프리전트 박사가 동료 의사인 에이미 웨더비 Amy Wetherby, 에밀리 루빈 Emily Rubin, 에이미 로렌트 Amy Laurent 와 함께 개발한 자폐 접근 방식이다.

- 미국 전역의 학군과 세계 각지의 많은 나라에서 이미 SCERTS모델을 시행하고 있다. 자세한 내용은 www.scerts.com을 참고하기 바란다.

책을 읽기 전 알아야 할 용어

- **각성 편향**arousal bias 정서, 감각적인 면에서 자극을 받았을 때 쉽게 흥분하거나(높은 편향) 전혀 반응이 없는(낮은 편향) 상태를 보이는 것을 말한다. 낮은 각성 편향이라도 자극을 받지 않은 것은 아니다. 자폐가 있는 사람은 이 편향이 극단적으로 치우친 경우가 많다.

- **반향어**echolalia 들었던 단어나 문장을 즉시 혹은 일정한 시간이 지난 후에 혼자서 반복적으로 하는 말이다. 반향어에는 상대방이 말을 했을 때 바로 따라 하는 '즉각 반향어', 상대방이 말하고 한참 지난 후에 상황에 맞지 않는 말을 따라 하는 '지연 반향어', 원래의 발성을 약간 수정해서 반복하는 '완화된 반향어', 원래 발성과 똑같이 반복해서 말하는 '완화되지 않은 반향어'가 있다.

- **서번트 증후군**savant syndrome 전반적 발달장애와 지적장애 등의 뇌 장애를 가진 사람들 중 일부가 암기·계산·음악·미술·기계 수리 등의 분야에서 훈련이나 학습 없이도 기이할 만큼 천재적인 재능을 발휘하는 현상을 말한다. '서번트savant'란 '학자' 또는 '석학'이라는 뜻이다.

- **스팀**stim/**스티밍**stimming 자기 자극 행동. 머리를 계속 치거나 손을 계속 터는 것 같은 행동으로, 자신을 진정시켜 주는 반복적인 행동이다.

- **아스퍼거 증후군**asperger syndrome 전반적 발달장애의 일종으로 사회적으로 서로 주고받는 대인관계에 문제가 있고, 행동이나 관심 분야, 활동 분야가 한정되어 있으며 같은 양상을 반복하는 상동적인 증세를 보인다. 이런 특성들로 인해 사회적으로, 직업적으로 어려움을 겪지만, 두드러지는 언어 발달 지연이 나타나지 않는다.

- **외상 후 스트레스 장애**PTSD, Post Traumatic Stress Disorder 생명을 위협할 정도의 극심한 스트레스(정신적 외상)를 경험하고 나서 발생하는 심리적 반응이다. '정신적 외상'이란 충격적이고 두려운 사건을 당하거나 목격하는 것을 말한다.

목차

Part 1

자폐 이해하기

1장 '왜'라고 먼저 생각하기

아이의 행동을 이해하기 위해 부모와 치료사가 먼저 알아야 할 것

Part 2

자폐와 함께하기

Part 3

자폐의 미래

상황별 사례 찾아보기

감수의 글

개정판에 부쳐

이 책의 초판이 출간되고 나서 2년 뒤, 제목부터 매우 독특한 번역서가 한 권 나왔다. 《뉴로트라이브 Neurotribes》. 뉴로 neuro 는 신경을, 트라이브 tribe 는 부족을 뜻하니 대충 '신경 부족' 정도로 번역될 이 책은 '신경 다양성'을 다룬 책이다. 신경 다양성이란 인간의 뇌신경의 특징이 저마다 다르므로 어느 하나로 획일화할 수 없으며, 따라서 우리 사회는 다양한 신경학적 특징을 가진 부족들의 연합체와 같다는 개념이다. 여기서 주로 서술하고 있는 주제가 바로 자폐다.

오랫동안 자폐는 비정상적인 것, 열등한 것, 이상한 것으로 취급되었다. 특정한 행동을 반복하기도 하고 알아들을 수 없는 소리를 내거나 하나의 대상에 지나치리만큼 집착하기도 한다. 그렇다면 자폐인들의 삶은 비정상적이고 열등하고 이상한 것인가. 만일 우리가 신경 다양성이라는 개념을 인정한다면 자폐 역시 같은 선상에서 이해해야 한다. 언어, 관습, 도덕, 종교, 인종, 심지어 성적 취향에 이르기까지 서로의 다름을 인정하고 차이를 존중한다면, 자폐 또한 신경학적 차이이며 역시 존중받아야 한다는 것이 바로 신경 다양성에 대한 개념이다.

사회가 성숙하면서 자폐에 대한 인식이 변화하는 것은 다행스러운 일이다. 여기서 말하는 인식의 변화란 차별이나 멸시가 사라지는 것만을 의미하지 않는다. 자폐인을 더 이상 이해와 배려의 대상으로 바라보지 않는 것, 불쌍한 사람으로 바라보지 않는 것, 우리와 똑같은, 그러나 나와는 그냥 다른 사람으로 자연스럽게 바라보는 것이다. 그런 점에서 이 책은 자폐인들도 결국은 우리와 똑같은, 그러나 나와는 다른 사람이라는 것을 알려주면서 자폐인은 장애인이라기보다는 세상을 보는 방식이 다른 사람이라고 말한다. 다시 말해 우리가 모르던 자폐의 독특한 모습들을 알려주는 책이다.

이번 개정증보판을 감수하면서 이 책의 초판이 나온 2016년 후로 벌써 7년이 지났다는 사실이 새롭다. 그 기간에 우리 사회가 겪었던 가장 큰 파도는 단연 코로나19일 것이다. 대통령이 두 번 바뀌고 한류가 전 세계에 퍼지는 모습도 우리는 눈앞에서 목격했다. 그 한류의 한 끝자락에 2022년 열풍을 일으켰던 드라마 〈이상한 변호사 우영우〉가 있다.

막상 자폐인을 가족으로 두고 있는 사람 중 일부는 이 드라마를 불편하게 여긴다. 주인공처럼 천재성을 보이는 서번트 증후군을 지닌 자폐인이 극소수임에도 이 드라마가 자폐인 표상에 대한 오해와 편견을 가져올 것이라는 우려였다. 실제로 훨씬 많은 자폐인들은 인지나 언어에 제한이 있는 중증이다. 그런 자폐의 모습을 이해하는 것은 훨씬 더 어려운 일임에 틀림없다. 그럼에도 이 드라마는 우리 사회에 자폐인에 대한 인식과 담론을 끌어냈다는 점에서 분명히 의미 있는 일이었다. 이 책에서도 최중증 자폐인의 모습까지는 잘 보이지 않지만, 그럼에도 우리와 같으면서도 다른 자폐인의 이상한 언어와 행동을 이해하는 데 좋은 길잡이가 되어 줄 것이다.

자폐에 대한 사회적 인식에도 여전히 높은 장벽이 놓여 있는 것 같다. 하지만 우리가 지난 코로나19의 파도를 잘 헤쳐 나온 것처럼 장애나 자폐에 대한 사회적 합의에 도달하는 길도 잘 헤쳐 나갈 것이라 기대한다. 이 책은 그 바다에 놓여 있는 작지만 튼튼한 배가 될 것이다.

한상민

응용행동분석전문가, 국제행동분석전문가, 서울ABA연구소장

들어가는 글

2015년 이 책이 처음 출간되었을 때 어떤 반응이 나올지 전혀 예상하지 못했다. 나는 그저 40여 년 동안 자폐인과 그 가족들에게 배운 것들을 쉽고 친근한 방식으로 나누고 싶었다. 그런데 출간되자마자 많은 부모와 교사, 전문가들의 큰 호응을 얻었고, 특히 자폐가 있는 사람들에게 인정을 받아서 너무 기뻤지만 한편으로 겸허해졌다. 몇 년 지나지 않아 《독특해도 괜찮아》는 분야의 베스트셀러가 되었다. 22개국 언어로 번역되었으며 템플 그랜딘상(자폐와 관련된 서적 중 우수한 도서에 미국자폐협회가 수여하는 상)을 포함해 여러 상을 받았다. 또 이 책은 자폐자조네트워크 Autistic Self-Advocacy Network, ASAN 의 추천 도서 중 자폐스펙트럼장애가 없는 사람이 쓴 유일한 책이기도 하다.

책을 읽고 많은 부모가 자신의 아이를 새롭게 이해하고 다시 희망을 품게 되면서 삶 자체가 바뀌었다고 했다. 자폐가 있는 사람도 자신이 겪는 삶을 정확하고 정중하게 보여주었다며 고마움을 표했다. 나는 그저 감사할 뿐이다.

친구 클로에 로스차일드에게 연락을 받았을 때는 더 기뻤다. 젊은 자폐인인 그녀는 자폐와 관련 책들을 모은 서재에 내 책이 백 번째로 소장되었다고 했다. 클로에는 가방에 이 책을 한 권씩 갖고 다니면서 자신을 진정으로 이해하고 싶어 하는 사람을 만나면 이렇게 말한다고 했다. "그냥 이 책을 읽으시면 돼요."

이 책에서 말하듯 자폐는 병이 아니라 인간이 존재하는 또 다른 모습일 뿐이다. 나는 우리 사회가 자폐인을 위해 할 수 있는 가장 좋은 일은 그들이 겪는 일에 관심을 기울이고, 더욱 잘 이해하도록 노력하는 것이라 믿는다. 필요하다면 도움을 주는 방식도 적절히 바꿔보면서 함께하는 것이다.

이는 최근 급속히 확산되는 신경 다양성neurodiversity의 본질이기도 하다. 신경 다양성이란 개인의 고유한 삶의 모습과 폭넓은 심리적 차이를 받아들이고 존중하는 개념이다. 책이 출간된 후 TV 프로그램과 영화, 소설들에서 신경 다양성을 가진 사람들을 비중 있게 다루면서 이 개념은 비주류에서 주류로 탈바꿈되었다. 또 기후 운동가 그레타 툰베리, 배우 앤서니 홉킨스, 테슬라 최고 경영자 일론 머스크 등 각계각층의 많은 유명인이 자신에게 자폐스펙트럼장애가 있으며 그에 따른 독특함 덕분에 성공했음을 인정하고 있다.

무엇보다 의미 있는 점은 자폐인들 스스로가 앞장서서 긍정적인 변화의 상당 부분을 이루어 내고 있다는 사실이다. 사회 여러 방면에서 행사를 기획하고 중요한 의견을 내고 자신의 이야기와 관점을 공유하며 문화 정책과 연구 주제를 선정하고 있다.

이번 개정판에는 여러 자폐인의 사연과 경험 부분을 늘려서 새롭게 추가했다. 과거에는 간담회나 소규모 모임에서만 이야기를 나눌 수 있었으나 이제는 기술의 발달 덕에 자폐인들도 훨씬 쉽고 편하게 자신들의 목소리를 내고 알릴 수 있게 되었다. 2020년 친구 데이브 핀치와 〈유니클리 휴먼〉이라는 팟캐스트를 시작했다. 이 팟캐스트는 많은 자폐인의 이야기를 듣고 공감하는 유익한 장이 되어주었다.

그들과 나누는 많은 대화, 자폐인을 위한 봉사 단체에서 꾸준히 이루어지는 상담, 부모를 위한 주말 피정, 로스앤젤레스와 뉴잉글랜드에서 열리는 미러클 프로젝트, 로드아일랜드 프로비던스에 있는 스펙트럼 시어터 앙상블 등 모든 것들이 개정판을 출간하는 데 많은 도움이 되었다. 개정판에서 새롭게 바뀐 내용은 주로 다음의 영역들에 반영되었다.

언어 자폐나 신경발달장애가 있는 사람을 표현하는 방식은 끊임없이 변화하고 있다. 초판에서는 사람 우선 용어person-first language 원칙을 적용해 '자폐증인 사람(person with autism)' 또는 '자폐증을 가진 사람(person who has autism)'이라는 표현을 썼다. 그러나 요즘 자폐인들 대다수는 정체성 우선 용어identity-first language'를 선호함에 따라 '자폐인' 또는 '자폐가 있는 사람' 같은 용어를 주로 쓴다.

'신경 다양성'은 누구나 독특한 부분이 있으므로 완벽히 '정상'인 사람은 없다는 뜻이기도 한다. 주로 자폐나 ADHD, 학습장애, 정신 건강 문제 등 다양한 특성을 가진 사람들을 표현할 때 이 말을 썼다. 보통 '자폐 아동'이나 '자폐인'이라 하면 특정 자폐스펙트럼장애 진단은 내려지지 않았지만 다른 신경 다양성을 가진 사람을 칭할 때가 많다. 한편 자폐나 신경 다양성에 속하지 않은 사람들에 대해서는 신경 전형인^{neurotypical}이라는 표현을 썼다.

의사소통을 말로 하지 않는 (혹은 아직 하지 않는) 사람들에 관해서는 '무발화^{nonspeaking}'란 표현을 썼다. '비언어적^{nonverbal}'이란 단어를 쓰는 경우도 많지만 대부분은 수어나 태블릿 피시 등 다양한 방법으로 대화를 할 수 있으며 상징적인 수단을 통한 의사소통이 가능하다.

자폐나 신경발달장애를 갖고 있으나 삶을 주도적으로 개척하고 자신의 의견과 기호를 드러내고 거주지와 학교, 직장, 주거 형태 등에 결정력을 행사하는 이들에 대해서는 '자기 옹호^{self-advocate}'라는 용어가 많이 쓰인다. 자폐가 있어도 자신의 권리를 지킬 수 있는 사람은 자폐스펙트럼장애가 있는 다른 이들을 돕거나 멘토가 되어줄 수 있고 신경 전형인, 특히 신경 다양성을 가진 사람들을 위해 봉사하는 사람들을 가르칠 수도 있다. 단순히 '옹호'라고 표현하는 이들도 있지만 나는 '자기 옹호'를 택했다.

나이와 다양성 자기 옹호자들은 자폐에 관한 연구와 논의가 아동과 청소년에 지나치게 집중되어 있으며 성인에 관한 사안에는 소홀하다고 목소리를 높인다. 그래서 아동뿐 아니라 성인이 겪을 수 있는 갖가지 문제들도 폭넓게 다루려고 했다. 또 초판에는 아동이나 청소년이었지만 이제는 어른이 된 사례자의 이야기도 개정판에 실었다.

자폐를 떠나서 개인이 가진 다양성을 표현하고 인정하는 것은 매우 중요하다. 그래야 각자의 다름을 수용하고 예의를 갖출 수 있기 때문이다. 나는 책 전반에 걸쳐 사람들의 다채로운 경험과 관점, 또 그들의 목소리를 두루 담기 위해 노력했다.

새롭게 떠오르는 문제들 자폐인들은 여러 중요한 문제에 직면해 있다. 자폐 진단을 주변에 언제, 어떻게 밝힐지도 고민이고 자폐를 하나의 정체성으로 받아들이는 것도 만만치 않다. 또 인종, 성별, 성적 지향 등 기존 정체성과 중복되는 부분도 생각해봐야 한다. 나는 책 11장에서 이 문제를 심도 있게 다루었고, 말을 하지 않는 자폐인들이 자신의 이야기를 하도록 유도할 수 있는 몇 가지 재미있는 방법을 소개했다.

자폐가 있는 많은 자기 옹호자들과 자폐자조네트워크 같은 관련 단체는 장애인 인권 운동가들이 선정한 슬로건을 채택하고 있다. "우리 없이는 우리에 대해 아무것도 하지 말라(Nothing about us without us)." 이 슬로건에는 내가 중요하게 여기는 가치들이 고스란히 담겨 있다. 따라서 수십 년간 자폐인들과 함께 일하며 수업, 현장 간담회, 팟캐스트에도 초대해 이야기를 공유한다. 책의 개정판을 준비할 때는 자폐가 있는 사람들의 관점과 목소리를 한층 폭넓게 담으려고 했다.

분명히 말하지만 나는 자폐 및 신경 다양성에 속한 사람을 완벽히 이해해야 한다고 주장하는 것이 아니다. 내 말이 절대적으로 옳다는 것도 아니다. 그저 50년 동안 그들과 함께 일하고 겪으며 배운 것들을 나누고 싶을 뿐이다. 도움이 될 만한 좋은 방법을 많이 알려주고 싶다.

친구들이 나에게 언제쯤 은퇴할 거냐고 물으면 나는 스스로가 늘 운이 좋은 사람이라고 대답한다. 삶 자체가 일이고 일이 곧 삶이기 때문이다. 이 둘은 서로 좋은 영향을 주고받는다. 더불어 나를 끊임없이 성장시키고 삶의 질도 높여주었다. 내 삶에 의미와 목표를 부여해준 많은 분들에게 무한히 감사를 드리며 앞으로도 함께 계속 배우고 성장하길 고대한다.

인간이 지닌 독특함을 진정으로 이해하는 길

— 자폐는 병이 아니다. 사는 방식이 다른 것뿐이다.

얼마 전 한 초등학교에서 교사들과 회의를 하다가 갑자기 개인적인 상담을 하게 된 적이 있다. 그때 나는 특수 아동을 위한 교육 프로그램의 자문자격으로 참석했는데 회의가 끝날 무렵 교장 선생님이 따로 만나기를 청하는 것이었다. 나는 교직원 문제를 상의하려는 것이려니 했지만 교장 선생님은 사뭇 진지하고 심각한 얼굴로 교장실 문을 닫고 의자를 내 쪽으로 가까이 끌고 와 아홉 살 난 아들 이야기를 하기 시작했다.

그는 자기 아들이 사람들 앞에 나서는 것을 꺼리고 좀 유별난 구석이 있으며 자꾸 혼자 있으려 한다고 했다. 자랄수록 이런 성향은 더 심해져서 사람들과 섞이는 것 자체를 싫어해 게임을 하며 혼자 보내는 시간이 많고 또래 아이들과 어울리는 일도 거의 없다고 했다. 그러더니 최근 자폐 진단을 받았다고 어렵게 털어놓았다. 교장 선생님은 몸을 앞으로 숙여 바로 내 코앞에 얼굴을 대고 이렇게 물었다.

"배리, 이게 죽을 만큼 걱정해야 할 일인가요?"

정말 많이 받아본 질문이다. 내가 매주 만나는 부모들 중에는 지적이고 유능하며 자신감에 넘치고 다른 분야에서는 다 뛰어난 실력을 발휘하는 사람들이 많다. 하지만 그런 사람들도 아이가 자폐라는 말을 들으면 갈피를 잡지 못하고 당황해 한다. 너무 생소하고 예기치 못한 상황이라 자신에 대한 믿음을 잃고 혼란스러워하며 겁을 먹고 어쩔 줄 몰라 하는 것이다.

몇 년 전 세계적으로 유명한 한 음악가도 같은 것을 물은 적이 있다. 그와 그의 아내는 나를 집으로 불러 네 살 난 아이를 살펴봐달라고 했다. 그 여자 아이는 오랜 시간 앉아서 여러 가지 지시에 응답해야 하는 집중적인 자폐 치료에 별 반응을 보이지 않고 있다고 했다. 아이의 부모는 어떻게 하는 것이 아이를 위해 가장 좋을지 또 다른 의견을 듣고 싶어 했다. 그들 부부의 넓은 집에 처음 초대되었을 때 아이의 아빠는 나에게 따라오라는 몸짓을 하며 다른 방으로 데리고 갔다.

"뭘 좀 보여 드려도 될까요?" 그가 물었다. 그는 가죽 천을 입힌 의자 뒤로 손을 뻗어 쇼핑백을 집더니 그 안에서 장난감 하나를 꺼냈다. 그것은 범블볼이었다. 겉은 고무 재질로 되어있고 배터리로 작동되며 안에 모터가 있어서 스위치를 켜면 진동이 울리는 장난감이었다. 그런데 그 장난감은 포장조차 뜯기지 않은 상태였다.

"지난 크리스마스 때 딸에게 주려고 사온 겁니다." 그가 걱정스럽게 말했다.

"아이에게 안 좋은 것이었나요? 아이는 좋아할 것 같은데요." 어깨를 으쓱하며 내가 말했다. "아이에게 나쁠 것 같아 보이진 않습니다만."

"아이의 주치의가 그러더군요. 이런 장난감은 아이의 자폐 성향을 더 악화시킬 거라고요."

말도 안 되는 소리였다. 뛰어난 재능으로 엄청나게 성공한 이 유명 인사는 서른 살짜리 의사의 말 때문에 겁을 먹고 딸에게 장난감을 주는 것조차 망설이고 있었다.

자기 아이가 자폐를 겪고 있다는 현실을 깨닫고 힘들어 하는 각계각층의 부모들, 또 그런 아이들을 위해 일하는 교육자들과 전문가들을 지원하는 것이 지난 40년 동안 내가 해온 일이다. 나는 자폐 진단이 아이와 가족의 미래에 어떤 의미인지 알지 못한 채 갑작스러운 당혹감과 슬픔, 그리고 아이에 대한 걱정에 빠져 평정을 잃은 부모들을 자주 본다. 그들은 곧 인터넷이나 SNS를 뒤져 어떤 명확성이나 방향 같은 것을 찾고 싶어 하지만 자폐에 관한 수많은 논쟁 속에서 어찌해야 할지 몰라 당황해하기도 한다.

그들이 이처럼 힘들어하고 혼란스러워하는 것은 주변에서 보고 들은 정보가 너무 많기 때문이기도 하다. 자폐스펙트럼장애는 이제 가장 흔히 진단되는 발달장애 가운데 하나이다. 미국 질병 통제 센터에서는 취학 아동 44명 중 한 명, 즉 취학 아동의 2.3퍼센트가 자폐에 속하며 전체 인구 중 15~20퍼센트는 신경 다양성을 갖고 있는 것으로 추산한다. 그 결과 이런 아이들을 위한 의사와 치료사, 특수학교, 방과 후 프로그램 등 수많은 전문가와 프로그램들이 홍수처럼 쏟아져 나오고 있다. 자폐 아동을 위한 가라데 수업과 연극 프로그램, 스포츠 캠프, 종교 학교, 요가 수업도 있다. 한편 이 분야에 대한 지식과 경험도 없으면서 전문 자격증까지 갖춘 사기꾼이나 기회주의자들은 자기들만이 최고이며 자신들이 하라는 대로 해야 자폐를 '극복'할 수 있다고 광고하는 경우도 허다하다. 안타깝게도 자폐 치료는 통제가 힘들 만큼 거대한 사업 분야가 되었다.

이 모든 것들은 안 그래도 힘든 부모들을 더욱 지치게 할 뿐이다. 누구한테 가야 아이를 제대로 봐줄까? 아이가 어떤 상태인지 누구에게 물어야 할까? 어떤 치료를 받아야 나을까? 식단은 어떻게 짜야 할까? 치료는 어디에서 받아야 하지? 약물 치료는 어떨까? 학교는 어디가 좋을까? 개인 교사도 써야 하나? 자폐가 있는 성인들 역시 어떤 치료를 받고 어떤 생활을 해야 좋을지 늘 선택의 갈림길에 서 있다.

여느 부모들과 마찬가지로, 이런 부모들 역시 자기 아이에게만큼은 최선의 것을 주고 싶어 한다. 하지만 아이가 갖고 있는 발달장애에 대해 잘 알지도 못하고 어떻게 해야 할지도 모른다. 가족 중 자폐가 있는 사람이 있어서 수년 동안 힘든 여정을 헤쳐오던 사람들도 새로운 시기가 닥치고 또 다른 문제가 생기면 당혹스러울 수밖에 없다. 아이가 학교를 졸업하면 뭘하게 해야 할까? 우리가 죽으면 우리 딸은 누가 돌봐줄까?

나는 이런 부모들의 절망이 희망으로 바뀌고, 걱정에만 빠져 있는 대신 필요한 지식을 쌓고 자신에 대한 불신이 확신과 자신감으로 바뀌고 불가능하고 생각했던 것들을 가능하게 여길 수 있도록 도우며 50여 년을 일해 왔다.

그동안 나는 자폐 및 여러 가지 신경발달장애로 고통받는 수많은 가족과 함께 하면서, 그들이 처한 상황을 다른 시각으로 볼 수 있게 이끌며, 자신의 직감을 믿고 건강하고 행복하게 살 수 있도록 도왔다. 이 책을 쓰면서 바라는 바도 같다. 자폐 아동의 부모든 친척이든 친구든 이 분야의 전문가든 상관없이 모두 이 책을 통해 그렇게 되길 바란다.

처음에는 자폐를 이해하는 방식의 전환으로 시작한다. 나는 같은 현상들을 수도 없이 목격했다. 자기 아이가 다른 아이들과 근본적으로 다르다고 인식하게 되면 부모는 아이의 행동을 이해하려 들지 않는다. 또 일반적인 아이들을 키울 때 쓰는 방법이나 본능을 자폐가 있는 아이에게는 쓸 수 없다고 믿게 된다. 거기다 일부 전문가들의 영향을 받게 되면 아이가 하는 특정한 행동들을 무조건 '자폐성' 행동으로 받아들이고 바람직하지 않다고 간주한다. 그래서 그런 행동을 못하게 하고 어떻게든 고쳐서 자폐를 '물리치는 것'을 목표로 삼는다.

하지만 이런 것은 자폐를 제대로 알지 못하고 잘못된 방식으로 접근하는 것이다. 수십 년 동안 전문가들은 자폐가 있으면 아무렇게나 행동하고 비정상적이거나 기이한 행동을 일삼는다고 주장해 왔지만 사실은 그렇지 않다. 지금도 많은 전문가들은 그렇게 말하고 있지만 자폐가 있다고 해서 그들이 하는 말이 무의미하거나 쓸모없지는 않다.

자폐는 병이 아니다. 사는 방식이 다른 것뿐이다. 자폐가 있는 아이들은 아픈 것이 아니다. 그 아이들도 다른 아이들처럼 발달 단계에 따라 성장한다. 무턱대고 아이들을 바꾸려 하거나 고치려고 하는 것은 그 아이들을 돕는 것이 아니다. 물론 여러 가지 육체적, 정신적인 문제가 뒤따른다면 해결되도록 도와야 고통을 줄이고 삶의 질도 높일 수 있다. 하지만 무엇보다 중요한 것은 먼저 그들을 잘 이해한 다음 우리의 행동을 바꾸는 것이다. 부모든 전문가든 사회든 다 마찬가지다.

다시 말해서 자폐가 있는 사람을 도울 수 있는 가장 좋은 방법은 그들을 대하는 우리의 자세와 행동, 지지해주는 방식 등을 포함해 우리 자신이 바뀌는 것이다.

그럼 어떻게 해야 할까? 가장 먼저 해야 할 일은 귀를 기울이는 것이다. 나는 최고 수준의 학계에서 일했고 아이비리그 의과대학 교수로도 일했다. 그러면서 수십 권의 책과 학술 저널을 통해 그동안 연구한 내용을 발표했다. 또 중국에서 이스라엘, 뉴질랜드에서 스페인에 이르기까지 세계 곳곳에서 열리는 수많은 간담회와 워크숍에 참석하기도 했다. 하지만 자폐에 대해 알게 된 가장 귀한 교훈들은 그런 강연이나 저널을 통해 얻은 것이 아니다. 그런 교훈은 많은 자폐 아동과 아이들의 부모, 그리고 자폐 같은 신경 다양성을 갖고 있으면서도 직접적인 말이나 다른 수단을 통해 자신이 처한 상황과 경험을 분명히 설명할 수 있는 여러 성인들을 통해 알게 된 것들이다.

로스 블랙번도 그런 능력을 가진 이들 중 한 명이다. 영국 여성인 그녀는 자폐를 갖고 사는 것이 어떤 것인지 누구보다 통찰력 있게 말할 수 있는 사람이다. 그녀가 주문처럼 자주 중얼거리는 말이 있다. "내 행동을 이해하지 못할 때 사람들은 계속 이렇게 묻지, '왜, 왜, 왜?'…"

* 자폐가 있는 사람들은 위장 장애나 수면 장애, 알레르기, 중이염 등 여러 가지 질병들을 앓을 수 있다. 하지만 대부분은 이런 병들을 앓지 않고 지나가며 자폐 때문에 이런 병이 생기는 것도 아니다.

* 위장 질환이나 수면 장애, 알레르기, 편두통, 귓병 등 갖가지 병 때문에 건강을 해치는 자폐인들도 많지만 이런 증상이 없는 사람도 많기 때문에 자폐의 전형적인 현상으로 보기는 어렵다.

이 책에는 내가 50년 동안 '왜'라고 물으며 배운 것들이 고스란히 담겨 있다. 모두 자폐를 갖고 사는 것, 뇌신경의 차이 때문에 늘 힘든 상황을 겪으며 살아야 한다는 것이 무엇인지 꾸준히 묻고 배우며 알게 된 것들이다.

자폐가 있는 사람을 돌보는 사람이나 부모들이 공통적으로 궁금해하는 것들이 있다. 왜 안아주려고 할 때마다 흠칫하는 걸까? 몸은 왜 계속 흔들까? 왜 식탁에 가만 앉아 있지 못할까? 같은 영화 대사를 그렇게 끊임없이 되풀이하는 이유는 뭘까? 자꾸 주먹으로 관자놀이를 치는 이유는? 나비만 보면 왜 그렇게 겁을 먹을까? 천정에 달린 환풍기를 그렇게 뚫어져라 보고 있는 것은 무엇 때문일까? 특정한 소리나 냄새에 왜 그렇게 예민하게 반응할까?

일부 전문가들은 이런 행동들을 단순히 '자폐성 행동'으로 규정한다. 또 그런 행동을 멈추거나 줄이는 것을 궁극의 목표로 삼는 부모와 전문가들도 많다. 안아줄 때는 얌전히 있고 의자에 잘 앉아 있고 몸을 흔들지 않고 식사 때는 손과 입과 몸을 최대한 조용히 움직이는 등 시키는 대로 따르게 만들려는 것이다. '왜' 그런 행동을 하는지는 생각하지 않는다.

오랫동안 이 분야를 연구하며 블랙번과 다른 사람들을 통해 알게 된 결과에 따르면 자폐성 행동이라는 것은 없다. 모두 개인의 경험에 근거해서 나온 사람의 반응이며 사람이 하는 행동이다.

자폐에 관한 워크숍이나 세미나에 참석했을 때 청중들에게 자주 하는 말이 있다. 자폐를 가지고 있다고 해서 소위 정상적인 사람이라면 하지 않는 행동을 한 것을 본 적은 한 번도 없다는 것이다. 물론 많은 사람들이 믿기 힘들어 한다. 그러면 나는 자폐가 있는 아이를 둔 부모나 교사, 전문가가 대부분인 청중들을 향해 자폐의 대표 행동들을 생각해보라고 말한 뒤, 일반적인 사람에게서도 볼 수 있는 행동들을 내가 먼저 꼽아 본다. 그러면 청중들 사이에서 곧바로 손을 드는 사람들이 있다.

"같은 말을 끝없이 되풀이하는 것에 대해서는 어떻게 생각하십니까?"

많은 아이들이 아이스크림을 사달라고 조를 때, 얼마나 더 차를 타고 가야 하느냐고 물을 때 이렇게 한다.

"주변에 아무도 없는데 혼자 중얼중얼하는 것은요?"

나는 날마다 혼자 차를 타고 다니며 그렇게 한다.

"뭐가 마음대로 되지 않는다고 바닥에 쿵쿵 머리를 찧는 것은요?"

우리 옆집에 사는 '보통' 아이도 걸음마를 떼기 시작할 무렵 그렇게 했다.

"손톱을 습관적으로 물어뜯는 것은요?"

초조하거나 불안할 때면 많은 사람들이 손톱을 물어뜯는다.

몸을 흔드는 것, 혼잣말하는 것, 계속 같은 자리를 서성이는 것, 제자리에서 계속 폴짝폴짝 뛰는 것, 양팔을 퍼덕거리는 것, 멍해지는 것? 우리도 다 하는 행동이다. 물론 차이점은 있다. 보통 사람이라면 집요할 만큼 지속적으로 혹은 끈질기게 하진 않는다는 것이다. 나이를 먹어도 이런 행동은 줄어든다. 혹시 그런 행동을 하더라도 사람들이 있는 곳에서는 하지 않는다.

로스 블랙번은 자기가 폴짝폴짝 뛰거나 양팔을 퍼덕거리면 사람들이 쳐다본다고 말한다. 그들은 다 큰 어른이 그런 행동을 한다는 것이 생소해서 보는 것이다. 그런데 TV에서는 자기처럼 행동하는 사람들이 많다고 블랙번은 말한다. 로또에 당첨되었거나 게임에서 이겼을 때 말이다. "다른 점은 내가 다른 사람들보다 더 쉽게 흥분한다는 거예요."라고 그녀는 말했다.

우리는 모두 사람이며 이런 것들도 다 사람이 하는 행동이다.

이 책을 통해 내가 하려는 것은 인식의 전환이다. 이제 우리는 이유가 있어서 하는 정당한 행동들을 병적인 증상으로 규정하지 않고, 힘겹고 놀라운 일이 가득한 세상에 자기 나름대로 대처하고 적응하고 소통하려는 전략의 일부로 볼 것이다. 자폐를 치료할 때 일부 전문가들은 특정 행동을 줄이거나 근절하는 것 또 지시에 순응하도록 훈련시키는 것을 유일한 목표로 삼곤 한다. 하지만 나는 그들의 의사소통 능력을 키우고 필요한 기술을 가르치고 위기 극복 전략을 다지게 하고 불안할 때 나오는 행동을 안 하도록 돕는 것이 왜 더 좋은지 보여줄 것이다. 이렇게 다가가면 좀 더 바람직한 행동을 자연스럽게 유도할 수 있고 자신감과 자기 결정력을 키워줄 수 있으며, 자폐가 있는 당사자는 물론 그들을 돕고 사랑하는 주변인들의 삶도 더욱 행복해질 수 있다.

아이가 하는 '자폐성 행동'이나 '기이한 행동' 혹은 '불응하는 행동'(많은 치료사들이 쓰는 용어)들을 묵살해 버리는 것은 아무 도움도 되지 않는다. 대신 이런 의문을 가져보자. 그런 행동을 하게 만드는 원인은 무엇일까? 그런 행동을 하는 목적은? 그런 행동을 하며 어떤 기분을 느낄까? 보통 사람과 달라 보이긴 하지만 그런 행동을 하는 것이 실제로 도움은 될까?

간단히 답할 수 있는 문제는 아니다. 하지만 나는 자폐가 있는 아동과 십 대 청소년, 성인 또 그 가족들이 겪는 일들을 더욱 깊이 이해할 수 있는 여러 방법을 제시할 것이다. 이 책에 나오는 사연들에는 각기 다른 자리에서 다양한 경험을 했던 내 경력이 고스란히 담겨 있다. 젊을 때는 여름 캠프에서 일했고 대학과 병원에서도 일했으며 그 다음에는 개업의로 25년을 일했다. 또 100곳이 넘는 학교와 병원, 사설 기관에서 상담을 했고 오랫동안 세계 각지를 여행하며 수많은 워크숍과 컨설팅을 주관했다. 25년간 몸 담았던 주말 부모 피정에서는 오히려 부모들에게 많은 것을 배웠고 깊고 오랜 우정도 맺게 되었다. 그러면서 치료를 위한 개입 초기부터 중년이 되기까지 자폐가 있는 사람들과 그 가족들이 걸어온 여정도 수없이 지켜봤다. 많은 간담회와 워크숍에서 만난 자폐 옹호 운동가들 그리고 '숨은 영웅'인 용감한 자폐인들은 지금도 나의 가장 소중한 친구이며 훌륭한 협력자다.

이 책은 나와 동료들이 함께 연구한 작업 내용, 여러 가족 및 전문가들과 함께 일한 경험, 그리고 자폐가 있지만 내게 많은 것을 가르쳐준 사람들의 통찰력을 바탕으로 포괄적으로 접근하고 있다.

50여 년 전 내가 처음으로 자폐가 있는 사람들을 보살피며 살았을 때 이런 책을 읽을 수 있었다면 얼마나 좋았을까 하는 생각이 든다. 전문가들 중에는 자폐가 있는 아이나 친척 등 개인적인 관계 때문에 이 분야에 뛰어든 사람들이 많다. 나 역시 우연한 기회에 그렇게 되었다. 대학교 1학년을 마친 뒤 별로 만족스럽진 않았지만 뉴욕의 한 인쇄소에서 일하며 여름을 보내고 있었다. 여자 친구는 장애가 있는 아동과 성인들을 위한 여름 캠프에서 음악을 가르치고 있었는데 캠프가 시작된 지 3~4주쯤 지났을 때 나에게 전화를 걸어 상담사 자리 한 곳이 비었다고 했다. 나는 바로 지원을 했고 일자리를 얻었다. 그리고 말 그대로 하룻밤 사이에 다양한 발달 장애 아동들로 가득한 캠프 한 동을 책임지게 되었다. 당시 나는 고작 열여덟 살이었다.

브루클린에서 나고 자란 나에게 뉴욕 북부의 외딴 시골은 원시 상태의 불모지처럼 느껴졌다. 더 큰 문제는 내가 만나야 할 사람들에 대해 아무런 준비가 되어 있지 않은 것이었다. 캠프에서 지내는 여덟 살짜리 소년 하나는 사람들과 떨어져 늘 혼자 지내는 것 같았다. 그리고 어떤 문장을 들으면 그 문장 전체나 그 중 한 구절을 끊임없이 중얼거리는 버릇이 있었다. 또 한 청년은 '에디 삼촌'이란 애칭으로 불렸는데 간질약 때문에 늘 느릿느릿 움직였고 말도 어눌했다. 그에게는 누굴 만나든 거리낌 없이 칭찬을 해주는 아주 사랑스러운 버릇이 있었다. "안녕, 배리. 오, 오늘 아~주 머멋진걸."

그동안 내가 만났던 사람들과 전혀 다르게 행동하는 사람들로 가득한, 이야기 하고 살아가는 방식이 완전히 다른 그야말로 딴 세상에 온 기분이었다. 하지만 곧 그 세상에 익숙해졌고 점점 많은 것들이 알고 싶어질 만큼 그들을 좋아하게 되었다. 이 사람들은 자신이 느끼고 생각하는 것들을 왜 표현하지 못하고 어려워할까? 어떻게 하면 이들을 도울 수 있을까? 일상이 조금 바뀌거나 시끄러운 소리가 나면 별일 아닌 것 같은데도 왜 그렇게 혼란스러워할까? 그때의 경험에 자극을 받아 나는 발달 심리 언어학을 시작으로 화법과 언어 병리학, 아동 발달에 관한 공부를 했고 결국 의사소통 장애와 관련 학문에서 박사 학위를 취득했다.

1960년대 브루클린에서 어린 시절을 보내며 사귀었던 친한 친구 한 명도 어쩌면 이 책 덕분에 좀 더 잘 이해하게 되었는지도 모른다. 레니는 두 학년을 건너뛰어 고등학교에 들어가고 기타도 혼자 습득할 만큼 아주 총명한 학생이었다. 레니는 음악 천재였는데 우리는 들어보지도 못한 에릭

클랩튼이나 지미 헨드릭스의 곡을 기타로 연주하곤 했다.

그 아이는 내가 아는 사람 중에서 가장 흥미로운 친구임과 동시에 가장 불안해 보이고 직설적이고 거친 사람이었다. 자신의 지능이 얼마나 높은지 틈만 나면 자랑하는 것에 친구들은 다들 넌더리를 냈다. 어른이 되자 레니는 아파트를 얻어 혼자 살았다. 그의 책장은 폭넓게 수집한 레코드판과 처음 출간된 만화책들이 빼곡히 꽂혀 있었는데 모두 플라스틱 커버를 씌워서 정말 흠잡을 데 없을 만큼 완벽하게 정리되어 있었다. 하지만 싱크대는 늘 지저분한 그릇들이 넘쳐 났고 옷은 아무데나 벗어놔 여기저기 굴러 다녔다. SAT에서 만점을 받은 그는 석사 학위 두 개와 법학 학위를 받았지만 사람들과 어울리는 문제 때문에 다니는 직장마다 힘들어 했다.

하지만 레니는 본인이 잘 알고 믿으며 자신과 같은 관심사가 있는 사람에게는 진심을 다해 잘하는 친구였다. 그가 무례하고 거만하다고 생각하는 사람들이 많았기 때문에 내가 나서서 레니의 괴상한 면을 해명해야 하는 경우가 자주 있었지만, 사실은 나도 오랜 시간이 지나서야 그가 아스퍼거 증후군이었을지도 모른다는 생각을 하게 되었다(미국에서 아스퍼거 증후군이 공식적으로 진단된 것은 1994년 이후다). 줄담배를 피우던 버릇 때문인지 레니가 60대에 세상을 떠났을 때 나는 문득 주변 사람들이 그의 독특한 버릇과 퉁명스러운 성질을 조금만 더 이해해주었더라면 그가 세상을 살기가 좀 더 편하지 않았을까 하는 생각이 들었다.

이 책이 몇십 년만 일찍 나왔다면 마이클의 부모에게도 큰 도움이 되었을 텐데 아쉽다. 마이클은 내가 잘 알고 지내던 집의 첫째 아들이었는데 자폐를 겪고 있었다. 당시 나는 막 박사 학위를 딴 뒤 중서부의 큰 대학에서 강의를 하고 있었고 마이클은 그 학교 영어학 교수의 아홉 살 아들이었다. 자폐가 있는 다른 많은 아이들처럼 마이클도 자기 눈앞에서 손가락들을 움직이며 가만히 응시하곤 했는데 그럴 때 마이클은 아주 즐거워 보였다. 그래서 종종 의자에 길게 늘어져 앉아서 자기 손이 움직이는 것을 홀린 듯 바라보곤 했다. 그럴 때마다 부모와 선생님들은 하지 말라고 아이를 다그치곤 했다. "마이클, 제발 손 좀 내려놔. 마이클, 손 좀 그만 쳐다보라고!" 하지만 마이클은 멈추지 않았고 결국 피아노 수업 같은 일상적인 활동을 하면서 재빨리 자기 손을 훔쳐보는 재미를 알게 되었다.

그 무렵 마이클의 할아버지가 돌아가셨다. 마이클은 주말마다 할아버지와 시간을 보낼 만큼 아주 가까웠기 때문에 처음으로 큰 상실감에 빠졌다. 불안하고 혼란스러웠던 마이클은 언제 다시 할아버지를 볼 수 있냐고 계속 물어댔다. 그래서 부모는 할아버지는 이제 하늘나라에 가셨고 아주 먼 훗날이 되면 마이클도 그곳에서 다시 할아버지를 만날 수 있다고 말해주었다. 그러자 골똘히 듣고 있던 마이클이 이렇게 물었다. "하늘나라에서는 자기 손을 쳐다봐도 사람들이 아무 말 안 하나요?"

마이클에게 천국이란 천사와 하프가 있고 아름다운 햇살이 비추는 곳이 아니라 자신이 원할 때마다 손가락을 움직이며 마음껏 볼 수 있는 곳, 또 진심으로 좋아하고 마음이 평온해지는 일을 해도 혼나지 않는 세상이었다.

아이가 던진 이 단순한 질문으로 나는 마이클과 자폐에 대해 많은 것을 배웠다. 자폐가 있는 아이들은 자기 손가락이나 늘 갖고 다니는 장난감, 환풍기, 정원의 스프링클러 등 시각적으로 뭔가에 집착하는 경우가 많다. 대개 사람들은 그런 것을 '자폐성 행동'이라고 치부하고 말지만, 그런 아이들을 잘 지켜보고 귀를 기울이고 관심을 갖고 왜 그러는지 물어볼 수도 있을 것이다. 나는 그렇게 했고 덕분에 마이클과 같은 집착이 왜 생기는지 알게 되었다. 그런 행동을 하면 마이클은 마음이 진정되고 차분해진다고 했다. 또 스스로 예측할 수 있고 자신이 무언가를 통제할 수 있다는 느낌이 든다고 했다. 그렇게 이해하게 되자 마이클의 행동은 더 이상 이상해 보이지 않았다. 그저 한 사람으로 살아가는 독특한 방식으로 여겨질 뿐이었다.

이 책은 나이와 상관없이, 자폐를 겪고 있는 사람들과 그 가족들이 가장 힘들어하는 문제들을 포함해 자폐의 범주를 아주 폭넓게 다루고 있다. 자폐 때문에 하게 되는 특정한 행동들이 사람들의 심신을 얼마나 힘들고 괴롭게 하는지 나는 잘 안다. 나는 위험하고 파괴적이고 자신은 물론 다른 사람에게까지 해를 입히는 본인의 행동 때문에 고통스러워하고 당혹스러워하는 사람들을 오랫동안 보살펴 왔다. 상황이 심각한 경우에는 알레르기나 위장병, 조울증, 발성 기관 언어 장애 등 육체적·정신적인 문제가 함께 생기는 경우도 많았다. 극심한 스트레스 상태에 있는 사람들을 도와주려다 다친 적도 있다(물리고 멍들고 긁히고 손가락이 부러지기도 했다). 자폐 때문에 수면 장애가 온 사람들과도 지내봤고, 식사량을 너무 제한한 사람들에게 적당한 영양 공급의 중요성을 일깨워주려다 좌절한 경험도 있다. 갈 길을 잃고 방황하거나 도망치거나 의도치 않게 자신과 다른 사람을 위험에 빠뜨린 아이들을 돌본 적도 있다.

자폐 아동의 부모만큼 걱정이 많고 심한 스트레스를 받는다고 말할 수는 없지만, 나는 그들이 느끼는 불안과 두려움을 누구보다 잘 안다. 수없이 많은 가족들을 지켜보고 도와주면서 나는 한 가지 중요한 것을 배웠다. 아무리 힘든 상황에 처했다 하더라도, 자폐가 있는 사람과 그들의 행동에 대한 우리의 태도와 생각이 달라지면 그들은 물론 우리 자신의 삶까지 바뀔 수 있다는 것이다.

내가 이 책에서 많은 사람과 나누고 싶은 생각이 바로 그것이다. 교장 선생님과 유명 음악가가 느꼈던 두려움을 없애고 그 자리를 사랑과 존중으로 채우는 것. 몇 년 전 캐나다 브리티시 컬럼비아의 작은 도시 너나이모에서 자폐에 관한 워크숍이 열렸는데 그때도 바로 이 점을 가장 중요하게 다루었다. 워크숍이 진행되었던 이틀 동안, 야구 모자를 쓰고 아내와 함께 맨 앞자리를 지키던 한 젊은 아빠가 있었다. 그는 강연 내용을 묵묵히 듣기만 할 뿐 질문은 한 번도 하지 않았다. 그런데 워크숍이 끝나자마자 나에게 달려와 껴안더니 내 어깨에 얼굴을 묻는 것 아닌가.
"선생님 덕분에 제 눈이 트였습니다. 이 은혜는 평생 잊지 않겠습니다."
그가 말했다.

당신도 이 책을 읽고 눈이 트이길 바란다. 귀와 마음도 열렸으면 좋겠다. 어린이에서 성인까지 내가 아는 많은 자폐인들의 독특한 정신세계도 공유하고 싶다. 그들의 열정과 호기심, 정직함, 정의감, 의리, 순수함을 있는 그대로 알아주었으면 좋겠다. 이들과 그 가족들이 극복해야 했던 많은 어려움도 성실히 다룰 것이다. 자폐가 있는 사람들의 삶을 직접 겪어봐야 한다는 말은 아니다. 다만 거의 반세기 동안 내가 수많은 자폐인들과 함께 하며 배운 많은 것들을 통해 당신도 알게 되길 바랄 뿐이다. 자폐 아동을 둔 부모나 가족, 교사 또 이들을 돌보는 사람이라면 분명 힘든 과정을 겪게 될 것이다. 하지만 인간이 지닌 독특함을 진정으로 이해하게 되면 그들과 나눈 시간은 더욱 경이롭고 즐거운 경험이 될 수 있을 것이다.

배리 프리전트

Part 1

자폐 이해하기

1장

'왜?'라고 먼저 생각하기

제시를 봤을 때 가장 먼저 눈에 들어온 것은 아이의 얼굴에 서린 불안과 두려움이었다. 뉴잉글랜드 지역의 작은 학교를 방문하던 중 나는 얼마 전 이웃 학군에서 전학 왔다는 이 여덟 살짜리 아이에 대해 처음 들었다. 그쪽 학교에서 제시는 도무지 속을 알 수 없는 아이라는 평을 들었다고 했다. 학교 직원들은 지금까지 한 번도 본 적 없는 고집이 세고 말을 듣지 않으며 공격적인 최악의 문제아라고 입을 모았다.

아이의 상태를 생각하면 왜 그런 지경에 이르렀는지 어렵지 않게 짐작할 수 있었다. 곧게 뻗은 갈색 머리에 다부진 몸집, 가는 뿔테 안경을 쓴 제시는 심각한 사회불안장애를 갖고 있었고 몸에 무언가 닿는 것에 극도로 민감했으며 언어 문제 또한 심각했다.

제시는 걷기 시작했을 무렵 발작을 일으킨 후부터 말을 못하게 되었다고 했다. 낼 수 있는 소리라곤 목구멍 뒤에서 나오는 그르렁거리는 소리뿐이고 갖고 싶은 것이 있으면 사람이든 물건이든 마구 밀치며 돌진하거나 막무가내로 사람들을 끌고 갔다.

이렇듯 자신이 바라는 것을 표현하기가 힘들었기 때문에 제시는 공격적이고 우울해 보일 때가 많았다. 가끔은 주먹으로 자신의 허벅지를 내려치거나 이마를 마구 때려 멍투성이로 만들면서 자신의 좌절과 불안을 드러내기도 했다. 학교에서 어떤 활동을 하다가 다른 신체 활동을 하도록 선생님들이 유도하면 제시는 팔다리를 마구 휘저으며 반항했고 때로는 발길질까지 하며 선생님들을 밀쳐 냈다. 이전 학교에서 보낸 보고서에 따르면 발로 차고 손으로 할퀴고 마구 물어뜯는 제시의 행동은 발작으로 이어질 만큼 격렬해서 거의 날마다 어른 서너 명이 제시의 몸을 꽉 붙잡고 '타임아웃' 방으로 데려가 격리했다.

학교 측에서는 제시가 일부러 이렇게 못되게 행동한다고 해석했다. 하지만 제시의 엄마는 생각이 달랐다. 그녀는 아이의 이런 행동들도 나름 의사소통의 한 방식이며 자신이 느끼는 혼란스러움과 불안, 분노가 그대로 반영된 것이라고 생각했다. 제시의 엄마는 아이에게 감각 장애가 있어서 큰 소리나 몸에 뭐가 닿는 것에 비정상적일 만큼 민감하다고 설명했지만 학교 측에서는 이런 말들을 모두 무시해 버렸다. 그들은 줄곧 아이가 자기 멋대로 도전적인 행동만 하고 있다고 주장했다. 제시는 고집이 세고, 다루기 힘들며 반항적이기 때문에 그런 아이의 기를 꺾어서 훈육하겠다는 것이었다. 마치 조련사가 말을 훈련하듯 말이다.

제시에게 의사소통 방식을 올바로 지도하기 위해 그들이 한 일은 과연 무엇일까? 실질적으로는 아무것도 없다. 그들은 아이가 지시를 따르게 만들거나 행동을 통제하는 데만 급급했고 그다음에야 의사소통 문제를 다루려고 했다. 아이가 자신을 표현하는 데 주안점을 둔 개별 교육 계획^{IEP,} $_{Individual\ Educational\ Plan}$ 은 제시에게 도움을 주지 못했으며 오히려 고집쟁이로 만들었다.

완전히 잘못된 것이다. 제시에 대한 온갖 악평을 다 듣고 나니 아이를 직접 만나고 싶어졌다. 그런데 직접 만난 제시는 그동안 들었던 것과 전혀 달랐다. 반항적이나 공격적인 기색은 조금도 보이지 않았고 일부러 엇나가게 행동하려는 아이처럼 보이지도 않았다. 내가 본 것은 그저 잔뜩 겁을 먹고 불안했기 때문에 끊임없이 주변을 경계하며, 투쟁 혹은 도피 반응을 경험하는 한 아이였다. 그리고 또 하나 제시가 그토록 사람들을 경계하고 불안해하는 것은 피해 의식 때문임을 알 수 있었다. 아무리 좋은 사람이라 할지라도 자폐가 있는 사람들을 완전히 잘못 알고 있기 때문에 생길 수밖에 없는 불가피한 피해 의식 말이다.

왜 이런 문제가 생기는 것일까? 한마디로, 아이를 돌보는 사람이나 전문가들조차도 '왜?'라고 먼저 생각해야 할 부분을 소홀히 했기 때문이다. 그들은 아이의 말을 주의 깊게 듣지 않고 아이가 하는 행동도 면밀히 주시하지 않는다. 아이의 생각과 행동을 이해하기 위해 노력하는 대신 아이가 하는 행동만 통제하려고 한다.

안타깝게도 자폐는 당사자가 가진 결점들을 기준으로 정상인지 아닌지 분류되어 결정된다. 문제라고 여겨지는 특성을 보이고 또 그런 행동들을 하면 사람들은 그를 자폐라고 부른다. 즉, 주변 사람들과의 의사소통을 힘들어하고 사람들과 관계를 맺는 데 문제가 있고 감각에 예민하거나 같은 말을 계속 되풀이하거나(반향어) 자꾸 몸을 흔들거나 팔을 펄럭거리거나 제자리를 빙빙 도는 것처럼 관심을 두는 분야와 행동이 제한되어 있으면 자폐아로 분류하는 것이다.

전문가들은 이런 '자폐성 행동'을 관찰한 다음 일종의 순환 논리로 그 사람을 평가한다.

'라헬은 왜 계속 두 팔을 퍼덕거릴까? 자폐 때문이다. 라헬은 왜 자폐스펙트럼장애 진단을 받았을까? 계속 두 팔을 퍼덕거리기 때문이다.'

이와 같은 식이다. 이런 접근은 한 사람이 가진 결함들을 모두 모아 그 사람을 규정짓는다.

그렇다면 어떻게 해야 이런 사람을 도울 수 있을까? 몸을 흔들지 못하게 하고, 같은 말을 계속 되풀이하지 못하게 하고, 팔을 퍼덕이지 못하게 하면서 그런 행동을 통제하거나 못하게 막는 것?

성공 여부는 어떻게 알 수 있을까? 대개 그 사람이 '정상'으로 보이고 '정상'으로 행동하고 지시에 따르게 만들수록 성공한 것으로 본다. 유명한 행동 치료사가 말하길 치료의 목표는 자폐가 있는 사람을 정상인과 '구별할 수 없도록' 만드는 것이라고 한다.

하지만 자폐가 있는 사람을 이렇게 이해하고 도우려는 것은 지극히 잘못된 생각이다. 이 방식은 그들을 한 인간으로 이해하는 것이 아니라 해결하고 고쳐야 할 문제로 취급하는 것이다. 그래서 그들을 존중하지 않고 그의 입장과 경험을 무시해 버린다. 신경학적 차이가 그들이 배우고 소통하고 일상을 다른 방식으로 경험하는 방식이라는 사실을 무시한다.

또 그들이 특정 행동이나 말로 우리에게 전하려는 것에 관심을 갖지 않고 귀도 기울이지 않는다.

내 경험상 그러는 것은 아무 도움도 되지 않을뿐더러 상황을 악화시키는 경우가 많다. 자폐 행동 체크리스트나 규칙을 준수하는 훈련에 매달렸던 자폐 아동들은 이 경험들이 얼마나 힘들고 트라우마가 되었는지 이야기한다. 그리고 그런 일을 겪은 사람들의 불안 수치가 훨씬 높다는 연구 결과가 있다. 자폐 권위자 폴 콜린스의 말에 의하면 "자폐가 있는 사람은 결과적으로 네모난 못이고, 동그란 구멍에 각진 못을 박아 넣을 때 망치질은 어려운 일이 아닙니다. 못을 망가뜨리는 거죠."

그러기보다 오히려 더 깊이 파헤치는 편이 훨씬 큰 도움이 된다. 그런 행동이 나오는 원인과 행동 패턴에 깔린 의도가 무엇인지 생각하는 것, 즉 '왜?'라는 의문을 갖는 것이 더욱 바람직하고 효과적이다. 왜 저 아이는 몸을 계속 흔들까? 왜 저 아이는 학교만 갔다 오면 꼭 저런 식으로 자동차를 늘어놓을까? 왜 저 아이는 붐비는 체육관에 들어가라고 하면 바닥에 드러눕거나 도망칠까? 왜 저 아이는 영어 시간과 쉬는 시간만 되면 눈앞에서 손가락을 흔들며 그 손만 보고 있을까? 왜 저 아이는 언짢으면 같은 말을 끊임없이 되풀이할까?

각자가 자신만의 반응과 경험을 가진 사람이라고 해도 대답을 하기 위해서는 '왜?'라는 질문과 도움을 주는 방법을 배우며, 자폐가 있는 사람들이 비슷한 행동 패턴을 보이는 이유와 어떤 반응이 가장 도움이 되는지에 대해 말할 때 귀를 기울이는 것이 유익하다.

이런 행동들을 하는 것은 정서조절장애^{emotional dysregulation}를 겪고 있기 때문인 경우가 많다. 정서적, 생리적으로 안정되어 있을 때 사람은 학습 효과가 높고 일상적으로 하는 일에 집중하며 잘해내기 위해 끊임없이 노력한다.

우리의 신경 체계는 언제 배가 고픈지 언제 피곤과 위험으로부터 자신을 보호해야 하는지 알려 주고 과도한 자극들을 걸러 준다. 하지만 자폐스펙트럼장애를 겪는 사람들은 뇌가 작동하는 방식이 보통 사람들과 다르고, 대개 신경학상의 차이 때문에 날마다 겪어야 하는 정서적, 생리적 어려움에 취약하다. 그래서 다른 사람들보다 더 심하게 불안해하고 혼란스러워한다. 또 그런 감정과 문제들을 극복하는 법을 배울 때도 보통 사람들보다 훨씬 힘들어 한다.

분명한 것은 이렇게 정서적, 생리적으로 안정적인 상태를 유지하지 못하는 것이 자폐의 가장 큰 특징이라는 점이다. 그런데 많은 전문가들이 오랫동안 이 부분을 간과한 채 근본적인 원인 대신 결과로 나오는 행동에만 중점을 두고 있어 안타깝다.

아는 사람 중에 자폐인이 있다면 그가 무엇 때문에 자신의 상태를 조절하지 못하는지 생각해보라. 그는 왜 주변 사람과의 의사소통을 힘들어하고 어수선한 상황을 견디지 못하고 너무 빨리 말하거나 움직이는 사람들을 감당하지 못하고 예기치 못한 변화를 겪는 것을 힘들어하고 불확실한 상황에 대해 지나친 걱정을 하는 것일까?

이렇게 조절장애가 있는 사람들은 자기 몸이 무언가에 닿는 것이나 소리에 지나치게 예민하게 반응하고, 운동 신경이나 움직임에 문제를 일으키기도 한다. 또 수면 부족이나 각종 알레르기 질환, 소화장애 같은 문제들도 겪는다. 어떤 사람들에게는 기억과 강하게 연결된 압박, 트라우마가 된 경험들 때문에 추가로 합병증이 발생한다.

물론 자폐가 있는 사람들만 이런 상황을 겪는 것은 아니다. 사람은 누구나 가끔 불안정해질 때가 있다. 많은 사람 앞에서 발표를 할 때면 이마에 땀이 흐르고 손이 떨리고 심장이 마구 두근대는 것 같다. 털 스웨터 때문에 피부가 따끔거려서 짜증이 나면 일에 집중하기가 힘들어진다. 누가 전화도 없이 찾아온 탓에 커피를 마시며 신문을 읽고 샤워를 하던 아침의 일상이 무너지면 하루 종일 언짢고 정신이 없다. 사람이나 장소, 어떤 활동이 어려움과 압박을 주는 사건이 되면 우리는 그것들을 피하려고 한다. 잠이 부족하고 마감에 쫓기고 차가 밀리고 점심을 못 먹고 컴퓨터가 고장이 나는 등 언짢은 상황이 계속 쌓이면 누구든 극도로 예민해지기 마련이다.

사실 이런 것들은 누구나 겪는 문제들이다. 하지만 자폐스펙트럼장애가 있는 사람들은 신경학적 원인 때문에 이런 상황에 처하는 것을 유난히 더 힘들어한다. 즉 같은 상황이라도 다른 사람보다 참을 수 있는 한계치가 낮고 스트레스에 대처하는 타고난 능력도 취약하다.

여러 사례를 보면 이들은 감각을 처리하는 과정이 달라 빛, 소리, 촉감 등 여러 느낌에 예민하거나 반대로 지나치게 둔감해서 적절히 대응하는 능력이 떨어진다. 또 자신이 불안정할 때 하는 행동을 주변 사람들이 어떻게 받아들일지 의식하지 못한다. 상대방의 도움이 되지 않는 반응도 압박을 더할 수 있으며, 조절장애의 추가적인 원인이 된다.

정서 조절에 문제가 있을 때 나오는 행동은 사람마다 다르다. 대개는 즉각적이고 충동적으로 반응하는데 아이들은 뚜렷한 이유 없이 돌변하는 모습을 보이곤 한다. 어떤 아이들은 갑자기 시끄러운 소리가 들리면 얼른 몸을 웅크리고 바닥에 엎드린다. 나는 체육 수업을 거부하거나 학교 식당에 들어가지 않으려는 아이들을 많이 본다. 그럴 때 선생님들은 아이가 반항심에서, 또는 수업을 듣기 싫어서 일부러 그러는 것으로 오해할 때가 있다.

하지만 진짜 이유는 그렇게 간단하지 않다. 그런 아이들은 주변 환경의 혼란스러움이나 소음의 규모를 견디지 못하는 것이다.

내가 병원에서 운영하는 미취학 자폐 아동 프로그램을 맡아 일할 때 그곳 아이들은 병원 식당에서 운반된 식판을 받아 교실에서 점심을 먹었다. 언젠가 교사 한 명과 내가 식판이 깨끗이 닦이는 과정을 보여 주기 위해 네다섯 살짜리 아이들을 식당 주방으로 데려간 적이 있었다. 우리가 주방에 도착한 바로 그 순간, 커다란 공업용 식기 세척기가 세찬 김을 내뿜더니 갑자기 빠른 속도로 쉭쉭 소리를 내기 시작했다. 그 순간 모든 아이들이 식판을 떨어뜨렸고 몇몇 아이들은 손으로 귀를 막고 소리를 지르며 출구 쪽으로 달려갔다. 갑자기 괴물이라도 나타난 것 같은 광경이었다. 이렇듯 조절장애는 대개 갑작스럽고 눈에 확 띄는 것들 때문에 일어난다.

가끔은 그 원인이 확연하지 않을 때도 있다. 언젠가 내가 상담을 하던 한 유치원을 방문했을 때다. 그때 나는 자폐가 있는 네 살 딜런과 건물 밖을 거닐고 있었는데 갑자기 아무 예고도 없이 아이가 바닥에 주저앉더니 더 이상 가지 않으려고 하는 것이었다. 나는 조심스럽게 딜런을 일으켜서 계속 가자고 했지만 아이는 다시 주저앉았다. 내가 다시 아이를 일으켰을 때 어디선가 개 짖는 소리가 들렸다. 사실 소리는 꽤 먼 데서 났고 나도 그

전까지는 듣지 못했지만, 청각이 예민했던 딜런은 우리가 걷는 내내 그 소리를 듣고 있었던 것이다. 보기에는 비협조적이고, 제멋대로이고, 반항하는 것 같았지만 사실은 두려움을 드러내는 매우 정상적인 행동이었다. 이런 증상 역시 조절장애다.

자폐가 있는 아이들이나 어른들 중에는 흥분하거나 마음을 진정해야 할 때 양쪽 팔을 날개처럼 퍼덕이는 사람들이 많다. 코너도 즐거울 때나 평소 하던 활동이 다른 것으로 바뀌어 불안할 때 하는 행동이 있었다. 부모는 아이의 이런 몸짓을 "행복한 댄스"라고 불렀다. 발끝으로 서서 앞뒤로 왔다 갔다 하며 손가락을 눈앞까지 들어 튕기듯 흔드는 것이다.

전에 만났던 치료사는 코너의 부모에게 "손 내려!"라고 단호히 말해야 한다고 했다. 그래도 아이가 말을 듣지 않으면 이렇게 말하라고 했다. "앉아. 앉아서 손 내려놔!"

코너의 현명한 부모는 그 사람의 충고를 무시했다. 대신 앞으로 일어날 일을 차근차근 설명해 줌으로써 코너가 마음을 수습하고 변화를 좀 더 편하게 받아들이도록 도와주었다.

아이가 두 팔을 퍼덕거리거나 몸을 흔들거나 춤을 추는 것 같은 행동을 할 때 '자폐' 때문에 그렇다고 일축해 버리기는 쉽다. 하지만 자폐가 있는 아이를 키우는 부모와 그들을 돕는 전문가들은 그래서는 안 되며 다른 렌즈로 바라보아야 한다. 마치 탐정처럼 구할 수 있는 단서는 모조리 찾아 조사하고 깊이 생각해서 당사자가 왜 그런 행동을 하게 되었는지를 알아내야 한다.

아이가 조절장애를 일으키는 원인은 무엇일까?

내적인 것일까, 외적인 것일까?

눈에 보이는 것 때문일까? 감각 쪽의 문제일까?

어디가 아프거나 몸이 불편하거나 트라우마가 된 기억이 있는 것은 아닐까?

대부분의 경우 아이들은 자신의 상황을 말로 잘 설명하지 못한다. 그러므로 우리가 아이에게 관심을 기울이면서 단서를 찾고 자세히 살펴봐야 한다.

≶ 누구나 나름의 방법으로 자신을 조절한다 ≷

'자폐성 행동'으로 인식되는 행위 중 실제로 문제가 되는 행위는 별로 없다. 아이러니하지만 중요한 사실이다. 그 행동들은 모두 자신의 정서와 생리 상태를 조절하기 위해 쓰는 전략들이다. 다시 말하면 자신을 지키기 위해 하는 행동일 때가 많다는 뜻이다.

감각이 아주 예민한 아이가 시끄러운 방에 들어갔을 때 손으로 두 귀를 막고 몸을 흔드는 것은 조절장애가 일어났음을 알리는 신호임과 동시에 그 상황을 극복하기 위해 아이가 택한 방법이다. 이런 행동을 자폐 때문에 그러겠거니 하고 그냥 지나칠 수도 있다. 하지만 왜 그런 행동을 하는지, 그 행동이 본인에게 도움이 되는지 생각해 볼 수도 있을 것이다. 이유는 두 가지다. 아이는 그런 행동으로 자신을 힘들게 하는 무언가가 있다는 것과 그것으로부터 자신을 방어하고 제어하는 방법을 찾았다는 것을 알려 준다.

토론토 스타벅스의 바리스타이자 춤을 추는 십 대 샘은, 자신의 영상을 온라인에 올려 수백만의 조회 수를 올렸으며 엘렌 드제네러스의 토크쇼에도 초대받았다. 그는 엘렌에게 이렇게 말했다. "춤을 출 때 집중이 더 잘 돼요." 다시 말해 누군가가 장애라는 낙인을 찍었던 쉴 새 없는 움직임이 샘을 집중하고 스스로 조절할 수 있도록 도운 것이며, 직업을 가지고 잘해 나갈 수 있도록 만들어 준 것이다.

모든 사람은 자신이 알고 있든 그렇지 않든 자신의 상태를 조절하기 위해 하는 습관적인 행동이 있다. 그런 행동을 하며 불안한 마음을 달래고, 심신을 안정시키고, 힘든 상황을 극복하는 데 도움을 받는다. 아마 당신도 많은 사람 앞에서 발표를 해야 할 때면 불안하고 떨릴 것이다. 그럴 때 자신도 모르게 숨을 계속 크게 쉬거나 앞뒤로 움직이면서 말을 할 수도 있다. 사실 이런 행동은 평상시에 사람들 앞에서 하는 일반적인 호흡이나 행동은 아니다. 하지만 그렇게 했다고 해서 당신을 비난하는 사람은 없다. 그 상황에서 받는 스트레스를 이겨 내기 위해, 또 떨리는 마음을 진정시키고 최선을 다하기 위해 그런다는 것을 대부분의 사람들은 이해해 준다.

일을 마치고 집에 돌아오면 나는 늘 우편함을 확인하고 우편물을 정리한다. 청구서와 잡지들은 평소 보관하는 곳에 각각 놔두고 필요 없는 것들은 재활용 수거함에 넣는다. 별일 아니지만 안 하고 지나치면 마음이 찜찜할 만큼 나에게는 중요한 일상이다. 그러면서 하루를 정리하고 진짜 퇴근을 하는 것이다.

아내는 힘든 일이 있거나 기분이 나쁜 날이면 집 안을 정리하고 청소한다. 그래서 퇴근 후 집에 왔을 때 집 안이 티 하나 없을 만큼 깨끗하면 아내에게 심란한 일이 있다는 것을 알 수 있다.

종교 의식에도 성가와 기도문, 상징적인 행위 등 마음을 진정시키는 의식이 여러 차례 포함되어 있다. 그런 과정을 통해 신자들이 일상의 무게와 걱정을 내려놓고 평온한 상태에서 정신적인 영역으로 들어올 수 있게 하기 위해서다. 그리고 명상, 태극권, 요가처럼 마음 챙김 연습들은 감정적, 심리적 건강 상태를 이루는 목적에 집중하는 것으로 정의된다.

자폐가 있는 사람들이 불안한 마음을 진정시키고 스트레스를 극복하는 방법은 아주 다양하다. 그들은 특이한 방식으로 몸을 움직이거나 같은 말을 계속 반복하거나 자기가 좋아하는 물건을 한시도 떼어 놓지 않는다. 또 장식장 문을 닫거나 사물을 자기만의 방식으로 진열해서 늘 예측이 가능하게 만들고 바꾸려고 하지 않는다. 특정한 사람 곁에 붙어 다니는 것으로 불안함을 해소하는 사람들도 있다.

여덟 살인 아론은 수업이 끝나고 집에 돌아오면 두 손바닥으로 식탁을 짚고 깡충깡충 뛰는 버릇이 있었다. 부모는 아론이 점프를 얼마나 세게 또 오래 하는지를 보며 아이가 그날 얼마나 힘들었는지 짐작하곤 했다.

어린 아기는 살살 흔들어 주면 울음을 그치고, 걸어 다니는 아기들은 계속 원을 그리고 돌아다니며 잠을 깨듯이, 사람은 움직임을 통해 몸과 마음에 주어지는 자극을 조절한다. 자폐가 있는 사람들은 자신이 가라앉는 기분이 들면 제자리를 빙빙 돌거나 점프를 하거나 몸을 흔들며 그런 상태를 일깨운다. 반대로 너무 많은 자극을 받았을 때는 이곳저곳을 서성이거나 손가락으로 딱딱 소리를 내거나 가만히 환풍기를 응시하거나 한 구절을 반복하며 마음을 진정시킨다.

사람들은 이런 것을 그냥 '행동'하는 것으로만 본다. 나는 '아이가 하는 행동'이 있다고 말하는 부모와 교사들을 아주 많이 봤다. 우리는 그런 행동을 안 하는가? '행동'이라는 단어에 아무 수식어가 붙지 않아도 부정적으로 인식되는 분야는 자폐뿐이다.

"새로 전학 온 샐리는 정말 하는 행동들이 많아요."

"우리는 스콧이 그런 행동을 하지 못하게 애쓰고 있어요."

선생님들은 곧잘 이렇게 말한다. '스팀 stim' 혹은 '스티밍 stimming'(반복적인 자기 자극 행위)이라는 용어를 쓰는 사람들도 있는데 이 표현 역시 부정적인 느낌을 담고 있다. 몇십 년 전까지는 아이들의 스티밍을 없애는 것을 목표로 삼고 체벌을 하거나 충격 요법까지 쓰는 학자들이 많았다. 하지만 이것을 단순히 '자폐 행동'으로만 봐서는 안 된다.

자폐가 있는 많은 성인들의 통찰과 변호 덕분에 지금 우리는 스팀을 자기 조절 기능이라고 이해하며, 환경에서 오는 감각이 과도하거나 불안, 두려움, 심지어는 지루함도 그런 행동을 하는 근거라고 알 수 있다. 어떤 이들은 즐겁고 재미있거나 창조적인 생각이 떠올랐을 때도 스티밍을 한다. 오스트레일리아의 자폐 예술가인 프루 스티븐슨은 시각, 행위 예술 아이디어를 자신의 스티밍에서 얻는다. 한 자폐가 있는 성인이 이렇게 말했다. "우리는 스티밍을 나만의 것으로 되찾았죠."

그러므로 우리는 스티밍을 단지 '행동'으로만 보지 말아야 한다. 이는 자폐가 있는 사람들이 자신의 불안정한 상태를 조절하거나 그저 재미있는 것을 찾았을 때 쓰는 일종의 '전략'들이다.

1943년 처음으로 자폐를 진단한 미국의 정신과 의사 레오 카너는 자신이 연구한 아이들이 독특한 특성을 보인다는 것에 주목했다. 그는 그것을

'같은 상태를 지속하려는 고집'이라고 불렀다. 지금도 자폐의 전형적 특성으로 인식되고 있다. 실제로 자폐가 있는 많은 사람들이 같은 것을 추구하면서 자기 주변을 통제하려는 모습을 보인다. 하지만 이것은 병 때문에 나타나는 증상이 아니라 하나의 극복 전략이다.

클레이튼은 집에 오면 늘 모든 창문을 확인하고 다니며 정확히 같은 높이에 오도록 블라인드의 높이를 맞췄다. 왜 그랬을까? 자신이 속한 공간을 스스로 통제하고 예측 가능하게 만들고 시각적으로 균형을 맞춤으로써 안정을 찾으려 했던 것이다. 다른 아이들은 습관적으로 늘 같은 음식만 먹거나 교실 안에 있는 사물함 문을 모두 닫아 놓거나 같은 비디오를 수없이 되풀이해서 보거나 날마다 같은 의자에만 앉으려고 고집하면서 안정을 찾으려 한다. 내가 아는 청년인 피터는 한 주가 시작될 때 표현 예술 온라인 수업에서 친구들에게 특정 순서로 인사하려고 한다.

그렇다면 클레이튼이나 피터의 행동을 강박장애 증상으로 볼 수 있을까? 강박 장애가 미치는 영향은 완전히 다르다. 그런 행동을 하면 마음이 더욱 불안해지고 기분이 좋아지지도 않는다. 끊임없이 손을 씻어야 하고 방을 나갈 때는 꼭 모든 의자를 다 만지고 나가야 한다는 식의 강박적인 의무감은 일상생활에 방해만 될 뿐이다. 하지만 자폐가 있는 사람이 같은 옷만 입고 같은 음악만 듣고 늘 일정한 순서로 물건을 나열하거나 같은 순서로 하려는 것은 그렇게 해야 정서적으로 안정이 돼서 자기가 무언가를 배우고 할 일을 할 수 있다는 것을 알기 때문이다.

한번은 어떤 부부가 일곱 살 아이 앤톤을 데리고 우리 병원에 와서 검사를 의뢰했다. 나와 동료 의사들은 아이와 이야기를 주고받으며 한동안 아이를 관찰했다. 그런 다음 종이와 색연필을 주고 마음대로 놀라고 한 뒤 부모와 대화를 나누었다.

우리가 대화를 나누는 동안 앤톤은 그림에 완전히 몰두하는 모습을 보였다. 한 번에 하나씩, 아주 신중한 태도로 색연필을 꺼내 뚜껑을 연 뒤 숫자를 쓰고 다시 뚜껑을 닫아 통에 집어넣는 과정을 수없이 반복했다.

쉬는 시간에 앤톤이 그린 그림을 본 나는 깜짝 놀랐다. 일곱 가지 색깔을 체계적인 순서로 사용해서 1부터 180까지의 숫자를 정교한 격자 형태로 써 놓은 것이었다. 아이의 그림은 정확한 순서에 따라 숫자를 사선으로 나열해 일곱 가지 무지개 색깔이 아주 깔끔하게 표현되어 있었다. 한 번에 한 단어만 겨우 말하고 몇 가지 말만 습관적으로 되풀이하던 아이가 30분씩이나 집중해서 독창적인 작품을 만들며 스스로를 진정시킨 것이다.

"지금까지 이런 걸 그린 적은 한 번도 없었어요."

앤톤의 엄마가 말했다.

그 그림은 앤톤이 우리가 생각했던 것보다 훨씬 영리하고 복잡한 사고를 할 수 있음과 동시에 스스로를 조절하는 독창적인 방식이 있다는 것을 보여 주었다. 아이는 모르는 어른들이 옆에서 대화를 나누는 낯선 공간에서 불안을 억제하는 방법을 찾은 것이다. 다른 사람 같으면 앤톤의 그런 행동을 스티밍으로 결론내릴 수도 있다. 하지만 나는 자신을 조절하는 (그것도 아주 창의적인) 방식이라고 생각한다.

안정을 찾는 데 물건이 도움이 되는 경우도 있다. 아기들이 애착 대상으로 담요나 털 인형을 갖고 다니듯, 어떤 아이는 까맣게 윤이 나는 작은 돌을 늘 지니고 다녔다. 돌을 가지고 있으면 마음이 차분해지고 안정되기 때문이었다. 아이가 그 돌을 잃어버렸을 때 아이 아빠는 몹시 힘들었다고 했다. "까만 돌이란 돌은 다 구해 주었지만 그 돌이 아니라는 것을 알더군요." 결국 아이가 찾은 대용품은 플라스틱 열쇠들이 달린 고리였다.

12장에 나올 자폐 작가이자 목사, 연설가인 론 샌디슨은 어린 시절 자신에게 큰 위안을 주었던 물건이 프레리펍이라 이름 붙이고 어디에나 가지고 다녔던 강아지 인형이라고 했다.

많은 사람이 습관적으로 껌을 씹거나 바삭거리는 과자를 즐기듯, 자폐가 있는 사람들도 뭔가를 입에 넣고 있거나 씹거나 핥으면서 마음의 안정을 찾는 경우가 많다.

글렌은 유치원 놀이터에서 놀다가 가끔 작은 나뭇가지를 주워서 혀로 핥거나 입에 물고 씹었다. 수업 시간에도 늘 연필 꽁지를 잘근잘근 씹고 있었는데, 아이 엄마는 소매 끝과 옷깃도 그렇게 씹어 놔서 옷값이 많이 든다고 했다.

수업 시간에 가만히 지켜보니 글렌은 마음이 안정되지 않을 때마다 입에 넣거나 씹을 것을 찾았다. 쉬는 시간처럼 일정한 체계가 없을 때나 무언가 바뀌는 것이 있을 때, 시끄러운 소리가 들릴 때도 그랬다. 글렌을 맡은 작업 치료사와 의논하면서 나는 아이가 원하는 자극을 좀 더 바람직한 방법으로 주자고 했다. 바삭거리는 간식(당근이나 비스킷 등)이나 고무로 된 장난감, 튜브 같은 것들로 말이다. 또 글렌이 느끼는 불안과 혼란을 줄일 수 있는 여러 방법도 알려 주었다.

﹔안정을 주는 요소는 주변에 있다 ﹔

자폐가 있는 사람들에 대한 잘못된 인식 중 하나는 그들이 사람들과 관계를 맺고 싶어 하지 않고 늘 혼자 있으려 한다는 것이다. 절대 그렇지 않다. 오히려 믿을 수 있는 특정한 사람이 눈에 보이고 가까이 있어야 안정을 유지 하는 이들이 많다.

맥켄 가족은 최근 새로운 곳으로 이사를 했다. 자폐가 있는 네 살짜리 아들 제이슨은 공립학교의 유치원에 다니게 되었다. 아이 엄마는 하루에 한두 번 정도 교실 밖이나 체육실에서 놀게 해 달라고 유치원에 부탁했다. 또 그때마다 여덟 살인 형도 같이 놀게 해달라고 했다.

형제가 새로운 환경에 적응하는 중이며 서로에게 애착이 있어서 그 편이 도움이 될 거라고 생각했기 때문이다. 제이슨은 하고 싶은 활동을 할 때 뿐 아니라 자신이 잘 알고 믿을 수 있는 사람, 즉 형이 곁에 있어야 안정적으로 자신의 상태를 조절할 수 있었다.

특정한 사람이 보이지 않으면 불안해하는 사람들도 있다. 일곱 살 자말은 선생님께 계속 물었다.

"우리 엄마 집에 있어요?"

치료사는 선생님에게 딱 한 번만 그렇다고 대답하고 그다음부터는 무시하라고 했다. 하지만 그런 반응은 자말을 더욱 불안하게 만들었다. 다급해진 아이는 더욱 큰 소리로 물어댔다. 나는 그 선생님에게 아이의 책상에 집에 있는 엄마 사진을 올려놓고 "엄마는 집에 계셔. 수업이 끝나면 만날 수 있어"라며 아이를 안심시키라고 했다. 선생님에게 계속 물을 필요가 없어지자 아이는 수업에 집중할 수 있었다.

3학년 칼렙은 색다른 친구로부터 위안을 얻었다. 스테판이라는 상상의 친구를 만든 것이다. 수업 중에 칼렙은 스테판이 앉아야 된다며 가끔 자기 옆자리를 비워 놓게 했다. 운동장에서는 스테판이 같이 노는 것처럼 놀았다. 선생님은 활동이나 환경이 바뀌는 중간, 또 주변 상황이 유난히 어수선할 때처럼 힘들 때마다 칼렙이 스테판 이야기를 한다고 했다.

상담을 위해 그 학교를 찾았을 때 칼렙과 같은 반 아이들은 칼렙에게 자폐가 있어서 스테판이라는 상상 친구의 도움을 받는 것이라고 했다. 친구들은 칼렙을 이해하고 있었다! 칼렙은 분명히 상상의 친구를 통해 감정을 조절하고 힘들 때마다 안정을 찾았다.

"그러지 못하게 해야 할까요?" 선생님이 물었다.

나는 상상의 친구 때문에 칼렙이 산만해지지만 않는다면 괜찮다고 확실히 말해 주었다. 칼렙은 차츰 진짜 친구들이 생겨 마음이 안정되자 스테판을 들먹이는 일도 조금씩 줄었고 결국에는 전혀 언급하지 않게 되었다.

말로 안정을 찾는 사람들도 있다. 자폐가 있는 사람 중에는 같은 말을 계속 되풀이하는 사람들이 많다. 어떤 말을 듣자마자 그렇게 하기도 하고 한참 뒤에 그럴 때도 있다(2장 '자폐가 있는 아이의 언어 알아듣기' 참고). 이것 역시 '자폐성 행동'일 뿐이며 아무 뜻이 없는 말로 치부되곤 한다. 하지만 자폐가 있는 사람들은 같은 말을 되풀이함으로써 감정을 조절하는 등 여러 면에서 도움을 받는다.

어떤 소년이 계속 이렇게 묻는다. "오늘 오후에 수영하러 가요?"

그러면 귀찮게 자꾸 묻는다며 그만하라고 윽박지르는 사람도 있을 것이다. 하지만 아이가 왜 그러는지 생각해 볼 필요가 있다. 아마 그 아이는 앞으로 하게 될 일을 미리 알아 둬야 하기 때문일지도 모른다. 아이가 계속 묻는 것은 불안함을 드러내는 신호이면서, 필요한 정보를 얻어 불확실성과 불안한 마음을 줄이려는 전략적 행동이기도 하다.

자폐가 있는 사람들은 혼잣말을 중얼거리기도 하지만, 좋아하는 주제(이야기, 지리, 디즈니 영화, 공룡, 기차 시간표 등)가 나오면 상대방의 생각이나 기분, 관심사는 염두에 두지 않은 채 자신이 알고 있는 엄청난 양의 정보를 쏟아 내며 대화를 장악하기도 한다. 이 역시 조절장애일 수 있는데, 대화가 어떻게 이어질지 예측할 수 없어서 스트레스를 받고 사람들이 보내는 미묘한 신호마저 잘 파악하지 못하는 사람은 자신이 잘 알고 좋아하는 주제에 대해 끊임없이 떠드는 것으로 불안을 억제하려고 하기 때문이다.

자폐가 있는 어떤 사람이 나에게 말하길 "마구 흘러가는 대화는 지뢰밭에 들어간 것 같아요. 당신의 말이나 행동이 얼굴 앞에서 터질지도 모른다고 생각해보세요."

30대가 된 폴은 나에게 항상 이렇게 인사한다. "안녕하세요, 선생님. 저랑 처음 만난 게 네 살 때 스톤힐 유치원에서였죠?"

이것이 폴이 대화를 시작하는 의식이며 근본적인 말하기 방법이다. "안녕하세요, 선생님. 잘 지내시죠?"

나는 혼자서 대화의 양쪽 역할을 다 하는 아이들을 자주 본다. 부모에게 이렇게 시키는 아이들도 있다. "저한테 물어보세요, '우유 마실래, 주스 마실래?' 이렇게 물어보세요."

이미 답을 알고 있는 것을 계속 묻는 아이들도 있다.

"어느 야구팀을 제일 좋아해요?"

"선생님 차는 무슨 색이에요?"

"선생님은 어디 살아요?"

내가 장난스럽게 일부러 틀린 답을 말하면 아이들은 곧바로 답을 정정해 준다.

왜 이렇게 묻는 것일까? 이것도 자신의 상태를 조절하고 예측 가능성을 높이는 방법이다. 또 다른 사람과 대화하는 도중 불안해질 때 같은 말을 계속해서 안정을 찾으려는 것일 수도 있다. 그리고 주변 사람과 연결되어 가까운 관계를 유지하고 싶은 아이들의 바람일 수도 있다.

⟩ 이유 없는 '문제 행동'은 없다 ⟨

감정을 조절할 수 있는 것과 그러지 못하는 것이 자폐에 미치는 영향을 알면 자폐를 '문제 행동' 다루듯 하는 것이 왜 잘못되었는지 알 수 있다.

실제로 이런 접근은 자폐가 있는 사람을 더욱 불안하게 만든다. 특히 그 사람이 심신을 안정시키기 위해 쓰는 방법을 못하게 막으면 더 그렇다. 이런 접근법은 몇몇 행동과 특성을 '자폐성' 행위로 분류하고, 그들을 병리적 렌즈로만 바라보며 이 행위를 '근절'(많은 치료사가 사용하는 단어)하는 것에 초점을 맞춘다.

그들은 행위의 진정한 동기를 모른다. 그리고 평범해 보이지는 않지만 아이가 자기 나름대로 찾은 적절한 방법이라는 것을 인정하지 않고 어른들을 자기 마음대로 휘두르거나 반항하기 위해 일부러 그런다고 비난한다. 행위를 근절하는 데 성공했다면 그것은 당사자가 힘들 때마다 의지하던 극복 전략을 못 쓰게 막아 버린 것과 같다. 그러기보다는 행동이 가진 의미를 인정하고 필요하다면 안정된 상태를 유지할 수 있는 다른 방법을 가르치는 편이 훨씬 바람직하다.

그들의 진정한 목적을 알려고 하지 않고 행위 자체만 못하게 막는 것은 자폐에 아무 도움도 되지 않는다. 이는 자폐가 있는 사람을 존중하지 않는 것이며, 심할 경우 그의 삶을 더욱 힘들게 만들 수도 있다. 더 최악은 시간이 갈수록 당사자가 "난 망했어" 또는 "내가 또 나쁜 짓을 해버렸네"라고 스스로의 가치를 깎아내릴 수 있다는 점이다.

사례 갑자기 선생님과 치료사한테 난폭한 행동을 한 루시

열한 살인 루시의 경우가 이랬다. 루시가 다니던 공립학교 선생님들은 아이가 착실하지 않고, 제대로 대화가 되지 않으며 불평이 많고 매우 공격적이라고 했다. 또 선생님과 치료사들한테 갑자기 달려들어 얼굴이나 목을 할퀴는 일이 잦다고 했다. 그 학교 학생들의 상담을 맡았던 나는 오전 내내 루시를 지켜봤고, 무엇이 문제인지 알게 되었다.

선생님과 치료사들이 루시에게 시키는 것은 대부분 답을 맞추는 과제였다. 카드에 그려진 그림과 사진을 계속 맞추거나 지시를 듣고 옳은 그림을 고르는 것이었다.

루시가 교사들에게 달려드는 것처럼 보이는 데는 이유가 있었다. 아이가 활동을 하는 도중에 조교가 갑자기 활동 내용을 바꿔 버린 것이다. 그녀는 그림을 보여 주던 것을 멈추고 카드에 루시의 이름을 써서 다른 카드들 사이에 넣었다. 그리고 아이에게 자기 이름이 적힌 카드를 찾아 보라고 했다. 루시는 곧바로 조교에게 다가가 항의의 뜻으로 그녀의 블라우스를 잡아채려고 했다. 왜일까? 치료사가 아무 예고도 없이 늘 하던 수업 내용과 규칙을 바꿨기 때문이다. 사소한 변화에도 불안해하는 아이는 뭐든 하던 대로 하려고 한다. 그러니 갑작스러운 변화가 생기면 흥분하고 격한 행동이 촉발되는 것도 당연하다.

내 생각을 확인하기 위해, 그날 오후 나는 루시가 선생님 한 명과 함께 늘 다니던 복도를 걷는 것을 지켜봤다. 얼마 뒤 나는 선생님에게 평소 걷던 코스를 바꿔 보라고 했다. 코스가 바뀌자 루시는 갑자기 화를 내며 아까 했던 것처럼 달려들어 선생님의 목과 블라우스를 잡으려고 했다. 나는 그런 반응이 기껍지 않았으며, 이는 루시가 단지 의도적으로 활동을 피하려고 문제 행동을 일으킨다고 생각한 선생님에게 핵심을 인식시키는 것이었다.

선생님을 붙잡는 것은 절대 '공격' 행위가 아니었다. 극도의 혼란을 느끼는 순간 도움을 청하는 신호이자 저항이었다. 선생님을 해칠 의도 같은 것은 전혀 없었다. 언제나 하던 것이 갑자기 바뀌자 당황하고 불안해져서 조절 능력을 잃고 공황 상태에 이른 것이었다.

⋛ 조절장애를 부추기는 어른들의 잘못된 행동 ⋚

앞에서 본 루시의 사례는 자폐인들의 삶에 관여하는 다양한 사람들 때문에 조절장애가 일어날 수도 있음을 보여 준다. 부모와 전문가들 상대로 자폐 워크숍을 진행할 때 내가 자주 하는 말이 있다.

"여러분들의 행동 때문에 아이나 학생, 어른들이 이성을 잃고 완전히 흥분한 적이 있는 분은 손을 들어 보세요."

그러면 곳곳에서 약간은 불편한 웃음소리가 들리다 곧 거의 모두가 손을 든다. 분명히 말하지만 그들은 나쁜 사람이 아니다. 다들 별 뜻 없이, 좀 시끄럽고 힘들지만 5분만 더 참아 달라고 부탁했거나 수학 문제를 두 개만 더 풀어 보자고 말한 정도일 것이다.

우리는 당사자가 힘든 상황을 극복하도록 돕는 데 중요한 역할을 한다. 아이가 소리에 유난히 민감하다면 부모는 소음을 줄여 주는 헤드폰을 사 줄 것이다. 아이들은 "이따 공원 가요? 오늘 오후에 공원에 가요?"라고 끊임없이 물어 댈 때가 많다. 부모가 계속 대답을 해줘도 마찬가지다. 그럴 때 어떤 부모는 곧바로 대답하는 대신 이렇게 말한다. "자, 네가 묻는 것에 대한 답을 적어서 잊어버리지 않도록 냉장고에 붙여 놓자."

부모들이 보여 주는 행동은 아이가 무엇을 걱정하는지 잘 알기 때문에 나오는 것이며, 한순간에 아이를 안심하게 만든다. 또 앞으로 자신의 상태를 스스로 조절해야 할 때 어떤 방법을 써야 할지 가르치는 효과도 있다. 같은 방식으로 우리는 자폐가 있는 대학생이 긴 강의 중에 집중력을 유지하려면 자리를 옮겨서 쉬는 시간이 필요할 거라고 교수에게 자기 입장을 설명하게끔 격려할 수도 있다.

우리가 할 수 있는 가장 중요한 일은 스스로를 제어하지 못할 때 느낄 아이의 기분을 헤아리고 정당함을 인정해 주는 것이다. 하지만 교사나 여러 전문가들은 이 기본 과정을 간과할 때가 많다.

사례 탁자 밑에 숨어 나오려 하지 않는 제임스

여덟 살 제임스가 유난히 힘든 시간을 보내고 있던 날, 나는 제임스를 만나러 학교로 갔다. 제임스는 귀엽고 씩씩하고 큰 눈을 가진 활동적인 아이였는데 가끔 조절장애를 일으켜 예기치 못한 상황을 만들곤 했다.

제임스는 마음껏 에너지를 발산하며 몸의 긴장을 풀 수 있는 체육 시간을 가장 좋아했다. 그런데 공교롭게도 그날은 사진 촬영 때문에 체육관을 쓸 수가 없었다. 자폐가 있는 아이들은 정해진 일정에 변화가 생기는 것을 유난히 못 견디고 힘들어한다. 그러니 제임스가 발악하듯 실망감을 쏟아내는 것도 놀랄 일은 아니었다. 선생님들은 밖에 나가서 걷자고 했지만 아이는 진정되지 않았다. "저는 체육관에 가야 해요," 제임스가 말했다. "가서 움직여야 해요."

아이의 상태가 너무 심각하자 선생님은 일단 회의실로 아이를 데려간 뒤 나에게 전화를 했다. 제임스는 탁자 밑에 숨어서 그르렁 소리를 내며 절대 밖으로 나오려고 하지 않았다. 이전에 근무했던 치료사는 아이가 그런 행동을 하면 무시하라는 말을 했다고 한다. 자꾸 관심을 가지면 같은 짓을 또 할 것이라는 이유에서였다.

하지만 나는 아이가 평소 좋아하는 빈 백 의자를 앞으로 당겨 주고 늘 갖고 다니며 위안을 얻던 개구리 인형을 아이가 잔뜩 웅크리고 앉아 있는 탁자 밑으로 넣어 주었다. 그리고 이렇게 말을 건넸다.

"제임스, 오늘 체육관에 못 가서 화가 난 거니?"

"체육관에 못 가서," 아이는 곧바로 내 말을 따라 하더니 이렇게 말했다. "나는 움직여야 해요."

나는 천천히 몸을 숙이고 탁자 밑으로 들어가 아이에게 다가갔다. 아이 옆에 앉으니 아이가 느끼는 혼란스러움과 분노가 고스란히 전달되는 것 같았다. 그래서 이렇게 위로해 주었다.

"다들 슬퍼하고 있어. 네가 화가 났다는 것을 알기 때문이야."

이 말을 듣자 아이는 조금 진정하는 것 같더니 내 쪽으로 몸을 돌렸다. 그리고 이렇게 말했다.

"내일은 사진 안 찍어요? 내일은 체육관에 가요?"

"그럼, 내일은 정말 체육관에 갈 수 있어." 내가 대답했다.

제임스는 스스로 탁자 밑에서 나와 조용히 회의실 밖으로 나가더니 복도를 걷자고 했다. 선생님들은 자신들이 모른 척 무시했을 때보다 제임스가 훨씬 빨리 안정을 되찾았다고 했다.

아이의 반응을 보면 확실히 알 수 있듯, 제임스를 위해 해야 할 일은 무시가 아니었다. 늘 의지하며 안정을 얻었던 활동을 못 하게 되었고 아무 예고 없이 규칙이 바뀌었고 잔뜩 높아진 기대가 충족되지 못했다. 제임스에게 필요했던 것은 누군가 자신의 이야기를 들어주고 기분을 헤아려 주고 충분히 그럴 만하다고 인정해 주는 것이었다.

그날 수업이 거의 끝나 갈 무렵, 학교 직원 한 분이 복도에서 나를 부르더니 제임스를 데리고 왔다. 제임스의 손에는 개구리 인형이 들려 있었다.

"배리 선생님, 그냥 인사하고 싶어서요." 제임스가 말했다.

"내 개구리도 인사하고 싶대요."

그런 아이를 보자 눈시울이 촉촉이 젖어 왔다. 귀여운 아이들의 단순한 행동 때문에 감동을 받은 것은 이날이 처음은 아니다.

부모나 선생님도 아이에게 쓰는 말투와 관심을 기울이고, 상황을 예측할 수 있거나 받아들일 수 있게 배려해주는 정도에 따라 긍정적이거나 부정적인 변화를 이끌어 낼 수 있다. 자폐가 있는 아이들은 친척이라도 낯선 사람이 갑자기 안으려고 하면 방어 자세를 취한다. 하지만 자기 스스로 안고 싶은 마음이 들면 포옹도 마다하지 않는다.

내 영국인 친구 로스 블랙번이 미국에 왔을 때 나는 강연 장소 몇 군데에 그녀를 데려가서 사람들을 소개해 주었다. 그럴 때 사람들이 반가워하며 성큼성큼 다가오면 로스는 흠칫 놀라서 뒷걸음질을 쳤다. 또 딱딱하게 긴장하며 조심스럽고 방어적인 태도를 취하기도 했다. 하지만 어느 정도 떨어져서 천천히 움직이며 차분히 말을 거는 사람들에게는 로스도 훨씬 편한 모습으로 자신감을 가지고 응대했다.

가끔은 아이를 향해서 본능적으로 나오려는 행동을 억누르는 것이 가장 큰 효과를 발휘할 때도 있다. 바버라는 매일 오후 3시가 되면 유치원에 다니는 네 살짜리 아들 닉을 데리러 갔다. 어느 날 아이를 데리러 가던 중 타이어에 펑크가 나서 견인차를 45분이나 기다리게 되었다. 일단 학교에 알리긴 했지만 정해진 일상이 바뀌는 것을 못 견디는 아들이 어떻게 반응할지 걱정이 됐다. 공황 상태에 빠지지는 않을까? 불안감을 견디지 못해 쓰러지지는 않을까?

학교에 도착해 보니 닉은 교실 한쪽 구석에 앉아서 미친 듯이 몸을 흔들고 있었다. 초점을 잃은 듯 멍한 눈빛은 제정신이 아닌 것처럼 보였다. 다른 아이들은 부모가 다 데려갔고 닉은 혼자 남아 엄마를 기다리고 있었던 것이다. 선생님은 닉이 엄마가 올 거라는 사실을 알고 있었다고 했지만 그 모습을 본 순간 심장이 터질 것 같았던 바버라는 당장 달려가서 아들을 안심시켜 주고 싶었다. 하지만 그녀는 멈춘 채 심호흡을 하고 천천히 걸어가서 가만히 아들 옆에 앉았다.

"사랑하는 닉, 엄마 왔어."

그녀는 침착하게 말했다. "다 괜찮아."

닉은 천천히 고개를 들어 엄마를 바라보더니, 흔드는 것을 멈추고 엄마 말을 따라 했다.

"엄마 왔어, 엄마 왔어, 엄마 왔어."

닉은 일어나서 엄마의 손을 잡고 조용히 문 쪽으로 이끌었다. 바버라는 자신을 추스르고 안정된 모습을 보여 주는 것이 아이를 위한 것임을 잘 알고 있었던 것이다.

자신을 억눌렀던 바버라의 행동에는 매우 중요한 사실이 담겨 있다. 자폐가 있는 사람이 우리에게 하는 행동을 바꾸려 하기보다 우리가 그 사람에게 하는 행동에 더욱 깊은 주의를 기울여야 한다는 것이다.

⟫ 듣고 묻고 지켜보며 다가가는 방식 ⟪

자폐에 대한 내 이해의 폭이 크게 넓어진 것은 여덟 살인 제시와의 경험을 통해서다. 제시는 이전 학교에서 문제 행동을 일으키는 것으로 낙인찍혀 있었다. 제시는 내가 상담을 맡고 있는 학교로 전학을 왔고 우리는 아이를 돕고 학교를 긍정적으로 생각하게 만들기 위해 많은 노력을 기울였다. 혼자 다 아는 것처럼 자만하지 않고 여러 사람과 팀을 이루어 노력하는 것은 내가 정한 기본 방침이다. 부모와 교사, 치료사, 학교 직원들, 또 아이의 삶에 관련된 모든 사람과 협력해야 가장 바람직한 방법을 찾고 실천할 수 있기 때문이다.

사례 지나치게 방어적이고 혼란스러워하는 제시

제시가 전학 온 직후 처음으로 모인 자리에서 팀원들은 아이가 공격적이지는 않지만 지나치게 방어적이고 늘 겁을 먹은 것처럼 보이며 혼란스러워한다는 것에 의견을 모았다. "우리 모두 아이와 믿을 수 있는 관계를 만들어야 합니다." 내가 그들에게 한 말이다.

제시는 좀처럼 말을 하지 않았다. 전에 다니던 학교는 사회적인 의사소통보다 규칙을 준수하는 것을 우선시했기 때문에 제시는 효과적인 의사소통 기술을 익히지 못했다.

시간표는 아이들이 다음에 할 일에 미리 대비할 수 있게 해준다. 그런데 이전 학교 선생님들은 아이들이 볼 수 있는 시간표를 사용하지 않아서 제시는 다음에 할 것을 미리 생각하지 못했고, 자기 시간이 생겨도 마음대로 쓰지 못했다. 선생님과 치료사들이 바르게 행동할 것만 강요하는 와중에 제시는 자신을 드러내고 살아남기 위해 계속 싸웠던 것이다.

제시는 주기적으로 조절장애를 일으켰지만 사람들을 뒷걸음치게만 만들 뿐, 자신이 느끼는 감정과 원하는 것을 알리는 법을 모르고 있었다. 새 학교에서 구성된 팀은 우선 제시에게 의사소통 기술을 가르치는 것에 중점을 두었다. 그림과 사진이 인쇄된 카드를 주로 사용했는데 늘 제시에게 직접 고르게 해서 혼자서도 무언가 할 수 있다는 기분을 느끼게 해주고 자존감을 높여 주었다. 다음에 할 일을 미리 알 수 있도록 시간표도 만들어서 붙여 놓았다.

또 제시는 감각 영역에 심각한 문제가 있었기 때문에 작업 치료사는 감각을 활용한 활동 계획을 짜서 아이가 자기 몸을 조절할 수 있게 도왔다. 한 예로 아침에 제시가 늘 하던 대로 조용한 방에 들어가 흔들의자에 앉아 있으면 작업 치료사는 로션을 발라 아이의 손과 이마를 마사지해 주었다. 나는 그 방을 '제시 스파'라고 부르자고 농담한 적도 있다.

몇 주 뒤 우리 팀은 제시에게 보여 준 사진과 상징적인 그림들을 책으로 정리해서 자신이 하고 싶은 일이나 원하는 것이 있으면 그림을 가리켜 직접 표현할 수 있게 했다(태블릿 피시가 출시되기 전이다). 이 책에는 체육관에서 뛰어놀기, 두 손으로 머리 꼭 감싸기, 마사지 받기, 음악 듣기 등 아이의 안정에 도움이 되는 활동도 포함했다.

치료사는 손, 팔 등 마사지 받고 싶은 곳을 아이에게 직접 선택하게 했고 혼자 마사지하는 법도 알려 주었다. 전에 제시는 잔뜩 겁먹은 얼굴로 불안해하며 누가 다가오면 밀치기만 했지만 점차 자기 뜻을 표현할 수 있게 되면서 선생님이나 반 친구들과 꽤 오래 편안한 시간을 보낼 수 있게 되었다. 보조 교사의 도움을 받아 몇 시간씩 교실에서 수업도 받았다.

전학온 지 몇 달 뒤 담임 선생님이 좋은 소식을 전해 주었다. 처음으로 제시가 환하게 웃었다는 것이었다. 제시는 처음으로 학교에 가는 것이 즐거워졌다.

차이점이 뭘까?

이전 학교 선생님들은 아이에게 귀를 기울이거나 이해하려 하지 않고 자신들이 만든 계획을 따를 것만 강요했다. 하지만 새 학교에서는 아이의 의사소통 능력을 키우고 심신을 안정할 수 있는 방법을 찾는 데 중점을 두었다. 새로운 팀은 아이가 스스로 자신의 생활을 통제할 수 있게 했다. 그것도 통제 범위를 무한으로 확대해서 당황시킨 것이 아니라 예측 가능한 틀 안에서 선택하게 해줬다. 또 혼자 할 수 있는 일들을 가르쳐서 주체성을 느끼고 스스로 자기 상태를 조절할 수 있게 도왔다. 그리고 자신들은 제시를 억누르려는 것이 아니라 돕기 위해 곁에 있다는 것을 알려주었다.

여전히 제시는 분란을 일으키고 힘든 시간을 보냈다. 하지만 시간이 지날수록 힘든 날이 줄어들고 사람들에게 마음을 열게 되었다. 제시는 수업 시간에도 편안해 보였으며, 사람들과 어울릴 때도 조금씩 자신감을 찾아가는 것 같았다. 중학생이 되자 제시의 상태는 더욱 좋아져 두 가지 일을 맡았다. 하나는 정상인인 반 친구 한 명과 같이 교실에서 나오는 종이를 모아 재활용함에 넣는 것이고, 또 하나는 우편물들을 각 교실에 배분하는 것이었다.

제시는 글을 잘 읽는 편이 아니었지만 행정 직원이 색으로 분류하는 시스템을 만들어 우편물을 구분할 수 있게 도와주었다. 이런 활동들을 하면서 제시는 친구들 및 어른들과 교류할 수 있었다. 또 날마다 편지와 소포를 배달하면서 음성 장치의 도움을 받아 선생님들과 간단한 대화도 나누었다. 짜증을 부리는 일도 누구를 때리는 일도 반항하는 일도 없었다. 제시의 얼굴에는 많은 사람들과의 신뢰 관계에 힘입은 미소가 가득했다.

잔뜩 겁먹고 멍든 얼굴에 외로워 보였던 아이는 학교 매점에서 일하며 선생님과 친구들에게 간식과 음료를 파는 학생이 되었다. 그러면서 돈도 모으고 변화를 만들었다. 3학년 말에는 친구와 댄스 파티에 가서 중학교 졸업을 서로 축하했다. 불안정하고 돌발 행동을 일삼아 사람들이 꺼리던 아이는 훗날 고등학교에 진학한 후 화학 선생님의 조수가 되었다. 제시는 비커와 시험관 같은 도구들을 선반에 정리하는 일을 아주 잘했다. 과학실이 이토록 깔끔하게 정돈된 적은 없었다고 선생님이 칭찬할 정도였다.

제시가 열 살 때 처음 했던 팀 회의의 기억이 지금도 선명하다. 그보다 2

년 전, 제시의 엄마는 아들을 문제아 취급하는 학교에 분노하고 좌절한 채 학교를 그만두게 했다. 이제 그녀는 눈물이 그렁그렁한 눈으로 치료사들과 선생님들, 학교 직원들을 돌아보며 말한다.

"여러분이 아들의 인생을 구해주셨습니다."

이 말이 맞다고 해도 그들만의 굉장한 방법이나 뛰어난 통찰력 때문에 달라진 것은 아니다. 제시를 바꾸려는 대신, 우리가 귀를 기울이고 계속 지켜보고 왜 그런지 묻고 보고 들은 것을 바탕으로 아이에게 다가가는 방식을 바꾸었기 때문이다. 우리는 먼저 제시가 무엇 때문에 평정을 잃고 흥분하는지 알아낸 뒤 극복할 수 있는 법을 알려 주었고, 자신의 삶을 스스로 관리하도록 도와주었다. 이 방식이 제시에게 통했다면 다른 많은 아이에게도 마찬가지일 것이다.

2장

자폐가 있는 아이의
언어 알아듣기

나에게 듣는 법을 가르쳐 준 것은 데이비드였다. 데이비드는 활기차고 명
랑한 네 살 아이였는데 이리저리 튕겨 다니는 핀볼처럼 잠시도 몸을 가만
두지 않았다. 이 일을 처음 시작했을 무렵 나는 유치원 교실에서 데이비드
를 지켜보다 아이가 말은 하지만 그 말들이 모두 메아리처럼 뭔가를 되풀
이하는 소리라는 걸 알게 되었다.

사례 **자기만의 방식으로 말하는 데이비드**

데이비드는 일반적인 언어를 쓰지 않고 자기만의 방식으로 말을 하고 있
었다. 금방 들은 것을 따라 하거나 아무 의미도 없고 맥락도 이어지지 않
는 말들을 혼자 만들어 하기도 했다. 자기가 들은 말을 즉시 따라 할 때도

있었지만 가끔은 몇 시간, 며칠, 혹은 몇 달 뒤에 그 말을 꺼내 혼자 계속 중얼거릴 때도 있었다.

데이비드는 사물을 만지며 질감을 느끼는 것을 아주 좋아했고, 특히 내가 입은 스웨터에 관심이 많았다. 어느 날 데이비드와 번갈아 퍼즐 조각을 맞추고 있었는데 아이가 집중하지 않는 것이 느껴졌다. 어린아이들이 대부분 그렇듯 데이비드는 아무 거리낌 없이 내 소매에 나있던 보풀을 잡아당겨 뽑았다. 그러더니 코앞에 대고 가만히 들여다보다가 엄지와 검지 사이에 넣고 빙글빙글 굴리기 시작했다. 나는 데이비드를 나무라는 대신 아이의 관심거리에 동참하기로 했다.

"보이니, 데이비드? 그건 보풀이야." 내가 말했다.

"그건 보풀이야, 보풀, 보풀." 데이비드는 내가 자신의 관심사에 함께한다는 사실에 신이 난 채로 반복했다.

아이는 보풀을 가지고 즐겁게 놀더니 그다음에는 보풀이라는 말을 갖고 놀기 시작했다. 발음이 입술 사이로 새어 나오는 느낌을 즐기는 것 같았다. "그건 보풀이야, 보풀, 보풀! 그건 보풀이야!"

손으로 느껴지는 촉감과 입에서 나는 소리의 조합은 데이비드를 아주 즐겁게 만들어 주었고, 나는 이 방법으로 데이비드와 더 이어지고 아이의 관심을 끌 수 있다는 것을 알았다. 다음 날 나는 코튼 볼을 한 통 가득 가져왔다. 데이비드는 황홀한 눈빛으로 쳐다보았다. 나는 데이비드에게 교실 여기저기에 코튼 볼을 흩어 놓고 내 지시에 따라 코튼 볼을 줍는 게임을 하자고 했다. 의자 위, 곰 인형 아래 이런 식으로 말이다. 코튼 볼의 감촉에 매료된 데이비드는 그 뒤로 나와 친해졌고 함께 있는 것도 좋아하게 되었다. 무턱대고 아이에게 무엇을 시켰다면 거부했을 수도 있다. 하지만 아이의 관심과 흥미를 따른 덕분에 나는 데이비드의 의욕적인 모습을 보았으며, 자기만의 대화법을 찾는 끈질김을 알게 되었다. 이 활동은 압박보다는 즐거움이었을 것이다.

한번은 아이들에게 붓 대신 스펀지에 물감을 묻혀 그림을 그리게 한 적이 있었다. 그로부터 얼마 뒤 데이비드는 교실 바닥에서 작은 스펀지 조각들을 발견했다. 보풀을 봤을 때처럼 데이비드는 즉시 조각들을 주워서 가까이 들여다본 다음, 손가락으로 굴리며 감촉을 즐겼다.

"그건 스펀지 조각이야." 내가 말해 주었다.

데이비드가 내 말을 따라 했다.

"그건 스펀지 조각이야, 스펀지, 스펀지!"

또다시 데이비드는 손에서 느껴지는 스펀지의 감촉과 입을 통해 나오는 소리에 즐거워했고 자신의 발견을 나와 공유했다. 오목하게 접은 손바닥에 스펀지 조각들을 담은 데이비드는 다른 조각들을 찾아 교실 안을 돌아다니며 발끝으로 서서 춤을 추기 시작했다. 그리고 짧지만 슬쩍 나를 쳐다보았다.

"그건 스펀지 조각이야, 스펀지, 스펀지!"

그리고 끊임없이 이렇게 중얼거렸다. "그건 스펀지 조각이야!"

진짜 놀랄 일은 다음 날 일어났다. 교실은 이미 깨끗이 청소된 다음이었다. 전날 아이들이 그린 작품을 우리가 치운 뒤 누군가 교실에 들어가 구석구석 청소기를 돌린 것이다. 하지만 아침에 등교한 데이비드는 전날 스펀지 조각들을 발견했던 자리를 정확히 찾아갔다. 그리고 전날처럼 춤을 추면서 시선을 돌려 나를 보더니 이렇게 말했다.

"데이비드, 그건 스펀지 조각이야, 스펀지, 스펀지! 그건 스펀지 조각이야!"

생각해보라. 그날 교실에 방문객이 와 있었다면 어땠을까? 어떤 아이가 신나는 얼굴로 교실에 들어오더니 스펀지 어쩌고 하는 이상한 소리를 늘어놓으며 사뿐사뿐 춤을 추며 돌아다닌다. 방문객은 이상한 아이라고 치부하고 말았을 수도 있다. 바보 같다거나 멋대로 행동하는 아이라고 생각했을 수도 있다. '저 아이가 환상을 느끼나?' 할 수도 있고 '데이비드가 현실 감각을 잃었나?' 또는 '스펀지가 무슨 말인지 이해를 못하는 건가?' 싶을 수도 있다.

하지만 그 전날 교실에 함께 있으면서 아이와 내가 나눈 대화를 듣고 데이비드가 새로운 감촉을 얼마나 좋아하는지 안다면 왜 그런 행동을 하는지 충분히 이해할 수 있을 것이다. 그 귀여운 꼬마는 전날 있었던 일을 기억해서 말하고 있었다. 전날 경험한 사실 요소(그림을 그릴 때 쓴 재료)뿐 아니라 그것 때문에 흥분했던 자신의 기분, 나와 공유했던 경험을 다시 표현한 것이다.

데이비드는 그렇게 '이야기'를 하고 있었다.

⟩ 반향어를 잘못 이해하는 전문가들 ⟨

자폐가 있는 사람과 같이 지내 봤다면 그 사람이 단어나 구, 문장 전체를 되풀이해 말하거나 끝도 없이 반복하는 모습을 여러 번 봤을 것이다. 실제로 반향어echolalia는 자폐를 규정짓는 특징 가운데 하나다. 아이가 말을 할 나이가 되었는데 자기가 생각한 대로 대답하거나 말하지 않고 다른 사람이 하는 말만 계속 따라 할 때 부모는 처음으로 아이에게 문제가 있는 것은 아닌지 생각하게 된다.

엄마: 우리 딸, 밖에 나가고 싶니?
딸: 밖에 나가고 싶니?

이런 모습은 여러 형태로 나타난다. 만화 영화에 나오는 대사, 지하철 안내 방송, 선생님들이 건넨 인사말을 듣고 그럴 수도 있고 예전에 부모가 다툴 때 했던 말들을 기억해서 똑같이 할 때도 있다. 그야말로 뭐든 따라 한다. 몹시 흥분하거나 고통스럽거나 불안하거나 기쁜 순간들의 말들은 아이의 삶에 큰 부분을 차지하며 끊임없이 되풀이하게 만든다. 아이는 그런 말들을 반복하면서 그때 있었던 일들과 기분을 다시 겪는 것처럼 보인다.

언제가 동료 의사 한 사람이 자폐가 있는 초등학교 5학년 아이를 봐 달라고 부탁한 적이 있었다. 엘리자를 보기 위해 교실에 도착하자, 선생님은 나에게 들어와 앉으라고 손짓했다. 내가 가까이 다가가자 엘리자는 갑자기 걱정스러운 표정을 짓고 나를 조심스럽게 쳐다보더니 이렇게 말했다.
"가시에 찔렸어!"
순간 나는 제대로 들은 건가 싶었다. 가시라고? 나는 여전히 다정하고 친절한 태도를 유지한 채 아이 옆에 앉았지만 아이는 나를 불안하게 흘겨보며 계속 같은 말만 되풀이했다.
"가시에 찔렸어! 가시에 찔렸어!"

정말 다쳤나 싶어서 아이의 손을 살펴보는데 선생님이 말씀하셨다.

"걱정 마, 배리 선생님은 좋은 분이야. 그냥 보러 오셨어."

엘리자는 선생님이 한 말을 그대로 따라 했다.

"배리 선생님은 좋은 분이야. 그냥 보러 오셨어."

그러면서 아이는 좀 안정된 것 같았지만 나는 엘리자가 어떤 기분으로, 또 무슨 생각을 하며 그런 말을 했는지 무척 궁금했다. 대체 무슨 말일까? 가시와 내가 무슨 관계라도 있는 걸까? 그냥 한 말일까? 선생님은 또 왜 그렇게 말씀하셨을까?

나중에 선생님께 물어보았더니 2년 전에 엘리자가 운동장에서 놀다 가시에 찔려 고생한 적이 있다고 했다. 그 뒤부터 불안해지거나 겁이 날 때마다 "가시에 찔렸어!"라고 말한다는 것이다.

이렇듯 엘리자의 선생님은 아이가 하는 말이 무슨 뜻인지 잘 알고 있었고, 나 역시 스펀지에 대한 기쁨을 되새기는 데이비드를 완전히 이해할 수 있었다. 마찬가지로 부모처럼 아이와 가까운 사람들은 아이가 하는 말이 무슨 뜻이고 왜 그런 말을 하는지 정확히 알고 있을 때가 많다.

"아, 그건 작년에 봤던 〈스펀지 밥〉에 나온 대사예요."

"지난달에 소방 훈련을 할 때 선생님이 하는 말을 듣고 그러는 거예요."

"저번에 목욕시킬 때 내가 했던 말이네요."

"TV쇼 사회자가 한 말을 듣고 따라 하는 거예요."

하지만 일부의 '전문가'라는 사람들이 반향어도 '자폐성 행동'의 하나이며 학습을 방해하고 '정상인'이 되는 데 장애가 되는 문제 요인이라면서 병리학적인 측면에서 말한다. 이 말을 들으면 부모들의 걱정은 깊어질 수밖에 없다.

그럴 필요 없으며 틀린 말이다.

물론 고집스러울 만큼 같은 말만 되풀이하면 표면적으로는 그렇게 보일 수 있다. 전문가들의 잘못된 조언에 따라 부모는 당연히 아이가 친구도 못 사귀고 학교 수업도 제대로 못 받을까 봐 걱정될 것이다. 또 이상하고 유별난 아이 취급을 받고 외톨이가 되지 않을까 싶은 생각도 들 것이다.

어떤 전문가들은 아이가 하는 이런 말들에 '바보 소리'나 '비디오 토크'(영화나 TV 프로그램에 나오는 말들을 따라 하는 경우가 많으므로)라는 이름을 붙이고 반향어는 가치가 없다며 부모를 설득시키고, 그런 짓을 못하게 해야 한다고 걱정을 부추기기도 한다. 내가 이 일을 처음 시작했을 때는 이렇게 말하지 못하도록 거칠고 부정적인 방법을 쓰는 교사와 전문가들이 많았다. 치료사들은 아이가 이렇게 말할 때마다 아이의 얼굴 앞에서 손뼉을 치는 등 아이가 싫어하는 시끄러운 소리를 내곤 했다. 집에서 개가 짖지 못하도록 할 때처럼 말이다.

내가 방문했던 어떤 학교에서는 아이가 '바람직하지 못한' 행동을 하면 선생님이 아이 입에 레몬즙을 짜 넣는 벌을 주면서 다시 말하거나 주제에 맞는 말을 하게 만들었다. 그래도 최근에는 이런 거칠고 혐오스러운 방법들이 많이 완화되었고, 무시하는 방법을 택하는 사람들도 있다(계획적인 무시). 어떤 전문가들은 부모에게 아이를 손가락으로 가리키며 단호히 명령하라고 한다.

"조용히 해!"

"말하지 마!"

"바보 같은 소리 그만해!"

이런 방식은 모두 한 가지 목표를 추구한다. 말을 못하게 하는 것이다.

자폐가 있는 많은 어른들이 어렸을 때부터 이런 '만일의 사태에 대비하는' 행동 치료를 받았고, 지금 그들은 당시에 화가 났고 무서웠으며, 트라우마가 생겼다고까지 말한다. 나는 오래전부터 이 방식이 잘못되었으며, 전문가들마저도 반향어를 잘못 이해하고 있다고 생각했다. 그들이 하는 충고는 부모를 잘못 이끌 뿐 아니라 아이에게 해가 될 수도 있었다. 이들은 아이를 '정상'으로 보이게 만드는 데만 급급한 나머지 아이의 정당한 의사 표현을 무시해 버렸다. 더 큰 문제는 세상과 연결되고 사람들과 소통하려는 아이의 노력을 묵살해 버린 것이었다.

⅔ 무의미한 말은 하나도 없다 ⅔

화법과 언어 병리학에서 석사 학위를 받은 직후 나는 늘 꿈꾸던 곳에서 일하게 되었다. 필수 과정이었던 임상 연구의 일환으로 버팔로 아동 병원의 자폐 프로그램에 참여하게 된 것이다. 1975년에 그런 프로그램이 있었다고 하면 놀라는 사람들이 많다. 하지만 정말 있었고 우수한 프로그램이었다. 그해에 나는 자폐가 있는 소년 다섯 명에게 말하는 법을 가르쳤다. 그러면서 이 아이들의 의사소통과 언어 발달에서 반향어가 차지하는 역할을 알아내기 위한 파일럿 연구도 함께 진행했다.

내가 반향어를 연구하려 했던 이유 중 하나는 화법과 언어, 또 제대로 훈련을 받지 않았거나 아동 발달 분야에 전문가도 아닌 사람들이 자폐가 있는 아이들을 평가하는 경우가 많았다는 점이다. 그들은 바람직한 행동을 늘리고 바람직하지 않은 행동은 줄이는 프로그램을 개발하는 행동 치료사 같은 사람들이었다. 그들 대부분은 반향어를 제대로 알지도 못한 채 '바람직하지 않은' 행동 중에 하나라는 생각만 갖고 있었다. 로스 블랙번의 말에 따르면, 그들은 '왜?'라는 생각조차 하지 않는다. 자신이 전문가라고 생각하면서 아이들이나 그 부모들의 관점을 이해하고 존중하려는 노력을 보이지 않았다.

나는 아이들이 이렇게 말하는 데는 다른 이유가 더 있을 거라고 생각했다. 그냥 내뱉은 말이거나 반항하려고 하는 행동은 분명 아니었다. 내가 관찰한 결과도 그렇지만, 심리 언어학과 언어 병리학을 공부할 때도 반향어는 '무의미한 흉내 내기'가 아니라 훨씬 복잡한 것이며 다른 많은 목적이 있는 표현이라고 했다. 그리고 이 생각을 증명하고 싶었다.

그때까지 반향어에 관한 연구는 형식상 만들어진 연구소에서 제한적으로 이루어지던 것이 전부였다. 하지만 나는 사회적인 프로그램으로 연구를 진행했다. 즉 아이들이 일상생활 속에서 쓰는 언어들을 연구한 것이다. 나는 교실에서 아이들을 지켜봤고 집에 가서도 관찰했다. 운동장에서 형제나 또래들과 노는 모습을 촬영하기도 했다. 다시 말해 아이들의 모든 생활을 지켜보고 아이들이 하는 말에 귀를 기울였다.

반향어를 쓰는 아이들을 이렇게 많이 만나서 일해 본 것은 그때가 처음이었다. 아이들을 알아갈수록 그들이 하는 말 가운데 무의미한 말은 하나도 없다는 사실을 알게 되었다. 아이들도 나름 자신의 의사를 표현하고 있었고 반향어를 사용하는 데도 다 이유가 있었다. 부모들과 이야기해 보니 나와 비슷한 생각을 하고 있었다.

나는 그 사실을 데이비드를 통해 처음 알았다. 스펀지 조각에 열광했던 아까 그 친구 말이다. 교사나 보조 교사들이 마음에 들지 않는다는 표시로 "안 돼!"라고 말할 때마다 데이비드는 같은 반응을 보였다. 교실을 여기저기 뛰어다니며 아주 부정적인 말투로 계속 이렇게 중얼거렸다.

"우리는 문을 쾅 닫지 않아요. 우리는 벽에 오줌을 누지 않아요."

이 열 단어가 모든 것을 설명했다. 데이비드는 누군가에게 명령하는 뜻에서 그렇게 말한 것이 아니었지만 교실 안에 있는 어른들은 그 모습을 재미있어 했다. 전에 꾸중을 들은 적이 있었던 데이비드는 이렇게 함으로써 자신이 처한 상황을 인지하고 있음을 알린 것이다. 데이비드는 어른들에게 허락받지 못했으며 혼나고 있다는 사실을 알고 있었다. 문을 쾅 닫거나 벽에 오줌을 누는 것처럼 교실에서 하면 안 되는 짓을 했기 때문에 혼나는 것이다. 데이비드는 이처럼 자기만의 방식으로 말 뒤에 숨은 감정에 동조하고 있었고 '알고 있다'는 것을 보여 주었다.

나는 같은 말을 되풀이하는 것으로도 중요한 정보와 감정을 표현할 수 있음을 알게 되었다.

사례 반복된 말로 자신의 상태를 알린 제프

어느 날 오후, 제프는 평소보다 가라앉아 보였지만 말을 하지 않으니 이유를 알 수가 없었다. 그러다 갑자기 교실 안에 있던 어른들에게 다가와 한 사람씩 가만히 얼굴을 들여다보더니 우리가 한 번도 들어 본 적이 없는 소리를 내기 시작했다.

"아아아-해! 아아아-해!"

제프는 입을 길게 벌리며 '아' 소리를 길게 냈다.

그렇게 오후 내내 교실 안을 돌아다니던 제프는 자리에 앉더니 나와 시선을 맞추고 계속 그 소리를 냈다.

"아아아–해! 아아아–해!"

처음에는 아이가 입으로 소리를 내면서 그 느낌을 즐기며 노는 줄 알았다. 아무리 애를 써도 아이가 무슨 말을 하려는 것인지 알 수 없었다. 우리에게 다가와 작정한 듯 계속 이런 소리를 낸 것을 보면 전하고 싶은 것이 있는 것은 분명했다. 아이는 어떤 반응을 기대하고 있는 것 같았다.

다음 날 아침에도 제프가 계속 그 소리를 되풀이하자 선생님은 아이의 엄마에게 전화를 걸어 물어보았다. 그러자 엄마는 생각할 필요도 없다는 듯 바로 이렇게 대답했다.

"아, 그거요? 아마 감기에 걸려서 그러는 걸 거예요."

우리는 그다음 말을 기다렸다. "네?"

"음, 제프가 아픈 것 같을 때 제가 늘 그러거든요. 입을 벌리고 '아–'해 보라고요."

그제야 이해가 됐다. 제프는 몸이 안 좋다는 것을 우리에게 말하고 싶었던 것이다. 감기에 걸렸거나 목이 아팠나 보다. 아직 어렸던 제프는 자신의 몸 상태를 말로 설명할 수 없었기 때문에 집에서 엄마한테 들었던 소리를 우리 앞에서 그대로 한 것이었다.

맥락을 몰랐다면 그저 아이가 내는 재미있는 소리로 치부해 버렸을지도 모른다. 하지만 우리는 계속 '왜 그럴까?'라고 생각했다. 제프가 내는 소리에 귀를 기울이고 엄마에게 물어본 덕분에 우리는 제프를 완전히 이해할 수 있게 되었다.

그해 나는 아이들이 내는 소리를 듣는 것에 주력했다. 장애인 특수 교육부의 승인을 받아 아이들이 학교 운동장에서 노는 모습, 점심 식사를 하는 모습, 개별 및 단체 치료를 받는 모습, 집에서 가족들과 지내는 모습 등 아이들의 일상을 스물다섯 개의 비디오테이프에 담았다. 그리고 몇 달에 걸쳐 테이프에 나온 아이들의 말, 제스처, 행동을 분석하면서 각기 다른 1,009개의 반복 언어를 찾아내 일곱 개 범주로 분류했다.

그러면서 '즉각적인 반향어', 즉 들은 자리에서 바로 단어나 구를 따라 해 반복하는 것과 '지연된 반향어', 즉 소리를 들은 지 몇 시간 혹은 며칠, 몇 달, 몇 년 뒤에 그 소리를 되풀이하는 것으로 구분했다.

결론은 이렇다. 아이들은 그런 소리를 통해 필요한 모든 말을 다 하고 있었다. 전부 알아들었음을 확인해 주기도 했고, 대화 중 상대방에게 응답도 했다. 나중에 할 말을 연습하는 차원에서 그 말을 계속 되풀이하기도 했고, 자신에게 거는 주문처럼 중얼거리며 마음을 가라앉히기도 했다. 또 자기가 겪고 있는 상황이나 과정을 큰 소리로 되풀이해 말하면서 자신을 안심시키기도 했다. 자신의 정서를 안정시키거나 불안해하고 두려워 할 필요가 없다는 의미로 하는 말이기도 했다. 우리 모두와 같은 목적으로 그런 언어를 쓰고 있었던 것이다. 우리는 그저 잘 듣고 잘 지켜보고 충분한 관심만 기울이면 됐다.

≳ 조금만 귀 기울이면 이해할 수 있는 반향어 ≲

귀를 기울일수록 나는 아이든 어른이든 자폐가 있는 사람들이 내는 소리를 더 잘 알아듣게 되었다. 도저히 알아듣지 못해서 아무 뜻도 목적도 없는 것 같은 반향어도 물론 있다. 예를 들어 말을 하지 않던 사람이 불쑥 말을 하는 것을 가리켜 '확실치 않은 말'이라고 한다. 그들은 의사소통을 할 목적으로 단어나 소리를 사용하는 것이 아니다.

하지만 잘 듣고 약간의 탐정 노릇만 하면 아이 혹은 어른도 독특한 방식으로 자신의 의사를 전달하고 있음을 알 수 있다. 내 연구가 그것을 입증했고 다른 학자들의 연구 결과도 내가 낸 결과와 비슷했다.

사례 말을 통째로 기억해 전달하는 에이단

에이단은 귀여운 세 살짜리 아이였는데 말하는 능력은 나이에 비해 떨어졌지만 들은 말을 통째로 기억하는 재주가 있었다. 일반적인 발달 수순을 거치는 아이들은 한 번에 한 가지씩 '엄마' '아빠' '아기' 같은 단어의 개수를 늘리며 익히다가 "엄마가 안아줘" "아빠 과자 먹어" 같은 짧은 문장을 만든다.

그런데 에이단은 문장이나 구절 전체를 통째로 말해서 부모를 놀라게 하곤 했다. 개중에는 문법이 아주 복잡한 문장들도 있었다. 네 살 때 사람들을 만나면 '안녕' 같은 말이 아니라 자기가 좋아하는 영화에 나오는 대사로 인사를 했다. 고개를 한쪽으로 삐딱하게 젖히고 반짝반짝 빛나는 눈을 가늘게 뜨며 이렇게 묻는 것이다.

"당신은 착한 마녀인가요, 나쁜 마녀인가요?"

물론 이 말은 영화 〈오즈의 마법사〉에서 북쪽 마녀 글린다가 도로시와 만나 인사를 나누는 아주 극적이고 유명한 장면에 나온다. 막 오즈의 나라에 도착한 도로시 앞에 밝게 빛나는 작은 비눗방울이 나타나더니 가까이 다가올수록 점차 커지다가 갑자기 빵 터진다. 그리고 동화 속 공주처럼 드레스를 입고 한 손에 지팡이를 든 글린다가 나타난다. 글린다는 도로시에게 다가와 이런 명대사를 전한다. "당신은 착한 마녀인가요, 나쁜 마녀인가요?"

이보다 더 인상적인 인사말이 또 있을까? 에이단은 아무 뜻 없이 그렇게 말한 것이 아니었다. 이 어린아이는 사람이 다른 사람을 만난다는 것이 어떤 의미인지 정확히 파악하고 있었던 것이다. 나중에 선생님과 치료사들은 에이단에게 "안녕하세요, 제 이름은 에이단입니다" 하고 평범하게 인사하는 법을 가르쳤다. 엄마는 그들에게 고마워했지만 아들의 독특한 인사말은 더 이상 듣지 못하게 되었다.

지극히 일상적인 일처럼 자기가 겪은 일을 그대로 되풀이하는 아이들도 있다. 버니도 같은 경우였다. 버니는 아주 활기 넘치는 아이였는데 평소 하는 말의 대부분이 엄마를 포함해 다른 사람들이 했던 말을 따라하는 것이었다. 버니에게는 그 말을 한 사람의 말투까지 그대로 따라하는 아주 신기한 능력이 있었다. 오래전 아이가 다니던 학교에서 일할 때 가끔 버니와 같이 화장실에 가면 버니는 변기에 앉은 채 엄마 목소리를 똑같이 흉내 내며 갑자기 이렇게 말하곤 했다.

"다 쌌니? 이제 궁댕이 닦자."

아프리카계 미국인 혈통으로 도시에서 자라면서 그의 반향어는 흑인 영어의 특징이 나타났다(현재는 AAVE, African-American Vernacular English라고 부른다). 버니가 나의 말을 되풀이 했을 때 내가 뉴어크 출신이라는 것을 알았기 때문에 브루클린 억양을 분명히 따라했다.

아이들은 같은 말을 계속 반복하면서 자기 생각을 전할 때가 많지만 처음부터 바로 알아들을 수 있는 경우는 드물다. 카일 역시 자폐가 있는 아이였다. 한번은 카일의 아빠가 로드아일랜드의 내러갠섯만으로 아들과 떠나는 요트 여행에 나를 초대했다. 화창한 오후 작은 만에 잠시 정박해 있을 때였는데 카일이 몸을 구부려 근심 어린 표정으로 바닷물을 바라보더니 갑판 위를 여기저기 뛰어다니기 시작했다.

"개 없어! 개는 물어!"

카일은 고개를 돌려 아빠를 보며 점점 더 다급한 목소리로 같은 말을 계속 되풀이했다.

"개 없어! 개는 물어!"

개가 없다고? 우리는 바다에 떠 있고 근처에 다른 배는 없었다. 사람도 없고 동물도 없었다. 파도와 바람뿐이었다. 아이는 무슨 말을 하고 있는 걸까?

아빠는 아들의 말이 무슨 뜻인지 정확히 알고 있었다.

"수영을 해도 되는지 묻는 겁니다."

나는 설명을 해달라고 했다. 카일의 아빠는 아이가 개를 유난히 무서워해서 자신의 안전이 염려될 때면 항상 그렇게 말한다고 했다. 지금 카일은 얕은 바다에 들어가 수영을 하고 싶지만 안전한지 아닌지 확실히 모르기 때문에 묻는 것이었다. 아빠가 "괜찮아, 안전해! 개 없어!"라고 말하자 카일은 신이 나서 물속으로 뛰어들었다.

⸎ 반향어를 가장 잘 알아듣는 사람은? ⸎

위 사례들이 보여 주는 것처럼 반향어는 언어와 의사소통 기술의 발달만이 아니라 아이를 키우는 것도 알게 해준다. 부모들 중에는 자기 아이가 어떤 상태인지 설명해 달라며 의사나 치료사들에게 의존하는 사람들이 많다.

하지만 긴 시간을 두고 지켜본 결과 나는 가족이 중심이 되어 접근하는 방식이야말로 자폐를 겪는 가족 구성원에게 가장 효과적이고 의미 있는 방법이라는 사실을 깨닫게 되었다. 아이를 가장 잘 아는 사람은 대부분 부모다. 많은 것을 함께한 성인이 된 형제나 조부모들도 자폐가 있는 사람들을 깊게 이해할 수 있다. 또 가족은 오랫동안 같이 살면서 겪은 많은 일들을 바탕으로 그들만의 언어를 만들어낸다. 그래서 그 가족만 아는 표현이나 용어, 줄임말 같은 것들이 생기는 것이다. 바꿔 말하면 모든 가족은 자신들만의 문화를 만들어 서로 소통하고 이해하고 돕는다는 뜻이다.

이처럼 각 가족에게는 고유의 문화가 있기 때문에 가족이 아닌 사람은 대부분 그 문화를 잘 모른다. 그러므로 부모가 전문가 같은 외부인에게 의지해서 알려고 하기보다는 전문가들이 부모와 다른 가족, 아이들 등 가족 내부 사람들에게 의지하는 것이 더 바람직하다. 어떤 부모가 같은 말 혹은 당혹스러운 행동을 계속 되풀이하는 아이의 버릇에 대해 설명해 달라고 하면, 나는 일단 이렇게 되묻는다.

"음… 부모님은 어떻게 생각하시는데요?"

대개 부모는 잘 알고 있으며 적어도 비슷하게 추측까지는 한다. 그래서 아이가 왜 그런 행동을 하는지 스스로 생각하며 내가 몰랐던 중요한 정보를 제공해 줄 때가 많다. 그들은 전문가들과 협력하는 파트너십의 구성원으로 존중받으며 가치 있다고 느낀다.

한번은 어떤 연구 때문에 반향어에 관한 설문지를 부모들에게 보낸 적이 있었다. 자폐가 있는 아이들은 대부분 반향어를 썼고 부모들은 각자의 생각대로 그 말을 해석하고 있었다.

"잘 기억했다가 더 잘 이해하려고 그럴 때가 있어요."

"뭔가 바라는 것이 있을 때 그렇게 해요."

"대화에서 자기 차례가 되었는데 상대방 말을 이해하지 못했을 때 그러죠."

"같은 말을 계속하는 것은 '그렇다'는 뜻이에요."

아이가 하는 말이 아무리 특이해도 부모의 대부분은 그 의미를 잘 알고 있었다.

⅗ 창의적인 언어로 말하는 법 가르치기 ⅗

사실 자폐가 있는 아이들에게 반향어는 매우 중요하게 쓰인다. 그 과정을 통해 언어를 습득하기 때문이다. 쉽게 말하면 이렇다. 자폐가 있는 아이들은 의사소통을 제대로 못해서 힘들어하지만 기억력은 아주 좋은 편이다. 그래서 자신에게 들리는 말을 듣고 되풀이하는 방식으로 언어를 배운다. 들은 즉시 따라 하기도 하고, 한참 뒤에 그러기도 한다.

사회성과 인지력, 언어 능력이 성장하면서 아이는 언어에 담긴 규칙을 이해하기 시작한다. 하지만 어떤 부분에서는 반향어를 이용하여, 게슈탈트(형태) 학습 방법을 통해 통째로 기억했던 말들을 조각조각 나누어 말하면서 규칙을 이해하기도 한다.

그런 말을 접하며 사는 것이 편하다는 말은 물론 아니다. 아이가 쓰는 반향어들에 의미가 있고 언어 발달의 디딤돌의 되며 의사소통 능력을 키우는 데 중요한 것은 사실이다. 하지만 그런 말을 계속 듣고 있으면 아무리 부모라도 당연히 미칠 것 같을 때가 있다. 내가 부모들에게 늘 하는 말이다. 어린 딸이 만화 영화 〈토이스토리 2〉에 나오는 대사 한 줄을 열다섯 번씩 말하면 머리가 터질 듯할 것이다. 옆에서 아들이 "우리는 문을 쾅 닫지 않아요. 우리는 벽에 오줌을 누지 않아요"라는 말을 백 번쯤 하면 아마 당신이 문을 쾅 닫아 버리고 싶어질지도 모른다.

하지만 두 가지만 기억하며 기운을 내자. 하나는 이런 의사소통이 아이에게는 매우 중요하게 쓰이며, 또 하나는 아이의 말을 통해 아이가 계속 발달해 가는 모습을 알 수 있다는 것이다. 시간이 지나면서 자기만의 독창적인 언어 체계가 발달하면 그런 반향어도 점차 줄어든다. 물론 사람마다 과정이 진행되는 시간이나 속도는 다르겠지만 말이다.

아이가 단순히 반복해서 하는 말 대신 창의적인 언어를 쓰도록 도울 수 있는 방법은 많다. 아이에게 되도록 쉽게 말하고, 통째로 말하던 반향어를 단어와 구로 세분화하고 제스처를 취하며 말하고 시각 자료를 이용해서 글자를 알려 주는 식이다. 아빠가 딸에게 이렇게 말한다고 해보자.

"냉장고에 가서 우유를 꺼내고 찬장에서 과자도 가져오렴."

아이가 말 전체 혹은 일부를 그저 따라 하는 것으로 대답을 대신할 수 있다. 하지만 이것은 진짜 대답이 아니다. 그러면 아빠가 긴 문장을 쪼개서 말하면 된다.

"냉장고에 가 봐(가리키며). 우유를 꺼내. 찬장을 열어. 과자를 꺼내."

또 한 가지 방법은 말로만 가르치려고 고집할 것이 아니라 사진과 그림, 태블릿 피시나 전자 기기에 쓴 글자를 이용하는 것이다. 전달된 내용을 쉽고 빠르게 이해할 수 있으면 반향어를 써서 이해할 필요성이 줄어든다.

말하고 싶은 것을 글로 쓰게 하는 것이 도움이 되는 아이들도 있다. 이렇게 하면 통째로 기억해 둔 말에 의존하는 대신 하고 싶은 말을 자기 식대로 표현하는 능력이 발달할 수 있다. 자폐가 있는 사람들은 대부분 듣고 말하는 것만으로 의사소통을 하는 것보다 시각적인 방법으로 언어를 표현하고 이해하려는 성향이 강하다. 말은 하지 않지만 더 자동적이고 확실치 않은 반향어를 쓰는 자폐인들도 복잡한 생각이나 기분을 타이핑하거나 글로 쓸 수 있다.

반향어의 다양함과 기능을 인지하고 의도를 이해해 주는 것은 매우 중요하다. 하지만 아이가 말이나 보완, 대체 수단을 사용하여 좀 더 창의적인 언어와 좀 더 평범한 방법으로 자신의 의사를 전달할 수 있게 돕는 것도 못지않게 중요하다.

어릴 때는 그토록 고집스레 반향어를 쓰다가 자라면서 점점 줄이는 사람들도 있다. 하지만 위태롭거나 자기 조절이 힘든 상황에 처하면 같은 말을 또다시 되풀이한다.

중학생인 엘리야는 브로드웨이 뮤지컬을 무척 좋아했는데 그중에서도 〈라이온 킹〉의 열광적인 팬이었다. 엘리야는 학업을 따라가지 못했고 특히 추상적인 언어를 고난도로 이해해야 하는 과목들을 힘들어했지만 일반 공립학교에 다니면서 정상인 친구들과 친해지고 시간을 보내며 평범한 사회에 익숙해졌다. 대개는 잘 지냈으나 수업 내용이 어려울 때는 불안해하고 좌절하기도 했다. 역사 수업 중에 불안감이 심해지면 엘리야는 일어나서 뮤지컬 〈라이온 킹〉의 OST인 〈서클 오브 라이프 Circle of Life〉를 목이 터져라 부르기 시작했다. 처음에는 영어로, 그다음에는 독일어로 불렀다. 독

일어는 인터넷에서 찾은 영상으로 배운 것이다.

학교 선생님들은 엘리야의 창의적인 정신세계를 존중하고 싶어 했지만 학생이 수업 중에 일어나 갑자기 노래를 부르는 것은 수업을 방해하는 행동이었다. 그래서 나는 왜 역사 시간에 그렇게 노래를 부르는지 엘리야에게 물어봤다. 아이는 선생님이 말을 너무 빨리 해서 따라갈 수 없기 때문이라고 했다. 집중하기 힘들 때, 엘리야는 이 방법으로 감정을 조절하고 불안을 줄였던 것이다.

노래는 또 다른 형태의 반향어일 뿐이었다. 일부 전문가들은 이런 것을 '스크립트'라고 부른다. 아이는 기이하거나 제멋대로 행동하는 것이 아니었다. 보통 사람들도 지루하거나 스트레스가 심할 때 속으로 좋아하는 노래를 불러 보는 것처럼(사람들 앞에서 진짜 부르지는 않지만) 엘리야는 이렇게 힘든 상황을 견뎌 내고 있었다.

나는 엘리야의 부모, 선생님, 학교 직원들과 협력해서 엘리야가 수업을 방해하지 않고 불안감을 가라앉힐 수 있는 방법을 찾았다. 엘리야는 노래뿐 아니라 〈라이온 킹〉의 등장인물들을 그리는 것도 좋아했다. 그래서 우리는 수업 시간에 스케치북을 가져가는 방법을 제안했다. 나중에는 작은 화이트보드와 마커를 준비해 주고, 불안해지면 노래를 부르는 대신 조용히 그림을 그리게 했다. 몇 년이 지나 엘리야는 아티스트가 되어 자신의 그림을 전시회에서 판매하고 축하 카드도 만들었다.

저스틴 역시 비슷한 대안을 찾아 효과를 본 경우였다. 저스틴이 열한 살 때, 동네의 한 카페에서 아이가 그린 그림을 전시하자는 제안이 들어왔다. 부모는 아이의 사회성을 키울 수 있는 좋은 기회인 것 같아 반갑게 받아들였다. 그때부터 저스틴은 전시회에 올 친구들과 손님들에게 인사하는 법을 열심히 연습했다. 드디어 전시회가 열린 첫날 밤, 저스틴은 처음 방문한 손님 몇 사람과는 악수를 하며 예의 바르게 인사했지만 사람들이 많아지자 점점 불안해져서 어찌할 줄을 몰랐다. 그래서 연습했던 대로 인사하지 않고 이렇게 묻기 시작했다. "제일 좋아하는 만화 영화 캐릭터가 뭐예요?" 저스틴은 애니메이션을 아주 좋아했고 그림도 대부분 만화를 그렸다.

평소 잘 알던 사람에게도 준비했던 인사말 대신 이렇게 물었고 상대방의 대답에는 별 관심을 갖지 않았다. 그 말을 물을 때마다 아이의 목소리에 담긴 불안감은 점점 커져 갔다. 엘리야가 〈라이온 킹〉에 나오는 노래를 불렀던 것처럼 저스틴은 자기가 가장 좋아하는 질문을 계속 되풀이한 것이다. 두 아이 모두 불안을 느끼는데도 불구하고 평소 반복해서 했던 말들로 잘 대처한 경우였다.

저스틴의 특이한 인사말을 평범한 것으로 바꾸기 위해 부모는 카드를 준비해서 적당한 인사말을 상기시켜 주기로 했다. 대본 같은 것은 아니고 사람들과 대화를 이어 가거나 와줘서 고맙다는 몇 가지 단어를 알려 주는 식이었다. 사람들 속에 섞여서 주눅이 들고 불안할 때 꺼내 볼 수 있는 글자와 카드가 있다는 것만으로 저스틴에게 큰 도움이 되었다.

반향어는 언어 발달에도 도움이 된다. 사실 기억하고 있는 단어나 구를 반복하는 것만으로 언어를 창의적이고 효과적으로 쓴다고 할 수는 없지만, 반향어는 그 시작이 될 수 있다. 이런 아이들은 반향어를 시작으로, 몸을 악기처럼 사용해 소리를 내서 자신이 보고 느끼고 원하는 것을 표현할 수 있다는 것을 처음 깨닫는다. 또 그렇게 하면서 다른 사람들과 연결될 수 있다.

반향어 단계를 거쳐 창의적이고 대화가 가능해진 자폐인들도 이야기의 기반은 '스크립트'다. 자폐 자기옹호네트워크 [ASAN, Autism Self-Advocacy Network] 의 이사 줄리아 배스컴은 자신의 '말 창고'에서 하고 싶었던 말을 되찾았다고 밝혔다.

⟫ 영화 속 대사도 때로는 반향어 ⟪

부모가 자폐가 있는 자녀나 가족이 하는 말을 잘 듣는 것이 중요하며 이런 식의 자기 표현법을 무시해서는 안 된다. 나의 첫 멘토 중 한 분인 고[故] 워런 페이 박사는 지금의 오리건 보건과학대학 [Oregon Health & Science University] 에서 언어와 화술 전문가로 있을 때 이런 말씀을 하셨다.

"반향어에 대해 아직 제대로 알지도 못하는데 아이가 그런 말을 좀 한다고 꼭 안 좋게 볼 필요가 있을까?"

자폐가 있는 사람은 신경학적 요인 때문에 사람들과 있으면 불안해하고 감각을 많이 쓰는 것을 못 견뎌 하고 말을 만들어서 하는 것도 힘들어한다. 그런데도 자신의 의사를 필사적으로 전달하려는 사람의 입장에서 한번 생각해 보라. 사람들과 처음으로 대화를 하려고 시도했는데 전문가라는 사람들로부터 "조용히 해!" "그런 바보 같은 말 좀 그만해!"라는 거친 말을 들으면 어떻게 되겠는가?

그런 말은 아무 도움도 안 될 뿐 아니라, 언어와 의사소통이라는 힘든 과정을 배워 가면서 사람들과 교류하려는 사람의 노력을 꺾어 버린다. 또 이렇게 의사소통의 문이 닫혀 버리면 스트레스를 더 많이 받으며 혼란스러워한다. 그러니 아이들이 특정한 몇 사람을 피하려 하고 말문을 닫고 단념하듯 행동하는 것도 어찌 보면 당연하다. 언급한 대로 더 극단적 사례도 있다. 반향어가 압박당하거나 '제거 당했던' 경험이 성인들은 이 일을 힘들고 트라우마였다고 떠올렸다.

내 조언은 간단하다. 잘 듣고 잘 지켜보고 '왜?'라고 묻자. 아이가 쓰는 단어들을 잘 듣고 어떤 제스처를 취하는지 잘 보고, 그런 말이 나오게 된 맥락을 따져 보라. 그러면 아이가 반향어를 통해 의사소통하는 법을 배우고 있다는 것을 직감적으로 깨닫게 될 것이다.

나미르의 경우도 그랬다. 처음 만났을 때 나미르는 디즈니 만화 영화에 푹 빠진 두 살 반밖에 안 된 어린아이였다. 내가 상담한 아이들은 모두 만화 영화를 좋아했다. 만화 영화는 어떤 것이 됐든 자폐가 있는 아이들을 매료시키며 관심을 사로잡는다.

왜일까? 음악과 마찬가지로 애니메이션 캐릭터들은 예측이 가능하며 일관성이 있고 무엇이 나올지 알 수 없는 실제 일상과는 다른, 편안하고 반가운 대조가 된다. 〈슈퍼 배드〉나 〈마다가스카〉에 나오는 캐릭터들의 목소리, 표정, 몸짓은 과장되어서 아이들, 심지어는 어른들도 감정을 이해하기 쉽다. 자폐가 있는 많은 사람들은 실제 환경에서 마주하는 모호한 회색 영역의 대안으로 좋은 캐릭터와 나쁜 캐릭터의 명확한 묘사를 알아낸다. 반복해 보면서 익숙함과 완전 습득의 안정감을 얻는다.

아이, 심지어는 어른이 〈라이온 킹〉 또는 〈슈렉〉 같은 애니메이션에 몰입하는 시간이 너무 길어서 발달에 해가 되지 않을까 걱정하는 부모도 많다. 일부 치료사나 전문가들은 이런 영화를 자꾸 보면 자폐성 행동이 더 심해지고 나빠질 수 있다며 부모들의 걱정을 가중시킨다. 영화 때문에 '바

보 같은 중얼거림'이 더 심해지고 쓸데없는 말들을 더 많이 하게 되는 것인
지 나에게 물어보는 부모도 많다.

사례 디즈니 영화로 언어의 창의성을 키운 나미르

나는 나미르와 그 아이의 부모에게 한 걸음 떨어져서 다르게 보는 법을 배
웠다. 세 살 나미르는 디즈니 영화에 그야말로 푹 빠져 있었다. 제일 좋아
하는 영화는 〈피터 팬〉이었고 영화에 나오는 대사들을 입에 달고 살았다.
사람들과 있을 때도 이야기 대신 영화에 나오는 대사들을 계속 중얼거렸
는데, 가끔은 자기 곁에 다른 사람이 있다는 것을 인식조차 하지 못하는
것 같았다.

이런 '무의미한 흉내 내기'는 성장에 방해만 된다며 그만하라고 아이를
다그치는 사람들도 있었다. 하지만 나미르의 부모는 아이가 하는 말에 귀
를 기울이고 동참했다. 그들은 영화에 나오는 캐릭터 인형들을 사주었고,
나미르가 인형들로 영화 속 장면을 연출할 때는 적극적으로 호응해 주었
다. 이렇게 부모는 아이가 관심 있어 하는 것을 존중해 주고 직접 해보는
것도 도와주었다. 덕분에 나미르는 부모가 자기 말을 잘 들어 주고 존중해
주는 것을 느낄 수 있었다.

시간이 흐르자 아이의 놀이도 발전했다. 나미르는 자기가 하는 말의 뜻
을 이해하기 시작했다. 여전히 〈피터 팬〉에 나오는 대사들을 사용하긴 했
지만, 그래도 그런 말들을 상황에 맞게 적절히 활용할 줄 알았다. 〈오즈의
마법사〉에 나오는 말로 사람들과의 인사를 대신했던 에이단처럼, 나미르
는 머릿속에 맴도는 대사들로 사람들과 연결할 방법을 찾기 시작했다.

언어를 좀 더 창의적으로 쓸 수 있게 되자 나미르는 자기가 처한 상황과

의도에 맞는 것을 골라 '디즈니 영화 대사'를 선택적으로 활용할 줄도 알게 되었다. 예를 들어, 누가 그만 가 주기를 바랄 때는 이렇게 말했다.

"팅커벨, 이로써 너를 영원히 추방한다!"

나미르의 부모는 아들의 노력에 격려를 아끼지 않으며 발달에 큰 도움을 주었다. 유치원을 마치고 초등학교에 들어가기 전 만화 영화에 빠져 자기 세계밖에 몰랐던 나미르는 사람들과 잘 사귀고 사교성도 좋은 소년으로 성장해 있었다.

나미르가 4학년이 되었을 때 선생님은 유명한 미국인을 조사해오라는 숙제를 내주었고 나미르는 월트 디즈니를 선택했다. 그가 멋진 과제물을 만들었을 때 나미르의 부모는 아들을 칭찬할 또 다른 기회를 얻었으며, 아들에 대한 믿음의 가치를 확인할 수 있었다.

3장

그들의 능력을
강점으로 키우기

단어 하나가 우리의 관점을 영원히 바꿔 놓을 때가 있다. 언젠가 내가 돕고 있는 한 자폐 단체의 기금 마련 행사에 고^故 클라라 클레이본 파크를 초대해 강연을 부탁한 적이 있다. 당시 윌리엄스 대학의 영어 교수였던 클라라는 자폐를 딛고 뛰어난 화가로 성공한 제시 파크의 어머니다.

> **사례** 자폐가 있는 딸을 뛰어난 화가로 만든 부모

클라라와 그녀의 남편 데이비드는 자폐 분야에서 선구적인 업적을 남긴 사람들이다. 1960년대에 그들은 여러 사람과 힘을 모아 자폐 아동들의 첫 옹호 단체인 자폐아학회^{National Society for Autistic Children}를 설립했다. 그리고 1967년에 클라라는 자폐 아이를 키우는 부모로는 처음으로 《더 시즈^{The}

Siege》라는 회고록을 출간해 많은 독자들의 응원을 받았다. 운 좋게도 나는 이 일을 처음 시작할 무렵 그들 부부를 알게 되어 이후에도 함께하는 모든 시간을 누렸다.

제시에게는 자폐 증상의 전형적인 특징들이 많았다. 사람들과 어울리는 것을 힘들어했고 자신의 의사를 제대로 표현하지 못했으며 누가 예고 없이 그녀의 몸에 손을 대기라도 하면 움찔거리며 놀라곤 했다.

제시의 부모인 클라라와 데이비드는 딸이 관심 있어 하는 것들을 알아보고 오랜 세월 지지해 주었다. 건축물, 소수, 구름, 주행 기록계, 석영관식 전기스토브, 별자리, 가로등, ATM 기계 등 그녀가 좋아하는 많은 것들이 무지개 색을 주로 사용하는 그녀의 생생한 작품에 드러나 있다.

당시 70대였던 클라라는 내가 초대한 행사에서 강연을 마친 뒤 청중으로부터 몇 가지 질문을 받았다.

"따님의 집착에 대해 알고 싶습니다." 누군가가 말했다.

"그런 것들을 어떻게 다루셨는지요?"

"집착이라, 흠…" 클라라는 이 말을 되풀이하며 잠시 질문에 대해 생각하는 듯 보였다.

"우리는 그 모든 것들을 '열정'이라고 생각하고 있습니다."

클라라와 데이비드는 딸 제시의 관심을 사로잡는 많은 것들에 매우 적극적으로 호응해 주었다. 아무리 기이한 것이라도 상관없었다. 클라라는 제시의 관심을 끄는 것이 있으면, 그것이 딸에게 도움이 되게 만들 수 있는 방법을 찾는다고 설명해 주었다.

하지만 제시의 취향은 예측할 수 없을 만큼 독특했기 때문에 부부에게도 늘 쉬운 것은 아니었다. 한동안 제시는 석영관식 전기스토브에 열중했다. 디자인에 감탄하며 각각의 스타일과 상표를 따로따로 분류했다. 부속품들을 자세히 관찰하기도 했다.

그런 제시의 열정은 다른 것으로도 이어졌다. 이번에는 록 밴드의 로고들이었다. 제시는 잡지에 실린 사진들과 앨범 커버들을 자세히 살피며 거기에 쓰인 글자와 그래픽들을 하나도 놓치지 않으려는 듯 꼼꼼하게 들여다봤다. 그러더니 결국 전기스토브와 록 밴드에 관한 관심을 그림으로 승화시켰다.

제시의 많은 작품들이 미술관에 걸려 있으며 갤러리에서 열리는 전시회에도 초대되고 있다. 클라라는 아이가 좋아하는 것에서 아이를 떼어 놓으려 하지 않았다. 관심을 보이는 데는 이유가 있을 거라고 생각하며 오히려 제시를 존중해 주었다.

자폐가 있는 사람들은 다양한 것들에 열정을 쏟는다. 고층 건물, 각종 동물들, 지리, 독특한 장르의 음악, 해가 뜨고 지는 시간, 고속도로 출구 등 자기가 좋아하는 것들에 대해서는 끝없이 몰두하거나 잠시도 쉬지 않고 떠든다. 아마도 예측이 힘들어 무서운 세상 속에서 한 가지에 집중하고 있으면 안전함을 느끼고 스스로 통제할 수 있는 기분을 느끼는 것 같다.

⟩ 집착을 긍정적인 방향으로 유도하는 교육 ⟨

여전히 일부 부모와 전문가들은 아이들이 몰입하는 것을 또 다른 자폐성 행동으로 보고 특히 고치기 어려운 행동이라고 생각한다. 그래서 말리고 관심을 다른 데로 돌리고 사회적으로 용인되는 평범한 것들에 관심을 갖게 하려 든다.

하지만 아이들의 이런 열정을 무너뜨리는 행위는 자폐가 있는 사람이 평온을 유지하기 위해 쓰는 전략을 붕괴시키는 것이나 다름없다. 열의를 꺾거나 관심과 기쁨의 근원을 없애려고 하면 학습과 신뢰 관계 구축의 기회를 놓칠 것이다. 이보다는 제시 파크의 부모처럼 열정을 이용해 세상을 보는 시야를 넓히고 삶의 질을 향상시키는 쪽으로 접근하는 것이 훨씬 바람직하다.

사례 **아이의 관심사를 학습으로 연결한 선생님**

4학년인 에디도 그랬다. 에디는 표준 읽기 과정의 일부였던 이야기책에는 별 관심을 보이지 않았다. 그렇다고 읽는 것을 힘들어하거나 공부를 싫어하는 것 같지는 않았다. 그보다는 이야기의 주제가 너무 추상적이고 내용도 에디의 삶과 동떨어졌기 때문인 것 같았다.

당시 그 지역 학교들의 상담을 맡고 있었던 나는 유능한 특수 교육 교사 케이트를 만나서 에디가 공부에 흥미를 갖게 할 수 있는 연결고리를 찾아보자고 했다. 우리는 분명히 에디의 동기를 자극할 무언가를 찾아낼 수 있었다.

에디가 관심을 보이는 것이 있는지 물으니 케이트는 한 가지 있다고 했다. 학교 주차장에 주차된 차들의 번호판을 유심히 봤다가 나중에 기억만으로 번호를 맞히는 것을 좋아한다는 것이다. 관찰자나 교사가 무심하고 섬세하지 못하다면 자동차 번호판 같이 별것 아닌 것에 대한 아이의 관심이 좋은 기회가 될 수 있다는 것을 모를 것이다. 나는 에디의 특별한 흥밋거리에 관심을 가져 보자고 했다. 어쩌면 에디를 자극할 좋은 아이디어가 떠오를 수도 있기 때문이다.

한 달 후 학교를 다시 찾았을 때, 케이트는 흥분해서 최근 에디가 완성한 과제를 보여 주었다. 에디의 창의성을 자극하기 위해 케이트가 세운 계획에 따라, 에디는 시간이 날 때면 학교 주차장에 가서 자동차와 번호판 사진을 찍었다. 그리고 선생님과 행정실 직원의 도움으로 차의 주인들을 알아냈다. 그 다음에는 각 자동차의 주인들을 만나서 사진을 찍고 그 사람을 파악할 수 있는 인터뷰를 했다.

"취미가 뭐예요?" "결혼하셨어요?" "아이는 몇 명인가요?"

에디는 자기가 찍은 사진을 모으고 인터뷰한 내용을 문서로 만든 뒤 파워포인트로 작업한 내용을 같은 반 아이들 앞에서 발표했다.

그렇게 완성한 과제는 에디가 읽고 쓰고 조사하고 자료를 정리하는 데 관심을 쏟게 만들겠다는 애초의 목적에 부합할 뿐 아니라 평소와는 완전히 다른 경험을 하게 해주었다. 읽기에 아무 흥미도 없던 아이가 선생님과 협력해서 수집하고 정리한 정보를 반 아이들과 공유하면서 열심히 과제를 완성한 것이다. 아이들 앞에서 자랑스럽게 과제를 발표하고 아이들의 질문에 응답하면서 에디의 사회성과 의사소통 기술도 좋아졌다.

에디의 부모는 너무나 놀라고 기뻐서 어쩔 줄 몰라 했다. 에디의 진행 상황을 점검하기 위해 팀이 다시 모인 자리에서 케이트가 과제의 내용과 목적에 관해 설명하자 에디의 아버지는 놀라서 눈이 휘둥그레졌다.

"뭘 했다고요? 선생님들을 인터뷰해요?" 그가 말했다. "정말 믿을 수 없네요!"

에디가 아이들 앞에서 발표하고 있는 사진들을 보여주자 아버지는 말을 잃은 듯했다. 에디는 부모가 생각지도 못한 것들을 해내고 있었다. 성적도 사회성도 모두 향상되었고 자존감도 치솟았다.

다른 부모 같으면 자동차 번호판 같은 시시한 주제를 아이에게 맡긴 선생님을 못마땅하게 생각했을지도 모른다. 아이가 좋아하든 말든 다른 아이들과 같은 이야기책을 읽어야 한다고 계속 주장하는 선생님도 있었을 것이다. 다른 학교였다면 아이가 정해진 교과 과정 때문에 힘들어해도 무슨 방법을 찾아 개별 학습을 시키는 대신 그냥 내버려두었을 수도 있다.

에디는 돈을 쓰거나 갑자기 바뀌어서 성공한 것이 아니다. 그저 한 선생님이 관심을 갖고 지켜보며 아이의 열정을 장점으로 인식한 결과였다. 케이트는 에디의 흥미를 자극하는 것에 초점을 두면서 아이의 관심을 이용해 학습에 대한 강한 의욕을 북돋아 주었다. 아이의 열정을 장애로 생각하지 않고 가능성의 원천으로 본 것이다.

⦚ 흥미와 열정을 불러일으키는 이유 ⦚

자폐스펙트럼장애가 있는 사람들은 왜 열정이 있을까? 대답에 앞서, 사람들이 왜 좋아하는 취미나 수집품 등에서 위안을 얻는지 생각해 보는 편이 좋을 것 같다.

우리 집에 와보면 깜짝 놀랄 것이다. 유리로 된 장식장 안에 크기와 모양이 다양한 바다코끼리 상아가 백 점 넘게 보관되어 있다(바다코끼리 상아는 음식과 옷, 각종 도구, 전통 공예품 재료를 위해 바다코끼리를 사냥하는 원주민들이 합법적으로 구한 것이다).

오래전 밴쿠버섬을 여행하면서 처음으로 이누이트족의 상아 조각품들을 보았을 때부터 계속 관심을 두었다. 은은하게 빛나는 외형 때문일 수도 있고 손에서 느껴지는 매끈한 촉감 때문일 수도 있다. 수집품이 늘어 가면서 조각품의 모양과 섬세한 기술에 더 매력을 느끼게 된 것도 사실이다. 장인들은 상아로 바다코끼리, 곰, 고래 등 다양한 조각을 했다. 어떤 이유였든, 나는 상아로 만든 조각품들을 모으기 시작했고 그러면서 정신적으로 상당한 만족감을 느꼈다.

나에게 집착 증세가 있다고 생각하지는 않지만 다른 사람들처럼 나도 여러 가지 물건을 수집하는 데 열중한 적이 있었다. 30대 시절 미국 중서부 지역에 살 때는 골동품 가구들을 찾아 주말마다 중고 가구 매장과 농산물 경매장에 갔다. 그 다음에는 오래된 퀼트, 그 다음에는 나바호족의 양탄자였고 그 뒤로도 골동품 시계와 피아노 의자, 유리 램프 등을 수집하는 데 열을 올렸다.

이런 것들을 수집하는 소박한 취미 때문에 내가 이상해 보이는가? 바로 이것이다. 사람들은 거의 무언가에 대한 흥미와 열정이 있다. 그런 흥미와 열정도 우리의 일부이며 우리를 만족시키고 기쁘게 하고 왠지 모르지만 기분까지 좋게 해준다. 누구나 갖고 있는 이런 열정이 왜 자폐가 있는 사람들에게는 더 강하게 나타날까? 왜 그들의 열정은 다른 사람들의 열정보다 훨씬 강렬하게 느껴질까?

취미 활동이 거의 그렇듯 처음에는 감정적 연결과 반응에서 시작될 때가 많다. 그런 활동은 무언가에 몰두하고 아름다움을 추구하고 긍정적인 기분을 느끼고 싶은 기본 욕구를 만족시켜 준다. 마찬가지로 자폐가 있는 사람이 무언가에 흥미를 보이면 그 대상이 그 사람의 신경생리학적인 면과 잘 맞고 중요한 기능을 한다고 생각해야 한다.

아스퍼거 증후군이 있던 한 사람은 나에게 이런 말을 했다. 자폐가 있는 사람은 다른 사람들과 사회적인 관계를 맺는 것이 어렵기 때문에 자신이 흥미를 느끼는 것에 에너지를 쏟으며 가끔은 이 에너지가 아주 강하고 집중적인 열정으로 발전하는 경우도 있다는 것이다.

마이클이 관심을 집중하는 분야는 음악이었다. 여덟 살인 마이클은 사람들과 자연스럽게 대화하기 훨씬 전부터 정확한 음을 짚어 내는 능력이 있었다. 지나가는 차의 경적 소리를 들으면 자연스럽게 그 소리의 음계 이름을 말했다. 정신이 갑자기 산만해지면 고개를 들고 이렇게 외쳤다.

"B 플랫!"

라디오에서 처음 들은 노래도 피아노로 연주해 냈고 가끔은 즉석에서 노래들의 키를 바꿔 연주하기도 했다.

자폐가 있는 사람들 가운데 이렇게 뛰어난 재능^{savant skills, 석학적 능력}을 타고 난 사람은 15퍼센트 정도에 불과하다. 대부분은 그렇지 않다. 이들 중에는 '토막 기술^{splinter skills}', 즉 기계적인 암기력이나 예술적인 재능을 장점으로 갖고 있는 사람들도 많다.

이런 남다른 능력이 나타나는 것은 뇌에서 정보를 처리하는 과정과 정보를 보유하는 방식이 일반 사람들과 달라 학습 방식도 다르기 때문이다.

어떤 아이들은 학습 방식과 맞는 정보나 활동, 과제 등에 흥미를 느낀다. 그래서 쉽게 기억할 수 있는 구체적이고 사실적인 정보를 좋아하는 아이가 있는가 하면 조각 맞추기처럼 시각과 공간적 판단을 요하는 활동을 좋아하는 아이들이 있다. 좀 자란 아이들은 별로 힘들어하지도 않고 공룡이나 스포츠 팀에 관한 수많은 정보들을 줄줄 외운다. 이제 막 걷는 아이가 복잡한 퍼즐을 간단히 풀어버리는 경우도 있다.

자기 아이에게는 그런 놀라운 능력도 없고 흥미를 보이는 것도 없다고 털어놓는 부모들, 발달에 더 어려움을 겪는 아이의 부모들이 있다. 하지만 그런 아이들도 분명히 선호하는 자극이 있을 것이다. 눈앞에서 손가락을 튕기거나 특정 패턴의 소리를 내거나 이것저것 만지면서 좋아하는 촉감을 찾는 것은 자신들이 원하는 시각, 청각, 촉각적인 자극이 있기 때문이다.

아이들이 어떤 장난감을 유난히 좋아하는 것은 그 장난감에서만 느낄 수 있는 감각 자극 때문인 경우가 많다. 이제 막 걷기 시작한 어떤 아이는 선풍기라면 뭐든 좋아했다. 어떤 방에 선풍기가 있다는 것을 알면 반드시 들어가서 보고 나와야 했고, 우연이라도 선풍기를 보면 요모조모 꼼꼼히 살피며 만져 보곤 했다. 아마 시원한 바람, 빙글빙글 돌아가는 날개, 가만히 울리는 진동 혹은 이 모든 것을 다 합친 느낌, 높은 각성이 아이를 흥분시켜서 관심을 사로잡았기 때문일 것이다.

﹥ 아이의 흥밋거리를 인정하고 이를 발전시킨 부모들 ﹤

아이들은 처음에 어떤 느낌에 끌려서 좋아하게 된 것이 있으면 그 대상에 흥미와 관심을 갖고 몰두하게 되는 경우가 많다. 그것 때문에 드는 좋은 기분을 되새기며 하루 종일 그 생각만 하기도 한다.

사례 흥밋거리를 발전시켜 성공한 아이들

알렉산더를 사로잡은 것은 세차였다. 어릴 때 아빠를 따라 세차를 하러 갔던 알렉산더는 세차게 쏟아지는 물과 소리, 커다란 솔 그리고 그 사이를 뚫고 나가는 자동차의 모습에 깜짝 놀라면서도 매료되고 말았다. 비록 이유를 말하지는 못했지만 알렉산더는 세차하는 모습을 보고 들을 수 있게 자꾸 세차장에 데려가 달라고 부모를 졸랐다. 알렉산더 가족이 얼마나 자주 갔던지 세차장 주인과 친구가 되었고 그는 알렉산더가 세차장 입구에서 손을 흔들어 운전자들을 세차장으로 안내하는 일을 하게 해주었다.

부모는 알렉산더가 왜 그렇게 세차를 좋아하는지 이해하지 못했지만 그 순간만큼은 아이가 무척 열광하고 행복해한다는 걸 느낄 수 있었다. 다른 아이들은 놀이공원이나 자동차, 스키장 같은 것을 좋아하는데 자기 아들은 유독 세차를 좋아한다는 것이다. 그래서 가족은 여행을 할 때마다 세차장을 찾았고, 플로리다주에서 메인주까지 세차장을 도는 여행을 하기도 했다. 세차장에 들를 때마다 알렉산더는 흥분한 모습으로 밖에 나가서 시설을 두루 살피고 하나도 놓치지 않겠다는 듯 세차 과정을 자세히 지켜봤다. 다른 아이들 같으면 그럴 때 농구 시합이나 액션 영화를 보고 있었을 텐데 말이다.

알렉산더가 열 살 때 부모는 아이가 좋아할 거라는 생각에 국제 세차 협회에 연락을 해서 안내 책자들을 보내 달라고 부탁했다. 그러자 놀라운 일이 일어났다. 디즈니랜드도 아니고 하와이도 아닌 라스베이거스로 꿈같은 여행을 하게 된 것이다. 그곳에서 열리는 협회의 연례행사에 알렉산더가 명예 손님으로 초대되었다. 얼마나 흥분했던지 알렉산더는 거의 사흘 밤을 새우다시피 했다. 그때부터 아빠는 아들을 세차의 왕이라고 불렀다. 10여 년이 지난 지금 성인이 된 알렉산더는 여전히 세차를 좋아한다.

채드도 그랬다. 아이의 관심을 사로잡은 것은 앞마당의 스프링클러였다. 어릴 때는 물론 십 대가 되어서도 채드는 가는 곳마다 스프링클러를 찾아 정원을 살폈다. 휴일에 불꽃놀이 때문에 복잡한 공원에서도 채드는 바닥만 보며 스프링클러 꼭지를 찾았다. 그러다 하나라도 찾으면 그 자리에 멈춰 서서 제조사를 확인했다.

여덟 살이 되어서는 토로, 오빗, 레인 버드 같은 회사 이름도 말할 수 있게 되었다. 미술 시간에 그림을 그릴 때는 동물이나 나무와 함께, 바닥에서 솟아 있는 스프링클러 꼭지에서 물이 뿜어지는 모습을 꼭 그렸다.

채드는 왜 스프링클러에 빠졌을까? 아마 감각적 경험 때문에 시작되었을 가능성이 크다. 바닥에서 솟아올랐다가 어느 순간 사라져 버리는 스프링클러의 모습과 소리에 호기심이 생겼을 수도 있고, 잔디에 뿌려지는 부드러운 물의 촉감이 좋았기 때문일 수도 있다.

시간이 지나자 아이의 관심은 집착에 가까워졌다. 낯선 곳에 갔는데 그곳에서 스프링클러를 보지 못하면 어떤 것에도 잘 집중하지 못했다. 그 나이 때 아이들이 관심을 가질 만한 것은 분명 아니었지만 채드의 부모는 아들이 좋아하는 것을 인정해 주었다.

다른 아빠들은 자녀와 같이 야구나 낚시를 하러 갈 때 채드의 아빠는 중고 스프링클러 꼭지를 사기 위해 이베이 사이트를 검색했다. 채드는 꼭지들에 이름을 붙이고 배낭에 넣어 학교에도 갖고 갔다. 부모는 스프링클러 꼭지들에 웃는 표정을 그려 주었다. 가끔 채드는 털 인형을 안고 자듯 옆에 그 꼭지들을 놓고 잠들기도 했다.

이렇게 깊은 관심을 가진 것이 있으면 아이들은 자기가 해야 할 일에 더 잘 집중하는 모습을 보인다. 학습에 대한 의욕도 보이고 힘들 수 있는 상황도 잘 참아 낸다. 켄의 경우가 그랬다. 십 대였던 켄도 자폐가 있는 아이였다.

켄은 어린 시절 그림 그리기를 무척 좋아했다. 예술적 차원에서가 아니라 그냥 연필로 선을 긋는 것이 다였다. 자라면서는 미로를 찾는 것에 흥미를 보였다. 미로가 그려진 종이를 가만히 응시하다가 펜이나 연필로 길을 찾아 나갔다. 켄의 관심을 끈 것은 단순히 선을 그리는 것이 아니라 문제를 해결하는 것이었다. 미로 찾기는 논리와 순서의 개념을 심어 주었고 시작과 끝을 알게 해주었다.

가족과 어디를 가든 켄은 미로 책들을 들고 다녔다. 켄은 언어로 하는 의사소통을 거의 하지 못해서 음성 장치 사용법을 익히고 있었지만 부모는 켄을 위한 팀 회의가 있을 때마다 아들을 데리고 왔다. 아이가 말은 잘 못해도 그보다 많은 것을 이해할 수 있다는 것을 알기 때문이었다.

그냥 앉아서 회의 내용을 들으라고 하면 힘들 수도 있었을 것이다. 하지만 켄은 책상에 쌓아 놓은 미로 책들 덕분에 얌전히 앉아 있을 수 있었다. 미로를 풀면서 흥미로운 이야기가 나오면 그쪽을 바라보며 회의에 참여하다가 흥미가 떨어지면 다시 미로에 열중했다. 이런 식으로 켄은 회의 내용을 듣는 힘든 일과 자신이 잘하는 일 사이에 관심을 옮겨 가며 평정을 유지한 채 집중할 수 있었다.

자폐가 있는 사람들이 식당이나 가족 모임, 학교에서 열리는 대규모 행사처럼 어려운 자리에 가야 할 때 좋아하는 장난감이나 물건을 가져가거나 좋아하는 것을 하게 해주면 큰 도움이 된다. 어떤 것이든 좋다.

다섯 살인 비니가 흠뻑 빠진 것은 한 회사의 진공청소기였다. 수업 중에 당황하면 비니는 오줌이 안 마려워도 화장실에 가게 해달라고 할 때가 많았다. 그렇게 화장실 한 칸을 피난처 삼아 앉아 있으면서 교실로 돌아가지 않겠다고 떼를 쓸 때도 있었다.

비니의 엄마는 아이의 관심을 이용해서 큰 행사처럼 힘든 일을 겪어야 할 때 아이가 쉴 수 있도록 해주었다. 카탈로그를 모아 청소기 사진들을 오린 뒤 책으로 만들어 '비니의 행복책'이란 제목까지 붙여 준 것이다. 수업 시간에 하는 활동들로 지치면 비니는 행복책을 달라고 한 뒤 한쪽 구석에 앉아 몇 분 동안 들여다보곤 했다. 그렇게 똑바로 서 있는 청소기 사진과 본체, 흡입구 등을 살펴본 뒤 다시 친구들 옆으로 돌아왔다.

어떤 열정은 생겼다가 사라지지만, 몇십 년씩 지속되는 것들도 있다. 어떤 것에 대한 깊은 관심은 미래의 취미로 이어지는 경우가 많다.

매트는 시간과 관계된 것이면 무엇이든 열렬한 관심을 보였다. 어렸을 때 내가 교실에 들어가자 매트는 나에게 달려와 내 팔을 잡고 손목시계를 들여다보았다. 그러고는 날 보지도 않고 이렇게 말했다.

"배리 선생님, 지금은 아침 9시 15분이에요!"

그것은 매트가 사회에 내디딘 첫걸음이었다. 다섯 살을 갓 넘긴 어느 날 아침, 잔뜩 흥분한 매트가 달려오더니 자기가 겪은 것을 이야기하기 시작했다. "배리 선생님, 12월 31일 밤 11시 59분이 지났을 때 무슨 일이 있었는지 아세요?"

"무슨 일이 있었는데?" 내가 물었다.

아이는 몸을 팽팽하게 긴장시키며 발끝으로 서서 새처럼 두 팔을 퍼덕거리기 시작했다. "큰 공이 떨어졌어요!" 아이는 기쁨에 가득 찬 얼굴로 이렇게 말했다. "그리고 다음 해가 되었어요!"

그것이 매트가 가진 열정이었고 자기가 잘 알고 관심 있는 것을 사람들에게 알리며 대화를 나누는 방식이었다. 세월이 흘러 청년이 된 매트는 여전히 시간과 시계에 열광했는데 스포츠조차 경기 시간이 정해진 것들을 선호할 정도였다(야구보다 하키처럼).

아홉 살 대니는 음식에 들어가는 양념에 열광했다. 엄마가 주방에서 요리를 하고 있을 때면 옆에서 가만히 지켜보고 있을 때가 많았다. 제대로 알려 준 적도 없는데 대니는 엄마가 쓰는 양념들에 많은 관심을 보였다. 습관적으로 양념통을 알파벳 순서대로 정리했고, 나중에는 TV에 나오는 요리 방송을 보는 것과 인터넷에서 요리 사이트 찾는 것에 열중했다.

대니는 지역마다 다양한 특색이 있는 바비큐에도 전문가가 되었다. 텍사스식, 켄터키식, 루이지애나식, 노스캐롤라이나식이 어떻게 다른지 줄줄 읊었다. 대니의 부모는 아이가 어떤 계기로 양념에 관심을 가지고 좋아하게 되었는지 알 수 없었다. 하지만 관심사가 아이를 만족시켜 주는 것만은 분명해 보였다. 엄마는 아이가 나중에 요리를 전공해서 유명한 요리사가 되는 모습을 상상하기도 했다.

대니의 부모는 아들의 관심을 다른 데로 돌리려 하지 않았다. 아이가 습득한 전문적인 지식을 자랑스러워했고, 그 열정이 자신들에게까지 번지는 것을 느꼈다.

브랜든을 처음 만났을 때 나도 그런 기분이었다. 주기적으로 상담을 진행하던 학교를 방문했을 때 치료사 한 분이 아주 귀엽고 놀랄 만큼 또박또박 말도 잘하는 네 살 아이를 소개해 주었다. 그 아이는 나를 보자마자 자기 가족이 이제 막 여기로 이사를 왔다고 했다.

"선생님은 어디에 살아요?" 그러고는 곧바로 이렇게 물었다.

나는 로드아일랜드에 살고 있다고 말해 주었다.

"로드아일랜드의 프로비던스요?" 아이가 물었다.

나는 프로비던스 근교라고 대답했다.

"프로비던스는 작은 도시죠. 선생님은 큰 도시들을 좋아해요?" 아이가 다시 물었다.

나는 그렇다고 대답하고 뉴욕에서 자랐다고 했다. 그러자 브랜든의 눈이 바로 반짝였다.

"뉴욕에서 자랐다고요? 우리 가족은 뉴욕에 가는 걸 정말 좋아해요. 나도 뉴욕이 아주 아주 좋아요. 거기 가면 우리는 타임스퀘어 메리어트 마르퀴스 호텔에 있어요. 늘 16층에 있는 방을 써요. 16층은 타임스퀘어가 다 내려다보여서 전망이 아주 좋거든요."

아이는 얼마 전 뉴욕에 갔을 때 묵었던 방들의 번호와 어떤 방의 경치가 제일 좋았는지 계속해서 말했다.

나는 호텔 창문에서 무엇을 보는 것이 좋은지 물었다. 그러자 브랜든은 마치 영화의 한 장면을 떠올리듯 시선을 멀리 두며 이렇게 대답했다. "거기 코비 브라이언트(미국 농구 선수) 사진이 있는 나이키 광고판이 있어요."

교실 한쪽 벽을 가리키며 이렇게 말하더니, 경험을 되감기해서 재생하듯 마음속 파노라마가 떠오르는 광경을 계속 묘사했다.

브랜든이 뉴욕을 좋아하는 것처럼 자폐가 있는 사람이 뭔가에 빠져 있을 때 동참해 주면 그 열정을 바탕으로 신뢰 관계가 형성될 수 있다.

아이가 특정한 것에 집중하는 이유 중 하나는 안전하게 대화를 시작할 수 있기 때문이다. 맥락에서 벗어나 이해하기 힘들고 대화 내용과 아무 상관없어 보이는 질문, 예를 들면 "개는 어떤 종을 제일 좋아하세요?" "집에 있는 냉장고는 어떤 거예요?" 등도 사람들과 관계를 맺는 방법이 될 수 있다.

브랜든은 나만 보면 기회다 싶어 뉴욕에 관해 이야기했다.

"선생님은 맨해튼에 살았어요, 아님 다른 구에 살았어요? 브루클린? 브루클린 어디?"

이것은 대화의 끝이 아니라 시작이었다.

무언가에 대한 열정은 아이를 몰두하게 만들고 그와 관련된 활동이나 대화에 당사자를 끌어들인다. 자신이 알고 있는 것에 자부심을 느끼고 관심사를 공유한다. 그렇게 시작만 하면, 서서히 주제의 폭을 넓히거나 바꿔서 아이가 가진 융통성과 의향을 시험해 보고 더 많은 대화를 나눌 수 있다.

물론 얼마나 가능한지는 아이의 발달 정도와 이야기에 얼마나 흥미를 느끼느냐에 따라 다르다. 하지만 부모와 선생님들이 창의적인 노력을 기울인다면, 아이가 가진 열정을 활용해 재미있는 방법으로 사회성을 키우고 대화를 통해 여러 문제를 해결하도록 만들 수 있다.

시간과 시계에 빠진 매트는 통합 유치원에 다니고 있었는데 선생님은 아이가 잘 따라가고 있다는 확신이 들지 않았다. 우선 매트는 단체 활동에 잘 집중하지 못했다. 아침 조회 때 그날이 무슨 요일인지 물어보면 월요일부터 금요일까지 계속 되풀이해 말할 뿐, 내용도 듣지 않고 자기 생각에만 빠져 있는 것 같았다.

매트의 엄마는 다섯 살 아들이 무엇을 제일 좋아하는지 알고 있었다. 〈곰돌이 푸〉였다. 디즈니 만화 영화에 흠뻑 빠진 매트는 끝도 없이 영화 속 캐릭터들 이야기를 했다. 엄마는 다양한 푸 캐릭터가 그려진 스티커 몇 상자를 선생님에게 건넸다.

"조회 때 이 스티커들을 잘 활용하시면 매트가 좀 더 열심히 참여할 수 있을 거예요."

선생님은 조회 시간에 스티커들을 보여 주고 캐릭터마다 요일을 정해 주었다. 월요일은 티거의 날, 화요일은 루의 날, 수요일은 이요르의 날 이런 식이었다. 그렇게만 했는데도 매트는 전보다 훨씬 진지하게 회의에 참여했고, 다른 아이들도 각 요일들을 캐릭터 날로 바꿔 부르며 매트와 함께 즐거워했다.

선생님은 매트가 좋아하는 것이 아이들과의 관계에 해가 된다고 생각하지 않았다. 오히려 잘 활용해서 매트와 친구들이 가까워지게 해주었고 가르치는 것에도 도움을 받았다(요일, 월 등) 매트는 어느 때보다도 친구들과 잘 어울렸고 산만해지는 일도 많이 줄었다. 유치원에 잘 적응하도록 도와준 선생님 덕분에 매트는 계속해서 좋은 모습으로 성장할 수 있다.

여섯 살 조지는 어린이 TV쇼에서 배운 농담을 줌^{Zoom} 온라인 미팅에서 선생님과 친구들에게 반복했다. 상황에 적절한지 걱정이 된 조지의 엄마는 못하게 해야겠다고 생각했지만 어느 날은 앉아서 지켜보았다.

선생님과 친구들은 조지의 농담을 너무 재미있어하며 마지막 말을 다시 해달라고 부탁했다. "테디 베어가 왜 디저트를 안 먹겠다고 했는지 아세요? 그건 테디 베어가 인형이기 때문이죠!" "뱀파이어랑 눈사람이 같이 길을 걸어가면 어떻게 되게요? 동상에 걸려요!"

조지의 자부심과 소통으로 즐거운 친구들의 모습에 엄마의 걱정은 사라졌다. 농담이 우정을 쌓게 만들어 준 것이다. 선생님의 격려에 힘입어 조지와 친구들은 그들만의 새로운 농담거리를 만들었다.

가족들도 이렇게 아이의 관심과 흥미를 이해하고 존중하고 공유하면서 가정생활에 융합할 방법을 찾으면 성장과 발달을 도울 수 있다. 라이언의 여섯 살 누나는 숫자에 대한 관심을 함께하고 몇 시간이나 숫자 게임을 같이 하면서 논다. 마찬가지로 이 사실을 몇 년 전 한 아빠가 열두 살 아들을 데리고 날 찾아왔을 때 확실히 알았다.

하킴은 쿠웨이트의 국제학교 학생이었는데, 아빠는 아들이 학교와 가정에서 잘 지낼 수 있도록 조언해 달라고 했다. 하킴도 자폐의 여러 특징들을 가지고 있었지만, 한동안 관찰해 본 결과 다른 아이들에 비해 융통성, 회복력이 월등히 뛰어났다. 그리고 이것은 하킴의 열정을 존중하고 기쁘게 받아들여 준 부모 덕분이라는 것을 알게 되었다.

하킴 가족의 집을 방문했을 때 부모가 가장 먼저 알려 준 것은 하킴이 기차, 특히 기차 시간표에 매료되어 있다는 것이었다. 그래서 그해 8월 유럽으로 떠나는 가족 여행 일정을 잡을 때 하킴의 의견을 상당 부분 반영했다고 한다.

부모는 아이에게 가고 싶은 곳들을 직접 고르게 했고, 그 뒤 몇 달에 걸쳐 지도와 안내 책자, 여행에 필요한 정보 등 세부 사항들을 준비했다. 여행의 전체 틀은 가족이 함께 결정했고 어떤 기차를 탈지 한 도시에서 며칠을 머물지 언제 다음 목적지로 이동할지 등 세세한 내용은 전적으로 하킴에게 맡겼다. 인터넷이 있기 전의 이야기라 여행의 각 사항을 계획하는 일은 꽤 품이 들었지만 하킴은 이 도전을 마주했다.

가족은 나에게 여행지에서 찍은 사진과 지도, 브로슈어를 모은 스크랩북을 보여주었다. 안내 책자에서 오린 내용과 지도, 사진도 있었는데 어떤 여행지든 맨 처음에 정리되어 있는 것은 기차 시간표였다. 이것만 봐도 아들의 관심 분야를 부모가 얼마나 존중하는지 알 수 있었다. 가족은 기차 시간표에 집중하는 하킴을 이해하고 격려해 줌으로써 성취에 건강한 자부심을 느끼게 해주었으며 세상을 아이와 더욱 가깝게 이어 주었고 건강한 자아도 갖게 해주었다.

하킴은 여행을 통해 유럽의 여러 도시와 주요 건축물들에 대해 폭넓은 지식을 쌓았을 뿐 아니라 가족 내에서 자신이 얼마나 소중한 존재인지도 깨닫게 되었다.

때로 아이들은 어떤 주제가 아니라 사람에 관심을 집중하기도 한다. 자폐가 있는 아이들도 평범한 다른 아이들처럼 영화배우나 가수, 운동선수에게 빠져드는 경우가 많다. 십 대 아이들이 서로에게 반하듯 또래 친구에게 매력을 느끼는 아이들도 있다.

다른 점이 있다면, 자폐가 있는 아이들은 상대방이 정한 한계와 입장을 이해하지 못할 때가 많아서 잘못하면 이상한 사람 취급을 받을 수 있다는 것이다. 그들은 대부분 좋아하는 마음을 당사자에게 직접 드러내지 않는다는 것을 이해하지 못한다. 그래서 곤란해질 수도 있지만 또래에 대한 강한 관심을 이용해 사회적 관계를 맺을 때 지켜야 할 한계와 우정에 대해 가르칠 수도 있다.

유치원생 타일러는 아스퍼거 증후군과 주의력 결핍 및 과잉 행동 장애(ADHD)라 진단을 받았다. 타일러가 강한 집착을 보이는 사람은 유치원 원장 선생님이었다.

처음 만났을 때 타일러는 활기 넘쳤지만 단체 활동에 참여하는 대신 교실 바닥을 이리저리 굴러다녔다. 금발에 체격이 다부진 타일러는 로봇과 레고를 특히 좋아하는 밝은 아이였다.

유치원에 다닌 지 몇 주쯤 지났을 때부터 타일러는 원장인 앤더슨 선생님에게 빠져들었다. 그래서 선생님만 보면 여러 가지 질문을 퍼붓곤 했다. "어디 앉을 거예요?" "뭐 하고 계셨어요?" "선생님 직업은 뭐예요?" "아이들이 있어요?"

타일러에게 특별한 관심이 있던 원장 선생님은 그때마다 친절하게 대했고 원장실로 타일러를 초대하기도 했다. 아이의 관심을 잘 활용해야겠다고 생각한 선생님은 타일러에게 이런 제안을 했다. 한 달 내내 잘 지내면 하루 동안 자기와 같이 원장 선생님을 하게 해주겠다는 제안이었다. 그 말은 책상 밑을 굴러다니는 대신 수업에 열심히 참여하고 힘들 땐 화를 내지 말고 도와 달라고 말하고 그 밖에 다른 부분에서도 좋은 모습을 보이면 특권을 누릴 수 있다는 뜻이었다.

타일러는 두말없이 그러겠다고 했다. 그 뒤부터 타일러는 얼마나 잘하고 있는지 날마다 선생님에게 점검을 받았다. 힘들 때는 도움을 청하거나 쉽게 해달라고 말하는 연습도 했다. 그래야 정서적인 안정을 유지할 수 있기 때문이었다. 타일러는 수업에 조금씩 관심을 가지기 시작했고 열심히 참여하기 위해 나름 최선을 다했다.

그달 말이 되자 원장 선생님은 협상을 마무리 짓고 타일러는 드디어 특별한 하루를 보내게 되었다. 학교에서는 타일러의 하루를 찍어 앨범으로 만들어 주었다. 타일러는 양복에 타이까지 매고 와서 교실을 돌고 회의에 참석하는 원장 선생님을 그림자처럼 따라다녔다. 그리고 원장실 한쪽에 놓인 작은 책상에 앉았다.

타일러는 자신이 학교에서 중요한 사람이 된 것 같은 기분을 느끼며 몹시 즐거워했다. 그리고 중요한 목표가 생겼을 때는 스스로 자신의 행동을 절제할 수 있다는 것도 알게 되었다.

⋛ 아이의 흥밋거리 대상이 문제가 될 때 ⋚

아이가 관심을 갖는 대상 자체가 문제가 있는 경우들도 있다. 가브리엘이 특별한 관심을 두는 곳은 여성들의 발목이었다. 어떤 사람에게는 페티시로 간주될 수도 있겠지만 가브리엘은 단지 그것에 매료되어서 자세히 들여다보고 싶어 하는 것이 전부였다.

쇼핑몰이나 거리에서 맨발에 하이힐을 신은 여자를 보면 키가 180센티미터가 넘는 아이는 그 여자 곁에 웅크리고 앉아 발목을 만지려고 했다. 가브리엘을 아는 사람들은 아이가 상냥하고 온순하다는 것을 잘 알지만 발목에 주목당한 여자들은 당황해서 어쩔 줄 몰라 했다. 아이의 동기 자체는 순수할지 몰라도 이 행동은 외설적이고 위협적이며 위험한 것으로 받아들여지기 쉬웠다. 가브리엘이 흑인이라는 점 때문에 그가 백인이었다면 없었을 다른 종류의 렌즈로 보게 만든다.

이런 경우에는 사회적으로 용인되는 행동 기준이 어디까지이며 사람 사이에서 지켜야 할 규칙은 무엇인지 이해하도록 도와야 한다. 사람들을 기분 나쁘지 않게 만들면서 각각의 능력에 적합한 방법을 찾는 것도 중요하다.

이해 수준이 높은 사람에게는 사회적으로 허용되는 행위 혹은 정상적인 행위들을 목록으로 만들어 주는 것이 좋다. 이해력이 떨어지거나 어린 아이인 경우에는 하지 말아야 할 것보다 해야 할 것을 강조하면서, 지켜야 할 규칙들을 다소 확고한 태도로 말해줘야 한다. 말로만 하지 않고 사진, 그림, 비디오 등 시각 자료를 활용하면 인지 능력에 상관없이 더 쉽게 이해할 수 있다. 어쨌든 궁극적인 목표는 자폐가 있는 사람들이 상황에 따라 적절하게 행동하도록 돕는 것이며, 아무리 열정과 흥미가 있는 것이라 하더라도 충동적인 행동은 자제시키는 것이다.

아이가 관심을 집중하는 대상이 일반적인 것일 때도 열정이 문제를 일으킬 수 있다. 부모들이 가장 힘들어하는 부분 중 하나는 아이가 공룡, 기차, 만화, 엘리베이터, 운전 방향 등 자기가 좋아하는 주제에 대해서만 지나치게 많이 떠들면서 절대 멈추려 하지 않는 것이다. 대화를 할 때 계속 자기 이야기만 하면 안 되고 상대방이 불쾌한 기색을 보이며 들으려 하지 않을 때는 멈춰야 한다고 가르쳐도 말을 듣지 않으면 아무리 당사자의 특별한 관심거리를 이해하고 존중하는 부모나 친구라도 좌절할 수밖에 없다.

사람은 누구나 특별히 좋아하는 주제가 있다. 하지만 정도를 알아야 한다. 나도 같은 뉴욕 양키스 팬을 만나면 간밤에 있었던 시합의 명장면들에 대해 한 시간씩 떠들 수 있다. 그러나 몇 분도 안 돼서 지루해하며 왜 계속 저 이야기만 늘어놓는지 의아해하는 사람도 분명 있을 것이다. 그럴 때 내가 상대방이 보내는 신호를 잘 알아차린다면 바로 상황을 파악하고 행동을 바꿀 것이다. 하지만 그런 미묘한 신호를 감지하지 못하면, 상대방은 빠져나갈 기회만 엿보고 있다는 것도 알지 못한 채 1회부터 9회까지 경기 내용의 시시콜콜한 부분까지 다 떠들고 있을 수도 있다.

⟩ 대화하는 기술을 가르치는 방법 ⟨

자폐가 있는 사람에게 이런 부분을 알려 줄 때는 '시간과 장소'의 전략을 활용하는 것이 좋다. 내가 생각한 방법인데, 사람들이 어떤 때는 아이의 이야기를 듣고 싶어 하지만 어떤 때는 관심 없어 한다는 것을 알려 주는 식이다. 즉 기차 시간표, 아침에 먹는 시리얼, 아무리 멋진 관심사라도 집착이 나쁜 것은 아니지만 수업 시간이나 병원 치료, 다른 사람들과 약속 시간 중에는 하지 않는 편이 좋다는 것을 잘 설명해주면 된다.

"우리는 지금 친척들이랑 점심을 먹고 있어. 다들 네가 학교에서 어떻게 지내는지 듣고 싶어 해. 하지만 2시에 기차 시간표 이야기를 해도 좋아. 그 때 잘 들어 줄게. 알겠지?"

이런 식으로 하면 상황에 따라 적절히 행동하는 법도 아이에게 가르칠 수 있다. 아이와 함께 좋아하는 것을 마음껏 말할 수 있는 시간과 장소를 목록으로 만들어 보는 것도 좋다. 그런 이야기를 하지 말아야 할 때, 또 그런 이야기를 해도 괜찮은 사람들의 리스트를 작성해보자.

말보다 달력이나 시간표처럼 시각 자료를 활용하는 것이 이해력 향상에 더 도움이 된다. 역할놀이나 스마트폰의 알람 기능도 좋다. 목적은 아이의 관심사를 억누르는 것이 아니라 아이가 호의적인 대화 상대, 놀이 상대가 되도록 하는 것이다.

사실 늘 뜻대로 되는 것은 아니다. 다른 사람의 입장을 고려해서 하고 싶은 것을 자제하거나 말하고 싶은 욕구를 억누를 수 있을 만큼 내적으로 성장하지 못한 아이들도 있다. 그러면 부모는 자기가 좋아하는 이야기만 하려는 아이에게 충동을 조절하는 법을 알려 주려다 자포자기 심정에 빠지곤 한다. 부모는 아이의 행동 때문에 평범한 아이들과 다른 면이 유난히 부각될까 걱정하고, 가족들은 같은 말을 듣고 또 듣는 것에 질릴 수도 있다. 나는 그토록 인내심이 많던 부모도 결국 이렇게 말하는 것을 많이 봤다.

"아이를 멈추게 할 필요가 있는 것 같아요."

아이의 반응이 문제가 되는 것은 '왜' 그렇게 행동하는지는 생각하지 않고 '행동 자체'에만 초점을 맞추기 때문이다.

이럴 때는 반드시 몇 가지 사항을 고려해야 한다. '아이가 어느 때보다 더 집착하는 모습을 보이지는 않는가? 일정한 패턴이 있는가? 아이가 스트레스를 받고 있는 것 같은가? 스트레스를 받는 이유는 무엇일까? 어떻게 하면 아이가 느끼는 불안과 압박감을 줄일 수 있을까? 불안한 마음을 달래려고 저런 말을 하는 것은 아닐까? 정말 그렇다면 못 하게 말리는 것만이 최선일까? 아이는 자기가 하는 행동을 알고 있을까? 어떻게 해야 다른 사람의 눈에 비친 자기 모습을 의식하게 만들 수 있을까?'

바꿔 말해서 아이의 행동을 막는 것은 간단하지 않다. 사실 이것이 주요 목적이 되어서는 안 된다. 늘 그렇듯 일단은 그런 행동을 하게 만드는 원인과 목적, 가능하면 당사자의 감정이 어떤지를 알아야 한다.

아이가 대화를 시작할 때마다 자기가 좋아하는 이야기만 하는 것은 그래야 마음이 안정되기 때문일 수 있다. 자폐가 있는 사람들은 일정한 체계가 없고 상대방이 할 말을 유추하지 못하기 때문에 사람들과 대화를 하다가도 갑자기 불안하거나 혼란스러워질 때가 있다. 그래서 대화 내용을 자신이 잘 아는 주제로 제한함으로써 예측 가능한 범위를 확보하려고 한다.

사회성을 길러 주는 단체에서 어린이나 청소년들에게 대화 기술을 가르칠 때 사회적 이해와 역량에 초점을 맞추는 것이 도움이 되며 안전하고 호의적인 분위기를 만들어 준다. 그러면서 대화 내용을 조절하고 다른 사람들에게 관심을 표현하는 법을 익히도록 돕는다.

이때 아이를 나무라거나 자존감에 상처를 줘서는 안 된다. 그보다는 모두가 즐겁고 참여하는 방법으로 대화 기술을 연습할 수 있는 활동이나 게임, 또 일상의 대화를 놓고 하는 역할 놀이 등 긍정적인 방법을 택해서 가르치는 편이 훨씬 바람직하다. 우리가 얼마나 좋은 의도를 가지고 있든 '교정'은 예민한 사람들이 제대로 행동할 수 없다고 느끼게 만들 뿐이다. 그런 방법을 왜 시도해야 하는가?

⟫ 아이의 열정을 성공으로 이끈 사례 ⟪

자폐가 있는 사람들은 열정을 통해 자신이 가진 엄청난 능력을 드러낼 때가 많다. 그렇게 되기까지 여러 힘든 과정을 겪기도 하지만 말이다.

무엇인가에 대한 강한 흥미나 열정은 비슷한 관심을 갖고 있거나 그쪽에 오랜 취미를 가진 사람들과 연결되는 통로가 될 수 있다. 그 일을 직업으로 가진 사람들과 가까워지는 경우도 많다. 음악에 뜨거운 열정을 보이며 처음 들은 노래를 피아노로 척척 연주해 내던 마이클을 기억하는가? 지금 40대인 그는 반독립적인 생활을 하면서 교회에서 오르간을 연주하고 성가대에서 노래도 부르며 지낸다.

어린 시절 매트 새비지는 소리에 너무나 민감해서 엄마가 피아노를 치면 두 손으로 귀를 막고 소리를 지르며 달려 나가곤 했다. 하지만 치료를 받고 문제를 극복한 뒤 음악에 독보적인 재능을 드러내기 시작했다.

처음 만났을 때 그는 고작 열한 살밖에 안 된 소년이었지만 이미 데이브 브루벡, 칙 코리아 같은 재즈의 전설들에게 뛰어난 피아노 연주 실력을 인정받고 있었다. 이제 20대인 매트는 멋진 개성으로 사람들을 매료시키며 세계적으로 유명한 재즈 피아니스트이자 작곡가, 음반 제작자로 활동하고 있다. 또 바쁜 와중에 시간을 내서 자폐가 있는 아이들에게 음악도 가르치고 자선 공연도 하며 자비롭게도 자신의 음악을 팟캐스트에 공개하기도 한다.

저스틴 카나(10장 '자폐 안에서 성장하는 법 배우기' 참고)는 말도 잘 못하던 걸음마 시절, 만화 영화 보는 것을 무척 좋아했고 일찌감치 그림에 재능을 드러냈다. 청년이 된 그는 뉴욕의 여러 갤러리에 작품 전시회를 열고 있다. 전문 스토리보드 작가로 활동하면서 어린이들에게 미술을 가르치고 베이커리에서 생일 케이크를 디자인한다. 저스틴이 인턴으로 일했던 뉴저지의 비디오 제작 회사 운영자인 랜달 로실리 주니어는 저스틴의 작품이 "유머 감각 있고, 평화를 가져다주며 때로는 놀랍다"라고 말했다. "그는 함께 일하는 예술가들이 더 좋은 사람, 더 좋은 예술가가 되도록 영감을 불어넣어 줘요."

열정을 성공으로 이끈 사례 중 내가 제일 좋아하는 것은 스탠퍼드 제임스의 이야기다. 완고한 홀어머니 밑에서 자란 그는 자폐가 있는 젊은이였고 시카고의 임대 주택 단지에서 살았다. 그는 어릴 때부터 기차에 남다른 관심을 보였다. 할머니가 사는 아파트의 창가에 서서 기차가 고가선로를 달리는 모습을 보는 것을 좋아했다.

"기차가 그 아이에게 뭘 해줬는지는 모르겠어요."

그의 어머니 도로시는 〈시카고트리뷴Chicago Tribune〉과의 인터뷰(2000년 6월 11일자 '머릿속에 지도가 든 남자')에서 이렇게 말했다.

"하지만 그 아이를 사로잡은 것만은 분명해요."

젊고 가난하고 자폐에 대해 아는 것도 없었지만 도로시는 아들을 위해 열심히 살았다. 그녀는 아이가 보이는 관심을 지지해주었고 아들이 비범한 능력으로 방대한 시카고 운송 시스템의 모든 스케줄과 노선을 훤히 꿰고 있는 모습을 지켜봤다.

20대 초반에 스탠퍼드는 시카고 교통국에 일자리를 얻어 고객들이 필요로 하는 노선과 시간표를 찾도록 돕는 일을 했다. 그에게 이 일은 천직이었다. 스탠퍼드의 헌신과 열정, 책임감을 높이 산 시카고 교통국은 올해의 직원으로 그를 선정했다.

"아무리 궂은 날씨에도 스탠퍼드는 제시간에 출근하며 공손한 태도를 잃지 않습니다." 신문 기사에서 그의 상사가 한 말이다. "그는 자기 일에 철저한 사람입니다. 그야말로 모든 고객들이 원하는 거죠."

더욱 중요한 것은 스탠퍼드 스스로가 자신이 매우 중요하고 가치 있는 사람이라고 여기며 살고 있다는 점이다. 그가 어렸을 때 도로시는 아들이 장차 어떤 사람이 될지 늘 궁금했다. 고객을 도울 때마다 그는 큰 자신감을 가지고 '스탠퍼드, 너는 정말 최고야. 뭐든 할 수 있어'라고 말하며 자신을 축하해 준다고 한다. 스탠퍼드는 열정이 어떤 결과를 낳을 수 있는지를 보여 주는 산증인이다.

4장

아무것도 믿지 못하는
두려움 극복하기

데렉과 같이 있은 지 몇 분이 지나자 아이의 신경을 건드리는 무언가가 있다는 느낌이 들었다. 하지만 그게 무엇인지는 정확히 알 수 없었다.

여러 해 동안 나는 필요한 지도와 조언을 해달라는 부모의 부탁으로 일 년에 몇 번씩 데렉을 만났다. 일단 학교와 집에서 아이가 생활하는 모습을 지켜본 뒤 데렉을 담당하는 팀과 부모를 만나는 식이었다. 늘 새 학기가 시작되고 얼마쯤 지난 9월에 아이를 만나 왔지만 데렉이 여덟 살이 되던 해에는 일정이 보름 정도 늦어졌다.

데렉은 나를 보면 언제나 반갑게 맞았고 최소한 엷은 미소 정도는 보여 주었다. 하지만 그날은 왠지 불편해 보이는 얼굴로 날 외면하면서 말을 걸어도 계속 입을 꾹 다물고 있었다. 얼마 뒤에 내가 물었다.

"무슨 일 있니? 나와 같이 있는 게 불편해 보이는구나."

그러자 기다렸다는 듯 아이가 대답했다.

"선생님은 9월이 되면 맨 처음으로 날 만나러 왔잖아요. 그런데 왜 이번에는 10월에 왔어요?"

평소 만나던 때에서 딱 2주 늦었지만 달이 바뀌는 바람에 차이가 매우 크게 느껴졌던 것이다. 데렉은 누구에게도 말하지 않고 내가 늘 오던 때 올 거라고 기대하고 있었다. 아이의 마음을 아는 사람이 없었기 때문에 아무도 내가 늦게 올 거라는 말을 해주지 않았다. 그래서 늘 순서가 정해져 있는 자신의 세계에 왜 이런 일이 벌어졌는지 혼자 고민하고 있었다.

나는 아무것도 모른 채 아이의 믿음을 저버리고 만 것이었다. 데렉은 어떤 일이든 언제나 하던 대로 해야 하며 최소한 자기가 기억하는 대로는 일어나야 한다고 알고 있다. 그 일로 데렉은 나를 그리고 자신이 알던 세상을 믿을 수 있을지 회의에 빠졌다.

⑤ 아이들이 믿지 못하는 것들: 몸, 세상, 사람 ⑤

데렉의 반응은 자폐의 핵심 문제를 보여 준다. 자폐가 있는 대다수의 사람들은 자신들의 가장 큰 문제로 '믿지 못하는 점'을 꼽는다. 그들은 신경학적 원인 때문에 세 가지 큰 어려움을 겪는다. 첫째, 자기 몸을 믿는 것, 둘째, 자신을 둘러싼 세상을 믿는 것, 셋째, 가장 힘든 다른 사람을 믿는 것.

《브레인맨 천국을 만나다》를 쓴 대니얼 태밋은 원주율의 소수점 이하 숫자를 2만2천 개 이상을 암송하는 기억력 천재로 유명하다. CBS 시사 프로그램 〈60분^{60 Minutes}〉의 인터뷰에서 어린 시절 사회에 적응하기가 너무 힘들었다고 고백했다. 다른 아이들과 있으면 그 아이들이 어떤 행동을 할지 예측할 수 없어 늘 불편했고 대화 속에 감춰진 뉘앙스들도 그를 당황하게 만들었다고 했다. 그럴 때 위안이 되어 준 것이 수학이었다.

"숫자들은 내 친구였고 절대 변하는 일이 없었죠." 그가 말했다. "숫자는 믿을 수 있어요. 저는 숫자를 신뢰합니다."

아스퍼거 증후군이 있는 내 친구 마이클 칼리는 자폐가 있는 사람들을 위한 옹호 단체를 이끌고 있다. 그는 태멧의 말을 이런 식으로 표현했다.

"불안함의 반대는 편안함이 아니에요. 믿음이지."

이 말은 자폐가 없는 우리도 왜 가끔 불안하고 두려우며 자신의 삶과 주변 환경, 인간관계를 통제하려는지 어느 정도 이해할 수 있게 해 준다. 이런 경향은 자폐가 있는 사람들에게서 더욱 확연하게 드러난다.

평범한 사람들은 감기에 걸리면 좀 힘들겠구나 하고 넘어간다. 전에도 걸려 본 적이 있어서 기침이 나고 콧물이 흘러도 며칠 후면 다시 회복될 것임을 알기 때문이다. 하지만 자폐가 있는 사람들은 같은 증상에도 몹시 불안해하고 두려워하는 반응을 보인다. '나한테 무슨 일이 벌어지는 거지? 왜 제대로 숨을 쉴 수가 없지? 영원히 이러면 어떡하지?' 이런 반응들은 감기보다 훨씬 중한 병에 걸렸을 때 우리가 보이는 반응과 비슷하다.

몇 년 전 나는 심각한 손목 터널 증후군을 겪었다. 오랜 시간 난방용 장작을 팬 결과였다. 어릴 때부터 드럼을 쳤는데 그때는 드럼을 쳐도 손에 아무 감각이 없고 스틱을 잡기도 힘들었다. 신문을 읽으려고 들면 바늘로 찌르는 것 같은 통증이 손가락을 훑고 지나갔다. 양팔과 손목이 예전 같지 않았고 제대로 움직일 수도 없었다.

그때 갑자기 내 몸을 믿지 못할 것 같은 기분이 들었다. 너무 속상했고 앞으로 더 악화되지는 않을까 걱정도 됐다. 다행히 수술이 잘되어 양쪽 손목 모두 상태가 많이 호전되었다. 찌르는 통증도 가셨고 멍했던 감각도 회복되었다. 이제 다시 내 두 손을 믿고 드럼을 칠 수 있게 되었다.

암 환자들 역시 이와 비슷한 어려움을 겪는다. 암은 자신의 몸이 자신을 공격하는 병으로 간주되곤 한다. 암에 걸리면 병 때문에 생기는 신체 변화와 미래에 대한 불확실성 때문에 큰 스트레스를 겪으며 이런 생각을 갖게 되기도 한다.

'내가 내 몸을 다시 믿을 수 있을까?'

자폐가 있는 사람들 중에는 자기도 모르게 몸 여기저기가 움직이는 등 운동 신경과 움직임에 문제를 겪고 있는 사람들이 많다.

마틴은 마음이 불안할 때 턱이 제멋대로 움직이고 팔이 앞으로 쑥 뻗쳐지는 등 예기치 못한 경련을 겪게 되자 당황해서 엄마한테 이렇게 물었다. "내가 미치고 있는 거예요?"

"왜 그렇게 생각하니?" 엄마가 대답했다.

그러자 마틴이 말했다. "내 몸이 통제가 안 돼서요."

비슷하게 말을 못하는 자폐가 있는 사람들도 알아들을 수 있는 말로 신체의 운동 기능 장애를 설명하는 문제 때문에 어려움을 겪는다고 한다. 버지니아 대학의 말을 못하는 자폐인들의 그룹인 트라이브 Tribe 에서 만났던 한 멤버는 의사소통을 위해 키보드를 사용했고, 많은 이들이 일상 활동에서 몸을 가누는 일로 어려움을 겪는다고 했다.

어린 시절 지적장애와 심한 공격성이 있던 이안 노들링은 자신의 몸을 통제하는 데 계속 애를 썼고 20대 초반에 보드에 글자를 써서 의사소통할 수 있었다고 했다.

"미친 내 몸이 작동하는 방법을 배우기 전까지는 발전이 없었습니다." 그는 말을 이었다. "나는 보드를 통해서 몸을 쓰는 방법과 적절히 움직이는 방법을 배웠어요. 처음엔 글자를 쓰는 것으로 시작했지만 지금은 전신 활동으로 바뀌었지요."

힘든 일이었지만 이안은 부가적이고 대체적인 의사소통 수단을 통해 유창하게 의사를 전달할 수 있게 되었고 자신의 신체를 잘 통제하며 믿을 수 있게 되었다. 그리고 다른 의사소통을 위한 여러 방법에 노력을 기울이고 있다(더 많은 이야기는 11장을 참고하기 바란다).

아스퍼거 증후군이 있는 3학년 콜린은 정교하게 그린 그림 두 개를 나에게 보여 주었다. 하나는 자기 뇌를 그린 지도이고 다른 하나는 '정상적'인 뇌를 그린 지도라고 했다.

정상적인 뇌 그림은 가로줄과 세로줄이 대뇌 피질을 체계적으로 교차하며 정교한 격자무늬를 이루고 있었다. 질서정연하게 잘 정리된 그림이었다. 반면에 콜린의 뇌 그림은 어수선하고 혼잡했으며 여러 가지 모양이 고르지 않게 멋대로 그려져 있었다. 그리고 뇌 속에 자신을 사로잡는 생각들이 영화처럼 상영되는 극장도 있다고 했다. 또 척수는 자신을 '경련'하게 만드는 주범이며, 가장 큰 부분은 '미친 곳'으로 자신의 생각이나 행동을 통제할 수 없게 만든다고 비난했다. 콜린은 자기가 자신의 뇌를 믿지 못하고 있음을 보여 주려는 것이 분명했다.

설령 자기 몸을 믿는다고 해도 자신을 둘러싼 세상을 믿기는 더 어렵고 힘들다. 자폐가 있는 아이를 둔 부모들에게 내가 자주 묻는 말이 있다.

"아이가 가장 속상해할 때가 언제입니까?"

아이들은 기계식으로 작동하던 장난감이 전처럼 움직이지 않을 때 좌절하는 경우가 많다. 배터리가 다 되어 자동차가 움직이지 않거나 태블릿 피시가 고장 나면 아이들은 크게 실망하며 어쩔 줄 몰라 한다. 그럴 때 부모들은 당황한다. 사실은 별일도 아닌데 반응이 과하기 때문이다.

하지만 아이의 입장에서 생각해보라. 자신이 생각하는 질서, 즉 사물이 작동하는 방식이 어긋나 버렸다. 자신이 살고 있는 세상을 믿지 못하게 된 것이다. 그런 마음 상태는 확연히 드러나기보다 미묘하게 나타난다.

가을이 되고 어느 때부터인가 샤론은 여섯 살 난 아들 드미트리의 행동이 점점 이상해지는 것을 느꼈다. 학교나 집에서 있었던 일들과는 아무 상관없어 보였다. 드미트리가 한번 화를 내면 달래지지 않았고 저녁도 먹지 않으려고 했다. 그러다 결국 원인을 알아냈다. 서머타임이 해제되어 표준 시간으로 바뀐 다음부터 변화가 생긴 것이다. 늘 정해져 있던 드미트리의 일상이 바뀐 것이다. 지난 몇 달 동안 가족들은 밖이 아직 환할 때 저녁을 먹었었다. 그런데 갑자기 어두워졌을 때 저녁을 먹게 되었다.

"하루라는 시간을 믿지 못하게 된 것 같아요. 언제 식사를 해야 할지도 헷갈리는 거고요." 샤론이 말했다. 아이 입장에서는 부모가 아무 예고도 없이 규칙을 바꿔버린 것이다. 이 정도면 화낼 만하지 않은가?

보통은 방학을 손꼽아 기다리지만 자폐가 있는 아이들의 부모는 학교 방학을 두려워한다. 드미트리의 경우와 비슷하게 아이가 일상이 바뀌는 것을 힘들어하기 때문이다.

열다섯 살인 매튜는 다른 식으로 환경에 대한 믿음이 깨진 경우였다. 매튜의 집을 찾았을 때 매튜는 흥분한 기색으로 가족과 같이 뉴욕에 다녀왔다고 했다.

"여행은 어땠니?" 내가 물었다.

"좋았어요. 95번 도로 87번 출구 근처에서 40분이나 차가 밀리고 54번 출구 근처에서 30분이나 밀렸던 것만 빼면요."

매튜는 엄마가 겨우 말릴 때까지 언제 차가 밀리고 언제 다른 길로 돌아갔는지 계속해서 떠들었다. 사흘간의 여행에서 매튜가 기억하는 것은 세상일이 꼭 생각한 대로 되지 않으며 예상치 못한 일이 생길 때도 많다는 것이었다. 그렇게 매튜는 세상을 믿지 못하게 되었다.

발달장애 아동을 위한 여름 캠프에서 상담사로 일할 때 나는 데니스를 제일 좋아했다. 열두 살 데니스는 자폐가 있었고 부드러운 곱슬머리에 장밋빛 뺨을 가진, 건장한 체격의 명랑한 아이였다.

어느 날 아침, 우리 팀은 버스를 타고 놀이공원으로 출발했다. 롤러코스터와 대관람차를 특히 좋아했던 데니스는 며칠간 계속 소풍 이야기만 하면서 잔뜩 들떠 있었다. 하지만 놀이공원에 도착해서 텅 빈 주차장을 본 나는 어안이 벙벙해졌다.

우리를 태우고 온 버스 기사는 브레이크를 밟으며 상의도 없이 이 엄청난 소식을 아이들에게 터뜨렸다.

"안됐구나, 얘들아. 놀이공원이 문을 닫았어!"

그 말에 폭발한 데니스는 "안 돼, 안 돼, 안 돼!"라고 소리를 지르며 나에게 달려들었다. 아이는 금방이라도 넘어갈 것처럼 흥분해서 나를 주먹으로 마구 쳤다. 그러다 둘 다 다칠 것 같아서 내가 주먹을 막아내자 데니스는 내 셔츠를 잡아 찢고 두 손으로 미친 듯이 내 팔과 가슴을 할퀴어 깊은 상처를 냈다.

평소에 그토록 명랑하던 아이가 이렇게 통제 불능의 상태로 돌변하는 것을 보니 너무 놀랐고 마음이 아팠다. 주변의 도움을 받아 데니스를 자리로 데려가 앉혔지만 자신에게 일어난 일에 충격을 받아 감당하기 힘들었던 데니스는 쿠션에 머리를 파묻고 몸을 세차게 흔들었다.

안정적인 상태일 때 데니스는 주위 사람들에게 곧잘 미소를 지어주는 사랑스럽고 행복한 아이였다. 하지만 심한 불안과 두려움, 혼란스러움을 느끼며 무너질 때는 가장 가깝다고 생각하는 사람을 공격하곤 했다. 자신이 믿었던 세상에 배신을 당했다고 느꼈기 때문이다. 아마 커다란 망치로 한 대 맞은 기분 같았을 것이다. 소풍을 가기로 약속했으면서 갑자기 아무렇지도 않게 아이의 기대가 무너지고 말았다.

다행히 나는 신이 나서서 해결이라도 해준 듯 실수를 만회할 수 있었다. 정신을 좀 추스르고 데니스도 어느 정도 안정되자 나는 일어나서 공원이 문을 닫았다고 했다. 그러고 나서 왜 그랬는지는 모르지만 이런 말을 하고 말았다. "하지만 지금부터 우리는 마법의 신비 여행(magical mystery tour)을 떠날 거예요!"(그때는 1970년이었고 비틀스의 앨범 '매지컬 미스터리 투어Magical Mystery Tour'가 나온 것은 그로부터 2년 뒤다)

데니스는 곧바로 날 쳐다보더니 흥미를 보이며 이렇게 외쳤다.

"마법의 신비 여행? 마법의 신비 여행! 마법의 신비 여행!"

상담사들은 허둥지둥 새로운 계획을 짰다. 나는 근처에 갈 만한 곳이 있는지 조용히 기사에게 물어본 다음, 오전에는 작은 동물원에 가서 시간을 보내고 그다음에는 미니어처 골프장에 가기로 했다. 데니스는 잘 적응해 주었고 그날 하루를 즐겁게 마무리했다. 그리고 놀이공원은 다시 날을 잡아 가기로 나와 약속했다.

데니스가 보였던 폭발은 본인도 의식하지 못한 사이에 일어났고 스스로 전혀 통제할 수 없는 부분이라는 것을 나는 잘 알고 있었다. 신경상의 문제 때문에 예기치 못한 사건을 겪으면 그런 극단적인 반응이 나오는 것이었다.

하지만 나는 그날 배운 교훈들을 절대 잊지 못한다. 자폐가 있는 사람들은 아무 경고도 없이 극에서 극으로 돌변할 수 있고, 감정 상태가 심하게 불안할 때는 가장 믿었던 사람에게 좌절과 혼란스러움을 드러낸다는 것. 그리고 아이들이 믿음을 잃을 수 있는 상황은 생각보다 많다는 것이다.

코로나19의 발발이 전 세계 사람들의 생활 전반에 혼란을 야기하고, 삶의 방향타였던 일상의 루틴과 세상을 믿지 못하게 되면서 극심한 불안이 나타나게 되었다. 건강과 안전이 최우선이 되고, 우리는 예측가능성을 잃어 불안해졌다. 학교생활은 대면이 될까? 비대면이 될까? 그렇게 원했던 휴가를 감히 떠날 수 있을까? 사람들이 만나는 종교 모임, 결혼식과 장례식처럼 중요한 행사들은 모두 취소되거나 온라인으로 옮겨갔다.

백신이 효과가 있을까? 감염병 유행이 신경 발달에 차이가 있는 사람들뿐 아니라 모두에게 불안장애의 요소가 되고 정신 건강을 해치는 것은 의심할 여지가 없다.

자폐가 있는 사람들이 믿음과 관련해 가장 힘들어하는 부분은 타인을 신뢰하는 것이다.

우리 대부분은 선천적으로 타인의 행동을 예측할 능력이 있다. 직관적으로 보디랭귀지를 읽어 낸 뒤, 그의 긴장 상태나 타인을 쳐다보는 시선 또는 사회적 맥락을 근거로 잠재적인 판단을 내리는 능력이다. 이것이 우리가 다른 사람이 나와 함께 하고 싶은지, 그 사람과 같이 있을 때 안전한지를 아는 방법이다. 하지만 이것은 자폐스펙트럼장애가 있는 사람들에게는 어려운 일이다. 로스 블랙번은 누가 자신에게 다가오면 무슨 뜻으로 그러는지 알아내기 위해 늘 애쓰며 살고 있다고 말한다.

"(자폐가 없는) 다른 사람의 행동을 예측하는 것은 저에게 힘든 일이에요. 그래서 사람들의 행동이 너무 갑작스럽고 위협적으로 느껴질 때가 많아요."

로스의 말을 떠올리면 크리스토퍼가 보였던 방어적인 행동도 이해가 된다. 청소년인 크리스토퍼는 다양한 방법으로 의사소통을 했다. 태블릿 피시의 음성 출력 또는 그림, 가끔은 자기가 들었던 짤막한 구절을 되풀이하거나 한 번에 한 단어를 내뱉듯 말하기도 했다.

학교 복도에서 친구나 선생님이 갑자기 "안녕, 크리스!"라고 말하면 크리스토퍼는 자기도 모르게 움찔하며 그가 자신에게 덤벼들어 칼을 휘두르기라도 할 것처럼 놀란 표정을 짓곤 했다. 누군가를 믿어야 할지 말아야 할지 모르는 것, 앞에 있는 사람이 다음에 무슨 행동을 할지 모르는 것은 폭발물 처리반에서 복무하는 군인들처럼 끊임없는 경계 태세를 유지한 채 살아야 한다는 것을 뜻한다.

그렇게 잔뜩 긴장한 채 모든 사람과 사물을 극도로 조심하면서 사는 것을 상상해 보라. 신경이 그토록 늘 예민한 상태인데 어떻게 다른 것에 관심을 둘 수 있겠는가? 정말 지치는 일이다. 그저 해야 할 일만 하기도 힘들다.

모든 에너지는 오로지 자신을 지키는 데만 쏟게 된다.

자폐가 있는 사람들 중에는 이와 상반되는 문제가 있는 경우도 있다. 이런 사람들은 보통 사람보다 느리게 움직이고 반응하며 주변 상황을 의식하지 않는 듯 보여서 긴장도 덜 하는 것 같다. 표정 변화도 별로 없기에 무슨 생각을 하는지 파악하기도 어렵다.

각성 상태가 낮다는 것은 초점이 없고 나른한 상태로 걸어 다니는 것과 비슷하다. 전문가들은 이런 사람들을 가리켜 '낮은 각성 편향'을 가지고 있다고 말한다. 이들은 문제가 될 행동을 거의 하지 않기 때문에 정서적으로 안정되어 있고 '좋은 사람' 또는 '문제 없음' 같이 바르게 행동하는 것처럼 보일 수 있다.

그렇다면 이들은 불안감을 느끼지 않는 걸까? 그렇지 않다. 마음의 균형이 흐트러지면 이 사람들은 불안감을 행동으로 표출하지 않고 내면화하는 경향이 있다. 이들의 불안감은 겉으로 드러나지 않은 채, 혹시 드러난다 해도 아주 미미한 정도일 뿐 속으로는 계속 쌓이기 때문에 언제 어떻게 폭발할지 예측하기 힘들다.

⑈ 두려워하는 것과 두려워하지 않는 것 ⑈

살다 보면 누구나 불확실하고 위협적인 상황에 직면할 수 있다. 위험을 감지하면 사람들은 두려움을 느끼며, 그 상황에서 달아날지 맞서 싸울지 고민한다. 자폐가 있는 사람들도 비슷한 본능이 있지만 이들은 최소한의 자극에도 크게 반응한다. 무엇이든 과민하게 받아들이는 사람이라면 더욱 그렇다. 강렬한 감정 반응까지 시간이 덜 걸린다. 꼭 맹수를 보거나 불이 났거나 총을 든 사람과 맞닥뜨렸을 때만 불안한 것이 아니다. 이들은 믿음이 깨졌을 때, 또 자신이 의지하던 질서가 무너졌을 때에도 두려움을 느낀다.

템플 그랜딘은 자폐가 있는 사람들 중에 아마 세계적으로 가장 유명할 것이다. 동물학자인 그녀는 자신감과 침착함을 잃지 않는 유능한 연설가다. 하지만 자신의 감정 세계를 이렇게 표현할 때가 많다.

"제가 가장 자주 느끼는 감정은 두려움입니다. 사실은 늘 그런 상태에 있어요."

템플이 느끼는 두려움은 거의 모두 민감한 감각에 기인한다. 천둥소리에는 별로 놀라지 않으면서 트럭이 후진할 때 들리는 고음의 경보음에는 심장이 쿵쾅대는 것이다. 예상치 못한 일상의 변화 역시 불안을 유발하는 요소다.

자폐가 있는 아이들을 처음 만날 때 이런 두려움을 많이 본다. 그들의 눈빛과 움직임을 보면 알 수 있다. 지금 상황이 안전하지 않다고 느낄 때, 소란스럽고 혼잡한 학교 식당이나 시끄러운 체육관 등 감각적으로 과부하 상태에 있을 때 그들은 두려움을 느낀다.

사례 나비와 조각상을 무서워한 아이들

나는 2학년 제레미의 눈빛에서도 그런 모습을 봤다. 어느 해 봄부터인가 제레미는 쉬는 시간만 되면 극도의 불안감을 드러내기 시작했다. 다른 아이들은 운동장에 나가서 신나게 뛰어놀며 휴식을 만끽했지만 제레미는 나가자는 제안을 뿌리치며 계속 거부했다.

이유는 곧 밝혀졌다. 운동장에 울타리처럼 조성되어 있던 관목들에 나비들이 몰려들었는데 제레미는 나비들이 무서웠던 것이다. 다른 아이들은 모두 예쁘다며 좋아하는 나비가 대체 왜 무섭다는 걸까? 나비는 물지도 않고 침을 쏘지도 않고 소리조차 내지 않는다. 제레미가 겁을 먹은 것은 자신이 나비를 통제할 수 없다는 것, 즉 나비가 어떤 짓을 할지 예측할 수 없다는 것 때문이었다.

어쩌면 나비가 팔이나 얼굴에 앉아 깜짝 놀랐지만 휘이 하고 날려 보내지 못한 적이 있었을 수도 있다. 제레미는 나비에 대해 잘 몰랐다. 그저 아무 데서나 불쑥 나타나서 예측할 수 없이 휙 날아다니며 놀라게 만드는 생물일 뿐이었다.

제레미 정도의 발달 상태로는 나비가 콧등에 앉아도 다칠 일은 없다는 생각을 하기 힘들었다. 의사소통 능력도 많이 떨어지기 때문에 잘 모르는 사람에게는 상식에 어긋나고 이상하게 비칠 수도 있다. 하지만 제레미의 행동은 충분히 이해할 만한 것이었다. 가장 원초적인 모습으로 안전을 유지하고자 노력했던 것이다.

나는 제레미를 돕기 위해 선생님께 종이 나비를 이용해 보자고 말했다. 나비들이 아이 근처로 날아가면 "안녕, 나비야!"라고 말하며 제레미가 직접 나비를 날려 보내게 했다. 또 나비에 관한 책들을 보여 주면서 나비가 아무 해도 끼치지 않는다는 것을 알게 해주었다. 이 재구성 방법으로 시간이 지나면서 아이가 느끼던 불안감은 많이 해소되었다.

릴리 역시 독특한 것에 두려움이 있었는데 바로 조각상이었다. 일곱 살 때, 점심을 먹고 같은 반 아이들과 공원을 산책하던 릴리는 말에 탄 남자의 조각상 앞에서 딱 멈춰 섰다. 아이의 얼굴은 공포에 질려 있었다.

어떻게 움직이지도 않는 청동상을 무서워할 수 있을까? 릴리의 상식으로는 동상의 상태가 논리적으로 맞지 않다고 느꼈기 때문이었다. 분명히 사람이고 말처럼 보이는데 움직이지 않았으니까. 자기가 아는 한 사람과 동물은 움직이는 것이 정상이었다. 조각상은 사람과 동물에 관해 릴리가 가지고 있던 개념을 산산이 부서뜨렸다. 그래서 심하게 동요하고 불안하며 겁을 먹게 된 것이다.

이와 비슷한 경우로 나는 자폐가 있는 아이들이 조각이나 로봇 역할을 하는 거리의 행위 예술가들 앞에서 걸음을 멈추고 멍해지는 것을 많이 봤다. 아이들이 놀라는 것은 이들이 살아 있는데 꼭 살아 있지 않은 것처럼 보이기 때문이다. 이런 두려움에 사로잡히면 자폐가 있는 아이들은 좀처럼 극복하지 못한다.

5학년 네드는 선생님이 스태튼 아일랜드 페리를 타고 현장 학습을 갈 거라고 말한 다음부터 겁이 났다. 하지만 다른 아이들은 잔뜩 들떠 있었다. 몹시 흥분한 한 여학생은 배를 타고 갈 때 파도가 치는지 물었고 어떤 남학생은 고래를 볼 수 있는지 물었다.

그러나 네드는 다른 것에 사로잡혀 있었다. 뉴스에서 듣곤 했던 선박 사고였다. 그런 다음 또 하나의 대참사, 침몰한 타이타닉호가 떠올랐다. 이런 생각이 든다는 것은 네드가 절대 페리를 탈 수 없다는 것을 의미했다. 아이는 두려움에 같은 반 친구들과 현장 학습을 가는 것조차 완강하게 거부했다.

현장 학습을 떠날 날이 다가오자 네드는 타이타닉호 이야기에 더욱 빠져들었다. 침몰한 배 사진과 영화를 보고 싶어 했고, 물고기들이 헤엄쳐 다니는 바다에 빠지면 어떤 느낌일지 선생님과 부모님께 계속 물었다. 네드를 현장 학습에 가게 만드는 것은 분명 어려워 보였다. 나는 조언을 구하는 부모와 선생님들을 만나 문제를 의논했다.

네드가 배를 타고 가는 것을 위험하다고 생각했기 때문에 아이를 안심시키는 일이 급선무라는 데 의견을 모았다. 그래서 페리에 있는 구명조끼를 입으면 안전하며, 문제가 생길 경우에 대비해 구명보트도 준비되어 있다고 설명해 주었다. 조용히 듣고 있던 네드는 문제라는 말이 나오자 불쑥 "어떤 문제요?"라고 물은 뒤 더 긴장하고 불안해했다.

아이를 진정시키고 용기를 주기 위해 우리는 두 가지 방법에 집중했다. 먼저 친구들과 같이 배를 타면 얼마나 신이 날지 말해 주면서 배터리 파크에 있는 형형색색의 깃발들을 보는 것도 재미있고, 그 외에도 기억에 남는 일들이 여러 가지 생길 거라며 긍정적인 감정을 가지도록 유도했다. 그다음에는 내가 용기에 대한 개념을 알려 주었다.

"용감하다는 것은 겁이 나는 일도 해보려고 노력하는 거야." 내가 말했다. "그리고 네 옆에 있는 사람들을 믿는 거지."

우리는 아이에게 현장 학습을 가야 한다고 강요하지 않았다. 네드는 이미 겁을 먹은 상태이고 두려움 때문에 감정 조절이 제대로 되지 않았다. 아이의 뜻에 반해 현장 학습을 가야 한다는 부담을 지우면 상황만 더욱 악화될 뿐이었다. 또 주변 어른들에게 느끼고 있던 신뢰마저 무너질지 몰랐다.

중요한 것은 네드가 스스로 선택해서 현장 학습을 가도록 만드는 일이었다. 그래서 우리는 부모와 상의한 뒤 두려움에 맞서 용감해질 기회가 있다고 네드에게 말해 주었다. 그리고 또 하나, 그날 하루 종일 엄마와 집에 있어도 된다고 말하며 며칠 동안 생각할 시간을 주었다.

출발할 날이 되자 네드는 드디어 결정을 내렸다.

"용감해지기로 했어요."

네드는 현장 학습을 떠났고 친구들과 아주 즐거운 시간을 보냈다.

한 달 뒤, 나를 만난 네드가 자랑스럽게 말했다.

"배리 선생님, 저 페리를 타고 갔어요. 배가 흔들릴 때는 조금 겁이 났지만 그래도 아주 용감하게 참았어요!"

아이의 자부심이 나에게도 전해지는 것 같았다. 부모도 그랬을 것이다. 네드는 오롯이 자기 힘으로 모든 걸 해냈다. 그다음에도 네드는 용감해질 거라고 생각하며 전 같으면 피해 버렸을 어려운 상황들을 이겨 내곤 했다. 그리고 추가로 도움이 필요할 때 다른 사람들을 믿을 수 있다는 사실도 알게 됐다.

네드의 경우처럼 보통 사람이라면 기뻐할 일도 자폐가 있는 사람들은 두렵게 받아들일 수 있다.

언젠가 자폐가 있는 유아들을 위한 파티 준비를 도운 적이 있었다. 원래 의도는 특별한 날이 되어도 파티에 갈 수 없거나 파티 장소를 힘들어하는 아이들에게 특별한 경험을 만들어 주는 것이었다. 또 부모들도 아이의 행동을 걱정할 필요 없이 편히 즐길 수 있기를 바랐다.

파티 준비를 돕던 선생님들과 부모, 자원봉사자들은 자극을 최소화하는 차분한 분위기를 조성해서 아이들이 편안하고 행복한 시간을 보낼 수 있도록 신중을 기했다. 아이들이 좋아하는 장난감들도 가져오고 시각 자료를 동원해 좋아하는 활동을 직접 고를 수 있게 했으며, 유치원 프로그램 가운데 아이들에게 익숙한 것들도 같이 준비했다. 모든 것이 완벽했다. 산타클로스가 나타나기 전까지는.

산타클로스 역할을 자청한 자원봉사자는 아버지들의 회사 동료 중 한 사람이었는데 자폐에 대해 잘 몰랐던 것이 분명했다. 갑자기 크게 문을 두드리는 소리가 들리더니 빨간 옷을 입고 점프하듯 뛰어 들어와 "호, 호, 호!" 하고 큰 소리로 외치는 것이 아닌가! 산타의 갑작스러운 등장으로 놀란 아이들은 삽시간에 뿔뿔이 흩어졌다. 비명을 지르는 아이도 있고 바닥에 웅크린 아이도 있고 구석으로 달려가 엄마 품이나 옷장에 숨는 아이도 있었다.

산타클로스는 아이들에게 그야말로 감각의 쓰나미를 불러일으켰다. 사실 이런 이벤트는 아무도 모르게 해서 잔뜩 흥분시키는 것이 목적이지만 파티장에 있던 아이들이 감당할 수 있는 것은 아니었다. 얼마만큼을 준비했든 자폐가 있는 아이들은 항상 놀라고 이런 상황에 대처하지 못한다. 우리는 최선을 다해 상황을 수습하고 아이들을 진정시켜야 했다.

예기치 못한 사건이 일어나 불안하고 두려워지면, 자폐가 있는 사람들은 다양한 반응을 보인다. 도망치기도 하고 패닉에 빠지기도 하며 문을 잠가버리거나 헤드라이트 불빛 속에 서 있는 사슴처럼 그 자리에 얼어붙어버리기도 한다.

염소 중에서 '기절하는 염소'라는 품종이 있다. 이 염소는 선천성 근육긴장증myotonia congenita이 있어서 흥분하거나 위협을 느끼면 다리 근육이 뻣뻣하게 굳는다. 그래서 꼼짝 못하고 있다가 한쪽으로 쓰러진다. 자폐가 있는 사람들도 이와 비슷한 모습을 보일 때가 많다. 충격을 받거나 불안하거나 겁이 나면 이들은 그 자리에 갑자기 멈춰 버린다. 그리고 눈을 감고 귀를 막아 세상으로부터 단절되고 싶어 할 때도 있다.

로스 블랙번이 알려줬듯이 매우 불안한 상황에서 일하는 최초 대응자와 기타 사람들은 반응을 조절하고 감정적으로 안정될 수 있도록 폭넓은 훈련을 받지만 자폐가 있는 사람들은 그러지 못하다.

이런 반응을 보면서 아이들과 가까운 사람이나 부모는 아이러니를 느낄 때가 많다. 이 아이는 왜 나비나 조각상처럼 평범하고 아무 해도 끼치지 않는 것들은 그렇게 무서워하면서 진짜 두려워해야 할 것들은 두려워하지 않을까? 조각상은 그렇게 무서워하는 아이가 어떻게 겁도 없이 차에 달려들고 지붕 위에 올라가고, 선 채로 롤러코스터를 탈까?

중요한 것은 아이가 그 상황들에 겁을 먹지 않는 것처럼 보이면 진짜 그렇다는 것이다. 정말이다. 지붕 위에 올라간 여섯 살짜리 자폐가 있는 아이는 그런 상황을 두려워하지 않고 어떤 결과가 닥칠지 생각해 보지도 않는다. 그저 본능적으로만 행동한다. '저 위에 올라가 봐야지. 그럼 여기서 볼 수 없는 것들을 볼 수 있을 거야.'

위험하지 않을까 따져 보지도 않는다. 그런 생각조차 하지 않기 때문이다. 겁을 먹지도 않으며 오히려 그곳에서 기쁨과 흥분을 느낀다. 아이의 뇌는 위험을 경고하는 신호를 보내지 않고 아이의 정신은 행동 결과에 따른 잠재적인 위험을 예견하지 않는다.

날아다니는 작은 나비는 자신이 통제할 수 없기에 두려워하면서 거의 8미터 높이에서 땅으로 떨어질 거라는 생각은 하지 못한다. 순간의 느낌에만 몰입하기 때문에 위험할 수 있는 결과에 대해서는 걱정하지 않는다.

이런 문제 때문에 자폐가 있는 사람들을 위한 프로그램에서는 안전 문제를 특히 강조하고 있으며 위험하거나 해를 입을 수 있는 상황들을 교육하는 데 힘쓰고 있다.

자폐가 있는 사람들이 경찰이나 다른 사람들에게 대응하는 방법을 이해시키기 위한 노력도 중요한데 이것은 양방향 도로와 같다. 자폐에 대한 지식이 별로 없는 경찰이나 공무원들은 자폐가 있는 사람에게 물리적인 힘을 가하거나 큰 소리로 말해서 극도의 불안을 유발할지 모른다. 그러면 이들은 도망치거나 지시를 따르지 않을 것이고 경찰은 위법 행위라고 간주해서 더 극단적인 접근법을 취할 것이다.

이런 문제들을 이해하는 많은 사법기관들이 자폐에 대한 교육을 실시하고 있다. 몇몇 지방자치단체에서는 위급 상황 시에 지원을 위한 초기 대응자로 경찰 대신 훈련된 정신 건강 전문가를 파견한다.

⟩ 아이들이 스스로 안정을 유지하는 방식 ⟨

신뢰에 문제가 생기면 우리는 불안과 두려움을 느끼고 저절로 통제하려는 반응을 보인다. 일부 자폐 전문가들은 통제를 부정적으로 취급한다. 그래서 "이런, 저 아이는 또 통제하고 있네요" "그 아이는 대화를 통제하려고 하고 있어요" 같은 말들을 한다.

하지만 바탕에 깔린 의도를 이해하게 되면 그런 행동은 불안감이나 조절장애를 극복하기 위한 전략임을 알 수 있다. 자폐가 있는 아이들이 통제하려는 행동을 못하게 해야 한다며 열을 올리는 전문가들도 있다. 하지만 그런 방식은 아무 도움도 되지 않는다. 오히려 안정을 유지하려는 노력을 방해함으로써 조절장애만 더욱 악화시킬 뿐이다.

기차, 공룡, 자동차 등 자신이 집착하는 것에 대해 끊임없이 이야기하는 것은 아이들의 통제 방식 중 하나다(3장 '그들의 능력을 강점으로 키우기' 참고). 다른 사람이 할 말이나 물어볼 내용을 예측하기 힘들면 아이는 그 상황을 불편해하고 불안해한다.

그럴 때 아이는 침묵을 대신해 좋아하는 것에 관한 이야기를 장황하게 늘어놓음으로써 자신이 대화를 어느 정도 통제하고 있다고 느낀다. 이렇게 하는 말들은 모르는 것에 대한 불안감과 열린 대화의 불확실성을 해소한다. 사람마다 반응이 달라서 불안한 마음을 쉴 새 없이 떠드는 것으로 억누르는 아이가 있는가 하면 침묵으로 일관하는 아이도 있다.

사례 주변의 도움으로 스스로 안정을 찾은 아이들

열한 살 그레이스는 전학 온 지 얼마 안 된 학생이었다. 그레이스는 새 학교에 잘 적응한 듯 보였다. 식당도 잘 다니고 친구들 옆에도 잘 앉아 있고 치료사와 게임도 했다. 하지만 절대 말을 하지 않았고 웃는 법도 없었다. 말을 못해서가 아니었다. 전에 다니던 학교에서는 말을 곧잘 했었다. 그런데 새 학교에서는 입을 꾹 다물고 제스처로만 자신이 원하는 것을 알렸다. 전학 온 지 7주가 지났을 때 학교 직원은 딱 한 번, 그레이스가 속삭이듯 한마디 하는 걸 들었다고 했다. "치즈."

엄마는 그레이스가 집에서는 말을 잘한다고 했다. 물론 반향어가 대부분이었지만 책도 큰 소리로 읽곤 한다고 했다. 엄마가 보여 준 비디오 속에서, 그레이스는 미소도 잘 짓고 깔깔거리며 웃기도 했다.

엄마는 아이에게 말을 하도록 부담 주지 말아 달라고 부탁했다. 그렇게 하면 아이의 불안감만 키워 득보다는 실이 많을까 염려했기 때문이었다. 아이를 지켜본 결과 나도 싫다는 아이에게 억지로 말을 시키기보다는 우선 그레이스와 신뢰 관계를 형성하고 여러 가지 의사소통 활동(비언어적인 것이라도)이나 수업에 적극적으로 참여하게 하는 것이 중요하다는 데 동의했다.

일부 전문가들은 그레이스의 행동을 '통제하려는 행위'나 '억누르는 행위', 즉 말하는 것을 고의로 완강하게 거부하는 것으로 취급할 수도 있다. 하지만 내가 본 것은 기민하고 총명하고 우수하지만 새로운 환경에 불안을 느끼고 누구를, 또 무엇을 믿어야 할지 몰라 힘들어하는 한 소녀의 모습이었다.

말을 하지 않는 것은 통제를 통해 적응하고 새로운 환경에 편해지고 싶었던 아이 나름의 극복 전략이었다. 그레이스는 말을 하지 않기로 스스로 선택한 것이며 이런 모습은 자폐가 없는 아이들에게도 가끔 나타난다. 이런 증상은 언어 문제가 아니라 심한 불안감 때문에 나타나는 행동이다.

시간이 지나면서 그레이스의 선생님들과 치료사는 열심히 노력해 아이와 친밀한 관계가 되었다. 마음이 편안해지고 준비가 되었다는 기분이 들자, 그레이스는 학교에서도 큰 소리로 책을 읽었고 자발적으로 말을 했으며 아이들과 즐겁게 놀기도 했다. 물론 웃음도 되찾았다. 새로운 곳에서 신뢰 관계도 형성되었다. 결국 아이를 몰아붙이지 말아달라던 엄마의 생각이 옳았다.

사례 **아이들이 통제를 발현하는 다양한 방식**

어떤 아이들은 세상을 이해하기 위해 머릿속에 규칙을 작성해 넣고, 자신들의 논리에 따라 행동하기 위해 노력하는 등 보이지 않는 방법으로 통제감을 느끼고 싶어 한다.

2학년인 호세도 그랬다. 여덟 번째 생일 파티를 준비 중이던 호세는 손님을 한 팀만 초대하기로 결정했다. 같은 반 남학생들이었다. 부모와 선생님들은 평소 친하게 지내던 다른 친구들과 여학생들도 초대하는 편이 좋을 것 같다고 했다. 하지만 호세는 계속 남학생, 그것도 자기 반 아이들만 초대하겠다고 고집을 부렸다. 다른 아이들이 싫어서가 아니었다. 호세는 생활 속에서 알게 된 여러 친구들을 무척 좋아했지만 무슨 이유에선지 손님은 한 팀으로 제한했다.

매달 한 번씩 있는 학교 회의에서 나는 호세의 부모와 선생님들, 그리고 치료사 한 사람을 만나 파티에 대해 어떻게 하는 것이 좋을지 의논했다. 다들 큰 목소리로 호세가 왜 그렇게 고집을 부리는지 모르겠다고 했다. 아이가 무신경하거나 빼고 싶은 사람이 있기 때문일까? 그런 것 같지는 않았다. 내가 보기에 호세는 부담감 때문에 위축된 것일 뿐이었다. 지금까지 이런 행사를 준비해 본 적이 한 번도 없었기 때문에 자기가 아는 사람 모두를 다 떠올리는 것이 버거웠음이 틀림없다.

그래서 택한 통제 방식이 제멋대로인 것처럼 보이긴 하지만 자기만의 기준을 만들어 부담을 느끼는 범위를 줄인 것이다. 그러자 모든 것이 간단해졌고 안정을 찾을 수 있었다.

호세의 부모는 친구들을 더 많이 초대하길 바랐지만, 아이가 이해하지 못하는 규칙을 들거나 긴 설명을 늘어놓는 것만으로는 불가능한 일이었다. 그래서 우리는 아이가 보드 게임을 좋아한다는 것에 착안해 격자무늬의 게임판을 만들어서 각 칸을 호세가 아는 아이들로 분류했다. 한 칸은 사촌들, 한 칸은 같은 반 여자 친구들, 한 칸은 같은 반 남자 친구들, 한 칸은 같이 야구 하는 아이들, 한 칸은 동네 남자 친구들, 한 칸은 동네 여자 친구들 이런 식으로 말이다.

준비를 마친 선생님과 치료사는 호세에게 '생일 파티 게임'의 새로운 규칙을 말해 주었다. 즉 같은 반 남자 친구 한 명, 같은 반 여자 친구 한 명, 남자 사촌 한 명, 여자 사촌 한 명 등 각 분류에 해당하는 아이들을 최소 한 명씩 골라서 칸을 채우는 것이었다.

이해할 수 있던 규칙이었기 때문에 호세는 흥미롭게 게임을 했다. 한 명씩 골라 칸에 적어 넣은 호세는 더 쓰고 싶은 아이들이 떠오르자 계속 칸을 채워 넣었다. 이런 식으로 구분해 놓자 친구들이 한눈에 정리되어 생각하기 쉬워졌다. 더불어 논리적이고 예상 가능한 느낌이 들었으며 재미있었다. 가장 중요한 점은 어떻게 정해야 할지 몰라 겁을 먹었던 일이 아주 간단해졌다. 다시 말하면 호세는 이 게임으로 통제하는 기분, 주인이 된 기분을 느낀 것이다. 우리는 호세에게 더 많은 사람을 초대하라고 압박하지 않으면 스스로 무언가를 하며 편해질 수 있는 분위기를 만들어 주었다.

자폐가 있는 사람들이 식단 때문에 곤란한 문제를 일으키는 것도 이런 통제감 때문이다. 자폐가 있는 아이의 식성이 너무 까다로워 힘들어하는 부모들이 있다. 어떤 아이는 꼭 한 가지 색깔의 음식(대개 베이지색)만 먹으려 하는가 하면, 접시 위에 놓인 브로콜리가 닭고기에 닿았다는 이유로 안 먹겠다고 고집을 피우는 아이도 있다.

전에 나는 자폐가 있는 유치원생들을 위한 프로그램에 참여한 적이 있었는데 샌드위치 하나를 먹을 때도 아이마다 선호하는 것이 달랐다. 그리고 거의 모든 아이가 속을 들여다보면서 혹시라도 싫어하는 것이 들어가 있지는 않은지 꼼꼼히 살폈다. 브라이언이라는 아이는 치즈를 먹지 않았는데 엄마가 몰래 조금이라도 넣어 놓으면 꼭 찾아서 꺼내 놓곤 했다.

이런 기호는 감각 문제와 관련된 경우가 많다. 아이들은 어떤 음식의 질감이나 온도, 냄새, 맛이 싫으면 먹지 않으려고 한다. 음식과 요리 방법, 먹는 형식 등을 직접 고르는 것은 자신이 통제력을 발휘하는 것이다. 아이들은 그렇게 하면서 자신이 속한 세상이 안전하고 믿을 수 있다고 느낀다.

자폐가 있는 사람들 중 평소에는 말을 거의 안 하다가도 음식 취향만큼은 목소리를 높여 자기 뜻을 표현하는 경우도 있다.

내가 두 번째 여름 캠프에서 일할 때 만났던 론도 그랬다. 당시 나는 고작 열아홉 살이었고 론은 열다섯 살이었다. 떡 벌어진 상체에 크고 건장했던 론은 통 말을 하지 않았고 너무 기쁠 때나 힘들 때를 빼곤 소리도 거의 내지 않았다. 그는 늘 끈이 없는 검은색 군용 부츠를 신고 다녔는데 무더운 8월에도 반바지에 꼭 그 부츠를 신었다.

론은 평소 여러 가지 작은 자신만의 의식^{ritual}들을 행하면서 안정을 유지했다. 숙소에서 식당에 올 때는 늘 자연석이 깔린 길을 느릿느릿 걸어오다 자신이 좋아하는 단풍나무 앞에 서서 나무껍질을 손으로 문지르며 반복적으로 지저귀는 듯한 소리를 냈다. 또 자기 눈 바로 옆에서 손가락들을 비비는 것도 좋아했는데, 그럴 때 발생하는 마찰음을 행복한 표정으로 듣곤 했다. 나는 론이 조용히 행하는 그런 기품 있는 행동과 사소한 일상을 살아가는 섬세한 모습에 빠져들었다.

캠프 첫날, 론을 잘 아는 상담사가 론에게는 절대 어떤 일이 있어도 마요네즈를 주면 안 된다고 했다. 다음 날 점심시간 나는 다른 생각을 할 겨를도 없이 음식을 빨리 나눠 주는 데만 신경 쓰면서 새로 하는 일에 최선을 다했다.

그런데 론 앞에 감자 샐러드가 담긴 그릇을 놓고 돌아서는 순간 갑자기 뭔가가 내 머리에 쏟아지는 느낌이 들었다. 론이 감자 샐러드를 나한테 쏟아 버린 것이다!

급하게 서두르다 미처 마요네즈 생각을 하지 못한 내 실수였다. 이것은 폭력이나 공격 행동이 아니었다. 내가 준 것을 거부하고 자신의 통제력과 개성을 드러냄으로써 본인의 기호를 확연히 표현하기 위한 행동이었다. 론은 그런 식으로 나에게 이렇게 말하고 있었다.

"나는 론이야, 캠프에 온 걸 환영해."

혼란스럽거나 위축된 상황에서 통제력을 발휘하려는 것은 사람들과의 관계 속에서도 마찬가지다.

미구엘과 윌리엄은 유치원 친구였다. 둘 다 자폐가 있었는데 언제나 자석처럼 붙어 다니며 같이 있는 것을 좋아했다. 그런데 선생님이 미구엘의 행동을 걱정하기 시작했다. 교실이든 운동장이든 늘 윌리엄만 따라다니며 꼭 붙어 있으려고 한다는 것이었다.

"윌리엄한테 자기 옆에 앉으라고 명령할 때도 있어요." 그녀가 말했다. "요즘 윌리엄은 미구엘을 밀어내며 같이 있고 싶어 하지 않아요."

이럴 때도 역시 '왜?'라는 생각이 필요하다.

학교를 찾았을 때 나는 자문 역할로 미구엘이 최근 어떤 변화를 겪은 것은 아닌지 물어보았다. 아무래도 집에 무슨 일이 있는 것 같았다.

전말은 이랬다. 미구엘의 아빠가 스키를 타다 다리가 부러지는 사고를 당해 며칠 동안 입원해 있었던 것이다. 그래서 한결같이 유지되던 미구엘의 일상이 바뀌어 버렸다. 계속 아빠가 보이지 않았고, 엄마는 병원에 갈 때마다 베이비시터를 불러 아이를 맡겼다. 모든 것이 갑작스럽게 변했고 평소 의지하던 사람들을 믿을 수 없게 되었다. 그래서 미구엘은 자기가 할 수 있는 곳, 즉 믿을 수 있다고 생각한 관계에 집착하면서 통제감을 느끼려 했던 것이다.

⸎ 자폐가 있는 사람과 신뢰 쌓는 5가지 방법 ⸎

선생님은 조나가 중학생이 된 뒤부터 무척 힘겨워 보이고, 또래나 주변 사람들에게서 떨어져 혼자 있으려는 시간이 늘고 있다고 했다.

조나는 친하게 지내는 아이가 없었고 교실에서도 책상에 엎드려 있을 때가 많았다. 조나는 원래 말도 잘하고 명랑한 아이였으며 초등학교 때는 성적도 꽤 좋았다.

나와의 대화에 응한 조나는 요즘 자꾸 슬퍼진다고 털어놓았다. 선생님도 싫고, 한때는 공룡이나 야구, 비디오 게임 등 좋아하는 것들을 같이 떠들어 대던 반 친구들도 다 싫다고 했다.

"학교에 네가 믿을 수 있는 사람이 있니?" 내가 물었다.

"전혀요." 조나가 대답했다.

나는 새 친구를 사귈 때 어느 정도가 되어야 믿을 수 있는 사이가 되는지 물어봤다.

"알고 지낸 지 일 년은 되어야 하고 우리 집에 네 번, 그 친구 집에 네 번은 가 봐야 해요."

자폐성 범주에 있는 다른 많은 사람처럼 조나도 신뢰 문제 때문에 힘들어하며 사람들과 관계를 맺지 못하고 있었다. 자폐가 있는 사람들에게 세상이란 혼란스럽고 예측이 불가능하고 자신을 무척 힘들게 하는 곳이다. 이들이 세상을 견디는 데 가장 힘이 되는 것은 믿을 수 있는 인간관계다. 지금까지의 내 경험에 의하면 그렇다.

자폐가 있는 사람들은 늘 오해 속에서 지낸다. 자기 자신이 다른 사람의 행동을 잘못 해석할 때도 있고 낯선 사람이나 또래 친구, 심지어 가까운 사람들에게 자신의 행동을 오해받을 때도 많다. 오해가 잦아질수록 사람을 믿는 것은 더욱 어려워진다.

그리고 '왜 내가 노력해야 하지?'라고 생각하며 세상으로부터 스스로를 단절하기도 한다. 초등학생에서 중학생이 되고 스케줄이 많이 바뀌고 사람들과의 관계가 복잡해지는 변화를 겪을 때는 누구를 믿어야 할지 알기 힘들다.

그래서 부모와 친구, 상담사, 의사, 직업 코치, 멘토, 고용주 등 그 사람의 삶 속에 있는 사람들은 믿을 수 있는 관계가 되도록 특히 더 노력해야 한다. 나의 오랜 경험, 그리고 자폐가 있는 소중한 내 친구들을 통해 알게 된 것은 그들이 바뀌도록 요구하거나 부담을 주지 말고 우리가 먼저 바뀌어야 한다는 것이다. 우리가 바뀌면 그들도 바뀐다. 우리가 바뀌는 것은 적절한 지원이 되고 그들도 변화하게 되며 신뢰의 뿌리가 자랄 수 있다.

하지만 반대로 되는 경우가 너무 많다. 주변 사람들이 스트레스를 줄여주기는커녕 더 불안하고 두렵게 만드는 것이다. 사람들은 끈질길 만큼 계속 '네가 바뀌어야 해'라는 메시지를 전하며 무심코 이런 뜻을 드러낸다.

"넌 잘못하고 있어. 네가 다 망치고 있는 거야."

그렇게 그들의 자존감을 뭉개고 신뢰 관계까지 무너뜨리고 만다. 자폐가 있는 성인들은 아이처럼 취급 받으며 존중 받지 못한다고 생각한다. 그들은 타인을 믿지 못해 자신에게 필요한 이해와 도움을 받지 못하고 세상이 안전하다는 것도 믿지 못한다. 그 결과 쌓이는 것은 불안감과 분노뿐이다. 이런 상황은 말을 하지 않거나 말수가 적은 자폐인들을 더 악화시킨다. 너무 빈번히 사람들은 그들이 이해력이 부족하거나 지능이 모자라다고 속단하고 따라서 통제 받아야 한다고 생각한다. 신뢰를 저버리면서 말이다.

자폐가 있는 사람들과 믿을 수 있는 관계가 되려면 어떻게 해야 할까?

첫째, 신뢰 관계에서 가장 핵심적인 것 가운데 하나는 상대방이 나에게 귀를 기울이고 있음을 아는 것이다. 자폐가 있는 사람들도 말이 아닌 수단으로 의사소통을 할 때가 많다. 또 그들만의 독특한 말로 자신을 표현하기도 하는데 그럴 때 주변 사람들이 애써서 잘 듣고 무슨 말을 하려는지 알아주고 최대한 반응을 해주는 것이 중요하다. 그들에게 원하는 것, 감정과 기분을 표현하게 하려면 엄청난 인내심이 필요한 일이다. 하지만 그것이 바탕이 되어 그렇게 하지 않으면 생각도 못했을 진전이 나타날 수도 있다.

둘째, 통제하는 법을 연습해서 스스로 결정할 능력을 기르게 하자.

결혼 생활이나 친근한 관계를 생각해보라. 배우자가 끊임없이 윗사람 노롯을 하려 하고 이것저것 명령하면 신뢰 관계는 만들어질 수 없다. 각종 스케줄과 활동, 또 당사자의 삶에 중요한 일을 계획할 때는 자폐가 있는 사람을 통제하려 하지 말고 그들에게도 선택권을 줘서 자기 의견을 내게 해야 한다. 다른 사람에게 존중받고 삶을 좌우할 힘이 자신에게 있다고 느끼면 주변 사람들도 더 잘 믿게 된다.

셋째, 정서 상태를 이해하자.

자폐가 있는 사람들은 정서적으로 불안정할 때 부적절하거나 파괴적으로 보이는 행동을 하곤 한다. 그럴 때는 무조건 비난하지 말고 잠시 시간을 두며 이렇게 생각해 보자. '지금 이 사람에게는 어떤 기분을 느끼게 해야 할까? 불안한 저 마음을 줄여 주려면 어떻게 해줘야 할까?' 이 생각에 따라 행동하면 그 사람의 스트레스를 줄이고 신뢰도 쌓을 수 있다.

넷째, 의지하고 믿을 수 있고 투명한 사람이 되자.

자폐가 있는 사람들은 다른 사람들과 있는 것을 혼란스러워할 때가 많고 사람들의 행동에 담긴 미묘한 뜻을 좀처럼 읽지 못한다. 그러므로 사회적인 규칙과 기대, 또 그것들이 존재하는 이유를 잘 설명해야 한다. 이때 규칙을 열거하는 것만으로는 충분하지 않다. 규칙을 이해하지 못하면 자폐가 있는 사람들은 화를 내며 따르기를 거부하기도 한다. 규칙들이 왜 있어야 하며, 왜 지켜져야 하는지 이해할 수 있게 설명해 주면 그들은 자신이 존중받고 있음을 느낀다. 의도를 분명히 밝히고 한결같은 모습을 보이면 신뢰를 쌓는 데 도움이 될 수 있다. 그리고 우리의 행동이 알려주려는 것의 본보기가 되지 못하면 전혀 다른 것을 가르치게 될 것이라는 점을 항상 기억하자.

다섯째, 잘한 것을 축하해주자.

부모를 포함해서 자폐가 있는 사람의 주변인들은 잘못이나 애로 사항에 초점을 두고 부각하는 경우가 너무도 많다. 끊임없이 비난하고 금지하고 부정적인 말만 늘어놓으며 아이를 바꾸려는 사람과는 신뢰를 쌓기 어렵다. 아이의 능력으로 할 수 없는 것이나 잘못한 일들을 굳이 상기시키지 않아도 삶은 충분히 힘들다. 성공에 초점을 맞추자. 그러면 당사자의 자존감도 높일 수 있고 주변 사람들과 바람직한 신뢰 관계도 맺게 할 수 있다.

5장

정서적 기억 극복하기

오래전 버펄로에 있는 한 학교를 방문한 적이 있다. 그 학교는 내가 대학원생이었을 때 자폐가 있는 아이들을 돌보던 곳이었다. 낯익은 복도를 걸으며 나와 즐거운 시간을 보냈던 아이들이 어떻게 변했을지 문득 궁금해졌다.

한 교실에 들어서니 작은 주방에서 청소년 몇 명과 젊은이들이 함께 아침 식사를 준비하고 있었다.

그때 180센티미터가 넘는 키에 열여덟 살쯤 되어 보이는 한 학생이 교실 저쪽에서 날 보더니 바로 알아본 듯 미소를 지으며 폴짝폴짝 뛰었다. 그러고는 계속 나를 보며 몸을 흔들고 흥분해서 뭐라고 떠들었다. 이런 아이를 본 선생님이 나에게 다가와 말했다.

"이곳에서 일하셨다고 들었습니다. 버니를 잘 아세요?" 분명 나는 버니라는 아이를 그곳에서 만난 적이 있었다. 그때 버니는 예닐곱 살밖에 안 된 어린 소년이었다. 선생님이 그 학생을 불렀다. "버니, 이리 오렴. 네가 만나야 할 분이 계셔."

버니는 다시 미소를 지으며 신이 난 듯 껑충껑충 달려왔다. 아이는 틀림없이 나를 알아보았지만 인사는 별다른 것이 없었다.

"배리 선생님이다!" 아이가 날 꼭 끌어안으며 외쳤다. "이제 앉아서 신발 끈을 묶어 보자!"

갑자기 그때 일이 생생하게 떠올랐다. 당시 나는 버니의 교실을 맡고 있었다. 내가 맡은 일 중 하나는 몇 주에 걸쳐서 신발 끈 묶는 법을 아이에게 가르치는 것이었다.

"이제 앉아서 신발 끈을 묶어 보자."

나는 자주 했던 말이다. 그 말을 흉내 낸 버니는 그때 일을 기억한다기보다 꼭 그 시간 속에 돌아가 있는 아이처럼 보였다. 버니의 얼굴에 다시 환한 미소가 번졌다. 그 말을 계속 되풀이하는 목소리에는 주체할 수 없는 기쁨과 흥분이 담겨 있었다.

"이제 앉아서 신발 끈을 묶어 보자!"

또 다른 이야기다. 네 살 난 아들 줄리오의 이해할 수 없는 행동 때문에 당황한 루이스가 나에게 연락했다. 차를 타고 가다가 어떤 지점에서 정지 신호를 받고 멈추기만 하면 아들이 말을 하지 않고 패닉에 빠져서는 갑자기 소리를 지르고 주먹으로 자기 머리를 때린다고 했다.

"정말 속상합니다. 무엇 때문에 그런 걸까요?" 루이스가 물었다.

나도 당황해서 물었다. "그 동네를 피해 갈 수는 없습니까?"

그곳이 극심한 스트레스를 유발하는 무언가가 있을 거라 짐작했다.

루이스는 안 된다고 했다. 그 교차점은 그들 부부가 늘 다니는 도로에 있기 때문에 완전히 피해 가기 어렵다는 것이었다. 나도 뾰족한 수는 없었지만 부모는 가끔 탐정이 되어야 할 때가 있다는 것을 그에게 알려 주었다. 그리고 연결고리가 될 만한 것들을 모두 생각해 보라고 했다. 사흘 뒤 루이스가 다시 전화를 걸었다.

"알아낸 것 같습니다."

그는 줄리오가 아주 어렸을 때 위험할 만큼 심하게 열이 나서 심한 탈수증까지 온 적이 있다고 했다. 부모는 아이를 병원에 데리고 갔는데 그곳 사람들이 아이를 제압하고 정맥 주사관을 삽입하려고 하자 줄리오가 기겁을 해서 패닉에 빠졌다는 것이다.

루이스는 바로 그 부분에서 답을 찾아냈다. 줄리오가 발작을 일으킨 교차로에는 아이가 어릴 때 치료를 받았던 병원과 매우 비슷한 흰색 건물이 서 있다는 것이다. 아마 그때 겪었던 일이 너무도 강렬한 기억으로 남아 비슷한 건물만 봐도 트라우마를 일으키는 것 같았다.

버니가 신발 끈 묶는 법을 배웠던 행복한 시절로 돌아간 것처럼 줄리오는 날카로운 통증과 공포를 느꼈던 순간을 갑작스럽게, 그것도 아주 생생히 기억해 냈다. 그 기억을 끄집어내는 데는 흰색 건물을 보는 것만으로 충분했다.

⪢ 정서적 기억이 생활에 미치는 영향 ⪡

기억에 관한 이 두 사례를 보면 자폐가 있는 사람들에게 정서적 기억이 얼마나 강력한 영향을 미치는지 잘 알 수 있다.

기억이라고 하면 사람들은 보통 자신이 겪은 일에 관한 객관적이고 중립적인 정보, 아는 사람이나 만났던 사람들, 장소 등 사실적인 것들을 떠올린다. 하지만 이 외에 어떤 느낌을 기억하게 될 때도 많다.

사람들은 잠재의식 속에서 자신이 갖고 있는 기억에 기쁨, 슬픔, 고통, 좌절, 즐거움, 괴로움, 트라우마 같은 느낌을 덧붙인다. 이런 것을 경험하는 정도는 사람마다 다르다. 노래 〈문 리버〉를 들으면 나는 알 수 없이 우울해지곤 한다. 그 노래는 내가 열두 살 때 세상을 떠난 어머니가 가장 좋아하는 곡이었다. 50년이 지난 지금도 어머니의 노랫소리가 귀에 선하다.

모두 흔히 하는 경험으로는 고등학교 동창회에 갔다가 같은 반 친구를 만났는데 이름이 생각나지 않을 때가 있다. 하지만 그럴 때조차도 당신이 그 사람을 좋아했는지 싫어했는지는 확실히 기억난다. 사실은 잊힐 때도 있으나 그와 관련된 느낌은 강하게 남는다. 우리 모두 마찬가지다. 어떤 사람이나 장소, 활동에 대해 좋은 기억이 있으면 자꾸 떠올리게 되지만 괴롭고 좋지 않은 기억은 피하고 싶어지며, 생각만으로 불쾌해질 수 있다.

자폐가 있는 사람들은 더욱 그렇다. 보통 사람보다 기억력이 훨씬 좋은 경우가 많기 때문이다. 영화 〈레인 맨〉의 주인공이나 앞서 나왔던 유명한 저자 다니엘 태멋처럼 '서번트 스킬'을 가진 사람은 소수에 불과하다. 하지만 많은 부모와 선생님들이 자폐가 있는 아이들의 놀라운 기억력에 감탄을 금치 못한다. 이 아이들은 살면서 겪었던 여러 사건과 지리 정보, 생일과 관련된 것들을 놀랄 만큼 방대하게 기억한다. 좋든 나쁘든, 정서적인 기억이 미치는 영향은 자폐가 있는 사람을 이해하는 데 매우 중요한 역할을 한다.

하지만 중요성에 비해 간과되고 있는 것이 있다. 최악의 상황은, 기억력이 아주 뛰어난 아이가 신경상의 문제 때문인지, 평범한 아이라면 금방 잊을 만한 나쁜 일까지 모조리 기억하는 것이다. 모두 자폐 때문에 겪게 된 혼란과 오해, 감각 문제들 때문에 생긴 일들이다. 그래서 흰색 건물이나 옛 선생님의 얼굴같이 사소한 것만 떠올려도 필요 이상의 격한 반응이 나오는 것이다(불행히도 우리는 좋은 기억보다 나쁜 기억을 더 장기간, 더 정확하게 기억한다).

우리 앞에서 갑자기 당황스럽거나 납득되지 않는 행동을 하는 사람은 굉장히 강렬하고 생생한 기억이 떠올랐기 때문인 경우가 많다. 마치 그 일이 지금 눈 앞에서 다시 벌어지고 있는 것처럼 말이다. 신발 끈에 대한 기억으로 즐거워하던 버니의 모습은 먼 옛날을 회상하는 것이 아니었다. 기억이 너무 강해서 마치 그때 그곳으로 다시 돌아가 있는 것처럼 보였다.

아이가 아무 이유도 없는 것 같은데 갑자기 극심한 패닉에 빠지거나 이성을 잃는 것은 줄리오처럼 평소 자각하지 못했던 부정적인 기억이 떠올랐기 때문일 수 있다. 줄리오는 분명 병원에서 겪은 끔찍한 일들을 다시 기억하고 싶지 않았을 것이다. 하지만 교차로에서 흰색 건물이 보이자 공포에 질려서 미친 듯 소리를 지르고 말았다.

평소 아이가 점점 불안해하거나 어떤 조짐이 보였다면 폭발 상황이 벌어지기 전에 누군가 개입해서 필요한 도움을 주었을 수도 있다. 하지만 정서적인 기억은 그런 식으로 작용하지 않는다.

줄리오는 자신이 입원했던 것을 알지도 못했는데 전혀 다른 때, 다른 장소에서 기억해 낸 것이다. 시각 이미지가 기억을 촉발했고, 마음속에 두려움이 넘쳤으며, 이것을 막을 방법은 없었다.

사례 특정한 단어에 트라우마가 있는 미구엘과 빌리

가끔은 이름처럼 단순한 것이 기억을 떠오르게 할 때도 있다. 자폐가 있는 열한 살 소년 미구엘은 말하는 능력이 매우 부족했다. 그런데 혼자 아이를 키우는 미구엘의 엄마 레슬리가 앞으로 제니퍼라는 사람이 학교와 집에서 도와줄 거라고 말했더니 미구엘은 바로 소리를 내어 말했다.

"제니퍼 안 돼! 제니퍼 안 돼!"

미구엘은 그녀의 얼굴도 본 적이 없기 때문에 레슬리는 미구엘이 왜 그렇게 격하게 반응하는지 알 수가 없었다. 얼마 뒤 레슬리는 아이가 왜 그렇게 흥분했는지 알게 되었다.

미구엘이 걷기 시작했을 때 같은 이름을 가진 베이비시터를 고용했는데 마음에 들지 않았고 레슬리가 집으로 돌아오면 미구엘이 통제 불능이 되어 결국 그녀를 해고한 후에 다른 사람을 쓴 적이 있었다. 레슬리는 미구엘에게 왜 제니퍼는 안 되느냐고 물었다. 그리고 나중에야 제니퍼가 미구엘을 신체적으로 학대한 사실을 알게 되었다. 그것도 아이가 간신히 뱉은 말 덕분이었다.

"제니퍼 미구엘 때려! 제니퍼 미구엘 아파!"

이번의 제니퍼는 아예 다른 사람이었지만 그런 건 중요하지 않았다. 그 이름이 들리는 순간 잠재되어 있던 미구엘의 정서적인 기억이 촉발되었고 그것은 피할 수 없는 일이었다.

나는 일을 하면서 단어 한마디가 아이의 트라우마를 자극하는 모습을 수시로 본다. 어떤 아이들은 내가 의사라는 말만 들어도 불안해한다. 내가 아이에게 무슨 행동을 했기 때문이 아니라 '의사'라는 단어 자체 때문이다.

예전에 빌리라는 아이의 집을 방문했을 때 일이다. 빌리는 자폐가 있는 여덟 살 소년이었다. 내가 거실에 앉아 있을 때 아빠가 아이를 부르더니 이렇게 말했다.

"빌리, 의사 선생님 오셨다."

그런데 빌리는 나한테 와서 인사를 하는 대신 마구 소리를 지르며 항의했다.

"주사 싫어! 주사 싫어! 의사 싫어! 싫어!"

빌리는 나를 만난 적이 없었지만 '의사'라는 말을 듣는 순간 전에 소아과에서 겪었던 나쁜 기억들이 떠오른 것이다. 나는 아무 일 없을 거라며 아이를 안심시키려 했지만 잔뜩 흥분한 빌리는 욕실로 들어가 문을 잠가 버렸다. 안에서도 계속 소리를 지르더니 얼마 뒤 훌쩍이기 시작했다.

"주사 맞기 싫어… 주사 맞기 싫어…."

아빠는 아이를 안심시키려고 애쓰며 이렇게 말했다.

"아들, 배리 선생님은 주사 놓는 의사 선생님이 아니야. 놀아 주는 의사 선생님이야."

거의 10분이 지나서야 빌리는 겨우 진정을 하고 아빠가 하는 말을 들었다. 그렇게 아빠가 한 말을 계속 되풀이했다.

"배리 선생님은 주사 놓는 의사 선생님이 아니야. 놀아 주는 의사 선생님이야!"

드디어 아이는 욕실에서 나왔고 나와 함께 즐거운 시간을 보낼 수 있었다. 빌리가 말을 할 줄 모르는 아이였다면, 혹은 "주사 싫어!"라는 말 대신 아빠와 나는 알아듣지 못하는 자기만 아는 말로 뜻을 전달하려 했다면 어떻게 되었을까? 아이가 나를 보고 왜 그런 반응을 보였는지는 미궁에 빠졌을 것이며 얼마간의 탐정 노릇이 필요했을 수도 있다.

사실 정서적인 기억은 말이 필요 없다. 언어 재활사인 나오미가 아무리 애를 써도 여덟 살인 맥스는 학교에 있는 상담실에 오려고 하지 않았다.

나오미는 맥스가 그러는 이유를 잘 알고 있었다. 치료 초기에 맥스를 데리러 교실에 갔을 때였다. 그날은 겨울이라 쌀쌀했고 맥스는 타이즈를 입고 있었다. 두 사람은 같이 카펫이 깔린 복도를 걸어 상담실까지 왔다. 그녀는 평소대로 걷고 맥스는 발을 질질 끌면서 걸었다. 문 앞에 도착해서 나오미는 맥스에게 문을 열어 달라고 했다.

그런데 맥스가 손잡이를 잡는 순간 찌릿하며 정전기가 일어났다. 정전기를 느낀 맥스는 깜짝 놀랐다. 위험하지는 않았지만 갑자기 불쾌한 느낌이 든 것은 분명했다. 그 뒤 몇 주 동안 맥스는 상담실 근처에 가지 않으려고 했다. 어쩔 수 없이 그 앞을 지나야 할 때는 꼭 손잡이가 살아서 자기를 물기라도 하는 것처럼 맞은편 벽에 몸을 바짝 붙이고 빨리 지나갔다. 그런 부정적인 기억은 석 달이 지나서야 극복되었고 그제야 맥스는 상담실에 가서 치료를 받았다.

나오미는 왜 맥스를 설득하지 못했을까? 자폐가 있는 사람들이 정서적인 기억 때문에 보이는 반응은 대개 본능적이고 원초적이다. 상황을 이성으로 판단하는 능력도 제한적이다. 과거에 생겼던 일이 꼭 다시 일어나리라는 법은 없다는 생각도 하지 못한다.

평범한 다른 아이 같으면 이렇게 생각할 수도 있다. '이런, 깜짝이야. 전에도 그랬는데. 하지만 다시 그러지는 않을 거야. 또 그런다고 해도 나쁘지는 않아.'

어쩌면 평범한 아이는 세상을 탐험하는 과정의 일부로 다시 정전기를 느껴 보고 싶어 할지도 모른다. 하지만 자폐가 있는 사람에게 기억은 마음속 깊이 박혀서 좀처럼 흔들리지 않을 때가 많다.

스티븐의 경우도 마찬가지였다. 사건이 터진 것은 아이가 새 학교에 잘 적응하며 꾸준한 진전을 보이던 어느 가을날이었다. 하필 스티븐이 경보기 바로 밑에 서 있을 때 소방 훈련을 알리는 사이렌 소리가 울린 것이다. 청각에 문제가 있던 스티븐은 특히 큰 소리에 몹시 민감했다. 결국 스티븐은 몇 주나 지나서야 아무 걱정 없이 학교 건물에 다시 들어올 수 있었다.

⟩ 기억을 불러오는 알 수 없는 촉발제 ⟨

자폐가 있는 아이를 둔 부모라면 거의 다 알겠지만, 무엇이 부정적인 기억을 촉발하는지 예측하기가 어렵다. 가끔은 좋은 뜻에서 자신도 모르게 한 행동이 본능적이고 강렬한 반응을 불러일으키기도 한다.

스콧은 내가 상담을 맡은 학교에 다니던 일곱 살짜리 아이였다. 어느 날 나는 스콧이 체육관 트랙을 돌고 있는 것을 지켜보고 있었다. 그러다 내 옆을 지날 때 나도 모르게 미소를 지으며 이렇게 말했다. "잘한다, 스콧!"

그러자 스콧은 불쾌한 얼굴로 날 노려보며 그 자리에 멈춰 섰다.

"잘한다고 하지 마세요." 아이가 단호하게 말했다. "잘한다고 하지 마세요!"

아이가 반항하는 걸까? 관심을 받고 싶지 않은 걸까? 아니면 자기 식대로 날 통제하려는 걸까?

그다음에 스콧이 다시 근처에 왔을 때 나는 응원하고 싶은 것을 참고 조용히 있었다. 하지만 그다음에 왔을 때는 아무 말 없이 엄지를 들어 잘하고 있다는 신호를 보냈다. 스콧은 그 자리에서 멈춰 서서 다시 나를 노려보았다.

"그건 잘한다는 뜻이잖아요!" 그러더니 계속 이 말을 되풀이했다.

"잘한다고 하지 마세요! 잘한다고 하지 마세요!"

나중에야 나는 스콧이 왜 나의 순수한 의도를 몰라주고 화를 냈는지 알게 되었다. 지난해 스콧은 한 행동 치료사에게 치료를 받은 적이 있었는데 그녀는 오랫동안 자리에만 앉아 수업을 진행하는 과거의 교수법에 의존하던 사람이었다.

아이가 잘하는 것이 있을 때는 칭찬을 하고 실질적인 보상도 해주었다. 그녀는 습관처럼 "잘한다!"라는 말을 달고 살았는데 스콧은 그 방식이 너무 싫었고 선생님이 꼭 자신을 통제하고 조종하는 것처럼 느꼈던 것 같다.

체육관에서 나는 친근함의 표시로 잘한다고 말했지만 이 말을 들은 스콧은 불편하고 힘들었던 시절의 기억을 떠올렸다. 아무리 좋은 뜻에서 그런 말을 하고 엄지를 들어 줘도 스콧은 내 의도를 그대로 받아들이지 못할 것이다. 그리고 스콧은 자신의 그런 상황을 내가 알아주길 바랐다.

어떤 기억이 자신을 괴롭히더라도 확실히 말하지 못하는 아이들이 많다. 2학년이 시작된 지 얼마 안 되었을 때, 선생님은 왜 앨리스가 매일 오전 11시 반 무렵만 되면 습관적으로 울기 시작하거나 의기소침해지는지 알 수가 없었다.

앨리스는 말을 하지 않았기 때문에 무엇이 아이를 그토록 힘들게 하는지 아무도 몰랐다. 선생님은 혹시 배가 고픈가 싶어 간식을 줘보기도 했다. 하지만 소용없었다. 여러 활동으로 관심을 돌려 보려고도 했지만 앨리스는 여전히 그 시간만 되면 힘들어했다. 정말 당황스러운 일이었다.

도움을 요청받은 나는 작년 담임 선생님을 만나 앨리스의 상태를 이야기하며 의견을 구했다. 그러자 선생님은 바로 이렇게 말했다.

"작년에는 날마다 11시 반에 앨리스를 운동장에 데리고 나가서 그네를 타게 해주었어요."

오전 내내 지쳤을 앨리스를 편하게 해주고 조절감을 주기 위해 그랬다고 했다. 비나 눈이 오는 날은 체육관에 데려가서 그네를 타게 해주었다. 그렇게 앨리스는 날마다 11시 반이 되면 그네를 타며 자기만의 시간을 가졌던 것이다.

수수께끼가 풀렸다. 앨리스는 말하지는 못했지만 그때의 행복을 생생하고 강렬하게 기억하고 있었다. 중간에 여름 방학이 있었고 교실과 선생님도 바뀌었지만 앨리스에게 그 시간은 여전히 그네를 타며 자신을 추스르는 기분 좋은 시간이었다. 작년 시간표에 포함된 과정이었다는 것을 앨리스가 알든 모르든 이 사례는 정서적인 기억이 얼마나 중요한 역할을 하는지 잘 보여 준다.

마이클의 경우도 마찬가지였다. 마이클은 동료의 어린 아들이었는데 늘 혼잣말을 중얼거리곤 했다.

어느 날 오후, 나는 마이클을 차에 태우고 롤러스케이트장에 갔다. 관중

석에 앉자 아이는 아는 의사를 만나기라도 한 것처럼 혼자 대화를 하기 시작했다.

"보이어 선생님, 만나서 반갑습니다!"

사실 아이는 특별히 누구를 향해 그런 말을 하는 것이 아니었다. "잘 지내셨어요, 보이어 선생님? 오늘은 뭘 할 거예요, 보이어 선생님?" 마이클이 말을 거는 의사는 이미 세상을 떠난 분이었다.

그래서 나는 이렇게 물었다. "마이클, 보이어 선생님이 여기 계시니?"

"아뇨, 배리 선생님." 아이가 미소를 지으며 대답했다. "그냥 그 선생님과 이야기하는 척하는 거예요. 아주 좋은 분이셨거든요."

우리가 먼저 세상을 떠난 사람과의 유쾌한 경험을 회상하는 것과 별로 다를 바가 없었다. 마이클은 다른 사람이 자기를 어떻게 생각할지는 신경 쓰지 않았다. 그래서 큰 소리로 혼자 대화를 했고 나는 아이가 행복한 추억에 빠져드는 것을 지켜보는 특권을 누릴 수 있었다. 긍정적인 기억은 사랑했던 사람을 먼저 보낸 사람이 자주 말하는 '그녀에 대한 기억이 축복이기를'이라는 소망을 설명할 때 도움이 된다.

⟫ 외상 후 스트레스 장애 극복 방법 ⟪

우리는 모두 정서적 기억을 가지고 있다. 하지만 기억 때문에 스스로 위축되고 삶이 방해받고 일상적인 기능을 하지 못하게 되는 경우는 드물다. 그래서 부정적인 기억과 관련해 아이가 너무 심하게 반응하는 것을 보면, 부모나 선생님, 돌보는 사람들은 아이나 가족이 일종의 외상 후 스트레스 장애^{PTSD, Post Traumatic Stress Disorder}를 겪고 있는 것은 아닌지 의심하게 된다.

PTSD는 부정적인 기억의 극단적인 형태로서 폭행을 당했거나 목격한 것, 신체적·성적으로 학대받은 것, 교통사고 등에서 살아남은 것 등 정신에 심각한 충격을 받은 사람들이 겪는 안타까운 증상이다. 강렬한 한 가지 사건이 트라우마의 원인이 될 수도 있지만 시간이 지나면서 반복되는 스트레스가 '발달상의 트라우마'를 초래할 수 있다. 예를 들어 학교에서 반복적으로 괴롭힘을 당한 사람은 단순히 한 사건 때문이 아니라 계속 누적된 영향력 때문에 학교를 충격의 환경으로 생각할 수 있다.

PTSD와 부정적인 기억은 다르지만 겹치는 부분도 있다. PTSD는 기억 때문에 늘 고통스러워하며 정상 생활이 불가능할 때 내려지는 진단이다. 뇌 연구를 보면, 정서 기억은 감정과 기억에 관한 기능을 책임지는 변연계 내의 편도체에서 처리된다. 사람이 충격을 떠올리는 상황에 직면하면 스트레스 호르몬이 분비되고, 이처럼 편도체가 과하게 활성화되어 더 많은 호르몬이 분비된다. 그래서 충동적인 생각과 분노, 과민반응 등을 일으키며 감정적으로 격한 스트레스를 받게 된다.

전쟁에서 돌아온 군인이 두고두고 가장 고통스러웠던 전투를 떠올리는 것도 이 때문이다. 그럴 때 그는 과거를 회상하는 것이 아니라 그 일을 바로 지금 다시 겪는 것처럼 느낀다. 분명 몸은 자기 집 거실에 있지만 정신은 베트남이나 바그다드에 있는 것이다.

자폐가 있는 사람들이 정서적인 기억(대체로 부정적인) 때문에 PTSD만큼 고통스러워하거나 일상생활을 못하는 경우는 드물다. 하지만 그런 기억이 떠올라 갑자기 돌변해 부모와 선생님들을 혼란스럽게 만드는 경우는 많다.

PTSD에 관한 연구는 자폐가 있는 사람들이 부정적인 기억들을 극복하도록 도울 방법을 찾을 때 좋은 자료가 된다. 정리하면 트라우마를 일으킬 만큼의 충격은 지울 수 없다. 늘 머릿속에 남아 있다. 컴퓨터에 비유하면 하드 드라이브에서 삭제할 수 없는 자료다. 그런 기억은 관련된 단어와 이미지, 혹은 냄새, 어떨 때는 사람으로도 촉발될 수 있다.

최근 몇 년 간 트라우마의 영향을 이해하는 것이 자폐 증상의 중요한 초점이 되었다. 오스트레일리아 자폐인식기구는 다음과 같이 밝혔다. "트라우마는 매우 고통스럽고 불안한 경험이나 사건에 단 한 번 또는 반복적으로 노출된 결과다. 전형적인 기억은 과거의 사건을 재구성한 것에 불과하여 시간이 지나면서 변하고 희미해지지만 트라우마는 이런 패턴을 따르지 않는다. 트라우마는 그 기억이 만들어졌을 당시처럼 끔찍하고 생생하게 남는다. 트라우마를 입은 사람은 과거의 경험이 자꾸 되살아나는 것 같다고 이야기한다."

하지만 우리의 경험은 트라우마가 천천히 없어질 수 있다는 것을 알려준다. 빨간 SUV와 충돌한 사고 직후에는 빨간 자동차만 봐도 몹시 불안해진다. 하지만 빨간색 차들이 아무 일 없이 지나다니는 것을 몇 달 정도 보고 나면 마음이 조금씩 안정되기 시작하고 공포심도 점차 사라진다. 그렇다고 기억이 완전히 없어지는 것은 아니다. 그저 약화될 뿐이며 다른 좋은 기억, 혹은 좋지도 나쁘지도 않은 기억들에 묻히는 것뿐이다.

마찬가지로 아이들이 가지고 있는 고통스러운 기억도 좋은 기억으로 덮을 수 있다. 가끔은 부모나 주변 사람들이 좋은 기억을 만드는 것을 도와줄 수도 있다.

유치원에 다니는 애나는 화장실을 몹시 싫어했다. 애나는 위가 약해 늘

속이 거북하고 배가 자주 아팠다. 집에서 배변 훈련을 할 때 정말 불편하고 비참한 기분이 들었다.

식단을 조절해서 위장 문제는 해결되었지만 변기에 대한 두려움은 사라지지 않았다. 그래서 부모는 아이가 화장실에 있을 때마다 제일 좋아하는 노래를 틀어 놓고 곁에서 같이 불러 주었다. 또 애나가 가장 좋아하는 책도 몇 권 갖다 놓고 볼 수 있게 했다. 이런 노력 덕분에 고통스러운 기억은 기분 좋은 기억에 덮일 수 있었다.

⁓ 부정적인 기억을 극복하도록 돕는 방법 ⁓

문제 행동의 원인이 부정적인 기억에 있다는 사실은 어떻게 알 수 있을까? 쉽지 않다. 여러 사례에서 보았듯이, 아이의 행동에 담긴 원인이나 목적을 파악하려면 탐정처럼 많은 사항을 조사해 봐야 한다. 다음은 세 가지 중요한 단서들이다.

첫째, 평소 지켜봤던 것들과 상관없이 어떤 행동으로 반응할 때.

둘째, 특정한 사람이나 장소, 행동 등에 대해 지속적으로 불안해하거나 두려워할 때.

셋째, 스트레스를 주는 특정인, 장소, 행동 등과 관련된 단어들을 혼자 끊임없이 되풀이해서 말할 때 부정적인 기억을 극복할 수 있도록 도우려면 어떻게 해야 할까?

자폐가 있는 사람이 부정적인 기억을 극복하도록 도울 때 가장 중요한 것은 그 사람이 겪은 일에 대한 이야기를 들어 주고 그가 느꼈을 고통을 인정한 다음, 불안한 정서 상태를 조절할 수 있도록 돕는 것이다. 하지만 부모와 선생님들은 나쁜 뜻에서 그러는 것은 아니어도 반대로 행동할 때가 많다. 문제를 못 본 척하며 조용히 지나가길 바라는 것이다. 또 "이런, 너무 걱정하지 마" 같은 말들만 늘어놓으며 아이의 고통을 줄여서 생각하려는 사람들도 있다.

하지만 이것은 문제를 심각하게 받아들이는 태도가 아니며 아이를 존중하는 모습도 아니다. 당연히 아이가 감정을 조절할 수 있도록 가르치는 것도 없다. 하는 일이 아무것도 없다는 뜻이다. 그러면 아이는 사람들이 자신을 이해하고 도와준다는 생각 대신 묵살당한 기분이 들어 훨씬 더 불안해진다.

아이를 괴롭히는 기억이 무엇인지 알고 나면 기억을 촉발하는 요인을 피할 수 있고 문제를 일으킬 만한 사람이나 상황도 미리 막을 수 있다. 교실이 시끄러워 아이가 불안해하면 조용하게 만들어서 배려해주자. 장난감 소리 때문에 아이가 보기만 해도 귀부터 막는다면 멀리 치워 놓자. 그리고 특별한 문제가 없어도 그 장난감이 이제 없다는 것을 말해 주자. 간단한 방법이지만 효과는 크다.

특정 주제가 스트레스를 유발하는 경우 논의될 내용을 참석자에게 미리 알려주고 그 주제가 나올 때 참석하지 않아도 된다고 허락하는 것이 가장 좋다. 자폐가 있는 성인이 참석하는 회의에서 신체적 또는 성적 학대, 트라우마가 된 '치료법'에 대한 논의 같은 민감한 주제가 시작될 때 '사전 고지'를 해주는 사례가 많아졌다.

사전 고지는 참석자에게 감정상 부담이 될 수 있는 콘텐츠를 미리 알려주고, 힘들면 자리를 떠날 수 있도록 허락해주는 것이다. 자폐를 주제로 한 팟캐스트를 진행하거나 형법 제도를 다룰 때 우리는 청취자들이 주제와 관련된 개인적인 트라우마가 있는 경우를 대비해 사전 고지를 했다.

불안을 일으키는 원인은 피할 수 없을 때가 많다. 그럴 때는 일단 그 사람을 존중하는 모습을 보이고 무엇이 됐든 강요해서는 안 된다.

사례 아이들이 두려워하는 장소를 편안하게 만든 부모

조지와 홀리가 사는 곳에는 테마파크들이 많았다. 부부에게는 자폐가 있는 딸 에이미와 평범한 세 아이가 있었다. 다른 세 아이는 놀이공원에 가는 것을 좋아해서 자주 데려갔지만 에이미는 이런 곳을 두려워했다. 소음도 심하고 롤러코스터에서 소리를 지르는 사람들과 잽싸게 움직이는 주변의 아이들 때문에 견디기 힘들어했다. 놀이공원은 온 가족이 즐거운 시간을 보내기 좋은 곳이지만 이들의 경우에는 가족을 갈라놓는 곳일 뿐이었다.

부모는 아이에게 강요하는 대신 스스로 선택할 수 있게 했다. 가족들과 같이 가되, 놀이 기구는 타지 않아도 된다는 제안을 한 것이다. 출발 전에 회전목마와 푸드 코트 사진도 보여 주었다. 에이미가 평소 무척 좋아하는 것들이었다. 또 아이가 학교에서 쓰는 것과 같은 노이즈 캔슬링 헤드폰도 가져갔다. 감각이 예민한 아이를 위해 공원 측에서 알려준 조용한 장소도 보여주었다. 아이가 불안해하기 시작하자 엄마가 물었다. "헤드폰 줄까? 조용한 곳으로 갈래? 집에 가고 싶니, 에이미? 이제 갈까?"

에이미가 가고 싶다고 하자 부모는 아이의 뜻을 따라 주었다. 다음번에는 에이미가 제일 좋아하는 털 인형을 가지고 갈 수 있게 해주었고 좋아하는 간식도 사주었다. 강요하지 않고 공원에 갈지 안 갈지는 전적으로 에

이미가 정하게 했다.

이렇게 대여섯 차례 공원에 갔지만 가족들은 한 번도 에이미에게 뭘 강요하지 않았고 늘 본인이 결정할 수 있게 했다. 무엇이든 자기 의지대로 할수 있고 억지로 해야 하는 것이 없다는 것을 깨닫자 마음이 편안해진 에이미는 자진해서 공원에 가겠다고 했다.

이렇게 자폐가 있는 사람에게 결정권을 주며 서서히 다가가는 방식은 어떤 상황에도 다 적용할 수 있다. 혼잡한 식당이나 교실, 볼링장 등 그 사람이 힘들어했던 기억이 있는 곳이면 어디든 괜찮다. 시각적으로 도움을 받는 사람들은 카드나 태블릿 피시를 사용하여 결정권을 주는 것이 감정 조절에 유용하다. 내 경험상 강요는 새로운 불안과 두려움만 유발할 뿐이다.

또 다른 방법은 부정적인 기억을 긍정적인 기억으로 바꿔 주는 것이다. 즉 좋지 못한 기억이 있는 장소나 활동을 따뜻하고 편안한 느낌이 들게 만들 수 있는 방법을 찾는 것이다.

자폐가 있는 사람들은 물론 정상인들도 치과를 끔찍하게 생각하는 경우가 많다. 드릴과 여러 기구들이 내는 생소한 소리, 얼굴을 비추는 강렬한 불빛, 치료용 기구가 입 안에 있는 채로 가만히 있어야 하는 것, 어떤 일이 벌어질지 예측할 수 없다는 것 등 이유는 많다. 예전에 치료 중 통증을 느꼈을 수도 있다.

평범한 사람들도 이런 것들이 싫을 수 있지만 그들은 맥락을 달리해 생각할 줄 안다. 의사 선생님의 실력이 좋으니 일부러 환자를 아프게 하지는 않을 것이며 건강을 위해 치과 치료는 필수라는 사실을 받아들인다. 또 별일 없을 거라며 자신을 안심시키고, 눈을 감거나 의자 팔걸이를 꽉 잡거나 다른 생각을 하면서 두려움을 극복한다.

하지만 자폐가 있는 사람들은 위의 방법으로 자신을 진정시키지 못하고 도망치거나 맞서 싸우는 반응을 보인다. 자신을 지키기 위해 싸우거나 상황을 피해 달아나려고 한다는 뜻이다. 치과 치료의 두려움을 극복하는 두 방식을 보면 자폐가 있는 사람들이 병원 스트레스에 대처할 때 어떻게 도와야 할지 알 수 있다.

마르퀴스는 자폐가 있는 열네 살 소년으로 한 문장에 세 단어 정도밖에 말하지 못했고, 대부분 그림으로 의사소통을 했다. 마르퀴스는 치과를 몹시 두려워했기 때문에 병원 앞까지 데리고 가는 것만도 무척 힘들었다.

하지만 시간이 흐르면서 엄마는 아이를 도울 전략을 제대로 짰다. 그녀는 치과 대기실에 흔들의자를 기증했다. 마르퀴스뿐 아니라 같은 처지에 있는 다른 사람들도 기다리는 동안 흔들면서 마음을 진정시킬 수 있게 하기 위해서였다.

또 아들을 위해 헤드폰과 음악도 준비했다. 마르퀴스는 제일 좋아하는 슈렉 피규어를 가져가서 기다리는 동안 만지작거리며 마음을 달랬다. 끝으로 엄마는 미리 치과 의사를 만나 되도록 느리게 움직이고, 다음에 할 일을 아이에게 천천히, 긍정적인 말로 설명해 줌으로써 아이가 놀라지 않게 해달라고 부탁했다.

치과 치료는 피할 수 없었다. 그래서 마르퀴스의 엄마는 아이에게 무조건 강요하는 대신 병원을 안전한 곳으로 만들어 편안함을 느낄 수 있게 해주었다.

점점 더 많은 병원 및 건강 관리 기관이 스트레스 요인을 줄이거나 없애기 위한 지원 또는 전략을 통합하고 있다. 자폐가 있는 다른 아이의 엄마는 협조적인 환경을 지원했을 뿐 아니라 한 발 더 나아가 그런 환경을 만들었다.

치위생사였던 그녀는 같은 일을 하는 다른 엄마와 또 다른 치과 의사한 사람과 힘을 모아서 자폐나 감각 처리 장애 같은 문제 때문에 특히 두려워하고 예민한 아이들을 위한 병원을 열었다.

그들이 택한 첫 번째 방법은 치과 방문에 대한 불확실성을 줄이는 것이었다. 그래서 병원 내부와 직원들의 모습, 환자들이 받게 될 치료 과정을 사진과 동영상으로 찍어 인터넷 홈페이지에 올렸다.

주중 하루는 오후에 진료 예약 시간을 잡는 대신 진료실을 개방하고 장난감을 가져다 놓았다. 그렇게 해서 환자와 가족들이 재미있게 놀고 병원 직원들과 만나는 시간도 가졌다. 한마디로 불확실성을 줄이고 치과에 긍정적인 기억을 갖도록 노력한 것이었다.

스트레스의 기억은 다른 많은 환경과도 관련된다. 학교에 근무하는 치료사들은 치료를 받지 않으려 하며 지나치게 불안해하는 아이들을 자주 만난다. 이때 문제가 되는 것은 대개 공간적 요소다. 전에 다른 치료사와 같은 장소, 같은 책상에 앉아 치료를 받을 때 도움을 받기보다는 스트레스를 받았을 가능성이 크다. 그래서 치료 시간이 되면 "싫어! 싫어! 싫어!"라며 거부하고 바닥에 엎드려 버린다.

해결 방법은 역시 긍정적인 기억을 만들어 주는 것이다. 우선 아이가 좋아하는 장난감 두 개를 놓고 고르게 하자. 그리고 5~10분 정도 그냥 재미있게 놀자. 아이가 원하는 대로 하게 해주면서 그 시간과 장소를 좋아하게 만들면 같은 곳에 대해 훨씬 좋은 느낌을 가지게 할 수 있다. 아이를 즐겁게 해 준 다음 천천히, 조금씩 어려운 것에 도전하게 하자.

어린아이를 위한 아주 간단한 방법도 있다. '공부'라는 말을 하지 않는 것이다. 수많은 치료사와 선생님이이 아이에게 "이제 공부할 시간이야" "놀이는 그만. 이제 공부해야 해"라는 말들을 한다.

때로는 아이가 그 시간을 얼마나 힘들어할지 염려하는 마음이 말에 드러나기도 한다. '공부'라는 말이나 우리의 말투가 부정적인 기억들을 촉발할 수 있으므로 걱정 대신 좀 더 긍정적이고 밝은 분위기를 만들어 주는 것이 어떨까?

우리의 음악, 표현 예술 세션인 미러클 프로젝트-뉴잉글랜드는 참가자들에게 재미있는 노래를 알려주고 어떨 때는 집에서 작곡해보라는 과제를 준다. 나는 과제를 '홈워크'라고 부르기보다 '홈펀(Homefun)'이라 부르자고 제안했다.

집에서는 부모가 이렇게 해줄 수 있다. 한 엄마는 매일 저녁 가족이 다 같이 모이는 식사 자리에 다섯 살 아들을 앉히기가 너무 힘들다고 털어놓았다. 사실 엄마가 저녁 먹자고 주다를 부르는 시간은 뒷마당에서 아이가 한창 그네를 타고 있을 시간이었다. 그래서 주다는 엄마가 불러도 모른 척하는 것이었다. "주다, 저녁 시간이야!"라는 소리는 주다에게 좋아하는 것을 못하게 하는 소리이며, 그네를 타며 편안했던 마음이 식사 자리에 앉을 때나 이야기를 들을 때처럼 힘들어지는 소리였다.

"저녁 먹을 때 아이가 좋아할 만한 것이 있나요?" 내가 물었더니 엄마는 주다가 플린트스톤 비타민 향을 특히 좋아한다고 했다. "내일은 아이를 부를 때 비타민 병을 들고 계세요." 내가 말했다.

그 다음주에 엄마는 내 말이 효과를 발휘했다고 했다. 비타민 병을 들고 주다를 부르자, 잽싸게 달려와 엄마를 지나쳐 안으로 들어오더니 계속 "저녁 먹을 시간이야!"라고 말하며 자기 자리에 앉더라는 것이다.

뇌물 같은 것이 아니냐고 말하는 사람도 있겠지만 그렇지 않다. 이것은 저녁 먹는 시간을 즐거운 시간으로 연상하게 만들어 주는 시각 단서였다. 비타민 병을 보고 긍정적인 기억이 떠오른 주다는 계속 저녁 먹을 시간이 되기를 바라며 좋아하게 되었다.

물론 가장 좋은 방법은 좋은 기억만 가질 수 있게 돕는 것이다. 그러기 위해서는 아이를 통제하려 들지 말고 언제든 스스로 선택하게 해야 한다. 관심을 딴 데로 돌리지 말고 북돋아 주면서 아이의 장점을 존중하자. 무언가를 배우는 것, 그리고 생활 자체를 재미있고 즐겁게 만들어 주자.

그렇게 하면 자폐를 가진 아이들은 부정적인 기억을 훨씬 덜 갖게 될 것이며 삶이 주는 기쁨과 즐거움을 더욱 편하게 받아들일 수 있을 것이다.

6장

그들만의 특별한 소통법
이해하기

자폐 때문에 언어적 문제가 있는 아이가 있다면 부모는 대부분 다음과 비슷한 경험이 있을 것이다.

5학년인 필립의 반 아이들은 그즈음 한창 인간의 신체에 관해 공부하고 있었다. 필립도 나름 애를 써서 식사와 운동 등 우리 몸을 위해 할 수 있는 여러 방법을 토론하는 데 집중했다.

그 주 필립의 부모는 아이를 데리고 영화를 보러 갔다. 그런데 가서 보니 매표소 앞에 기다리는 사람들이 길게 줄을 서 있었다. 흥분한 필립은 자신이 새로 알게 된 것들을 자랑할 좋은 기회라고 생각했다. 그래서 줄 앞뒤로 걸어 다니면서 한 사람 한 사람을 손가락으로 가리키며 큰 소리로 이렇게 말했다. "뚱뚱해! 말랐어! 저 여자는 너무 작아! 저 아저씨는 비만이어서 곧 죽어!"

필립의 부모는 이 이야기를 들려주면서, 아이가 얼마나 신이 났는지 다른 사람들은 염두에 두지 않는 것처럼 보였다고 했다. 하지만 그 자리에서 부모는 웃을 수가 없었다.

이제 막 고등학생이 된 엘리는 사람들과 대화하는 법을 익히느라 힘겨워하고 있었다. 자폐가 있는 사람들이 대개 그렇듯, 엘리도 자기가 좋아하는 이야기만 하고 싶어 하고 상대방이 무엇에 관심이 있는지는 물어보려고도 하지 않았다. 그래서 나는 대화 중 상대방에게 물어볼 수 있는 말들을 몇 가지 알려주고, 그 사람이 어떤 이야기를 하고 싶어 하는지 알아차릴 수 있는 법도 알려 주었다. 하지만 내 말을 듣던 엘리는 조금씩 혼란스럽고 좌절하는 표정이 되더니 결국 이렇게 말했다.

"다른 사람들은 그렇게 할 수 있지만 저한테는 쉽지 않아요."

"왜?" 내가 물었다.

"음… 그 사람들은 서로의 마음을 읽을 수 있으니까요."

엘리는 그렇게 세상을 이해하고 있었고 다른 사람들은 자기가 이해조차 할 수 없는 여러 방법들로 소통한다는 것을 알고 있었다. 그리고 그들이 그렇게 쉽게 소통할 수 있는 것은 텔레파시 같은 능력이 있기 때문이라고 했다. 자신에게는 없는 능력이었다. 얼마나 힘들었으면 이런 생각까지 하게 되었을까?

세상은 보이지 않는 규칙과 기대, 뉘앙스가 담긴 말들로 가득하다. 필립과 엘리의 사례는 자폐가 있는 사람들이 세상을 대하는 두 가지 극단적인 방식을 보여 준다. 정도의 차이는 있겠지만 그들은 거의 모두 세상을 살아가는 데 여러 어려움을 겪는다. 필립 같은 사람들은 사회의 관습을 신경 쓰지 않기 때문에 자신의 행동이 잘못이라는 것을 모르고, 자신을 보는 다른 사람들의 시선에도 관심을 두지 않는다.

반면 엘리 같은 사람들은 다르다. 그들은 사회적인 규칙과 기대가 존재한다는 것은 알지만 실제로 이해하지는 못하기 때문에 늘 불안해한다. 자신들을 거부하는 듯한 세상과 타협하려고 노력하면서 자존감에 많은 상처를 입는다. 그리고 항상 걱정한다. '내가 잘하고 있나? 잘못했나?' 이런 우려는 불안은 물론 마비까지 오게 만든다. 낯선 사람과 '스몰 토크'를 하는 것처럼 일반적인 사회 활동을 예민하게 인식하는 자폐스펙트럼장애가 있는 사람들에게도 이런 상황은 아무 소용 없어 보일 수 있다.

⸓ 아이가 눈치 없이 행동하는 이유 ⸓

복인지는 모르나 주변을 의식하지 않는 사람이든 지나치게 걱정하는 사람이든 사회 관습에 논리적 목적이 없다고 생각하는 사람이든 삶이 힘들어지는 이유는 같다. 원래 인간은 직관을 따르도록 만들어져 있는데 자폐가 있으면 신경학적 문제 때문에 이런 직관이 발달하지 못하기 때문이다.

우리가 언어를 배우는 유기적인 방법을 생각해보라. 엄마가 아기를 앉혀 놓고 문장의 구성 요소나 동사 활용을 가르치는 것을 본 적이 있는가? 사람은 언어에 노출되고 그 속에 스며들면서 말을 배운다.

또 다른 사람이 하는 말을 듣고 관찰하면서 언어에 대한 자기만의 생각을 정립한다. 언어 발달에서 쓰는 전문 용어로, 우리는 언어에 담긴 규칙을 '유추'하면서 단어의 의미를 익히고 표현하며 그 단어들로 복잡한 생각을 표현하는 법을 배운다.

사회의 규칙들도 마찬가지다. 보통 사람들은 사회적 상호작용에 담긴 미묘한 신호들을 '유추'한다. 우리는 몰입해서 배우거나 상황을 관찰한다. 서서히 터득하기도 하고 필요할 때 주기적인 가르침도 받는다("엄마가 할아버지랑 이야기할 때는 끼어들면 안 돼"). 하지만 자폐가 있는 사람들은 자기가 처한 사회적인 상황을 좀처럼 파악하지 못하고 규칙들을 유추하는 것도 힘들어한다.

그들도 배울 수는 있다. 하지만 어른이 되어 외국어를 배우면 아무리 노력해도 원어민만큼 유창하기 힘든 것처럼 그들도 마찬가지다. 다른 사람은 자연스럽게, 특별한 노력을 하지 않아도 할 수 있는 것들을 그들은 의식적으로 노력해야 하고 끊임없이 힘들어해야 한다.

더 성공적으로 해내는 사람들은 분석과 논리로 배운 것이지 직관적으로 아는 것이 아니다. 흥미롭게도 자폐가 있는 사람들과 함께하는 자폐 자조 단체들은 그들이 사회적 기대를 공유할 때 마치 다른 문화권에 들어와 사회와 다른 규칙을 적용받는 것이 얼마나 안정감을 느끼는지 이야기했다.

나는 가정 방문 상담을 하던 중에 필립을 처음 만났는데 그에게는 자폐가 있는 네 살 아들이 있었다. 필립은 성공한 투자가였고 어른이 된 뒤 아스퍼거 증후군 진단을 받았다. 그는 일류 MBA 프로그램을 우등생으로 졸업했지만 사회생활의 규칙을 배우고 이해하는 고충과 비교하면 그 정도는 아무것도 아니라고 했다.

"경제학과 금융 공부는 저한테 식은 죽 먹기였어요. 하지만 저는 지금도 사람들의 표정이나 말 속에 담긴 뉘앙스, 빗대어 하는 말들을 이해하기 위해 책을 읽습니다."

한 번도 안 가본 식당에 처음으로 들어갔다고 상상해보라. 어떤 곳은 먼저 돈을 낸 다음 식판을 들고 진열대 위에 놓인 음식을 고른다. 그런데 어떤 식당은 음식을 먼저 골라서 식판에 담은 뒤 맨 나중에 음식 값을 지불한다. 포크와 나이프, 양념 통, 음료는 어디에서 가져와야 할까? 식당마다 다르다.

처음 가본 식당에 들어가면 어떻게 규칙을 배울까? '사람들을 보면 된다.' 즉 다른 손님들이 어떤 순서로 이동하고, 어디서 뭘 가져오는지 가만히 지켜보면 글로 쓰여 있지 않은 규칙을 알게 된다.

하지만 자폐가 있는 사람들은 그럴 때 사람들을 보려고 하지 않는다. 이들 중 어떤 사람들은 줄을 설 생각은 하지도 않은 채 새치기를 하면서 먹고 싶은 음식이 있는 곳으로 곧장 향한다. 그들의 목표는 원하는 음식을 먹는 것이기 때문이다. 한편 어떤 사람들은 지켜야 할 규칙이 있다는 것은 안다. 하지만 그것이 무엇인지 몰라 헤매는 기분에 빠지기도 하고, 단서를 찾으려고 두리번거리다 혼란스러워하기도 한다. 주변을 관찰하면서 무엇을 해야 하는지 길잡이로 삼거나 다른 사람이 하는 행동을 보고 알아야겠다는 생각은 거의 하지 못한다.

자폐가 있는 사람이 세상의 전반에 대해 느끼는 기분도 이렇다. 다른 사람들은 규칙을 이미 다 알고 있는 것 같은데 자신은 배우는 것조차 거의 불가능하다고 느낀다. 특히 붐비거나 시끄러운 장소에서 더욱 그렇다. 그러나 필요한 도움만 받으면 그들도 규칙을 배울 수 있다.

또 다른 식당을 예로 드는 것이 쉬울 것 같다. 덴버에 갔을 때 나는 한 샐러드 바에서 식사를 한 적이 있었다. 그 식당은 이용 방식이 매우 독특했다. 식당에 들어가면 곧장 샐러드 바로 안내되었고 샐러드를 만든 후에 계산을 했다. 수프와 샌드위치, 디저트는 그 뒤에 이용할 수 있었는데 비용은 아까 계산된 금액에 포함되어 있었다.

이 식당에 처음 간 사람은 어떻게 이용 순서를 알 수 있을까? 손님들이 어리둥절해하며 당황하자 누군가 안내가 필요하다는 생각을 했던 모양이다. 식당 벽에는 잘 모르는 사람들을 위해 이용 순서를 알리는 그림이 붙어 있었다. 먼저 샐러드 라인을 이용하고 계산을 한 다음 수프와 디저트를 먹는 순서였다. 그걸 본 나는 꼭 손님들 모두가 자폐가 있고, 식당은 그들을 돕기 위해 이용 방법을 벽에 붙여 놓은 것처럼 느껴졌다.

우리는 이런 실행 기능 지원이 필요한데 이는 집중력을 유지해서 최종 목표에 도달할 때 필요한 단계를 따르도록 해주기 때문이다.

이 현실 사회에서, 자폐가 있는 많은 사람들은 모두가 아는 세상을 자신들만 모르는 것 같은 기분을 느끼며 혼자 살아남도록 내버려지는 경우가 많다. 로스 블랙번은 솔직하게 이런 말을 즐겨 한다.

"그래서 나는 사교 활동을 안 해요."

또 다른 청년 저스틴 카나(10장 '자폐 안에서 성장하는 법 배우기' 참고) 역시 무심한 듯 멋지게 이런 말을 남겼다. 역시 자폐스펙트럼장애가 있는 한 친구에게 매너를 좀 지켜야겠다는 말을 들은 그는 미소를 지으며 이렇게 말했다고 한다.

"매너? 엿이나 먹으라고 해."

우리가 고려해야 할 또 한 가지 사회적인 요인이 있다. 바로 문화적 맥락에서 이해하는 것이다. 세계 곳곳을 여행할 때마다 나는 그 사회에서만 통용되는 사회적인 규칙들이 많다는 것에 놀라곤 한다.

언젠가 중국에 광저우에 갔을 때 한 상점에서 그런 것을 느낀 적이 있다. 규모가 상당했던 상점은 손님들로 무척 혼잡했고 나는 계산을 하기 위해 줄을 서 있었다. 그런데 뒤쪽에서 어떤 여자가 갑자기 나를 밀치고 앞으로 가는 것이 아닌가. 앞에 일행이 있는 모양이었다. 그녀는 아무 말도 없이 내 어깨를 거칠게 밀고 지나갔지만 양해를 구하거나 미안하다는 말은 한마디도 하지 않았다.

내가 사는 지역에서 누가 그런 행동을 했다면 항의를 받을 충분한 이유가 되었을 것이다. 하지만 혼잡한 곳이 많은 중국에서는 그런 일이 다반사라는 것을 이미 알고 있었다. 나는 문화적 맥락에서 이해했고(화가 나긴 했지만!) 그에 따라 적절하게 대응했다. 그냥 가만히 있었다. 마찬가지로 코로나19로 인해 전 세계적으로 사회적 거리 두기, 마스크 착용, 손 씻기처럼 새롭게 만들어진 규칙을 따라야 하기도 한다.

또 자폐가 있는 사람들은 가끔 갑작스럽거나 무례하게 행동하기도 하고 남을 신경 쓰지 않는 것처럼 보일 때도 있다. 이것은 그들이 사회적인 상황을 파악하고 적절히 반응하는 데 필요한 잠재 요인들을 따져 보지 못하기 때문이다. 그들은 뇌의 연결 방식 때문에 이런 요인들을 이해하는 능력이 선천적으로 부족하다.

마이클의 부모는 아들을 위해 애써 주는 전문가들과 선생님들을 위해 일요일에 가끔 바비큐 파티를 열었다. 열두 살인 마이클은 테이블에 다 같이 앉아 있으면서도 자기만의 생각에 사로잡히곤 했고 혼자 킥킥대기도 했다. 부모가 그러지 말라고 해도 소용없었다. 어느 날 내가 있는 자리에서 마이클이 그러는 것을 보고 나는 이렇게 물었다.

"마이클, 뭐가 그렇게 재미있는지 나한테도 말해 줄 수 있니?"

그러자 아이는 맞은편에 앉아 있는 치료사 한 사람을 가리키며 말했다.

"수지 선생님이요! 목소리가 너무 높고 깩깩거리잖아요. 그게 너무 웃겨요."

젊은 여자 치료사는 얼굴을 붉히며 당황스러워했다. "이런, 앞으로 진료할 때는 목소리를 낮추도록 신경 써야겠구나."

마이클은 자기가 치료사를 당황하게 만들었다는 것을 알지 못했다. 그저 질문에 객관적인 사실로 대답했을 뿐이었다. 치료사는 정말 높고 깩깩거리는 목소리를 갖고 있었다. 하지만 마이클은 좋은 말이 아니라면 사람들 앞에서 어떤 사람에 대한 이야기를 하지 않는 것이 좋다는 사회적인 규칙을 몰랐다.

아이들은 규칙을 어떻게 알까? 어린아이라면 부모가 옆에서 일러주기도 할 것이다. 하지만 열두 살쯤 되면 이미 수많은 경험을 통해 어떤 것이 예의 바른 행동인지 어느 정도는 알고 있을 것이다.

루크 역시 어릴 때부터 사회생활에 문제를 보였다. 유치원 선생님은 루크가 다른 아이들과 어울려 노는 법을 모른다고 했다. 루크는 다른 아이들처럼 놀지 않고 친구들을 꽉 붙잡거나 넘어뜨리곤 했다. 사실 루크는 누구를 공격한 적이 없을 만큼 상냥하고 항상 행복해 보이는 아이였다. 그래서 활짝 웃는 얼굴로 친구들을 꽉 붙잡거나 끌고 가는 것을 보면 왜 그러는지 알 수가 없었다.

나는 담당 상담자로서 루크를 위한 전문가 팀과 부모를 만났고 아이의 엄마는 이렇게 답했다. 루크에게는 형이 두 명 있는데 집에서 늘 발차기를 하거나 다리를 걸어 넘어뜨리는 등 격렬하게 몸싸움을 하며 논다는 것이다. 그래서 이제 네 살 반인 루크는 유치원에서도 그렇게 놀면 되는 줄 알았다. 루크는 아이들이 싫어하는 기색을 보여도 알아차리지 못했다. 또 학교와 집은 적용되는 규칙이 다르다는 것도 이해하지 못했다.

미러클 프로젝트-뉴잉글랜드의 표현 예술 세션 온라인 미팅에서 참가자들이 얼마나 즐거워하는지 끝나는 시간인 6시가 지나도 알아차리지 못했다. 참여가 저조했던 스물여섯 살 페드로는 갑자기 단호하게 말했다. "6시 5분입니다! 끝날 시간이에요!"

다른 맥락에서라면 사람들은 페드로의 행동을 무례하다고 생각할 수 있었겠지만 우리는 좋게 이해할 수 있었다. 그는 그저 규칙이 깨지는 것에 스트레스를 받았기 때문이다.

⁑ 사회적 규칙 가르치기의 한계 ⁂

학교는 명확한 규칙들로 가득한 곳이다. 자폐가 있는 아이들은 이런 규칙들을 대체로 잘 따르는 편이다. 규칙에 대해 자세히 설명을 듣고 이해가 되었을 때는 더욱 그렇다. 평범한 아이들은 가끔 허용되는 행동 범위를 벗어나는 데 반해 자폐가 있는 아이들은 정확하게 지킨다. 문제는 말로 설명할 수 없는 미묘한 규칙들이다.

사례 **융통성이 없고 사회성과 이해력이 부족한 아이들**

열 살 네드는 수업 중에 선생님이 질문을 하면, 특히 자기가 좋아하는 주제에 관한 것이면 늘 흥분했다. 그래서 답을 아는 질문이 나오면 말이 끝나기 전에 냉큼 답해 버리곤 했다. 지리를 유난히 좋아했던 네드는 선생님이 아프리카 지도를 펼치고 아이들에게 나라들을 말해 보라고 하면 혼자서 연거푸 나라 이름들을 댔다. "케냐! 탄자니아! 튀니지!"

네드는 사회성을 키우는 모임에 다니고 있었는데 모임의 언어재활사는 수업 시간에 손을 들고 말해야 한다고 가르쳐 주었다.

"네가 손을 들면 선생님이 행복해진단다. 아이들도 좋아해. 대답을 할 수 있는 기회가 모두에게 생기기 때문이지."

설명을 듣고 네드가 이해한 규칙은, 자기가 손을 들면 선생님이 자기 이름을 불러 주는 것이었다. 문제는 당연히, 선생님이 늘 네드의 이름만 불러 주지는 않는다는 것이었다. 답을 말하고 싶은 마음을 억누르고 기대와 흥분에 가득 차서 손을 들었지만 선생님은 가끔 그런 자신을 못 본 척하는 것 같았다. 규칙을 배우긴 했지만 예외 상황을 이해하지 못한 네드는 손을 들어도 선생님이 지명하지 않으면 기분이 확 바뀌어서 불안해지거나 화를 냈다.

다음 모임 때 언어재활사는 아이의 입장에서 규칙을 더욱 정확하게 설명해 주었다. 네드가 손을 들면 선생님이 네드를 시켜 줄 때도 있지만 가끔은 다른 아이들을 시켜 줄 때도 있다고 말이다.

몇 주 동안 그렇게 연습하는 시간을 가진 뒤 내가 네드의 교실을 찾았을 때였다. 나는 네드가 내가 와 있는 걸 모르는 줄 알았다. 그런데 선생님이 질문을 하자 네드는 곧바로 손을 들더니 나를 돌아보고 이렇게 외쳤다.

"배리 선생님! 내가 손을 들었다고 선생님이 꼭 나만 시켜 주는 건 아니에요!"

아이는 논리적으로 이해되지 않는 규칙을 지키기 위해 나름 엄청나게 노력 중이었다. '내가 손을 들었는데 선생님은 왜 날 시켜주지 않지? 날 시켜 주지 않았을 때는 이유를 큰 소리로 설명해 주어야 하는 거 아닌가?'

네드의 사례는 우리가 사회의 규칙을 가르칠 때 직면하는 어려움과 한계를 잘 보여 준다. 규칙을 한 가지 가르쳐 주었는데 예외 상황에 맞닥뜨리면 아이는 어떻게 해야 할지 모른다. 그런 상황까지 가르쳐 주어도 사람들은 보통 아는 규칙을 지키기만 할 뿐 굳이 말로 하지는 않는다는 것은 또 모른다. 아이는 알고 싶어 하지만 가끔은 그런 규칙들을 지키려다 더욱 잘못 이해할 때도 있고 이런 웃지 못할 상황이 벌어지기도 한다.

이 일을 시작한 지 얼마 안 되었을 때 나는 학생 조교 한 사람의 멘토가 되어 마이클이라는 아이에게 인사하는 법을 가르쳤었다.

1980년대 초 내가 살던 미국 중서부 지역의 작은 도시에서는 예절을 지키는 것이 아주 중요했다. 그래서 우리는 마이클에게 사람을 만나면 얼른 그 사람과 자신이 어떤 관계인지 생각한 다음 적당한 호칭을 쓰라고 말해 주었다. 또래에게는 '친구', 여자 어른에게는 '○○부인', 남자 어른에게는 '○○씨' 같은 식으로 말이다.

단어를 잘 기억하지 못하는 마이클에게는 몹시 벅찬 일이었다. 가장 힘든 문제는 그 사람의 성별이나 나이 같은 중요한 특징, 또 자신과의 관계를 파악하는 것이었다.

어느 날 오후 나와 함께 일하던 조교는 마이클이 아주 잘한다며 기뻐했다. 여자 사진을 보여 주자 마이클은 '부인'이라고 했고 다른 소년 사진을 보여 주자 '친구'라고 하면서 정확하게 대답했다.

수업이 끝나 갈 무렵 조교는 마이클에게 새로 배운 것을 나에게 자랑해 보라고 했다. 그러자 마이클은 아직 혼란스러운 얼굴이긴 했지만 나를 보고 미소를 지으며 신이 나서 이렇게 말했다.

"안녕하세요, 닥터 친구-부인-씨!"

새로 알게 된 규칙을 처음 써 본다는 생각에 너무 흥분한 나머지 온통 헷갈리고 만 것이다. 하지만 마이클은 자신에게 몹시 어려운 일임에도 열심히 노력했고 나와 가까워지기를 진심으로 바랐다. 그것만은 분명하다. 그때 마이클이 불러 준 내 이름은 지금도 소중한 추억으로 남아 있다. '닥터 친구-부인-씨'

사람들을 이해하는 데 언어가 장벽이 될 때도 많다. 자폐가 있는 사람들은 남들이 하는 말을 있는 그대로 해석하기 때문이다. 그래서 비유나 비꼬는 말, 비언어 표현 같은 것에 늘 어리둥절하고 당혹해한다.

어느 날 헬렌은 아홉 살 아들 제크가 학교에서 돌아온 뒤 유난히 풀이 죽어 있는 모습을 보고 왜 그런지 물었다.

"밀스테인 선생님이 안 죽었으면 좋겠어요!" 제크가 대답했다. 담임선생님에게 무슨 일이 있는지 걱정이 된 헬렌이 좀 더 말해 보라고 했다.

"밀스테인 선생님이 오코너 선생님한테 그랬어요. '이번 주에 비가 하루만 더 오면 난 죽을지도 몰라'라고요."

산드라는 일곱 살인 딸 리사와 쇼핑 중이었다. 리사 오빠의 생일 선물을 고르기 위해서였는데 리사가 고른 것은 야구공이었다. 집에 오는 길에 산

드라는 딸 리사에게 생일날까지 선물은 비밀로 해야 한다고 당부했다.

"꼭꼭 잘 숨겨 놓으렴(Keep this under your hat: '비밀로 하다'라는 뜻)."

그날 밤 딸 리사의 방에 들어온 아빠는 딸의 모자가 평소와 달리 책꽂이에 놓여 있는 것을 보았다. 그래서 제자리에 놔두려고 손을 뻗자 리사가 외쳤다.

"안 돼요! 만지지 마세요! 비밀이란 말이에요!"

때로는 사소한 말이 예기치 못한 문제를 만들기도 한다. 아이가 전화를 받았는데 상대방이 이렇게 물었다. "엄마 집에 계시니?" 그러자 아이는 "네"라고 대답한 뒤 바로 전화를 끊었다.

또 어떤 아이는 실수로 물감을 바닥에 엎질렀다. 그것을 본 선생님이 반어적으로 "잘했구나!"라고 말했다. 아이는 정말로 자기가 잘한 줄 알았다. 이런 식이다.

이런 문제가 생기지 않게 하려면 부모나 선생님들이 최대한 명확하고 직접적으로 말해야 한다. 실제로 자폐가 있는 많은 성인들이 자신에게 가장 도움이 되었다는 말하기 방식이다. 이해를 했는지 수시로 확인해 보는 것도 좋다. 즉 무언가를 알려 주고 나면 정말로 알아들었는지 묻고 필요할 경우에는 추가로 설명을 해주는 것이다.

또 묘하게 돌려서 말하지 말고 늘 분명하게 말하자. 평범한 사람에게는 "쿠키 참 맛있어 보이네요"라는 말이 하나 달라는 예의 바른 표현일지 모르나 자폐가 있는 사람에게는 "쿠키 하나만 주세요"라고 말하는 편이 훨씬 낫다.

우리가 평소 하는 말들의 의미도 명확히 해야 한다. 니콜라스의 부모는 위급 상황이 생기면 911에 전화를 해야 한다고 가르치면서, 위급 상황이란 아이 자신이나 어떤 사람에게 아주 안 좋은 일이 생기는 것이라고 설명했다.

다음 날, 저녁을 먹고 디저트를 더 달라는 아이의 말에 엄마가 안 된다고 하자, 니콜라스는 911에 전화를 걸어서 이렇게 말했다.

"위급 상황이에요! 엄마가 디저트를 더 안 준대요!"

이럴 때는 불이 나거나 자동차 사고가 나거나 크게 다쳤을 때 등 부모가 구체적인 사례들을 알려 주는 편이 훨씬 좋았을 것이다.

자폐가 있는 사람들에게는 비언어 표현의 개념을 설명해주거나 바로 이해할 수 없는 숙어, 단어의 구체적인 의미를 가르치는 것이 필수적일 수 있다.

"That's a piece of cake(그건 식은 죽 먹기야)" "Break a leg(행운을 빌어)" 같은 말들도 혼란을 일으킬 수 있지만 이런 표현들은 외래어처럼 그대로 가르치면 된다. 자폐가 있는 사람들에게는 이해가 잘 되지 않아서 부모나 선생님들에게 확인하고 싶어 하는 말들이 있다. 그리고 이런 문제는 아이의 나이나 언어 능력, 사회 경험에 따라 차이가 매우 크다. 이 어려움을 극복하는 가장 좋은 방법은 주변인들이 어느 정도 책임감을 갖는 것이다. 자폐가 있는 사람들이 문자 그대로 받아들여서는 안 되는 일반적인 표현과 그 의미를 덜 혼란스럽게 조정해줘야 한다.

우리가 살고 있는 사회는 여러 불문율과 예외 상황, 변수들로 가득한 아주 복잡한 곳이다. 아이가 이런 세상에 적응해 살 수 있도록 부모와 전문가, 가족들이 아무리 노력해도 앞으로 일어날 일들을 전부 예측할 수는 없다.

자폐가 있는 십 대 소년 리키는 재능 있는 피아니스트였다. 언젠가 리키는 노인 복지 시설에 사는 분들을 위해 자원봉사를 하기로 한 적이 있었다. 리키는 그런 곳에 가본 적이 한 번도 없었지만 부모는 아주 아름답고 따뜻한 곳일 거라고 말해 주었다. 그리고 그곳에서 만나게 될 노인들 중에는 불치병을 앓거나 다른 심각한 문제가 있는 분들도 있을 것이며, 리키의 음악은 그분들의 영혼을 치유해 줄 거라고도 했다.

공연이 있던 날, 노인 몇십 명이 연주를 듣기 위해 휴게실로 모였다. 자리에 앉기 전에 리키는 자신을 소개하면서 이 자리에 오게 되어 얼마나 기쁜지 모르겠다고 말한 뒤 이렇게 덧붙였다.

"여러분들 중 곧 죽을 사람이 있다니 정말 안됐습니다."

리키는 그저 자기 앞에 앉아 있는 분들에 대해 동정을 표한 것일 뿐, 그 말이 얼마나 생각 없는 말이었는지, 또 그 말 때문에 많은 노인들이 곧 다가올 죽음을 떠올리고 낙담했는지는 알지 못했다.

리키의 잘못을 다른 식으로 말하면 그는 그저 정직했을 뿐이다. 자폐가 있는 사람들과 교류하다 보면, 우리 사회가 정직과 진실을 최고의 가치로 여기는 만큼 남을 기만하고 정직하지 못한 삶을 살도록 강요하고 있다는 것도 알 수 있다.

20대인 도널드는 체인으로 운영되는 약국에서 선반의 물품들을 정리하고 손님을 돕는 일을 했다.

"매니저는 제가 아주 소중한 직원이랬어요. 그런데 바로 위 상사는 저를 아주 안 좋아하는 것 같아요. 저한테 멍청이라고 했거든요."

나는 왜 그런 말을 듣게 되었는지 물었다. 그가 말하길, 나이 지긋한 한 여성이 상점에 들어와 어떤 배터리를 찾았다는 것이었다. 도널드는 그 상사가 들을 수 있는 자리에서 이 가게에도 그 배터리가 있긴 하지만 한 블록 떨어진 철물점에 가면 종류도 많고 값도 싸서 더 좋을 거라고 말해 주었다. 그 이야기를 하면서도 도널드는 왜 자신이 상사를 화나게 했는지 모르는 것 같았다.

"매니저는 우리가 고객을 위해 일하는 사람들이기 때문에 믿을 수 있게 행동해야 한다고 했어요. 그래야 손님들이 우리 가게를 이웃집처럼 친근하게 생각할 거라면서요." 그가 말했다. "그래서 그런 것뿐인데 왜 그 상사는 나를 멍청이라고 하죠?"

정말 왜 그랬을까? 다른 사람들은 모두 비밀리에 서로의 마음을 읽을 수 있다고 엘리는 말했었다. 엘리처럼 자폐가 있는 사람들이 이 세상을 살아가는 것은 끊임없는 혼란과 당황스러움, 좌절 심지어는 분노 속에서 사는 것과 다르지 않다.

나는 자폐가 있는 사람들이 사회적인 상황이나 사람들의 행동을 잘못 이해하는 것을 수도 없이 본다. 누가 그들이 오해한 부분을 설명하면서 바로잡아 주려고 해도 그들은 여전히 이해하지 못할 때가 많다. 이런 일이 계속 쌓이면 심각한 문제가 생길 수 있다.

'지금 나는 이 상황을 이해해야 해. 그런데 아무리 애를 써도 안 돼'라는 생각은 사람을 좌절시키고 불안하게 만들며 불행한 기분이 들게 한다. 그래서 사람들과 대면하는 것을 표정으로 거부하거나 그냥 피해 버린다. 어떤 사람은 자기 내부로 침잠해서 우울증에 빠지기도 한다. 또 '나는 왜 이걸 이해하지 못할까? 나한테 무슨 문제가 있나? 나는 정말 바보인가?'라고 생각하며 자존감에 상처도 입는다.

사회적 맥락을 잘 이해하는 것은 한 가지를 잘하는 것일 뿐이다. 다른 일은 다 잘하면서 표정을 읽거나 상대방이 보내는 신호들은 잘 감지하지 못하는 사람들도 있다. 사회적 이해를 높이려면 다중 지능 이론으로 유명한 하워드 가드너가 말한 대인 관계 지능이 필요하다. 이 부분이 강점인 사람은 어떤 상황에서도 다른 사람들의 감정이나 의도, 욕구 등을 잘 간파한다. 물론 대인 관계 지능이 좋지 않은 사람도 음악이나 수학, 복잡한 퍼즐 해결 능력 등은 뛰어날 수 있다.

자신의 문제를 아는 자폐인들 중에는 거의 습관적으로 사과를 하는 사람들이 많다. 무엇 때문에 사과를 해야 하는지 모를 때도 사과를 한다. 그들은 사회의 규칙을 흑백 논리처럼 양극화한다. 이에 대해 인식이 없는 부모들은 수년간 그들이 무례하고 제대로 이해를 하지 못한다고 말했을 것이며, 사과하라고 계속 가르쳤을 것이다. 늘 이해하려고 무던히 애쓰다가, 자기가 한 말이 틀린 것 같고 자기가 한 행동이 잘못된 것 같으면 본능적으로 "죄송합니다! 미안합니다!" 라는 말이 튀어나오는 것이다. 부모나 선생님들이 아무리 안심시켜 주려고 해도, 그들은 늘 자신이 실수를 할 거라 생각하며 자기도 모르게 사과를 한다.

일상적인 대화를 하는 것도 불안하고 혼란스러워한다면 예기치 못한 낯선 상황이 닥쳤을 때는 더욱 극단적인 반응이 나올 수 있다. 옆에 있는 사람 눈에는 이 모습이 무모하고, 갑작스럽고, 설명조차 할 수 없는 행위로 보일 것이다. 하지만 그 모습은 계속해서 내부에 쌓여 있던 불안과 좌절감이 터져 나온 결과일 때가 많다.

보통 사람들은 다른 사람이 강렬한 감정을 느끼고 있음을 이해하기 때문에 감정의 경계를 만든다. 이것은 경험으로 되는 것이다. 우리는 상대방에게 동정심을 느끼거나 공감을 할 수 있지만 조절장애가 올 만큼 강도가 같지는 않다. 내 경험에 의하면 자폐가 있는 사람들은 경우가 다르다.

열세 살 베니는 먼저 대화를 시작하는 법이 없었다. 공립학교 생활도 힘들어했고 하루가 반쯤 지나면 오전에 쌓인 스트레스와 부담감으로 늘 짜증이 나 있었다. 주변 사람들이 부정적인 감정을 쏟아 내는 자리에 있는 것도 힘들었다.

자폐가 있는 사람들은 누가 행복이나 슬픔, 흥분, 초조함 등 격한 감정을 드러내면 혼란스러워하고 스스로를 제어하지 못하기까지 한다. 상대방이 왜 그런 감정을 느끼는지 알지도 못한 채, 마치 자신에게 그들의 강한 감정이 그대로 전달되는 것처럼 느낀다.

교내 화재 경보음이 울린 것은 베니가 늘 불안해하고 초조해하는 바로 그 시간이었다.

아이들이 열을 지어 교실을 빠져나올 때, 베니는 남학생 둘이서 선생님의 지시를 따르지 않고 시끄럽게 장난치는 것을 봤다. 이를 본 교장 선생님은 베니와 남학생들 사이에 서서 학생들을 엄하게 꾸짖고 화를 냈다. 아이들 얼굴 앞에서 손가락을 흔들며 당장 다른 아이들과 합류하라고 단호하게 말했다.

그때 베니가 갑자기 예기치 못한 행동을 했다. 교장 선생님에게 달려들어 바닥에 쓰러뜨린 것이다. 베니는 체격이 건장한 남자아이였고 교장 선생님은 150센티미터가 조금 넘는 작은 체구였다. 선생님은 일어나서 옷에 묻은 먼지를 털어냈다. 다행히 다친 데는 없었지만 충격이 컸다. 그날 교장 선생님은 학교 직원이 이 사건을 검토할 때까지 베니에게 정학 처분을 내렸다.

당시 그 지역 상담을 맡고 있던 나는 얼마 뒤 교장 선생님을 만나 이야기를 나누었다.

"배리 선생님, 솔직히 저는 지금도 자폐에 대한 공부를 합니다만 우리 학교에서 그런 행동은 용납하지 못해요. 그리고 이런 일에는 절차가 따로 있고요."

교장 선생님은 자신뿐 아니라 반 아이들이 베니의 행동을 어떻게 받아들일지 걱정하고 있었다.

나는 베니만 겪고 있던 일들이 눈덩이처럼 쌓이는 바람에 그런 사고가 일어났다고 애써 설명했다. 실제로 경보음이 울리기 전부터 베니는 몹시 불안해하고 있었다. 그때 갑자기 울린 시끄러운 화재 경보음은 베니를 더욱 자극했다. 이 와중에 교장 선생님이 엄하게 꾸짖는 소리까지 들리자, 아이는 극도의 혼란에 빠져 감정을 주체하지 못한 지경에 이르렀다. 교장 선생님이 그토록 화를 내며 공격적으로 행동하는 모습을 본 베니는 기분이 나빠졌고 제어가 어려워져 충동적으로 반응했다. 계속 쌓이던 불안감에 화재 경보음 소리, 그리고 학생들을 꾸짖는 교장 선생님의 목소리가 아이를 폭발하게 만든 것이다.

해결 방법은 쉽지 않았다. 베니를 불안하게 만드는 상황을 모두 예견한다는 것은 불가능했다. 거기다 중학교는 혼란과 불안을 야기할 수많은 상황들이 벌어질 수 있는 곳이다. 우리가 할 수 있는 일은 베니가 불안할 때마다 편하게 말할 수 있도록 학교 측이 배려하는 것이었다. 또 교직원들은 베니가 조절장애를 일으킬 조짐을 알아차리는 데 중점을 두기로 했다. 베니가 한계를 벗어나는 것처럼 예상치 못한 상황이 벌어지면 누구라도 끼어들어 막을 수 있도록 도와줄 사람들도 곳곳에 배치했다. 베니를 위한 전문 팀은 감정 조절 계획의 일부로, 아이가 짜증을 내기 시작할 시간에 쉬는 시간을 마련했고 교실에 도와줄 사람도 배치해서 아이가 적응하도록 도왔다. 이처럼 베니의 학교 교장 선생님은 아이의 행동을 노골적인 공격으로 일축하지 않고 이해하기 위해 노력했다.

자폐가 있는 사람들은 혼란스러운 행동을 많이 해서 오해받기도 쉽다. 여러 학교를 다니다 보면 선생님들이 처음에는 어떤 아이가 공격적이거나 불응하는 태도를 보이거나 뭐든 자기 멋대로 하려 든다고 불평하다가 나중에야 진짜 문제를 발견하는 모습을 자주 본다. 선생님이 그 학생을 이해하지 못한 것이다. 아이는 사회적인 이해 능력이 떨어지고, 선생님은 아이의 그런 행동이 의도적이라고 오해('저 애는 분명히 자기가 무슨 짓을 하는지 다 알고 있어')하는 경우에 종종 벌어진다.

이렇게 생각해 보자. 어떤 학교에서든 학생들은 거의 대부분 질문에 정답을 말하고 시험에서 A를 받고 과학 박람회에서 수상을 하고 교실과 학교 규칙을 준수하면서 선생님을 기쁘게 해주고 싶어 한다. 또 부모가 자신을 자랑스러워하게 만드는 것을 목표로 삼고 있는 아이들도 많다.

하지만 자폐가 있는 사람들은 그런 동기 부여가 부족하다. 예를 들어 수학 시간에 어떤 단원을 아주 잘해서 내준 문제마다 정답을 말하는 아이가 선생님이 풀이 과정을 말해 보라고 하면 거부한다. 이것은 지시에 불응하는 것이 아니라, 자기의 생각을 설명해 주길 바라는 주변의 기대를 이해하지 못한 것일 뿐이다.

'나는 어떻게 하는지 알고 정답도 말했어. 그런데 내가 어떻게 풀었는지 왜 사람들한테 말해야 하지?'

선생님들은 자신을 기쁘게 하려는 학생들, 혹은 최소한 자신이 어떻게 해야 할지 알고 있는 학생들에게 익숙하다. 그래서 올바른 교육을 받지 않으면 제이슨 같은 아이를 대할 때 무척 혼란스러워한다.

제이슨은 자폐가 있지만 매우 밝고 말도 잘하는 5학년 학생이었다. 어느 날 미술 선생님은 아이들에게 제일 좋아하는 동물 두 가지의 이름을 적어 보라고 시켰다. 제이슨은 '말'과 '독수리'를 적었다.

"자, 이제 상상력을 발휘할 시간이에요. 여러분이 고른 두 동물의 특징을 합쳐서 하나의 동물로 그려 보세요."

그러자 교실 뒤쪽에 앉아 있던 제이슨이 큰 소리로 단호하게 말했다. "나는 안 그릴 거예요."

보조 교사 한 사람이 제이슨에게 다가가서 선생님이 내준 과제를 다시 설명했다.

"나는 안 그릴 거예요!" 제이슨이 다시 말했다.

"하지만 제이슨, 그건 오늘 우리가 해야 할 과제야. 다른 아이들도 다 그리고 있잖니." 보조 교사가 말했다.

"나는 안 그릴 거예요!"

아이가 점점 불안해하자 보조 교사는 문제가 커지는 것을 막기 위해 쉬고 싶은지 물어보았다. 그녀는 아이를 데리고 나가 잠시 걸으며 진정시킨 다음 다른 아이들은 모두 같은 과제를 하고 있다고 말했다.

그들이 교실에 돌아오자 미술 선생님은 차분해 보이는 제이슨에게 그림을 그릴 수 있겠는지 물었다.

"나는 안 그릴 거예요!" 놀랍게도 제이슨은 또 이렇게 말했다.

내가 놀란 것은 아무도 가장 중요한 질문을 하지 않았기 때문이었다. 나는 천천히 아이에게 다가갔다.

"제이슨, 선생님이 그리라고 한 그림이 왜 그리고 싶지 않은 거야?"

"한쪽은 독수리고 다른 쪽은 말인 동물 같은 것은 없으니까요. 나는 안할 거예요. 바보 같아요." 제이슨이 대답했다.

제이슨은 일부러 반항하거나 선생님 말을 거역하는 것이 아니었다. 과제 자체를 이해할 수 없는 것뿐이었다. 그런 그림은 아이의 논리에 어긋났다.

선생님을 기쁘게 하려면 과제를 해야 하며 시킨 일을 하는 것은 좋든 싫든 학생으로서 해야 할 일이라는 불문의 규칙 따위는 제이슨에게 중요하지 않았다. 제이슨의 의식 세계에 그런 의무감은 존재하지 않았다. 자신이 협조해 주길 선생님이 바란다는 것, 또 자신이 그래야 한다는 것을 알았더라도, 세계관에 위반되는 주제를 다뤄야 하는 것은 본능적인 거부감을 자극하기에 충분했다.

제이슨의 경우처럼 아이가 학교 과제를 대하는 모습을 보면 정보를 어떻게 처리하고 세상을 어떻게 이해하고 있는지 알 수 있다.

세리제가 3학년이었을 때, 선생님은 마틴 루서 킹 주니어의 기념일을 맞아 킹 박사에 대한 질문지를 내주고 작성해 오게 했다. 자폐가 있는 다른 많은 아이처럼 세리제는 날짜와 정보를 기억하는 능력이 뛰어났고 킹 목사의 생애에 중요한 사건들이 발생한 날짜를 술술 말할 수 있었다. 세리제에게 부족한 것은 이 정보들을 사회·문화적인 맥락에 맞게 정리하는 능력이었다.

질문지에 적힌 문제 중 하나는 킹 목사의 장점들을 열거하라는 것이었다. 세리제는 이렇게 썼다.

"그는 강아지를 좋아함. 책을 읽을 수 있음."

아이는 계속해서 이런 식으로 질문지를 작성해 갔다.

킹 목사에 대해 가장 좋아하는 점을 쓰시오.
"나를 도와준다. 내 방을 청소한다."
킹 목사가 가르쳐 준 것을 한 가지만 쓰시오.
"장모음과 단모음 소리를 어떻게 쓰는지 가르쳐 줬다."
킹 목사와 자신을 비교해 써 보시오.
"킹 박사는 넥타이를 맨다. 나는 타이가 없다."
킹 목사가 왜 훌륭한 롤 모델이라고 생각하는지 설명하시오.
"마틴 루서 킹 주니어 기념일은 휴일이니까."

다시 한번 말하지만, 반항하기 위해 일부러 이런 것이 아니었다. 세리제는 탁월한 기억력으로 선생님과 주변 사람들을 놀라게 하는 영리한 아이였다. 하지만 과제를 내 준 의도나 각각의 질문들을 이해하지 못했다. 다른 아이들은 사람들이 사는 방식과 사회를 바꾸기 위해 킹 박사가 어떻게 노력했는지 묻는 질문들이라는 걸 알아차렸을 것이다.

하지만 과제에는 그런 의도가 분명하게 명시되지 않았다. '장점'을 묻는 질문에 세리제는 자신의 장점을 묻는 것이라고 생각했다. 킹 목사가 가르쳐 준 것을 묻는 질문에는 과제와 상관없긴 해도 자신이 최근 배운 것을 떠올렸다. 과제는 세리제가 가진 능력 이상의 깊이 있는 이해를 요구했다. 신체장애가 있는 아이에게 50미터 달리기를 전력으로 완주하라고 요구하는 것이나 다름없었다.

세리제가 낸 과제를 본 선생님들은 어이가 없어서 이마를 탁 쳤을 수도 있다. 하지만 그들은 기운을 내서 아이의 성실한 노력에 박수를 쳐주어야 했다. 과제 내용이 실망스럽고 당황스럽긴 해도 세리제는 "못 하겠어요. 무슨 말인지 하나도 모르겠어요"라고 하지는 않았다.

세리제는 나름 최선을 다했다. 3학년 수준의 이해력을 갖추지 못했다고 해서 이런 사회적인 개념들을 아예 이해하지 못하는 것은 아니다.

사회에 대한 이해, 감정에 대한 이해도 다른 것들처럼 시간을 두고 천천히 발달할 수 있다.

아이들은 저마다 다른 속도로 각각의 발달 단계를 거친다. 충분한 경험과 도움이 있으면 그 속도는 더욱 빨라진다. 세리제를 위해 할 수 있는 최선은 제대로 못 했다고 혼을 내는 것이 아니라 열심히 노력한 것을 칭찬해주고 과제를 이해할 수 있게 도와주는 것이다. 자존감을 깎기보다 신경학적 차이 때문에 어렵기만 한 과제를 잘하고 싶은 마음을 지지해주면 된다.

⋛ 감정 자체를 이해하지 못하는 아이들 ⋚

자폐스펙트럼장애가 있는 사람이 사회적 상호작용에 감춰진 미묘한 규칙들을 이해하지 못하면, 감정을 이해하는 것은 더욱 힘들다. 자신의 감정도 그렇고 다른 사람의 감정도 마찬가지다.

1989년 오프라 윈프리가 템플 그랜딘을 처음 인터뷰했을 때 오프라가 물었다.

"당신은 어떤 기분인가요?"

템플은 털 스웨터를 입고 피부가 따끔거리면 얼마나 불편한지 생각해 보라는 말로 답을 대신했다. 윈프리는 '기분'이라는 단어를 쓰며 감정, 즉 우리의 복잡한 내면세계를 언급했지만 템플은 감각적인 경험, 특히 촉감에 관한 이야기를 하고 있었다.

어쩌면 템플은 질문을 회피한 것일 수도 있다. 감정은 추상적이고, 형태가 없고, 파악하기도 힘들다. 그래서 자폐가 있는 사람들은 이런 문제에 관해 말하는 것을 어려워할 때가 많다. 자신을 돌아보는 과정이 필요한 경우에는 더욱 그렇다. 과거 일부 전문가들은 자폐가 있는 사람들이 감정에 대해 말하는 것을 어려워하고 불편해하는 것은 감정이 부족하기 때문이라고 잘못 생각하기도 했다.

물론 사실이 아니다. 그들도 우리처럼 인간의 모든 감정을 전부 경험한다. 다른 점이 있다면 그들은 같은 감정도 더욱 확대해서 느낀다. 자신의 감정을 파악해서 표현하고 다른 사람들의 감정을 읽는 것을 어려워한다.

열 살 앨빈은 말은 유창했지만 불안증과 감각 계통의 문제 때문에 힘들어하는 아이였다.

어느 날 그 아이의 특수 교육을 담당하는 선생님은 울고 있는 아이의 사진을 보여 주고 몇 가지 질문을 했다. 아기는 어떤 기분일까? 아기는 왜 그런 기분을 느낄까?

앨빈은 아기가 슬퍼서 운다고 했다. 선생님이 계속해서 물었다.

"앨빈, 널 슬프게 하는 것은 뭐지?"

"뭐가 날 '슬프게' 하냐고요?" 앨빈이 말했다. "뭐가 날 아프게 하냐는 거예요? 노란색 치즈요."

무슨 이유에서인지 앨빈은 '슬프다'는 말을 '아프다'는 말로 바꾸었다. 아마도 아픈 것 역시 부정적인 감정이면서 더 강하게 느껴져 파악하기 쉬웠기 때문일 것이다.

선생님은 다시 시도했다. "널 슬프게 하는 것은 뭐지?"

"날 기분 나쁘게 하는 거요? 설사요."

앨빈은 우는 아기의 사진을 보고 슬픔이라는 감정은 쉽게 알아냈지만 슬픔과 자신의 경험을 연결하지는 못했다. 분명히 앨빈도 가끔 슬픔을 느꼈을 것이다. 하지만 열 살이라는 나이 때문인지 자신이 겪은 감정적인 경험을 말로 설명하지는 못했다.

이렇게 바꿔서 표현하는 것은 다른 사람의 감정은 파악하면서 자신의 감정을 표현하는 능력은 부족하기 때문일 수 있다. 자신이 겪은 감정들을 들여다봐야 하기 때문이다.

열세 살 에릭 역시 비슷한 문제를 갖고 있었다. 에릭과 반 아이들이 감정에 대해 배우는 것을 돕기 위해 선생님은 '감정의 회전판'을 돌려 보라고 했다. 회전판을 몇 개의 칸으로 나누어 각 칸에 여러 가지 감정들(행복, 혼란, 화)을 적어 놓은 룰렛 같은 것이었다.

회전판을 돌리고 나면 화살표가 가리키는 감정에 대해 질문을 했다. 에릭이 뽑은 것은 질투였다. 대화는 이런 식으로 진행되었다.

선생님: 오늘 기분이 어떠니, 에릭?

에　릭: 질투를 느껴요.

선생님: 왜 그런지 말해 줄 수 있니?

에　릭: 나는 질투심이 많으니까요.

선생님: 그런데 왜 질투가 나지?

에　릭: 왜냐하면… 인디애나가 다른 팀과 경기를 하니까요.

선생님: 그것 때문에 왜 질투가 나는데?

에　릭: 음… 질투를 하면 내가 아름답게 느껴지니까요(혼란스러운 표정으로 먼 곳을 응시한다).

에릭은 질투의 뜻을 파악하지 못했고 대화는 계속 이어졌다.

선생님: 질투를 하는 게 뭔지 알고 있니?

에　릭: 질투를 하는 게 뭔데요?

선생님: 데럴이 새 시계를 차고 왔는데 내가 지금까지 본 시계 중에 제일 멋진 거야. 그래서 갖고 싶어. 그러면 데럴이 나보다 더 좋은 시계를 가진 것 때문에 질투가 나는 거지.

에　릭: 네.

선생님: 좋아, 이해가 됐니?

에　릭: 데럴이 새 시계를 갖고 있으니까요.

선생님: 그리고 나는 그 시계를 갖고 싶어.

에　릭: 그리고 선생님은 그 시계를 갖고 싶고…

선생님: 그럼 너는 오늘 질투를 느끼니?

에　릭: 네.

선생님: 왜?

에　릭: 데럴이 새 시계를 갖고 싶어 하니까요.

선생님: 아니.

에　릭: 선생님이 새 시계를 가졌으니까요.

선생님: 에릭은 왜 질투가 나지?

에　릭: 나는 집에 시계가 있으니까요.

선생님: 다른 기분을 골라 볼래?

에　릭: 싫어요. 나는 질투를 골랐어요!

　에릭은 질투라는 감정을 이해하기 위해 최선을 다했고 선생님이 다른 것을 골라 보라고 해도 멈추지 않았다. 그리고 추상적인 개념을 구체적으로 생각하기 위해 열심히 노력했다.

　많은 교육자들이 자폐가 있는 사람들에게 감정을 표현하는 법을 가르친다고 말한다. 하지만 그들이 실제로 가르치는 것은 감정을 표현하고 있는 사람들의 모습에 이름을 붙이는 법이다.

　자기가 느끼는 감정 상태를 언어로 표현하는 것은 자폐가 있는 어린이나 어른들에게도 매우 추상적인 작업이다. 자신이나 다른 사람이 느끼는 감정을 말로 표현하는 것은 사과나 탁자를 인식한 뒤 말로 하는 것과는 비교도 할 수 없을 만큼 복잡하다. 감정에는 인지적인 반응과 생리적인 반응이 모두 포함된다. 우리는 단순히 느끼기만 하는 것이 아니라 어떻게 느끼고 왜 그런 느낌을 받는지도 생각한다. 또 감정은 몸으로도 경험한다. 그런 반응은 역동적이면서 어떤 형태가 없다.

하지만 일부 치료사들은 자폐가 있는 아이들에게 감정을 가르쳐야 한다고 말한다. 그들이 택한 방법은 다양한 표정을 짓고 있는 얼굴을 보여 주고 기쁨, 슬픔, 흥분, 분노, 놀람, 혼란스러움 같은 감정을 아이들에게 찾게 하는 것이다. 로스 블랙번은 이 방식의 문제를 다음과 같이 꼬집었다.

"오랫동안 사람들은 웃거나 찡그린 얼굴들에 행복함, 슬픔 같은 이름표를 붙이게 하면서 나에게 감정을 가르치려 했습니다. 문제는 얼굴들이 내 눈에는 진짜 행복하거나 슬프게 보이지 않는다는 거예요."

이들은 감정이 아니라 그림을 인식하는 법을 가르치는 것뿐이다. 또 아이에게 감정을 표현하고 왜 그런 기분이 드는지 이해하도록 가르치는 것도 분명 아니다.

이보다는 아이가 어떤 감정을 겪고 있는 바로 그때 '행복하다, 바보 같다, 아찔하다, 불안하다' 같은 느낌으로 구분하게 하는 편이 훨씬 효과적이다(어떤 사람들에게는 자신이 느끼는 감정을 사진 같은 시각 이미지와 연계하는 것이 도움이 되기도 한다). 그렇게 하면 아이는 단순한 얼굴 표정이 아니라 인지적 과정이 동반된 감정을 느끼고 표현하는 법을 배울 수 있다. 감정을 이해하고 나면 감정과 관련된 여러 경험도 구분할 수 있게 된다. 각각의 감정을 이해하고 언어로 표현하는 방법을 배우는 것은 시간이 걸린다. 우리는 감정을 머리와 몸으로 느껴 이 감정을 경험과 관련하여 범주화한다. 마찬가지로 우리는 다른 사람들이 감정을 표현하는 단어를 듣거나 보기도 한다.

⅋ 정상으로 보이게 만들기의 오류 ⅋

이와 비슷하게 어른들은 자폐가 있는 아이에게 '사회적 이해'와 '사회적 사고'보다 소위 '사회적 기술'이란 것을 가르치는 데 중점을 둘 때가 많다. 그들은 아이를 '정상'으로 보이게 만든다는 목표 아래 중요하다고 간주되는 기술을 기계적인 방식으로 가르친다. 하지만 이런 방식은 아이가 다른 사람들과 상호작용을 하고 사회적인 상황을 읽고 상대방의 관점이나 감정을 이해해야 할 때 올바른 결정을 내리게 할 수 없으며 상당한 스트레스가 된다.

좋은 예가 '시선을 마주치는 것'이다. 자폐가 있는 많은 아이들이 다른 사람과 눈을 마주치려 하지 않는다. 일단은 불편해서 불안감이 높아지기 때문일 것이고, 또 초점을 맞추려 신경을 써야 하는데 그러다 보면 무엇을 말하려는지 집중할 수 없기 때문일 수도 있다.

그런데 미국 사회는 사람의 눈을 바라보는 것을 중요하게 생각한다. 최초의 자폐 전문가 중 한 사람으로 UCLA 심리학 교수였던 고故 이바 로바스 박사는 자폐가 있는 사람들이 다른 사람들과 구별되지 않는 것을 최우선 목표로 하는 '훈련'에 대한 접근법을 발전시켰다.

그는 다른 기술을 가르치기 전에 눈을 맞추는 연습부터 시켜야 한다고 했다. 그래서 오랫동안 자신의 생각대로 아이들을 치료했다. 하지만 눈을 마주칠 수 있어야 다른 기술을 배울 수 있다는 것은 로바스 박사의 생각일 뿐, 과학적인 증거는 없다. 결국 그도 자신의 주장을 철회했지만, 아직도 많은 의사들이 '눈 맞추기 훈련'을 중시하고 있다.

자폐가 있는 사람들과 대화를 해보면 그들이 상대방의 눈을 보는 것을 얼마나 힘들어하는지 확연히 느낄 수 있다. 그들은 억지로 시켜도 눈을 마주치려 하지 않는다. 대개는 눈을 마주치지 않을 때 더 편안해하고 안정감을 느낀다. 평범한 사람들은 어렸을 때부터 사람들의 눈을 보며 말하는 습관을 들이지만, 시선을 돌리는 것이 도움이 될 때도 있다. 대화 중에는 보통 서로를 바라보지만 가끔은 상대방에게서 눈을 떼고 생각을 정리하거나, 잠시 쉬거나, 감정 상태를 조절한다.

한때 가나 출신의 대학원생들을 가르친 적이 있었다. 수업에 앞서 학생들 중 몇 명과 모이는 자리를 마련했는데 그들은 뭐라 할 수 없을 만큼 예의 바르게 행동했지만 아무도 나와 눈을 마주치려 하지 않아 마음이 불편했다. 결국 불편함을 참다못한 내가 물었다.

"무슨 문제라도 있습니까? 여러분이 날 보려고 하지 않으니 제가 좀 불편하군요."

"죄송합니다, 선생님." 그중 한 사람이 대답했다. "그런데 우리 문화권에서는 우리보다 높은 분이 우리에게 말할 때 쳐다보는 것은 무례한 행동으로 간주됩니다. 선생님은 우리를 가르치는 교수님이시잖습니까."

그 말을 듣고 나는 우리가 아주 중요하게 생각하는 많은 사회적 속성과 관습들은 결국 규칙이며, 규칙은 나라마다 다를 수 있다는 사실을 새삼 깨달았다. 고유한 인간의 행동으로 다 똑같이 정해져 있지 않았다.

규칙은 사람에 따라서도 다르다. 의대 부속 병원의 한 부서를 책임지고 있을 때 나는 들어온 지 얼마 안 된 언어재활사 한 사람이 첫 회의 시간 내 내 내가 말을 해도 쳐다보지 않고 계속 낙서만 하는 것을 봤다. 두 번째 회 의 때도 마찬가지였다. 너무 황당해서 결국 내가 말을 꺼냈다.

"회의 때 왜 나에게 집중하지 않는지 모르겠군요."

그녀는 좀 더 일찍 말하지 못해 미안하다며 자신에게 학습 장애가 있다 고 했다. 말하는 사람에게 시선을 두면 그 말을 처리하는 것이 어렵다는 것이었다. 나는 그녀의 행동과 표정만 보고 나에게 관심을 두지 않고 집중 하지도 않는다고 잘못 생각하고 있었다.

자폐가 있는 사람들은 말하는 사람의 얼굴을 봐야 하는 부담감이나 스 트레스 없이, 그가 하는 말에만 집중하는 것이 훨씬 편하다고 말한다. 경험 이 많은 선생님들은 어떤 아이가 수업 시간에 자기를 바라보지 않아도 잘 듣고 학습하고 있다는 것을 안다.

자폐가 있는 사람들도 다른 사람의 말을 잘 듣고 있음을 알리는 무언의 의무를 배울 수 있다. '사회적 이해'와 '사회적 사고'를 중시하는 부모와 교 사, 언어재활사들은 잠깐씩 상대방을 쳐다보거나 "으응, 응" 하는 소리를 내거나 고개를 끄덕이는 것만으로도 잘 듣고 있다는 것을 알릴 수 있다고 가르친다.

다른 사람의 눈을 보는 것을 극도로 힘들어하고 불편해하는 아이들도 있다. 그럴 때는 자신이 지루해하거나 무관심해 보인다고 상대방이 오해하 기 전에 미리 설명하는 법을 가르치면 된다("제가 당신을 보고 있지 않아도 잘 듣 고 있다는 것을 알아주세요"). 평범한 사람들이 다른 급한 일이 있어서 회의나 강연회에서 빨리 일어나야 할 때 하는 행동과 비슷하다. 사람들에게 미리 양해를 구하는 것은 예의 바른 행동이며 그래야 오해를 받지 않고 상대방의 감정도 다치지 않게 할 수 있다.

이런 정보를 공유하는 것은 자폐가 있는 사람들이 스스로를 돕는 행동이다. 온라인으로 진행했던 자폐가 있는 작가와의 인터뷰에서 있었던 일이다. 질의응답을 하다 그는 옆을 보면서 긴 시간 멈춰 있었고 다시 말을 시작할 때까지 꽤 망설였다. 내가 한 말을 모두 이해하고 동의하지만 대화에 너무 흥분한 나머지 대화를 유창하게 이어가는 게 힘들었다고 알려주었다. 그래서 스크린이 아닌 다른 곳을 쳐다보고 있었던 것이다. 자신의 행동을 설명해주었기 때문에 나는 그를 오해하지 않을 수 있었다.

⟩ 불만이 쌓이는 원인과 불만 표출 방식 ⟨

사람들은 누구나 상대방의 행동을 보고 그 사람을 단정한다. 대개는 아무 말 없이 그렇게 하지만 이런 판단은 사람들 사이의 상호작용에 매우 큰 영향을 미친다. 자폐가 있는 사람들은 자신을 괴롭히는 것이 있어도 굳이 말할 필요를 느끼지 않는다. 그러다 가끔 아주 특이한 방법으로 드러낼 때가 있다.

사례 불만을 드러내거나 드러내지 않는 아이들

초등학교 4학년인 엔리크는 아스퍼거 증후군이 있었다. 한번은 교장 선생님이 아이가 계속 책상 위에 펼쳐 놓는다며 아이가 그린 그림들을 나에게 보여 주었다. 그림마다 뿔과 뾰족한 꼬리가 있는 것이 악마의 모습을 그려

놓은 것 같았다. 그리고 페이지마다 교장 선생님의 이름을 써 놓고 그 옆에 이렇게 덧붙여 놓았다.

"악마 같은 교장 선생님."

"그게 저래요." 교장 선생님이 웃으며 말했다. "이 아이는 학교에서 마음에 안 드는 것이 있을 때마다 저를 탓해요."

엔리크는 학교 식당의 케첩이 마음에 들지 않을 때도 악마 그림을 그려 놓았다. 규칙이 공평하지 않다고 생각될 때도 그렸다.

교장 선생님은 이런 독특한 표현 방식을 기꺼이 받아들였고 자신의 감정을 표현하려는 아이의 노력을 존중해 주었다. 그리고 좀 더 평범하게 자신의 불만을 드러내서 해결할 수 있는 방법을 찾도록 도왔다.

자신의 불만을 드러내지 않으려는 아이들도 있다. 자폐가 있는 열세 살 버드는 심각한 우울증도 보이고 있었다. 수업 시간에는 선생님 말씀을 듣지 않고 책상에 엎드려 팔에 머리를 묻은 채 눈을 감고 있었다. 버드의 행동 때문에 당황한 선생님들은 나에게 도움을 청했다. 나를 처음 만나는 자리에서 버드는 바로 이렇게 말했다.

"학교 다니기 싫어요. 선생님들이 다 저를 미워하거든요."

선생님들은 버드에 대해 안 좋은 감정을 내비친 적이 없었다. 다만 아이를 어떻게 도와야 할지 몰라 당황하고 있을 뿐이었다. 나는 왜 선생님들이 자기를 미워한다고 생각하는지 버드에게 물었다.

"그건… 수업 시간마다 내가 싫어하는 것들만 가르치려고 하니까요."

버드는 선생님들이 자신에 대한 적대감 때문에 자기가 제일 싫어하고 지루해하는 과제만 내 준다고 단정하고 있었다.

"네가 뭘 좋아하는지 선생님들이 물어본 적은 있니?" 내가 물었다.

"아뇨, 날 미워하는데 그런 걸 왜 물어보겠어요?" 아이가 대답했다.

나는 내가 버드만 한 나이였을 때도 듣기 싫은 수업들을 들어야 했으며 아마 다른 아이들도 모든 수업을 다 좋아하지는 않을 거라고 말해 주었다. 버드는 이런 말을 처음 듣는 것 같았다. 평범한 십 대였다면 어떤 학생도 모든 과목을 다 좋아하지는 않으며 학생이기 때문에 그런 것도 배워야 한다는 것을 알았을 것이다. 하지만 버드는 선생님들이 자기를 싫어하는 것이라고만 생각했다.

대화를 마친 뒤 나는 버드에게 다른 친구들과 사회성을 키우는 모임에 들어가 보라고 권했다. 그런 곳에서는 사람들이 왜 그런 식으로 말하고 행동하는지 배울 수 있고 사람들의 행동을 여러 가지로 해석하는 법도 익힐 수 있기 때문이었다.

다른 아이들이 자연스럽게 아는 것들을 버드는 모두 그곳에서 배웠다. 평소 좋아하던 수업이 어떤 때는 싫어지기도 하고, 힘든 부분이 있으면 선생님께 물어보면 된다는 것, 그리고 선생님은 언제든 기꺼이 도와줄 거라는 것들을 말이다. 그때까지 이런 것들을 버드에게 말해준 사람은 아무도 없었다. 아이가 어떤 오해를 하고 있는지 아무도 몰랐기 때문이다.

학교 측에서도 헤비메탈 음악이나 비디오 게임 등 아이가 좋아하는 것들을 프로그램에 넣어 주었다. 문제를 다 해결해주지는 못했지만 버드에게 무엇 때문에 힘든지 물어본 것만으로 성과는 컸다. 불만은 대부분 오해에서 비롯되었다는 것을 알게 해주었기 때문이다. 오해했던 것을 부끄러워하지 않아도 된다는 이야기도 강조했다. 우리가 했던 일은 아이가 설명할 수 있도록 묻고 귀를 기울였으며 창의적인 방법으로 아이의 관심사를 학교 일과에 합해준 것이 전부였다.

사회적 이해력을 높이려고 할 때의 목표는 자폐가 있는 사람들을 보통 사람들의 복제 인간으로 만드는 것이 아니다. 이는 고유성을 가진 개인에게 무례한 방법이며, 자신을 끔찍하게 생각하게 만들 위험이 있다. 목표는 사회적 이해력, 자기 존중, 오해와 스트레스를 줄이기 위한 자신감을 높여 상대방과 공유하는 관계를 경험하는 것이다.

이상적으로 우리는 자폐가 있는 사람들에게 가장 도움이 된다고 생각하는 것에 애쓰고 싶어 한다. 그것이 불가능하다면, 우리는 사회 경험의 긍정적인 면과 즐거움에 벽이 되는 어려움을 줄이려 힘써야 한다. 자폐가 있는 사람들 대부분은 사회적 참여의 가장자리에서 더 편안함을 느낄지라도 그들 자체로 받아들여지고 싶어 한다.

무엇보다 우리는 자폐 자조 모임의 최우선 순위 중 하나는 그들이 자신의 진정한 모습으로 살아갈 수 있다는 사실임을 반드시 이해해야 한다.

Part 2

자폐와 함께하기

7장

아이에게
꼭 필요한 사람 되기

나는 그저 지켜보는 것만으로도 소중한 깨달음을 얻을 때가 많다. 폴을 보고도 많은 것을 배웠다.

폴은 데니스를 담당하는 보조 교사였다. 열여섯 살인 데니스는 자폐가 있었고 새 학교에 전학 온 지 얼마 안 된 아이였다. 전 학교에서 데니스는 심한 좌절감에 빠져 감정이 조절되지 않을 때가 많았다. 그럴 때마다 선생님을 때리려고 해서 공격적인 아이로 인식되어 있었다. 새 학교에서도 데니스는 자기가 하던 것들을 마음대로 했다.

그중 하나로, 데니스는 책가방에서 자신이 즐겨 듣는 CD가 잔뜩 든 봉투를 꺼내 컴퓨터 위에 정확한 순서로 늘어놓았다. 그렇게 해야 마음이 안정되는 모양이었다. 말은 거의 하지 않았다. 가끔 아주 낮은 소리로 두세

마디쯤 내뱉는 것이 전부였다. 그래도 나름 조심하는지 공격적인 행동이나 화를 내는 모습은 보이지 않았다.

⟩ 아이를 돌보는 사람의 유형도 천차만별 ⟨

데니스의 학교생활을 관찰하던 중 나는 아이의 담당 보조 교사가 아주 훌륭하게 자기 역할을 수행하고 있는 것을 보았다. 20대인 폴은 바짝 깎은 머리에 커다란 귀걸이를 하고 있었는데 그 모습이 꼭 가정 청소 용품 광고에 나오는 미스터 클린의 얼굴을 연상시켰다.

폴은 데니스가 과제를 하는 데 필요한 자료들을 빠짐없이 준비해 주고 정리도 도왔다. 그런 다음에는 뒤로 물러나 데니스 혼자 할 수 있는 시간을 마련해 주었다.

교실 어디에 있든 데니스를 눈에서 놓치지 않았고, 아이가 좌절감을 느끼고 불안해하거나 산만해질 조짐이 보이면 데니스가 놀라지 않도록 가까이 천천히 다가갔다. 폴이 곁에 있으면 데니스는 안심하고 편안해하는 것 같았다. 그는 데니스의 감정이 흔들리고 있음을 알리는 아주 사소한 신호도 읽어 냈으며, 무슨 말을 하고 어떤 행동을 해야 아이를 진정시킬 수 있는지 잘 알고 있었다.

때로는 조금 떨어진 곳에서 살짝 고개를 끄덕여 주거나 손으로 어딘가를 가리키거나 말을 몇 마디 해주는 등 거의 표시 나지 않게 데니스를 안심시켜 주기도 했다. 마치 두 사람이 암묵적 공생 관계에 있는 것처럼 보였다. 데니스가 긴장을 하거나 불안을 느껴 도움이 필요한 것 같을 땐 언제나 폴이 달려와 차분히 진정시켰다.

나는 데니스를 진정시키는 법을 어떻게 그토록 잘 알고 있는지 궁금했고 방법은 무엇이든 배우고 싶었다. 그래서 잠시 이야기를 청했다. 아이의 상태를 잘 읽고 적절한 때에 도와줘서 감동받았다고 말하며 물었다.

"당신이 쓰고 있는 방법이나 특별히 신경 쓰는 부분을 알려 줄 수 있겠습니까?"

그는 내 질문에 당황해 하며 어깨를 으쓱하더니 짤막하게 대답했다.

"그냥 관심을 갖는 것뿐이에요."

그냥 관심을 갖는 것. 간단했지만 많은 것이 담겨 있었다. 폴이 데니스를 그렇게 잘 돌본 것은 특별한 교육 과정을 이수했거나 어떤 행동 계획을 따랐거나 적절한 '강화 요인'을 투입했기 때문이 아니었다. 그는 아이를 주의 깊게 지켜보고 귀를 기울이고 필요한 것들을 세심하게 배려함으로써 데니스에게 필요한 것들을 정확히 해줄 수 있었고 신뢰를 얻었다.

폴과 같은 사람은 어디에서 찾을 수 있을까? 자폐가 있는 아이를 키우거나 그런 성인을 도와야할 때 가장 힘든 점 중 하나는 도와줄 사람들, 즉 의사, 치료사, 교육자, 멘토 등 능력이 뛰어나고, 당사자와 잘 연결될 수 있으며, 상태가 호전되도록 힘이 될 수 있는 사람들을 찾는 것이다. 자폐를 처음 접하는 부모들은 특히 누구를 믿고 어떤 조언들을 따라야 할지 또 아이와 가족에게 어떤 치료사가 맞을지 몰라 힘들어하는 경우가 많다.

질 칼더 박사를 만난 뒤 이 문제에 대한 내 생각은 영원히 바뀌었다. 의사인 그녀 역시 자폐가 있는 아들의 엄마다. 캐나다 밴쿠버의 브리티시 컬럼비아 대학 강당에서 강연을 하던 중 나는 폴처럼 특수 교육 덕분이 아니라 타고난 능력으로 아이와 가족을 잘 돌보는 사람을 만나 본 적이 있는

지 청중에게 물었다.

그때 스무 번째 줄쯤에 앉아 있던 질이 일어나서 말했다.

"우리 가족은 그것을 '잇 팩터$^{\text{It Factor}}$(꼭 필요한 것)'라고 부릅니다."

그녀는 오랫동안 아들을 도와준 많은 사람을 지켜보았다고 했다. 그녀의 아들은 학교에서 새로운 보조 교사를 정해 줄 때마다 평소보다 더 불안해하고 기분 나빠하며 집에 돌아왔다. 그런데 한번은 새로운 보조 교사와 금방 친해지면서 아이가 눈에 띄게 차분해지고 행복해했다고 했다.

차이가 뭘까? 질은 그것을 '타고난 재능'이라고 했다. 그들은 몇 분 안에 아이와 친해지는 법을 알고 있었고 아이 역시 그들과 있으면 마음 편해 했다. 마치 어떤 화학 작용이라도 일어나는 것 같았다.

"우리는 그들을 '꼭 필요한 것'을 가진 사람이라고 말합니다."

그런 사람들은 직함이나 교육 정도에 상관없이 언제나 아이와 가깝게 연결된다.

그녀는 그다음 그룹에 대해서도 설명하면서 그들을 '꼭 필요한 것과 비슷한$^{\text{It-like}}$' 자질을 가진 사람들이라고 했다. 자폐가 있는 사람과 본능적으로 가까워지는 재능이 부족하고, 심지어 짜증을 내거나 머뭇거리고 불편해하기도 한다고 했다. 하지만 그들은 배우려는 열의가 있었다. 또 부모처럼 아이를 잘 아는 사람들에게 도움도 청하고 필요한 정보를 얻기 위해 노력도 했다. 질은 자신이 만난 전문가들 중에 이런 사람이 가장 많았다고 했다. 그리고 자신은 이렇게 자폐가 있는 아이들과 일하는 것에 열정이 있고 기꺼이 배우려 하고 아이를 가장 잘 아는 사람들로부터 조언을 듣는 것도 마다하지 않는 사람들을 만나면 늘 행복하다고 했다.

그녀는 계속해서 세 번째 그룹에 관해 언급했는데 아이들과 연결되지 못하고 오히려 불안을 초래하는 사람들이라고 했다. 이런 사람들은 당사자나 가족에게 배우지 않고 자신의 선입견에 따라서만 행동하려 한다. 그리고 그들의 생각은 틀렸을 때가 많다. 타고난 것도 그렇고 교육을 받아도 사람과 가까워지는 능력이 부족한 사람들이었다. 대부분 '왜'라고 물을 생각은 하지 못하고 훈육과 결과에만 중점을 둔다. 그들의 목표는 아이를 완전히 통제하는 것이며 아이가 느끼는 감각의 문제, 자폐와 관련된 여러 어려움들이 주는 영향을 최소화하거나 등한시하면서 채 자신이 정한 목표만 밀고 나간다고 했다.

그 즈음 내가 끼어들었다. "오, 그들은 '꼭 필요한 것이 부족한It-less' 사람들이겠군요?" 질과 청중은 무슨 말인지 알겠다는 듯 고개를 끄덕였다.

그녀는 아들의 삶에 끼어든 그런 사람들 때문에 아이가 더욱 불안해하고 힘들어했던 적이 몇 번이나 있었다고 했다. 질은 잠시 말을 멈추고 심호흡을 하며 감정을 추스른 다음 이렇게 말했다.

"앞으로 다시는 그런 일이 일어나지 않게 할 겁니다."

질의 이야기가 끝나자 아이와 그 가족들을 이해하지 못했던 선생님이나 직원들, 아이의 감정을 무시한 채 자기만의 방법을 고집했던 치료사, 사람은 보지 않고 행동을 보고 증상만 읽으려 했던 의사 등 갖가지 불만 사례들이 쏟아져 나왔다.

나는 매년 자폐 아이 부모들이 주말에 모이는 자리를 만들었는데, 모임에서 만난 한 아버지를 절대 잊지 못한다. 그 역시 자폐가 있는 십 대 아이를 키우고 있었다. 그는 부모와 전문가의 관계를 주제로 열린 토론회에서 이런 대담한 말로 말문을 열었다.

"부모로서 어린아이들을 키우고 있는 여러분 모두에게 저는 이렇게 말하고 싶습니다. 아무리 전문가라도 나 자신이 믿지 못하는 사람이라면 과감히 내던져 버리라고 말입니다."

이런 격한 감정은 '꼭 필요한 것이 부족한' 사람들, 즉 아이와 연결되지 못해서 부모의 신뢰를 잃거나 다시 얻지 못할 만큼 실망스러운 전문가를 너무 많이 접했기 때문에 나온 반응이다. 부모는 대부분 전문가를 믿는다. 그들은 이 분야에 대한 풍부한 경험과 지식이 있어 자기를 도와줄 수 있는 사람을 필사적으로 만나고 싶어 한다. 하지만 도움을 줄 거라 믿었던 사람들이 실망만 안기는 경우가 반복되면 부모는 아무리 전문가라고 해도 의심하다 결국 지칠 수밖에 없다.

<자폐가 있는 아이를 돌보는 사람들의 유형>

'꼭 필요한 것'을 갖춘 사람	• 타고난 재능이 있다. • 아이와 친해지는 법을 안다. • 아이도 마음 편해 한다. • 직함이나 교육 정도에 상관없다. • 언제나 아이와 연결되어 있다.
'꼭 필요한 것과 비슷한 자질'을 갖춘 사람	• 재능이 부족하다. • 짜증을 내거나 불편해한다. • 기꺼이 배우려는 열의가 있다. • 가족한테 적극적으로 조언을 받는다.
'꼭 필요한 것이 부족한' 사람	• 아이를 불안하게 한다. • 가족에게 배우려 하지 않는다. • 선입견에 따라 행동하려고 한다. • 교육을 받아도 능력이 부족하다. • '왜?'라고 묻지 않는다. • 훈련과 결과에 중점을 둔다. • 아이를 완전히 통제하는 것이 목표다. • 아이의 문제를 등한시한다. • 자신이 정한 목표만 밀고 나간다.

그렇다면 이런 차이를 만드는 요인은 무엇일까? '꼭 필요한 것'을 갖춘 사람이란 어떤 이들을 말하는 것일까? 부모는 전문가나 교육자를 볼 때 어떤 것들에 중점을 둬야 할까? 장래가 촉망되는 전문가들이 '꼭 필요한 것과 비슷한' 자질을 갖추게 하기 위해서는 어떻게 해야 할까?

'꼭 필요한 것'을 갖춘 사람은 특정 학위를 갖고 있거나 이 분야에서 오랫동안 교육을 받고 경험을 쌓는다고 되는 것이 아니다. 나는 각종 자격증을 따고 인상에 남는 이력서를 낸 사람들을 수도 없이 만나 봤지만 그중에는 자폐가 있는 아이나 성인, 그 가족들과 가까워지는 기본적인 것도 못하는 사람들도 많았다. 반면 폴처럼 교육을 많이 받지는 못했지만 사람들과 진실한 관계를 맺고 아이가 원하는 것을 곧바로 알아차리며 상태가 호전되는 데 큰 도움을 주는 사람들도 많다.

'꼭 필요한 것'을 갖춘 사람은 몇 가지 중요한 특징이 있다. 다음은 그 가운데 가장 중요한 것들만 꼽은 것이다.

• 깊은 관심으로 행동을 이해한다

그들은 자폐가 있는 사람이 세상을 어떻게 이해하며 사는지 알기 위해 애쓴다. 다른 자폐인 혹은 다른 장애가 있는 사람들에 대한 자신의 경험을 일반화하는 대신 자신이 맡은 사람에게 깊은 관심을 갖고 그 사람의 행동을 읽고 이해하기 위해 노력하며 지지하는 태도로 반응해준다.

·왜 그런 행동을 하는지 생각한다

그들은 자폐가 있는 사람들이 하는 독특한 행동을 장애 때문에 나오는 행동이나 반응이라고 말하고 싶어도 참는다. 그리고 그 역시 사람이 하는 행동이라고 생각한다. 또 그들은 늘 '왜?'라고 질문한다. 아이가 거부하거나 망설이는 것, 특정한 방식으로 하는 행동을 '반항'이나 '관심 끌기'로 단정하지 않고 왜 그런 행동을 하는지 생각한다.

"왜 지금 꼭 이 사람에게 이런 행동을 할까?" "이게 도움이 될까?" 하고 고민할 필요 없이 그냥 '자폐성 행동'이라고 말해 버리면 쉽다. 하지만 '꼭 필요한 것'을 갖춘 사람은 행동에 깔린 의도나 목적을 알아내기 위해 더욱 열심히 노력하며 선입견으로 시작하는 대신 경험을 중요하게 생각한다.

·아주 작은 신호도 잘 파악한다

그들은 사람의 감정 상태를 잘 읽는다. 차분하거나 불안한 정도를 알리는 아주 작은 신호도 잘 파악한다. 다른 많은 사람처럼 자폐가 있는 사람들도 미묘한 몸짓이나 표정을 통해 내적 감정을 겉으로 드러낼 때가 많다. '꼭 필요한 것'을 갖춘 세심한 사람은 아이가 시선을 피하거나 딱딱하게 굳어 보이면 화가 났거나 몹시 실망한 것이고, 아이가 몸을 흔들면 불안해하는 것임을 알아차린다. 또 평소 말을 잘하던 아이가 자꾸 시비를 걸듯 말하거나 대화를 하지 않으려고 하면 그 역시 불안하기 때문이라는 것을 안다.

·통제력을 공유하고 도움을 제공한다

그들은 자폐가 있는 사람을 통제하지 않고 그럴 필요도 느끼지 않는다. 하지만 많은 학자와 치료사가 특정한 행동 범위에 들도록 아이를 밀어붙이는 것이 자신의 역할이라고 생각한다. 규정을 준수하는 것만이 목표다. 그 대신 부모와 전문가들은 자폐가 있는 아이와 통제력을 공유하고 아이에게 힘과 필요한 도움을 줘야 한다. 그래야 아이는 존중받는다고 느끼고 독립적인 자아를 형성할 수 있다. 자폐가 있는 사람에게 여러 상황을 통제하게 하는 것은 자립심과 자기만족, 독자적인 결정력을 느끼게 할 수 있는 좋은 기회가 된다. 이 모든 것은 강한 목적의식과 정체성의 재료가 된다.

• 유머 감각을 가지고 대처한다

그들은 모든 것을 너무 심각하게 보지 않는다. 자폐가 있는 사람과 그 가족들의 삶은 안 그래도 고단하다. 거기에다 가끔은 전문가나 교육자, 친척들까지 힘든 상황을 부정적인 쪽으로 몰아가며 더욱 지치게 할 때도 많다. 그럴 때는 오히려 그 사람이 처한 상황, 말과 행동들을 건강한 시각으로 바라보며 유머 감각을 가지고 대하는 것이 큰 도움이 된다. 물론 바람직한 유머여야 한다. 적재적소의 유머를 통해 상황을 가볍게 만드는 것은 어려운 상황에서 감정을 밝게 해주고 분위기를 끌어올린다.

• 신뢰할 수 있다

그들은 긍정적인 관계를 믿고 신뢰를 쌓는 것에 중점을 둔다. 어떤 관계든, 신뢰를 쌓는 가장 좋은 방법은 상대방의 말을 잘 듣고 올바로 이해하는 것, 그리고 상대방의 바람과 욕구에 다른 의미를 두지 않고 있는 그대로 존중하는 것이다. 전문가들은 처음부터 신뢰를 쌓는 것이 얼마나 중요한지 잊을 때가 많다. 그리고 한참 뒤에야 관계를 보완하기 위해 애를 먹는다. 그래서 자폐가 있는 사람의 말을 경청하고 존중해야 하며 무엇이 가장 좋을지 자신의 생각을 고집하는 대신 당사자, 가족과 협력하는 관계가 되어야 한다.

• 상황에 맞게 대처한다

그들은 개인의 욕구가 반영되지 않은 안건이나 미리 정해진 프로그램, 계획 등에 집착하지 않고 상황에 맞게 대처한다. 치료사들 중에는 자기가 돕고 안내해줘야 할 사람보다 자신이 정한 프로그램에 더 관심을 쏟는 사람들이 너무 많다. 어떤 프로그램은 반응이나 결과까지 미리 정해져 있어서 오히려 전문가들(부모조차)이 아이의 감정 상태를 파악하고 행동에 숨은 의도를 이해할 생각조차 못하게 만들기도 한다. 전문가들이 일하는 것을 보면 그들이 자폐가 있는 사람들에게 반응하기 위해서 한 선택에 동의할 수 없고 이해가 안 될 때도 많다. 문제를 제기하면 그들은 이렇게 말한다.

"저도 선생님 생각과 같아요. 하지만 이 계획은 그대로 진행할 예정입니다."

계획은 사람에 따라 탄력적으로 실행되어야 한다. A안이 효과가 없으면 B안으로 넘어가야 할 때다. 모든 사람에게 효과가 있는 치료법은 없으며, 맞지 않는 방식을 고집하는 것은 잘못이다. 전문가가 아이를 존중하지 않거나 도움이 될 것 같지 않은 계획을 실행하도록 요구하면 부모에게 큰 스트레스가 될 수 있다. 아이를 돌봐주는 사람이 자신의 말을 듣지 않는다고 느낄 때 특히 그렇다. '계획'은 아이나 가족들에게 가장 도움이 되는 방법이 무엇인지 그들의 직관을 무시하도록 만든다. 결과적으로 전문가는 신뢰를 잃게 될 것이다.

· 자폐가 있는 사람들에게 배우려 한다

꼭 필요한 것을 갖춘 사람들은 자폐가 있는 사람들이 주는 통찰과 가르침을 발견하고 소중히 여긴다. 최근 몇 년간 이들의 기여와 통찰은 교육과 치료, 자폐가 있는 이들에 대한 지원에 극적인 동기부여가 되었고 무엇이 진정한 진보인지 재정의하는 기회를 주었다.

그들의 삶을 기반으로 자폐에 관한 잘못된 신화가 깨졌으며 자폐가 있는 사람들을 이해하고 지원할 가장 효과적이며 정중한 방식에 대해 매우 유용한 방향을 알게 되었다.

⁑ 아이에게 도움을 주는 사람들의 다양한 사례 ⁑

이 분야에서 50년이 넘도록 일해 왔지만 나는 정식 교육을 받지 않은 사람들에게서 많은 것을 배운다. 그들은 바로 '꼭 필요한 것'을 갖춘 사람이다. 가끔은 아주 작은 것이 큰 차이를 만들 때가 있다.

사례 **혼내는 대신 오렌지를 나눠 먹은 교장 선생님**

7학년인 카를로스는 전학 온 지 얼마 되지도 않아서 교실에서 이미 몇 차례 폭발한 적이 있었다. 선생님들은 아이가 매우 공격적이며 예측이 불가능하다고 했지만 단 한 사람, 교장 선생님은 아이와 신뢰하는 관계가 되었다.

학교를 방문했을 때 나는 교장 선생님에게 어떻게 카를로스와 가까워질 수 있었는지 물었다. 그녀는 카를로스가 교실에서 격하게 흥분한 일이 있었던 날 아이를 교장실로 불렀다고 했다. 그리고 아이를 혼내거나 벌을 주는 대신 다른 것을 했다. 같이 오렌지를 나눠 먹은 것이었다. 아이가 무척 좋아하자 선생님은 앞으로 규칙을 잘 지키고 스스로 바르게 행동하면 자주 초대하겠다고 약속했다. 또한 선생님은 교실에서 카를로스를 지켜보며 자신의 카를로스의 성취에 얼마나 애를 썼는지 볼 수 있게 해줬으며 젊은 선생님에게도 도움이 될 제안을 해주었다. 두 사람에게 새로운 일상이 생겼다. 나는 어떻게 하느냐고 물었다.

"간단해요. 나란히 앉아서 오렌지 껍질을 벗기고, 같이 맛있게 먹는 거죠."

교장 선생님은 또 다른 어른이 나서서 아이의 행동을 꾸짖거나 진정하라고 명령하는 것은 아무 도움도 안 된다는 것을 알고 있었다. 카를로스에게 필요한 것은, 학교에서 힘들 때 의지할 수 있도록 믿을 수 있는 사람과 탄탄한 관계를 맺는 것이었다. 그녀는 행동으로 카를로스가 학교생활을 잘할 수 있기를 바란다는 것과 카를로스를 믿는다는 것을 전했다.

오렌지 껍질 벗기는 것처럼 소소한 일상이 깊은 유대 관계, 그리고 성장의 바탕이 되는 경우는 많다. 자폐를 가진 사람들이 맺는 의미 있는 관계는 다른 평범한 사람들이 맺는 관계와 다르다. '꼭 필요한 것'을 갖춘 사람은 이 점을 잘 안다.

사례 야옹 소리로 그림을 그리게 한 화가

유능한 화가인 데니스 멜루치는 어릴 때 자폐가 있던 저스틴 카나를 도와 함께 일했다. 저스틴이 그림에 뛰어난 소질을 보이자, 그의 부모는 데니스에게 아들을 지도해 줄 수 있는지 물었다. 그녀는 자폐에 대해 정식 교육을 받지도 않았고 자폐가 있는 아이를 가르쳐 본 적도 없었지만 그 제안을 기꺼이 수락했고 열정적으로 일했다.

그의 재능을 알아본 데니스는 저스틴의 그림 영역을 확장시키고 싶었고, 자기만의 창의적인 그림을 그리며 기쁨을 느끼길 바랐다. 그러나 처음에 저스틴은 완강하게 거부했다. 저스틴은 계속 미키 마우스, 호머 심슨, 밤비 같은 만화 캐릭터만 그리겠다고 고집하며 다른 것을 그려 보라는 데니스의 말을 듣지 않았다. 그녀는 어떻게 저스틴을 설득해서 만화가 아닌 다른 것들도 그리게 했을까?

답은 바로 '야옹' 소리였다. 저스틴은 만화 캐릭터만큼이나 동물들을 좋아했다. 그래서 주기적으로 동물원에 갔고 길을 가다가도 개나 고양이를 보면 반가워서 어쩔 줄 몰라 했다. 데니스는 그런 저스틴을 자극하기 위해 한 가지 제안을 했다. 저스틴이 풍경이나 정물 등 만화 캐릭터가 아닌 것을 그릴 때마다 고양이처럼 야옹 소리를 내주겠다고 말이다. 그녀의 전략은 적중했다. 참신한 제안은 저스틴을 새로운 표현의 세계로 이끌어 주었을 뿐 아니라 재미까지 더해 주었다. 그리고 가장 중요한 것은 그런 작은 노력을 바탕으로 선생과 제자 사이에 탄탄한 신뢰 관계가 만들어졌다는 것이다.

야옹 소리는 사실 별것 아닐 수 있다. 하지만 제자의 동기를 자극하기 위해 탄력적이고 창의적인 사고를 한 데니스의 노력은 큰 의미가 있었다. 다른 선생님 같으면 아이가 싫어해도 계속 시키고 과자 같은 것으로 유도하거나 포기했을지도 모른다. 하지만 그녀는 저스틴의 열정에 기반을 둔 상상력을 발휘해 힘든 상황을 헤쳐 나갔다.

6학년인 조슈아도 창의적인 생각 덕분에 큰 도움을 받았다. 체육 선생님이 아이를 수업에 참여시키기 위해 기발한 생각을 한 것이다. 조슈아가 열정을 갖고 있는 대상은 미국의 역대 대통령이었다. 어릴 때부터 대통령들을 줄줄 외웠고, 요즘은 인터넷과 책을 보며 백악관의 여러 주인들에 대해 갖가지 정보들을 쌓고 암기했다.

체육 선생님은 체육 활동과 대통령을 연결하는 창의적인 방법을 생각해 냈다. 큰 키로 유명했던 링컨은 스트레칭, 어릴 때 체리나무를 도끼로 베어 버린 조지 워싱턴은 팔 휘두르기, 농구를 즐겨 하는 오바마 대통령은 슛을 쏠 때처럼 제자리에서 높이 뛰는 동작에 연결하는 식이었다.

체육 선생님은 무조건 강요하는 대신, 아이가 관심 있어 하는 분야를 활용해 동기를 자극할 수 있는 방법을 찾았다. 그 결과 조슈아뿐 아니라 다른 아이들도 모두 재미있어하며 열심히 참여했다. 또 선생님은 그날 하고 싶은 활동을 조슈아에게 자주 결정하게 했다. 그녀는 아이를 자극할 수 있는 것에 관심을 기울이고 창의성과 융통성을 발휘함으로써 성과를 거두었다. 체육 활동에 흥미를 불러일으켰고, 그날 할 활동을 주도하게 해서 계속 관심을 유지시켰으며, 같은 반 아이들과도 가까워지게 해주었다.

선생님들이 이런 획기적인 방법에 도전하지 않는 것은 꼭 창의성이 부족해서만은 아니다. 그보다 정규 교육 과정에 어긋나는 수업 내용을 윗사람들이 싫어할까봐 걱정하기 때문인 경우가 많다. 학교 전체 분위기를 좌우하고 모든 교직원의 우선순위를 결정하는 것은 대부분 교장 선생님이다. 그래서 교장 선생님이 '꼭 필요한 것'을 갖춘 사람이라면 자폐가 있는 학생들에게 큰 변화를 만들어 줄 수 있다.

사례 둥근 고무판을 이용해 충동을 조절시킨 치료사

니나는 작은 1학년 아이였다. 니나의 엄마는 딸에게 꽃무늬가 있는 밝은 색 옷들을 즐겨 입혔다. 유치원에 있을 때 니나는 끊임없이 몸을 움직였는데 늘 바닥을 굴러다니거나 탁자 밑을 기어 다니곤 했다. 1학년이 되면서 많이 좋아지긴 했지만 충동을 조절하거나 자기 몸을 인식하는 것에는 여전히 문제가 있었다. 반 아이들이 아침 인사를 위해 모두 카펫 위에 모여 앉아 있으면 니나도 같이하고 싶어 했다. 하지만 정해진 자리에 앉지 않고 무리 가운데로 파고들어 아무 데나 끼어 앉았다.

그런 니나가 신체를 제어할 수 있도록 치료사는 작고 둥근 고무판을 사용했다. 지름이 30센티미터 정도 되는 다채로운 색깔의 둥근 판이었다. 아이들이 수업을 하기 위해 카펫 위에 앉아 있으면 선생님은 니나가 앉을 자리를 정해 주고 그곳에 판을 놓았다. 간단한 방법이었지만 니나는 그 판 덕분에 충동을 억누르고 움직임을 조절했으며 자기가 어떻게 행동해야 하는지 알게 되었다.

조슈아의 반 친구들이 모두 대통령 체조를 좋아하게 된 것처럼 니나의 반 아이들도 자기만의 원판을 갖고 싶어 했다. 그래서 선생님은 아이들 모두에게 각기 다른 색깔의 예쁜 판을 만들어 주고 일일이 번호도 적어 주었다. 니나를 위해 만든 것이 모두를 위한 평범한 물건이 된 것이다. 이제 니나만 원판을 가진 아이가 아니었다. 니나는 원판을 가진 여러 아이들 중 한 명일뿐이었다.

사례 학생에게 필요한 지원을 성실히 제공한 교장 선생님

문제가 생긴 것은 수업 때문에 교실을 이동해야 할 때였다. 특히 음악 선생

님은 늘 자기 식대로 아이들의 자리를 배치했고, 자리가 바뀌는 것을 싫어했다. 니나는 원판에 앉아서 수업을 들어야 하는 아이라고 치료사가 양해를 구했지만 음악 선생님은 특별 취급은 할 수 없다며 받아들이지 않았다. 그리고 자기 몸을 자각하고 충동을 조절하는 데 문제가 있는 아이라 해도 자리에 앉아 있는 법을 배워야 한다고 했다.

당연히 니나는 도움 없이 가만히 앉아 있지 못했다. 아이들이 모여 앉아 수업을 받고 있을 때 니나는 바닥을 굴러다니다가 어색하게 아이들 틈에 끼어들었고 순식간에 교실은 아수라장이 되었다.

니나를 위해 꾸려진 전문가 팀의 회의에서 이 문제가 언급되었다. 그 판 때문에 니나가 자기 몸을 추스르고 앉아야 할 자리를 알게 된다면 도움이 된다는 것에 모두 동의했다. 팀원들은 니나가 반 친구들처럼 일어설 수 있을 때 환한 미소를 지으며 자랑스러워 보였다고 말했다.

드디어 교장 선생님이 입을 열었다. "이 판이 효과가 있는 게 확실합니까?" 모두가 그렇다고 대답했다. 그러자 그는 주먹으로 탁자를 몇 차례 두드리더니 이렇게 말했다.

"니나에게 좋은 방법이라면, 학교 구성원 모두가 존중하고 따라야 합니다."

하지만 몇몇 사람들은 음악 선생님이 협조를 할지 모르겠다며 의심을 표했다.

"이건 선생이 아니라 학교 차원에서 내린 결정입니다. 우리는 학생들에게 필요한 지원을 성실히 제공할 의무가 있습니다."

교장 선생님은 '꼭 필요한 것'을 갖춘 사람이었다. 또 장애가 있는 아이들에게는 늘 관심을 기울이면서 창의적이고 탄력적인 자세로 다가가야 한다는 것도 잘 알고 있었다. 교장 선생님이 확실한 입장을 취해 주면 나나 같은 아이들에게 많은 도움이 될 뿐 아니라 그런 아이들을 위해 헌신하는 많은 교사와 치료사들도 자신이 존중과 인정을 받고 있음을 느낀다. 자기 뒤에 든든한 지원군이 있다는 것을 알면, 이들은 자신감을 얻어 아이들을 위한 가장 좋은 방법을 찾기 위해 더욱 힘을 내서 노력한다. 아무리 이상해 보이는 방법이라도 신경 쓰지 않는다.

'꼭 필요한 것'을 갖춘 교장 선생님이나 리더들은 장애가 있는 아이들과 그 가족들이 늘 환영받는 기분을 느껴야 하고 이것이 자기 책임이라고 생각한다. 학생은 물론 가족들과도 자주 소통하며 곤란한 일이나 문제가 생기면 창의적이고 올바른 해결법을 찾으려고 노력한다. 그 역시 자신의 책임이라고 생각하기 때문이다. 그래서 그런 리더가 있으면 서로를 배려하는 따스한 분위기가 만들어지고 직원들도 그 사람을 존중하며 충성심을 느끼게 된다.

사례 가정 방문을 통해 부모에게 도움을 준 특수 교육 지도사

일부 학군, 특히 규모가 좀 작은 학군에는 특수 교육 지도사가 있어서 처음부터 협조적인 분위기를 만들어 가족들을 돕는다. 스테이시는 코네티컷 지역의 특수 교육 지도사다. 그녀는 조기 중재 프로그램에 다니는 유아를 둔 지역의 특수 교육 프로그램에 등록하게 될 가족들과 처음 접촉하는 일을 도맡아 했다. 그녀는 가정을 방문해서 가족들의 걱정에 귀를 기울이고 학교에서 제공할 수 있는 여러 가지를 알려 주었다.

다른 학군에서 일하는 스테이시의 동료들은 그런 개인적인 방문이 잘하는 일인지 모르겠다며 안 그래도 바쁜데 집까지 찾아다니느라 너무 고

생하는 것은 아닌지 회의적이었다. 하지만 스테이시는 입학을 앞두고 있을 때 부모와 아이가 얼마나 불안해지는지 잘 알고 있었다. 또 자신의 가장 중요한 역할 중 하나는 가족과 믿을 수 있는 관계를 맺는 것이라는 것도 잘 알았다. 아이를 학교에 처음 보낼 때부터 그런 따스한 분위기가 마련되면 앞으로도 계속 탄탄한 관계를 유지할 수 있게 된다.

린다는 내가 상담을 맡고 있는 지역 내 다른 학군의 특수 교육 지도사였다. 그녀는 자기 구역 내의 한 가정에 세 살이 다 되어 가는 쌍둥이 모두 자폐스펙트럼장애가 있다는 것을 알게 되었다. 스테이시를 통해 깨달은 것이 있던 나는 같이 가서 부모와 쌍둥이 자매를 만나 보자고 했다.

가족은 어수선한 트레일러에 살고 있었다. 나와 린다는 바닥에 앉아 자매와 놀아 주면서 부모의 질문에 성심껏 답해 주었다. 아이들의 부모는 자폐에 대해 아는 것이 거의 없고 학교에서 받을 수 있는 지원에 대해서도 잘 모르고 있었다. 린다는 그들을 위해 한 시간 반이 넘도록 대화하며 안심시켜 주었다.

차를 타고 돌아오면서 나는 린다의 얼굴에 만족스러운 미소가 번지며 눈물이 고이는 것을 봤다. "아주 옳은 일을 한 기분이에요. 우리가 무척 자랑스럽게 느껴지는데요."

짧은 방문으로 린다는 이 지역의 학군은 아이의 장애 때문에 힘들어하는 가족들을 환영하며 그들에게 언제나 열려 있다는 뜻을 전할 수 있었다. 그리고 불안과 걱정에 늘 위축되어 있는 부모들과 신뢰의 싹을 틔웠다.

사례 **자폐 아이들과 편안하게 수업하는 음악 선생님**

꼭 자폐와 관련된 분야를 전공하고 특수 교육을 받아야만 그 아이들이 겪는 문제와 강점, 필요로 하는 것들을 이해할 수 있는 것은 아니다. 나는 버지니아의 한 초등학교를 방문했을 때 음악 선생님이 놀라운 능력을 발휘하는 것을 봤다. 평범한 스무 명의 아이들 속에 자폐가 있는 세 아이를 섞어 아무 탈 없이 매끄럽게 수업을 진행한 것이다.

그중 한 아이는 8살이었는데 오페라 〈아이다〉에 나오는 노래의 한 부분을 이탈리아어로 불렀다. 아이는 절대 음감을 타고났으며, 거의 모든 악보를 외우는 능력이 있다고 나중에 선생님이 말해 주었다. 다른 한 아이는 반 아이들이 합창할 때 피아노를 연주했다. 선생님이 계이름 읽는 법을 가르치며 스마트 보드로 생동감 있는 악보를 보여 줄 때는 자폐가 있는 세 아이들도 다른 아이들처럼 열심히 듣고 재미있어하며 집중하는 모습을 보였다.

나중에 비결이 뭐냐고 묻자 그는 아이들이 가진 장점과 재능을 찾고 드러내주기 위해 늘 애쓴다고 했다. 자폐가 있는 아이들에게도 마찬가지였다. "이 아이들에게는 어려움이 많습니다. 저는 다 같이 참여하고 서로의 능력을 인정하지 않으면 수업을 하지 않아요."

사례 **쿠키를 만들며 수업하는 언어재활사**

획기적인 방법으로 아이들의 동기를 자극하며 참여를 유도하는 선생님들도 있다. 케이프 코드의 한 중학교에서 나는 한 언어재활사가 신경 발달 장애로 특수 교육을 받는 아이들과 초콜릿칩 쿠키를 만들며 수업을 진행하는 것을 지켜봤다.

아이들이 쿠키를 다 만들어 접시에 나눠 담자 치료사는 기대에 찬 목소리로 이렇게 말했다. "좋아, 이제 수업을 마저 해야지?"

아이들은 쿠키 접시를 들고 다 같이 복도로 나갔다. 그리고 다른 반 교실과 교사용 휴게실, 여러 사무실들의 문을 두드린 다음 나온 사람과 반갑게 인사하고 대화를 나누었다.

"우리 반에 온 걸 환영해! 오늘은 어떤 쿠키를 가지고 왔니?"

"오늘은 초콜릿 칩이 들어간 쿠키를 만들었어요."

"몇 개나 가져왔는데?"

이 학교에서는 특수 교육을 받는 학생들이 이처럼 주도적인 역할을 하며 선생님이나 다른 아이들과 대화를 하고 뭔가를 나누는 기회가 주기적으로 있는 것 같았다. 쿠키를 싫어할 사람이 어디 있겠는가?

사례 매개체를 통해 자연스럽게 사회성 기르기

다이앤은 장애가 있는 중학생들에게 기능 교육을 한다. 기능 교육은 읽기와 계산 능력을 향상시켜서 실생활에 활용할 수 있도록 한다. 그녀는 아이들이 사회적 상호작용을 자연스럽게 할 수 있는 방법도 연구했다. 그래서 아이들과 함께 교내에 매점을 열고 교직원과 다른 학생들에게 간식과 음료수를 팔기로 했다.

간단한 생각이었지만 이 방법은 자폐가 있는 학생들이 많은 시간을 보내는 곳에 다른 학생들을 끌어들이는 마술 같은 효과를 발휘했다. 다이앤은 사회성 향상을 목표로 하는 정식 교육 과정이나 설정된 상호작용에 의존하지 않았다. 대신 교내 매점을 통해 아이들이 자연스럽게 평범한 아이들과 어울리게 하고 이 과정에서 사회성을 키울 수 있게 했다.

덕분에 심한 장애가 있는 아이들도 학교를 위해 봉사할 기회를 갖게 되었고 보통 학생들이 다이앤이 맡고 있는 학생들과 억지로라도 교류를 해야 한다는 부담감도 없어졌다. 학생들은 스스로 찾아와 간식을 사먹으며 여러 가지 게임도 했다. 그녀의 창의적인 노력으로 모든 학생이 가까워졌고, 공동체 의식을 갖게 되었다.

고등학생인 펠리페가 튼튼하고 열정적이며 에너지 넘치는 학생이라는 것을 알고 있던 체육 선생님은 펠리페가 농구 응원 동아리에서 활동하면 정말 잘할 거라고 의견을 냈다. 동아리의 감독 선생님은 흔쾌히 응했고 펠리페와 가족들도 마찬가지였다. 펠리페는 동아리에서 관객들이 가장 좋아하는 소중한 멤버가 되었으며, 붐비는 체육관에서 동료 치어리더들의 전폭적인 지지를 받아 응원을 이끄는 데 도움이 되었다. 그는 부족했던 부분을 빛나는 미소와 열정으로 만회했다. 다행히도 펠리페의 학교는 '말로만' 포용을 외치는 게 아니라 진심어린 행동으로 보여주었다.

이 상황들의 공통점은 포용의 기회를 만드는 것이 중요할뿐더러 이것이 첫 단계에 불과하다는 것이다. 내 친구이자 동료인 셸리 크리스텐젠은 우리는 어떤 한 사람이 사회의 구성원으로서 가치 있다고 느끼도록 포용을 넘는 소속감을 만들 수 있어야 한다고 말했다.

⋛ 아이와 잘 소통하지 못하는 사람들의 특징 ⋚

'꼭 필요한 것'을 가진 선생님이나 치료사는 아이와 학교를 위해 긍정적인 변화를 이끌어 내지만 그렇지 못한 사람은 상황을 더욱 악화시킨다. 학교 선생님, 치료사, 이웃 사람, 동네 약국 직원 등 어디서든 만날 수 있는 타입이다. 안타깝게도 무지하고 완고하고 융통성이 없는 학교 직원이나 교사, 치료사들이 어려운 상황을 해결하기는커녕 더 큰 문제를 일으키는 경우를 많이 봤다.

· 표준화된 방식으로만 판단한다

전문가들은 각 단계를 거치며 성장하는 아이의 강점과 욕구를 이해하면서, 발달에 따라 순차적으로 접근하는 것이 바람직하다. 이 방식이 훨씬 가치 있고 중요한데도 일부 전문가들은 아이를 결점의 집합체로만 여긴다. 이것은 앞서 언급한 1983년 만들어진 '결점 체크리스트' 접근법이다. 하지 말아야 할 것들만 죽 정해 주는 것은 자기 앞에 있는 사람을 완전체로 생각하지 않고 다른 아이와 비교하거나 표준화된 방식으로만 판단하는 것이다. 그렇게 개인의 독특한 개성을 이해할 기회를 잃어버리고 무시하게 된다.

대부분의 경우 아이와 가족을 가장 잘 아는 사람은 부모나 돌보는 사람이다. 또 자폐를 진단받고 당사자의 요구에 맞추는 것은 공동 작업 과정이 필요하기 때문에 부모나 아이를 잘 아는 사람들도 반드시 포함해야 한다. 전문가들은 부모와 소통하면서 자신이 관찰한 내용의 중요함과 타당성을 부모에게 알려야 한다. 그리고 결과만 통보하기보다는 자신이 관찰하여 결론내린 것들을 부모나 돌보는 사람들에게 확인시키고 바르게 잡아 함께 합의에 이르러야 한다.

이제 자폐스펙트럼장애가 있는 많은 사람들이 청소년이나 성인이 될 때까지 진단이 내려지지 않거나 다른 병으로 오인될 수 있다는 사실이 인식되고 있다. 나중에 진단 받은 경우 이들은 진단과 평가 과정에서 적극적인 역할을 해야 한다. 정확한 진단을 위해 자가 진단 후에 자신이 증상을 말하는 경우도 많다. 그리고 조기 진단과 마찬가지로, 장애가 아닌 상대적인 강점과 효과적인 것, 그리고 그 방법이 당사자에게 잘 맞는지에 중점을 두어야 한다.

진단을 내릴 때 많은 전문가들이 저지르는 가장 흔한 잘못 중 하나는 모든 것이 처음인 부모나 돌보는 사람들에게 병명을 분류해서 알리기만 하고 부정적 측면만 부각하며 그 이상은 아무것도 하지 않는 것이다. 매우 무책임하고 무신경한 행동이다. 전문가라면 아이가 가진 상대적인 장점, 특히 당사자의 미래에 중요한 역할을 할 수도 있는 점들을 찾기 위해 노력해야 한다. 그래야 진단은 시작일 뿐, 앞으로 긴 여정이 기다리고 있다는 사실을 부모나 중요한 주변인들이 이해하게 된다. 내 생각에 진단을 받고 나면 어떤 부모는 아이에 대한 혼란스러움이나 불확실성에서 어느 정도 벗어나게 되어 확실히 홀가분해한다.

십 대나 성인이 되어 늦게 받은 진단도 수년 간 많은 스트레스를 주었던 문제에 통찰을 주고, 빠르게 성장 중이며 필수적인 지원 요소가 된 자폐인 커뮤니티와 연결되는 데 도움이 될 수 있다(사실을 드러내는 것에 관한 이야기는 11장 '자폐, 하나의 정체성으로 이해하기' 참고).

하지만 중요한 것은 아이에게 내려진 병명이 무엇인지가 아니라, 이제부터 어떻게 해야 할 최대한 좋은 미래를 위해 아이에게 어떤 것들을 해줘야 할지 나이가 많은 자폐인들에게 그동안 과연 도움이 되어 왔는지 생각하는 것이다.

아이의 진단명을 들은 부모가 궁금한 것 중 하나가 바로 장기적인 예후다. 답은 이렇다. 가장 중요한 것은 현재의 아이 모습이 어떤지가 아니라, 시간을 거치며 앞으로 아이가 보이게 될 성장 궤도다. 다시 말하면 아이가 성장하는 모습을 통해 아이가 가진 잠재력을 알 수 있다는 뜻이다.

아이에게 제때 올바른 도움을 주는 것은 우리가 해야 할 일이자 의무다. 올바른 사람을 선택하는 것도 물론 중요하다. 필요 이상으로 겁을 주는 전문가들도 있다. 하지만 인간의 능력에 한계는 없다. 자폐가 있든 없든 모든 사람에게 발달은 평생 계속되는 과정이다.

· 아이보다 계획을 더 중시한다

유치원 때부터 알고 지냈던 한 아이의 부모가 몇 년 뒤 자기 아들이 다니는 사설 자폐 학교를 방문해 달라고 부탁했다. 열두 살, 이제 막 중학생이 된 알렉스는 키만 멀쑥하게 큰 깡마른 아이였고 심각한 말운동장애motor speech disorder, 즉 다른 사람이 알아듣도록 발음하는 데 필요한 소근육 기능에 문제가 있어서 말을 거의 하지 않았다. 감각도 극도로 예민해서 몇 가지 소음들은 견디기 힘들어했다. 자라면서 알렉스는 자해를 하기 시작했고 결국 안전을 위해 헬멧을 쓰고 다녀야 했다.

학교를 방문 중일 때 한 직원이 알렉스에게 이제 교실에서 나가 체육관으로 가야 할 시간이라고 말했다. 그 말을 들은 알렉스의 얼굴에 불안과 두려움이 스쳤다. 선생님은 알렉스가 체육관처럼 시끄럽고 혼잡한 곳에 있는 걸 견디기 힘들어한다고 했지만, 건장한 체격의 젊은 직원은 단호하게 뜻을 굽히지 않았다.

"그래도 안 됩니다."

그는 알렉스를 옆구리에 끼고 질질 끌듯 계단을 올라갔고 나는 바로 뒤에서 그들을 따라갔다. 6년 만에 다시 만난 알렉스는 도움을 청하듯 간절한 눈빛으로 손을 뻗어 내 셔츠를 잡았다. 직원은 체육관까지 알렉스를 끌고 가서 매트 위에 내팽개쳤다. 마치 누가 위인지 보여 주려는 것 같았다.

"여기서는 지시에 따르지 않을 때 이렇게 합니다." 그가 말했다.

알렉스는 무척 놀랐지만 다치지는 않았다. 나는 방문객이자 손님일 뿐이었고 또 순식간에 일어난 일이라 아무것도 하지 못한 채 그대로 서 있었다. 하지만 마음이 너무도 아팠으며 무언가 행동을 취할 필요가 있다는 걸 알았다. 나는 부모와 다른 직원에게 내가 목격한 학대를 알렸다.

그날 일은 지금도 나의 뇌리에서 떠나지 않는다. 아이가 신체와 정신적으로 고통스러워 하는 곳에 강제로 있게 하는 것이 어떤 도움이 될까? 안타깝게도 이 일은 단순한 사건이 아니라 아이를 강압적으로 통제하려다 생긴 극단적인 결과다. 그 직원은 자기 앞에 있는 아이에 대해 아무것도 몰랐고 자신이 아이에게 어떤 피해를 주고 있는지도 알지 못했다.

· 아이의 잠재력 대신 평판에만 치중한다

새로 전학 온 학생이 있으면 교사와 치료사들은 아이에 대해 이것저것 알아보면서 전에 어떤 문제가 있었는지 파악한다. 그러다 과거를 바탕으로 현재의 모습을 단정하게 되면 문제가 생긴다. 아이에 대해 잘못 알려진 것들이 있을 수 있기 때문이다.

내가 아는 한 여학생은 너무 흥분해서 치료사들에게 달려든 적이 있었다. 그날 이후 새로 온 치료사들도 아이를 경계하는 듯했고 마치 공격 행동을 하길 바라는 것처럼 대했다. 그러나 평소 아이를 가장 잘 도와주었던 보조 교사는 그런 말들을 무시한 채 여전히 아이를 존중했고 깊은 관심을 가졌으며 잘하리라는 기대를 버리지 않았다.

내 멘토 중 한 분인 데이비드 루터먼의 말처럼 사람은 기대를 따르게 되어 있다. 아이들에게는 장애를 가리키는 병명이나 특정한 행동을 했던 내력, 평판 등 딸려 있는 것들이 많다. 당사자의 내력을 아는 것이 도움이 될 수도 있지만 새롭고 긍정적인 방법으로 능력을 키우고 성장하려는 사람들에게 방해가 되어서는 안 된다.

· 아이를 도와주기보다 통제하려 한다

아이에게 보조 교사나 전문 보조원이 새로 배정되면 우리는 그 사람이 교육을 잘 받고 아이가 원하는 것을 세심하게 알아차리고 필요한 도움과 안내를 해주고 상황에 따라 적당한 거리를 둘 줄 아는 사람이길 바란다. 전문 보조원들은 대부분 자기가 맡은 역할을 훌륭히 수행하지만 올바른 교육을 받지 못한 사람은 특히 팀으로 일할 때 문제를 일으킬 수 있다.

앨런의 보조 교사는 말할 때 늘 아이 앞에 얼굴을 바짝 붙였고 신체적으로 놀라게 하는 일이 많았다. 그래서 앨런은 그녀가 가까이 오는 것만으로도 조절장애를 일으킬 지경이었다. 시간이 지날수록 앨런의 불안증은 더욱 심해졌는데 주로 보조 교사의 행동 때문이었다.

교직원들 중에는 아이와 얼굴을 가까이 하거나 신체 과한 신체 접촉을 하는 사람들이 몇몇 있다. 정서 발달에 효과적이며 아이에게 긍정적인 영향을 준다고 잘못 생각하는 것이다. 하지만 자폐가 있는 사람들은 쉽게 불안해하며 감각상의 문제도 있어서 그런 행동을 하면 무서워하고 겁을 먹는다. 오히려 상태가 더 나빠지기도 한다.

이들은 진짜 의도를 알아차리지 못한다. 그래서 적극적으로 돕기 위한 것이라고 생각하지 못하고 자꾸 얼굴을 가까이 대서 놀라게 하는 사람으로만 간주한다.

앨런의 보조 교사는 아이에게 자꾸 무언가를 강요하는 실수도 저질렀다. 아이가 보내는 신호는 외면한 채 규칙을 지키는 것에만 관심을 두고 무엇을 해야 할지 끊임없이 떠들었다. 그런 행동은 아이를 존중하지 않는 것이며 반항심과 불안감을 초래할 수도 있다.

• 부모의 바람은 염두에 두지 않는다

몇 년간 지켜봤던 7학년 조시의 IEP(개별화 교육 프로그램)를 위한 회의가 얼마 남지 않았을 때였다. 조시는 영리하고 의사소통 능력도 좋았지만 선생님과 치료사들은 아이의 성적이 부진하고 심각한 문제도 있다고 했다. 아이는 평범한 아이들과 같은 반에서 공부했는데, 이제는 일반 수준의 과목을 공부하느라 힘들어하지 말고 기능적인 학업 기술에 집중해야 할 때라고 입을 모았다. 하지만 내가 알기로 조시의 엄마인 글로리아는 학업 성적을 매우 중시했기 때문에, 정규 과정에서 빠져야 한다는 선생님들의 의견을 받아들이기가 쉽지 않을 것 같았다.

조시를 위한 IEP 회의를 주관하는 직원을 만났을 때 나는 걱정을 드러내며, 큰 회의 말고 사적인 자리에서 먼저 글로리아를 만나 이 이야기를 꺼내는 것이 좋겠다고 했다.

"조시는 지금 아주 힘든 상태일 겁니다. 거기다 이런 말까지 들으면 자신이 실패했다고 여길 거예요." 내가 말했다.

하지만 그 직원은 효율적인 회의 운영을 자신하며 괜찮을 거라고 나를 안심시켰다. 회의 날이 되어 모두 긴 탁자에 둘러앉았다. 참석자들 중 두 사람이 연이어 아이의 성적이 너무 안 좋다며 이제는 기능적인 학업이나 생활 기술을 배우는 프로그램으로 바꿔야 한다고 말했다. 한 사람씩 보고가 끝날 때마다 희망에 차 있던 글로리아의 얼굴은 눈에 띄게 어두워졌다. 네 번째 사람이 말을 마쳤을 때 회의실 분위기는 몹시 무거웠고 글로리아는 결국 울음을 터뜨리며 뛰쳐나갔다.

회의 주관자는 아이 엄마에 대한 배려가 부족했다. 글로리아는 그래도 우리 팀이 아이를 포기하지 않을 것이며 교육 프로그램만 적당한 선에서 조절할 거라는 이야기를 듣고 싶어 했지만, 담당 직원은 그런 것에 관심을 두는 대신 회의의 원활한 진행과 효율성만을 중시했다. 그래서 글로리아가 돌발 행동을 할 거라 예상하지 못했고, 그녀가 현재 어떤 상태인지 고려하지 못해 신뢰마저 잃고 말았다. 그리고 조시의 엄마인 글로리아는 아들의 프로그램에 관한 결정을 내릴 때 협력자로 존중받지 못했다.

업무 특성상 자폐 전문가들과 선생님들은 한 번에 여러 가족을 상대해야 할 때가 많다. 하지만 어떤 아이나 가족이든 모두 특별하고 소중하게 대해야 한다. 그들과 신뢰 관계를 맺고 함께 노력해서 최고의 효과를 내려면 부모와 아이가 가진 욕구, 희망, 꿈을 세심하게 배려하는 것이 무엇보다 중요하다.

⟩ 평가하지 않고 긴 여행에 동참해주기 ⟨

'꼭 필요한 것'의 핵심적인 요소는 겸손함이다. 1979년 내가 처음으로 대학에서 자폐를 가르쳤을 때 테리 셰퍼드는 내가 초대한 강사 중 한 명이었다. 당시 그는 서던일리노이 대학의 교수였고 그에게도 자폐가 있는 아들이 있었다. 그는 학생들에게 아들과 함께하는 삶이 매년 다르게 돌아가는 회전목마를 타고 사는 것 같다고 했다.

"여러분은 다양한 가족들과 회전목마를 타게 되겠지요. 우리 가족과도 같이 회전목마를 타다가 1, 2년 후에는 내리게 될 겁니다. 하지만 이것만은 꼭 알아주세요. 우리는 계속 그 회전목마 위에서 산다는 걸요."

자폐가 있는 사람을 도와줄 사람을 찾을 때 무엇을 가장 중요하게 여기는지 부모들에게 물었을 때도 이때와 꼭 같은 느낌을 받았다. 그때 가장 와 닿았던 대답을 한 사람은 20대의 한 젊은 엄마였다.

"우리가 가장 가치 있게 생각하는 사람은 우리를 평가하지 않으면서 우리의 여정에 동참해 주는 사람이에요."

'꼭 필요한 것'의 의미를 이보다 더 잘 설명할 수는 없을 것 같다.

8장

긍정적인 경험담에서
지혜 배우기

나는 해마다 한 주 주말을 정해 오래된 사이든 안 지 얼마 안 된 사이든 지인과 친구들을 만나는 자리를 만들어 많은 지혜를 얻는다.

이렇게 한 지도 벌써 20년이 넘었다. 아내 일레인과 나는 휴가를 맞아 올림픽 국립공원에서 하이킹을 하던 중 이렇게 시간을 내서 자연을 즐기고 일상의 스트레스에서 벗어나는 것이 얼마나 가치 있는지 이야기했다. 그러다 자폐가 있는 아이들을 키우는 부모나 가족들이 계속되는 일상의 부담에서 벗어날 기회가 거의 없을 거라는 생각에 미쳤다. 그래서 우리는 그런 기회를 제공하는 창의적인 일을 해보기로 했다.

그래서 시작하게 된 것이 자폐가 있는 아이들의 가족들을 돕기 위해 한 부모가 뉴잉글랜드에 세우고 운영하는 지역자폐협회Community Autism Resources

와 파트너십을 맺어서 열게 된 피정이었다.

그 뒤 매년 정해진 주말이 되면 60여 명의 부모가 뉴잉글랜드 피정 센터에 모인다. 그리고 집에서 겪는 부담에서 벗어나 자유롭게 대화하며 자폐가 있는 아이를 키우거나 성인들을 돌보는 것에 관한 경험을 나눈다. 즐겁고 재미있었던 일부터 좌절하고 고민했던 일까지 모두 나누다 보면 비슷한 어려움을 겪은 엄마와 아빠는 그 심정을 충분히 헤아리며 조용히 귀를 기울인다.

나는 일 때문에 세계 곳곳에서 열리는 학회에 다니고, 전국의 수많은 교실들을 돌고 많은 가정의 거실과 병원, 운동장을 찾아다니지만 가장 많은 교훈을 얻는 곳은 바로 이 모임이다. 특히 해마다 모임이 끝날 무렵에 큰 감동을 받아 눈물을 흘리기도 한다.

그때가 되면 모임에 참석한 지 오래된 사람이나 얼마 안 된 사람, 다양한 연령대의 부모들이 한자리에 모여 지난 한 해를 돌아보고 피정에 참석했던 이틀이라는 시간도 돌아본다. 피정은 일상생활의 모든 업무를 피해 성당이나 수도원 같은 곳에 가서 조용히 장시간 동안 자신을 살피며 기도하는 일이다. 마음을 열고 솔직해지고 잘 듣는 것 말고는 정해진 규칙도 없다. 어떤 부모들은 영혼을 담고 많은 부모들은 배우자와 자녀에게 사랑과 감사를 말하며, 다른 사람들이 전하는 이야기를 깊게 숙고하는 사람들도 있다.

모임에 왔던 한 아빠는 밤마다 잠이 든 아들의 얼굴에서 신의 얼굴을 본다고 했다. 어떤 엄마는 20대인 아들을 '자신이 아는 가장 훌륭한 사람'이라고 하며, 아들에게 공평한 기회를 주지 않는 고용주들 때문에 좌절했던 일을 눈물 섞인 얼굴로 털어놓았다.

아들에게 맞는 학교를 찾지 못해 고민했던 한 아빠의 이야기를 들은 것도 이 모임이었다. 그는 자기 아들이 긴 금발 머리를 한 젊은 여자만 보면 다가가서 가수 브리트니 스피어스를 닮았다고 말하는 버릇이 있다며 모두를 웃게 해주었다.

한 흑인 엄마는 자기 남편에게 시각 장애가 있고 두 딸 중 한 명은 앞이 보이지 않으며 한 명은 자폐가 있다고 했다. 그러면서 다른 백인 이웃들은 자기 가족을 이상하게 볼지 몰라도 자기가 보기에 그들은 '최고'이며 자폐가 있는 아이를 둔 모든 부모는 자기 아이를 '최고'라고 생각해야 한다고 말했다. 정말 최고이기 때문이다.

자폐가 있는 아이를 키우는 부모나 자폐가 있는 배우자와 삶을 공유하는 사람들은 의사, 교육자, 치료사, 책, 인터넷 등 여러 곳에서 필요한 정보와 조언을 듣고 용기도 얻는다. 하지만 내 경험상 가장 소중하고 유익하고 큰 힘이 되는 지혜는 이미 이 길을 걸어 본 다른 부모로부터 얻을 때가 많았다. 오랜 세월 동안 이들은 나에게 최고의 선생님이 되어 주었다. 또 그들이 전하는 메시지는 지금까지도 내 일에 큰 영향을 미치며 자폐에 대한 이해의 폭을 넓혀 주고 있다.

그들을 가장 잘 아는 사람

가족에게 자폐가 있고 그를 도울 방법을 찾아야 한다고 생각하면 미리부터 겁이 나고 혼란스럽고 두려운 기분이 드는 것이 당연하다.

사실 부모들 중에는 더 나은 자격을 갖추고 많이 아는 것처럼 보이는 사람들의 생각에 기대려는 사람들이 많다. 하지만 아이를 키워 본 부모나 어른들이 다 같이 하는 말이 있다. 그런 전문가들이 자폐에 대해 좀 더 많은 것을 알지는 몰라도, 아이나 가족에 대해서만큼은 당신이 전문가라는 것이다.

그들의 행동에 담긴 미세한 것들을 부모나 가족만큼 민감하게 느끼고 잘 알아차리는 사람은 없다. 아이의 얼굴에 서린 보일 듯 말 듯한 표정이 어떤 의미인지, 저런 울음소리나 신음 소리, 웃음소리는 무엇을 의미하는지 엄마나 아빠만큼 잘 아는 사람은 없다. 부모는 딸에게 언제 쉴 시간이 필요한지 알고, 아들이 언제 마음을 열고 대화를 나누고 싶어 하는지도 안다. 한 아빠는 밤에 아들에게 책을 읽어 주는 시간이 얼마나 소중한지 모른다며, 한 시간은 지나야 아이가 깊은 잠에 빠진다고 했다. 아이의 형제나 자매는 같이 노는 방법을 가장 잘 안다.

전문가들은 그 사람에 적응하지 못한 개인일 뿐 사실 부모나 가족들만큼 잘 알지 못한다. 그래서 전문가가 놓칠 수도 있는 아이의 중요한 변화와 문제 해결에 필요한 돌파구를 엄마와 아빠는 누구보다 잘 안다.

내가 계속 들었던 말이 있다. "의사가 우리 애가 말도 못하고 친구도 못 사귀고 직업도 없고 운전도 못하고 대학도 못 가고 제대로 자기 삶을 살 수 없을 거라고 했어요. 하지만 의사의 말이 틀렸다는 게 증명됐어요."

물론 부모나 형제자매들에게도 자신만의 어려움은 있다. 모든 부모는 아이에게 최고의 지원군이 되어 깊이 이해하며 보살피고 싶어 한다. 하지만 여러 사정 때문에 그러지 못할 때가 있다. 경제적으로 힘들거나 자신에게 문제가 있으면 아이를 키우기 몹시 어려워진다. 자녀에게 심각한 장애가 있는 경우는 더욱 그렇다. 하지만 부모가 늘 아이 곁에 있으면서 능력을 발휘하면 큰 변화를 만들 수 있다.

아동 발달을 연구하는 학자들이 늘 궁금해 하는 것이 있다. 문화권마다 아이를 양육하는 방법이 그렇게 다른데 부모들은 문화에 상관없이 어떻게 아이를 정서적으로 그토록 건강하게 키울 수 있을까?

하루 종일 집에 있으면서 아기와 얼굴을 마주하고 오랜 시간 놀아주는 엄마가 있는가 하면, 아기를 등에 업고 하루의 반을 들판에서 보내야 하는 엄마도 있다. 하지만 두 엄마가 해주는 것은 같다. 깊은 관심을 갖고 아기를 보살피는 일이다. 장난감으로 가득한 놀이방에 앉아 있는 엄마든 들판에서 일을 하는 엄마든 아기가 울거나 짜증을 부리면 즉시 반응하며 아이를 달래 준다. 아이가 초롱초롱해 보이면 부모는 그때를 놓치지 않고 뭔가를 가르치거나 여러 가지 상호작용을 한다. 문화권과 가정에 상관없이 형제자매, 조부모와 돌보는 사람들은 파트타임이든 풀타임이든 반응하며 돌봄 욕구를 맞춰줄 수 있다. 아이가 정서적으로 건강하게 자랄지 아닐지 예측할 수 있는 가장 확실한 방법은 이렇게 열렬히 반응해주는 부모나 돌보는 사람이 있느냐 없느냐 하는 것이다.

그러나 아이나 가족에게 자폐가 있으면 이런 시나리오를 따르기가 힘들다. 아이를 쉽게 파악할 수 없어서 욕구에 부응하기 어렵기 때문이다. 하지만 부모는 아이가 의사를 표현하는 것을 알아듣고 감정을 읽기 위해 누구보다 열심히 배우고 적응하며 만반의 준비를 갖춘다. 자폐에 대한 통찰, 지원, 생각, 자료, 경험, 견해 등은 전문가들도 제공해 줄 수 있다. 하지만 그런 것들은 절대 아이에 대한 부모나 돌보는 사람의 세심한 지각을 능가하거나 대체할 수 없다. 아이가 세 살이든 서른 살이든 부모가 자폐에 문외한이든 몇십 년을 겪은 사람이든 상관없다

사례 **아들의 학교 진학을 미룬 나탈리**

나탈리도 아들 케이스가 어떤 능력이 있고 어떤 어려움을 겪는지 깊은 관심을 갖고 민감하게 알아차리는 엄마였다.

나와 처음 만났을 때 케이스는 다섯 살이었고 말을 하지 않았다. 또 다른 문제로도 고통 받고 있었다. 자폐 말고도 뇌전증을 앓는데다 음식 알레르기와 위장 장애도 심각했다. 불그스레한 피부에 늘 긴장된 자세로 다니던 케이스는 가끔 심한 통증을 느끼곤 했다. 증상들을 치료하자 케이스는 말을 하기 시작했고 사회성도 조금씩 나아졌다. 초등학교 생활도 어느 정도 편안해하면서 안정을 찾았다.

케이스가 6학년이 되자 나탈리는 나에게 도움을 청했다. 중학교에 가려면 아직 몇 달이나 남았지만 그녀는 아이가 변화를 어떻게 겪어 낼지 너무 걱정이 되어 잠도 안 온다고 털어놓았다. 그녀와 남편은 아이가 같은 반 아이들처럼 상급 학교로 진학하지 않고 한 해 더 초등학교에 다니는 것이 가장 좋을 것 같다고 했다. 익숙하고 안정적인 분위기가 아이에게도 더 좋을 것이며, 선생님들도 케이스의 상태와 병력을 잘 알기 때문에 아이가 보내는 신호도 잘 읽고 필요한 도움을 제때 주기 좋다는 것이었다.

그 지역은 어떤 아이든 정해진 나이가 되면 상급 학교로 진학해야 했고 나탈리도 이 규칙을 잘 알고 있었다. 하지만 엄마만의 강력한 본능으로 자기 아들은 좀 기다렸다 가는 편이 나을 것 같다는 생각이 들었다. 케이스는 장애 정도가 심했고 건강 문제는 더 심각했다. 한동안 별다른 진전도 없었지만 지난 2년 동안은 눈에 띌 만큼 성장하는 모습을 보였다. 그런데도 군이 진학을 미뤄야 할까?

나는 그들의 생각을 믿었으며 지역 학군을 담당하는 상담사로서 부모의 입장을 대변해 주기로 결심했다. 아이의 진학을 미루는 것은 극히 드문 일이었고 케이스는 그럴 수 있는 조건에 해당되지도 않았다. 하지만 이 경우는 정책보다 아이와 부모에게 관심을 가져야 한다고 나는 주장했다.

"부모는 아이를 잘 알고 있습니다. 아이와 아이의 학교생활을 위해 모든 노력을 다하고 있고 무엇이 옳은지도 알고 있어요."

결국 특수 교육 지도사와 교장 선생님도 케이스가 초등학교에 일 년 더 다니는 것을 허가했다. 그다음 해에 케이스는 별 탈 없이 중학교에 들어갔다. 케이스의 부모는 지역 내 교육 당국을 더욱 신뢰하고 인정하게 되었으며 아들에 대한 부모의 견해가 존중받은 것에 무척 고마워했다.

아이를 위해 어떤 활동이 좋고 어떤 치료를 받아야 하고 어떤 식으로 다가가야 할지 조언을 구하는 엄마나 아빠가 많다. 나는 부모가 생각하는 것이 거의 다 옳을 거라고 말해 주지만 그럴 때 그들은 꼭 이렇게 대답한다.

"저도 그렇게 생각하는데 치료사(혹은 의사나 선생님)는 동의하지 않아요."

내가 여러 부모들과 거의 매주 나누는 대화 내용이다.

본능을 믿자.

사례 자폐 아들 두 명과 힘든 하이킹을 떠난 부부

데이비드와 수잔은 십 대인 두 아들을 키우고 있었는데 둘 다 자폐가 있고 말을 하지 않았다. 그들은 뉴잉글랜드의 아름다운 곳에 살고 있었지만 야외 활동의 매력에 빠진 것은 아이들이 자폐스펙트럼장애 진단을 받고 난 다음부터였다.

주립 공원에 가서 가족끼리 1.6킬로미터 정도 하이킹을 하면서 부부는 아이들이 그런 활동을 좋아할 뿐 아니라 하이킹이 아이들의 마음을 안정시키고 감정을 조절하는 데도 효과가 있다는 것을 알게 되었다.

아이들이 십 대 초반이었을 때 부부는 14.5킬로미터의 힘든 하이킹 계획을 세웠다. 뉴햄프셔주의 유명한 산악 코스인 프랑코니아 노치^{Franconia} ^{Notch}를 오르는 것이었다.

계획을 들은 작업 치료사는 위험하다고 말리면서 무리한 하이킹을 하기에는 두 아이 모두 신체 조건이나 체력이 부족하다고 경고했다. 거기다 아이들은 자폐가 있는 다른 많은 아이들처럼 아무 데나 돌아다니는 습성이 있었다.

하지만 부모는 치료사의 말을 뒤로하고 여행을 떠났다. 아이들은 고된 트레킹 과정을 잘 견뎌냈다. 힘든 코스를 걸으며 더욱 성장했고 바깥세상의 모든 것을 즐겼다. 신체적으로 힘든 것조차 그들에겐 즐거운 경험이었다.

수잔은 아들들이 가진 한계에 대해 너무 많이 들어서 아이들에게 어떤 능력이 있는지 거의 생각해 보지 못했다. 하지만 그녀는 자신의 본능을 따른 덕분에 아이들은 물론 가족 모두에게 새로운 가능성을 열었다.

수잔은 프랑코니아 노치에서 찍은 사진을 오랫동안 책상 위에 올려놓고 여행에서 아이들이 얻은 것들을 늘 떠올렸다.

"이건 제 기억을 떠올려 주는 어떤 장치 같은 거예요."

그녀가 말했다. "그토록 화창했던 어느 날 우리는 늘 꿈꿨던 목표를 이루었습니다. '자폐에도 불구하고'가 아니라 자폐가 있어서 해낼 수 있었던 겁니다."

이제 아이들은 청년이 되었고 가족은 매년 뉴잉글랜드의 다른 봉우리를 오르는 새로운 목표에 도전한다.

⁝ 긍정적이고 이해해주는 모임을 찾아서 ⁝

아이에게 자폐스펙트럼장애가 있다는 것을 알게 되면 부모는 당연히 세상과 동떨어져 혼자가 된 기분을 느낀다.

자주 어울리던 사람들도 바뀐다. 이웃 사람, 친구들, 심지어 친척들조차도 멀어질 때가 많다. 대개는 자폐가 있는 아이에게 무슨 말을 하고 어떻게 대해야 할지 몰라서 그렇다. 그들도 불편한 것이다. 관계를 유지하기도 힘들고 자기 아이들은 그 아이와 갈 길이 다르며 앞으로 그리게 될 궤도도 다르다. 그래서 서서히 멀어지기 시작한다.

돕고 싶어 하는 사람들도 있지만 방법을 모른다. 부모들은 이 상황이 입장이 변해서라고 말한다. 전에는 자신들의 삶에 속했던 사람들이었고 친밀한 감정을 나누었지만 새로운 현실에 대해 어떤 말을 하고 무슨 행동을 해야 할지 모르는 것이다.

아이에게 내려진 진단으로 이미 힘들고 불확실한 시간을 보내는 부모들은 변화에 더욱 고통스러워하고 어찌할 줄을 모른다. 이런 가족은 자신들을 따뜻하게 맞아 주고 이해해 주는 모임을 찾아야 한다. 모임에 속해 있으면 처지를 설명하지 않아도 되고 마음도 편해진다. 학교에 만들어져 있는 지원 단체나 종교 모임, 가까운 친구 모임 등 형태는 여러 가지일 수 있다.

나는 매년 부모들의 피정을 통해 지역 사회에서 서로를 이해하는 가족들과 친분을 맺는 것이 얼마나 중요한지 알게 되었다. 내가 다니는 회당의 랍비 한 분이 장애 아동이 있는 가정을 대신해 특별한 안식일 예배를 드리는 것을 보고 또 한 번 실감했다. 남과 다르게 보이고 다르게 행동하는 아이에게 편견을 갖지 않고 환영하며 받아 주는 곳은 어쨌든 우리가 신에게

기도를 드리는 곳 아니겠는가?

아이들을 키우며 비슷한 어려움을 겪고 돌파구를 찾았던 사람들과 대화를 나누면 금방 가까워진다. 사람들 앞에서 당황스러웠던 일, 아이가 너무 흥분해서 기절할 뻔했던 일 등 고통스러웠던 기억과 성취감을 떠올리며 서로를 위로하고 한 번씩 웃기도 한다. 학교와 친구들, 고용주들에게 실망해 혼자라고 느낄 때도 있었지만 그런 힘든 경험을 공유하기에 그들과 더욱 친밀해질 수 있었다.

우리 피정 모임에 처음 온 사람들은 이곳에 오기 전까지는 이런 중요한 관계를 놓치고 있다는 사실조차 몰랐다고 말한다. 특히 아빠들은 다른 아빠들이 말하는 것을 듣고서야 그들도 자신과 같은 기분을 느끼며 산다는 것을 알게 된다. 피정에 계속 참석하는 부모들은 서로 일 년에 한 번밖에 못 만나지만 주위에서 늘 보는 사람들보다 더욱 깊은 유대 관계를 느낀다고 말한다. 한마디로 좋은 모임을 찾는 것이 중요하다는 뜻이다.

가끔은 압박 속에서 도움을 받기보다 그저 속 시원히 마음을 털어놓고 싶어 하는 부모들도 있다. 그리고 중요하게 기억해야할 것은 자폐가 있는 사람들의 나이와 능력치는 모두 다르기 때문에 가족들이 겪는 일이 다 비슷하지는 않다는 점이다. 좋은 모임을 찾으면 그 안에서 동지애와 우정을 느낄 수 있고 불필요한 비판이나 평가 없이 따뜻한 이해, 도움을 받을 수 있다.

또 한 가지 중요한 것은 긍정적인 생각과 방식을 추구하는 사람들을 만나는 것이다. 언젠가 피정에 나오는 한 아빠가 이렇게 말한 적이 있었다. "비관적인 사람들이 모인 자리는 피해야 한다는 것을 알게 되었습니다."

그는 사람들을 만나 이해받고 싶은 마음에 자폐스펙트럼장애가 있는 아이를 둔 부모 모임에 나갔다고 했다.

"처음 갔더니 자기들이 얼마나 스트레스를 받고, 학교와 어떤 문제로 부딪치고, 아이는 뭘 못해서 무슨 치료가 필요하다는 등 다들 힘든 이야기뿐이더라고요."

부부는 힘을 얻으러 갔다가 모임이 끝난 뒤 더욱 어둡고 절망적인 기분에 휩싸였다고 했다.

한 엄마는 그런 문제를 이렇게 설명했다. "어려움에 대해서는 너무도 잘 알고 있어요. 우리가 듣고 싶은 건 긍정적인 말이에요. 우리를 기쁘게 해주는 사람들을 만나고 싶은 거죠."

지나치게 낙관적으로만 생각하거나 진실을 회피하라는 말이 아니다. 당사자의 좋은 모습과 능력을 볼 줄 아는, 그리고 도와줄 수 있는 사람을 주변에 두라는 뜻이다.

전문가들을 만날 때도 비슷한 상황을 겪을 수 있다. 일부 의사와 치료사들은 진단을 내리고 최악의 상황을 전달하는 것을 의무라고 생각해서 부모에게 아이가 어떤 것은 절대 못할 거라는 극단적인 소리까지 전부 한다. 어떤 선생님은 아무리 사소해도 아이가 잘한 것이나 기대하지 못했던 성취는 보지 못하고 아이가 일으키는 문제들만 부모에게 알린다.

이런 행동은 아이에게 부정적인 그림자를 드리울 뿐 아니라 아이를 보는 부모의 시각에도 영향을 미치며 미래의 희망을 닫아버린다. 현재의 상황을 부정적으로만 말하는 의사를 보면 나는 폴 사이먼의 〈텐더니스〉라는 노래가 생각난다.

"나에게 거짓말을 하라는 게 아니야. 그저 진실 속에 감춰진 다정한 모습만 조금 보여 주면 돼."

자폐를 오래 겪어 잘 아는 부모는 이렇게 말한다. "아이와 가족 또는 아이의 장애는 부모가 어찌 할 수 없는 것들이 많다. 하지만 누구와 시간을 보내고 어떤 전문가를 믿고 어떤 조언에 귀를 기울일지 선택할 수는 있다. 컵에 반이나 채워진 물을 볼 수 있는 능력, 정직한 모습으로 따뜻함을 보여 주는 사람을 택하는 것이 어떨까?"

한편 언젠가 화가 저스틴 카나의 엄마 마리아 테레사 카나가 우리 피정의 기금을 모으는 모임에서 완전히 몰입한 청중에게 자기 가족 이야기를 한 적이 있다.

이야기가 끝나자 여기저기서 현실적인 질문들이 쏟아졌다. '아들의 미술 선생님은 어디에서 찾았어요?' '저스틴은 어떻게 혼자 힘으로 하는 법을 배웠나요?' '인터뷰에 필요한 사회적인 기술들은 어떻게 배웠습니까? 어떻게 저스틴이 집을 떠나서 혼자 살 수 있나요?'

그때 맨 앞줄에 앉아 있던 한 엄마가 손을 들고 카나 부부가 어떻게 대중교통을 이용해 뉴저지에 있는 집에서 뉴욕까지 아들을 보낼 수 있었는지 물었다.

"무척이나 걱정이 되셨을 텐데 어떻게 이겨 내셨나요?"

마리아 테레사는 주저 없이 바로 이렇게 대답했다.

"신을 믿었습니다. 그리고 저스틴도 믿었죠."

엄마의 믿음은 현재 저스틴이 독립해서 고양이와 함께 사는 것으로 이어졌다. 저스틴이 십 대 시절에 세운 목표였다.

이 부모들은 두 가지 믿음을 갖는 것이 매우 중요하다고 말한다. 당사자에 대한 믿음, 그리고 자신보다 훨씬 큰 존재에 대한 믿음.

솔직히 젊은 시절 나는 신앙, 특히 조직화된 종교의 역할을 별로 중시하지 않았고 과학과 연구 결과를 더욱 믿는 편이었다. 받아들이지 못했기 때문이었다. 하지만 세월이 흐르고 많은 가족들을 만나면서 자폐 자체와 자폐에 도움이 되도록 설계된 시스템에서 일어난 문제를 마주할 때의 어려움을 이겨 내려고 노력하는 가족에게 굳건한 믿음이 얼마나 중요한지 수도 없이 많이 봤다.

한 엄마는 다섯 살 아들이 다니는 학교 회의에 와서 아이가 성장한 모습에 감탄을 금치 못했다. 아이는 네 살이 되도록 말을 못했다. 하지만 치료사들과 엄청나게 노력한 끝에 키보드로 의사소통을 하기 시작했고 나중에는 문자를 음성으로 바꿔 주는 프로그램과 태블릿 피시도 사용했다. 그리고 오랜 시간이 걸리긴 했지만 실제로 말도 하기 시작했다. 엄마는 기뻐하는 모습이 역력했다. 아이가 말을 할 수 있을지 확신하지 못했던 엄마는 이렇게 빨리 바뀐 모습에 좋아서 어쩔 줄을 몰랐다.

"아드님이 노력을 아주 많이 했답니다." 내가 말했다. 엄마는 활짝 웃으며 아들을 도와준 선생님과 치료사들에게 감사를 표했다. 그런 다음 자신은 매일 밤 아들을 위해 기도한다고 했다.

"저는 하느님이 여러 관계자 분들과 팀을 이뤄 노력해 주신 덕분에 이런 결과가 나왔다고 생각합니다."

믿음에는 여러 가지가 있다. 부모는 신과 아이를 믿으면서 의사와 치료사, 선생님, 학교, 지역 사회 기관, 고용주도 믿기 위해 애쓴다. 우리 딸을 잘 이해해 줄까? 아들이 뭘 제일 좋아하는지 알고 있을까? 우리 아이가 얼마나 특별한지 알아볼 수 있을까?

사실 믿음을 갖는 것은 쉬운 일이 아니다. 그래서 자꾸 흔들리기도 한다. 하지만 자폐를 가장 잘 극복한 부모들은 믿음을 가지고 신뢰하며 계속 전진할 방법을 찾은 사람들이었다. 전능한 존재와 함께 아이를 키운다고 생각하는 부모들도 많다. 그렇게 하면 안심이 되고 책임과 신뢰를 공유하는 기분이 들며 불안도 줄어들기 때문이다.

한편 사랑하는 사람에게 무엇이 최선인지 알 수 있는 능력이 자신에게 있다고 믿어야 한다는 사람들도 있다. 부모들과 만나는 자리에서 이런 주제가 나오면 나는 신이 내미는 손을 봤다고 하는 사람들부터 자기 자신의 힘을 느낀다고 말하는 사람까지, 이야기가 끊임없이 계속되는 것을 보며 놀라곤 한다.

중요한 것은 희망을 갖는 것이다. 시인 마야 안젤루는 이렇게 말한 적이 있다.

"살아남기 위해서는 희망이 있는 곳에서 살아야 합니다."

물론 그런 희망은 현실에 바탕을 둔 것이어야 한다. 아이에 대해 잘못된 희망과 기대를 품는 것은 모두에게 아무 도움도 되지 않는다. 수많은 부모들이 '치료'와 '회복'을 약속하는 사기꾼과 돌팔이들을 만나 돈과 시간을 잃고 믿음마저 잃어버리곤 한다(11장 '자폐, 하나의 정체성으로 이해하기' 참고).

전문가들은 당사자가 긍정적으로 성장할 가능성을 현실적으로 말해줘야 하며, 앞으로 겪을 수 있는 어려움들을 지나치게 축소해서도 안 된다. 그 사이에서 균형을 잡기는 사실 힘든 일이다. 아이에게 깊은 관심을 가지고 사소한 것이라도 잘한 것이 있으면 칭찬을 아끼지 말자. 그러면 희망도 당연히 따른다. 이미 많은 일을 겪은 다른 부모들이나 예상치 못한 성장에 관해 솔직한 이야기를 나눌 수 있는 사람들을 만나도 희망을 가질 수 있다. 연구에 따르면 부모가 아이의 장래를 긍정적으로 생각할수록 아이는 문제가 될 만한 행동을 덜 하고 결과적으로 모두의 삶의 질이 높아지며 희망이 더 커지는 것으로 나타났다.

⅍ 부모가 긍정적인 태도를 유지하는 방법 ⅍

아이에게 자폐가 있다는 것을 알게 되면 부모나 조부모, 형제자매들은 모두 알 수 없는 기분에 빠져든다. 장애가 있는 아이를 키우고 가족 구성원의 편이 되어준다는 것은 죄의식, 분노, 불안, 억울함 등 과거에는 한 번도 느껴 보지 못한 강렬한 감정도 불러일으킨다. 아빠는 바랐던 것과 다르게 아들을 이해하지 못할 때마다 좌절감이 들고, 엄마는 딸아이가 요즘 빠져 있는 것과 틀에 박힌 루틴에 대해 끝도 없이 떠들어 대서 힘들다고 한다. 그러면서 그들이 자주 하는 말이 있다.

"이런 기분을 느껴서는 안 된다는 걸 알아요."

자폐가 있는 아이를 키운다고 해서 성인聖人이 되어야 하는 것은 아니다. 우리도 똑같은 사람이다. 우리가 느끼는 감정은 모두 자연스럽고 타당한 것들이다. 부모나 가족이라고 해서 자신에게 가혹해질 필요는 없다. 자신이 어떻게 할 수 없는 것들을 통제하려고 애쓸 필요도 없다. 가끔은 아이가 아니라 가까운 친구나 친척 등 도움이 되어야 하지만 그렇지 못한 사람들에 대해 안 좋은 감정이 들 때도 있다. 이래라 저래라 하며 삼촌은 청하지도 않은 충고를 하고 아이의 할머니는 대체 아이를 어떻게 키워서 그러는 거냐며 비난할 때도 있을 것이다.

자폐는 부모뿐 아니라 다른 가족 구성원들도 혼란스럽고 불안하게 만든다는 것을 잊지 말자. 특히 불안과 조절장애가 있는 사람들은 질병상의 문제도 함께 겪을 수 있다. 따라서 애정, 신뢰 관계를 이루는 데 큰 어려움을 겪을 것이다. 아이의 부모나 가족들과 이야기를 나누면서 나는 이런 점을 주지시키려 한다. 그런 말과 충고들은 대개 걱정하는 마음에서 나온 말들이며 다른 때 같으면 아무렇지도 않게 들릴 말일 수도 있다는 점이다.

"자폐 때문에 힘들기도 하고 딸아이를 키우면서 자신감을 느낄 때도 있죠." 한 아빠는 이렇게 말했다. "그런데 가장 힘든 것은 고집스럽고 무신경한 다른 가족들 때문인 경우가 더 많아요."

이런 상황을 가장 훌륭하게 극복할 수 있는 방법은 솔직하면서 직접적인 태도를 취하는 것이다. 걱정과 관심에 대해서는 감사를 표하고 확실한 선을 긋자.

"걱정해주셔서 감사합니다. 하지만 지금 우리도 가족을 위해 최선이라고 생각하기 때문에 이렇게 하고 있는 겁니다. 이해해 주세요."

자폐가 있는 아이를 키우거나 가족을 돌보려면 꼭 필요한 지원과 서비스를 확보하기 위해 노력하면서 끊임없이 대변인 역할을 해야 한다. 그러다 보면 학교 행정 담당자나 선생님들, 치료사, 보험 회사 직원 등 누군가에게 늘 뭔가를 요구해야 한다. 한 엄마는 이렇게 표현했다.

"전사 같은 엄마가 되어야 했죠."

아이에게 최고의 것을 찾아 주기 위해 애쓰다 보면 전투를 치르는 기분이 들 때가 있다. 하지만 그러면서도 최소한의 선은 지키게 된다고 부모들은 말한다. 즉, 아이나 가족을 맡긴 사람과 심각한 마찰이 생기면 마음껏 밀어붙이고 싶은 생각이 굴뚝같지만 너무 지나치거나 개인적인 일이 되면 자신이 의지해야 할 사람과 문제가 생기기 때문에 조심한다는 것이다.

중요한 것은 언제나 아이를 중심으로 생각해야 한다는 것이다. 많은 부모가 늘 누군가와 싸우는 자신의 모습을 발견하게 된다고 말한다. 특히 교육자나 행정 직원들과 개인적으로 부딪치는 일이 많은데, 이런 다툼은 누구에게도 좋지 않다. 여러 학생들과 가족을 위해 봉사하는 선생님이나 다른 전문가들이 보기라도 하면 어떻게 생각할지 생각해 보라. 부모가 만나기만 하면 우선 싸우려 들고, 매일 불평을 늘어놓으며 요구만 하면 팀워크가 만들어질 수 없다. 또 나름 최선을 다하고 있다고 생각하는 전문가들은 부모의 이런 모습에 혼란을 느끼고 실망하게 될 수도 있다.

장애가 있는 가족과 살다 보면 화가 나거나 억울한 기분이 들고 좌절감이 몰려올 때도 있다. 그래서 가끔은 그런 감정들을 쏟아 낼 방법이 필요하다. 자폐는 엄청난 힘을 요하며 강렬한 감정을 불러일으킨다. 그래서 어떻게든 이 감정들을 풀어내야 한다. 변호사나 전문 대변인을 고용해 모든 요구를 대신하게 하는 것으로 해답을 찾는 사람들도 있다. 물론 정의롭지 못하거나 법, 인권을 침해하는 상황에서는 그런 일이 꼭 필요할 때도 있다. 하지만 되도록 긍정적인 방법으로 에너지를 쏟는 것이 모두를 위해 바람직하다.

긍정적인 태도를 유지할 수 있는 가장 좋은 방법은 언제나 당사자에게 초점을 맞추는 것이다. 어떤 부모는 IEP 회의나 다른 간담회에 참석할 때마다 늘 아이의 사진을 가져온다. 그 사진을 탁자 위에 올려놓고, 마찰이 생기거나 분위기가 안 좋아져서 짜증이 날 때면 사진 속 아이를 보며 이렇게 생각하는 것이다.

"모두 우리 아이를 위한 일이야."

부모가 행정 직원이나 선생님들을 비난하는 대신 아이에게 초점을 맞쳐 생각하는 모습을 보이면 전문가들도 마음을 열고 진심으로 노력한다. 그리고 부모와 돌보는 사람도 자신과 똑같은 사람이라고 생각하면서 최선을 다하고 자폐가 있는 사람을 큰 가족의 일원으로 본다. 이런 환경에서는 전문가들이 부모를 안심 시키고 자폐가 있는 사람들의 최고 관심사를 위해 함께 애쓰기가 훨씬 수월해진다.

아이들의 현장 학습 돕기, 학교 도서관 책 정리, 휴일의 파티나 야유회에 도움 주기, 자원봉사 참여, 과학 수업이나 시장 놀이에서 함께 가르치기 등 부모나 돌보는 사람이 도울 수 있는 것들을 묻는 것도 좋다. 부모가 아무것도 안 하면서 불만이 있을 때만 학교에 나타나는 사람으로 보이면 아이의 행복을 위해 누구보다 중요한 선생님과의 관계가 무너질 수도 있다. 부모, 돌봐주는 사람이 학교 일에 관심을 보이며 열심히 참여하고 선생님과 관계자들도 그것을 인정해주면 서로 마음을 터놓고 건설적으로 비판하며 협력하는 관계가 될 수 있다.

아이가 어린 데다 자폐 진단을 받은 지 얼마 안 되었다면 부모는 아이를 위한 학교도 찾아야 하고 행정 담당자와 상의도 해야 하고 치료사들에게 아이를 데리고 다녀야 하는 처음 상황들에 엄청난 부담을 느낀다. 감각 장애의 고통도 덜어주어야 하고 민감한 음식과 알레르기 때문에 따로 식단을 짜야 하며 부수적인 지원도 요청해야 한다. 어떤 선생님, 치료사, 직원이 파트너로서 믿을 만하고 가치가 있는지 따져보기도 해야 한다. 이 모든 것이 일상의 삶에 세부사항으로 더해진다. 다른 아이도 돌봐야 하고 힘든 직장 생활도 해야 하고 집안 행사도 챙기고, 결혼 생활도 신경 써야 한다. 물론 자신은 부모이기 때문에 슈퍼맨이 되어야 한다고 생각하며 모든 일을 다 잘 해내는 사람들도 있다. 배우자 없이 자폐가 있는 아이를 키우는 것은 더 힘들고 오를 수 없는 산 같다.

어쨌든 부모의 가장 큰 걱정은 자폐가 있는 아이에 관한 것이다. 좋아지지 않으면 어쩌나 더 나빠지면 어쩌나 좋아질 기회조차 없으면 어쩌나 등등 부모의 걱정은 끝이 없다. 때로는 '더 많은 걸 할수록 좋다'며 전문가가 걱정을 증폭시킨다. 아이들이 최근에 진단을 받은 부모들에게 경험이 많은 부모가 가장 자주 하는 조언 중 하나는 '이길 수 있는 싸움을 하고 시간, 에너지, 감정, 재정 자원을 쓸 수 있는 곳에 우선순위를 둬라'는 것이다.

학교나 사회 기관을 상대해야 할 때도 마찬가지다. 선생님이 아이를 평가한 내용이나 아이를 위해 짠 시간표가 부모 마음에는 들지 않을 수도 있다. 부모는 아이가 학교에 있는 내내 일대일로 지원해 주기를 강력히 바라는데, 학교 측은 되도록 도움을 줄이고 지켜보기만 하면서 독립적으로 하게 하는 정도로 충분하다고 생각할 수도 있다. 지원 수준을 놓고 논쟁이 계속될 수 있다. 부모로서 아이를 위한 팀 회의에 참석했다면 합리적인 타협을 이루도록 노력하자. 사소한 것에 큰 싸움을 벌이려 하지 말고 중요한 것과 그렇지 않은 것을 구분해서 대응할 줄 알아야 한다.

집이나 이웃에서 아이가 하는 행동에 대해서도 같은 마음가짐으로 임할 수 있다. 누군가는 아이가 하는 행동이 보기 좋지 않다며 고쳐야 한다고 하지만 부모는 그리 심각하게 생각하지 않거나 심지어 꼭 그 시점에 생각해야 하는 문제로 보지 않을 수도 있다.

열다섯 살인 플로라는 학교 맞은편 공원에서 처음으로 작은 강아지를 보고 신이 나서 목소리를 높였다. 그러자 학교 직원은 플로라의 '악쓰기'를 없애자는 계획을 제시했다. 그러나 부모는 전혀 문제되지 않는다고 생각했으며 오히려 딸의 즐거움이 기뻤다.

가끔은 이런 결정들이 아이와 가족들의 시간, 에너지를 고려할 때 가장 중요하고 가치 있는 문제와 관련된다. 어린 아이에게 발달 시기상 적절한 행동이라고 생각되면, 아이와 가족을 위해 부모의 의견을 밀고 나가는 편이 나을 수 있으며 항상 '이것이 정말 우선순위인가? 아니면 문제가 되는가?'라는 의문을 품어라.

분명히 우려가 되는데도 이런 고민을 털어놓는 부모도 많다.

"아이를 위해 세세한 것까지 다 생각해서 행동 계획을 짜 주시는 거 알아요. 그런데 아버지가 입원하는 바람에 거기 신경 쓰느라 여력이 없네요. 당장은 계획을 지키기 힘들 것 같은데 어떡하죠?"

지원 계획은 모두 아이와 가족을 위한 것이다. 완벽한 계획이란 없으며 모든 상황에 다 들어맞는 완전한 해결책도 없다. 무엇이 중요한지 가장 올바른 결정을 내릴 수 있는 사람은 바로 당사자를 직접 돌보는 사람들이다. 이상적으로 가능하다면, 당사자가 계획 수립에 직접 개입하는 편이 좋다.

⟩ 눈물 대신 웃음을 선택한 사람들 ⟨

밥은 여섯 살 아들 닉과 같이 패스트푸드점에 간 이야기를 하며 내내 웃고 있었다.

가게에 들어가 자리에 앉으려는데 닉이 모르는 사람이 앉아 있는 테이블로 가서 남자 앞에 놓인 감자튀김 몇 개를 입에 쑤셔 넣더니 이렇게 말했다는 것이다. "정말 맛있군요!"

밥은 어색한 미소를 지으며 어깨를 으쓱해 보인 뒤 죄송하다고 말하고 아이를 데리고 왔다고 했다.

아이가 사람들 앞에서 예기지 못한 행동을 하거나 깜짝 놀랄 짓을 하면, 부모들은 대개 당황하고 창피해하면서 어떻게 아이의 상태를 또 설명해야 하나 난감해한다. 가끔은 그냥 껄껄 웃어 버리는 것이 건강에도 좋지만 말처럼 행동하기는 쉽지 않다.

쇼핑 중이던 어떤 가족은 자폐가 있는 아들이 배변 훈련을 할 시간이 되자 아이를 화장실에 데리고 가려고 했다. 하지만 아이가 가지 않겠다고 고집을 피우는 바람에 그 앞에서 한참 실랑이를 벌여야 했다.

그러던 중 아이는 최근 혼자 할 수 있게 된 일을 직접 시험해 보려고 했다. 마트 내에 진열된 전시용 변기를 가리킨 것이다. 부모는 '어떡하지?' 하는 표정으로 서로를 멍하니 바라보았다. 결정은 빨랐다. 여기서 나가는 것.

몹시 당황스러웠지만 그 순간 할 수 있는 최선은 아이가 흥분하기 전에 그 자리에서 벗어나는 것뿐이었다. 나중에 부부는 그 일을 떠올리며 눈물이 날 만큼 실컷 웃었다. 그들은 웃음을 선택한 것이었다.

이 두 사례는 자폐가 있는 아이를 둔 다른 부모들과 가깝게 지내는 것이 얼마나 중요한지도 알게 해준다. 사실 당시에는 무척 난감하고 창피할 수 있지만, 같은 처지의 사람들과 비슷한 이야기를 나누면 한바탕 웃고 나서 위안을 얻고 더욱 가까워질 수 있다. 우리의 주말 피정에서도 어려움에 관한 심각한 이야기만큼이나 웃음과 재미있는 이야기가 오간다. 떠들썩한 웃음을 터뜨리는 가장 있기 있는 토론 그룹의 주제 중 하나는 '믿지 못하겠지만!'이다.

유머 감각을 발휘하는 것은 전문가들에게도 중요하다. 여름 캠프 상담사로 일할 때 아이들과 같이 로데오를 보러 간 적이 있었는데 나는 그때 열두 살이었던 데니스를 담당하게 되었다. 다 같이 신나게 쇼를 보고 있는데 갑자기 우리 뒤에서 어린 소녀가 "아빠아!!!!!" 하고 소리치는 것이 들렸다.

얼른 고개를 돌려 보니 데니스가 커다란 분홍색 솜사탕을 손에 들고 혀를 날름거리며 먹고 있는 것이 아닌가. 아무도 보지 않을 때 어린 소녀에게서 낚아챈 것이었다. 나는 최악의 경우를 상상하며 트럭 운전사처럼 덩치가 큰 그 소녀의 아빠에게 몇 번이고 미안하다는 말을 했다.

"아, 그냥 먹게 두세요." 소녀의 아빠가 싱긋 웃으며 말했다. "우린 또 사면 되니까요."

면회 일이 되어 찾아온 데니스의 부모에게 나는 그 이야기를 들려주었다. 그들 역시 한동안 웃음을 멈추지 못했다. 그리고 약속이라도 한 듯 똑같이 말했다.

"우리 아들로 태어나 줘서 고마워!"

유머 감각은 자폐가 있는 사람들에게도 마찬가지로 중요하다. 자신들의 행동을 평범한 사람들의 행동에 비추어 보기 때문이다. 자폐가 있는 어떤 사람들은 '의미 있는 대화보다 잡담을 자주 한다' '진짜 의도를 말하지 않는다' '다른 사람을 만지고 싶은 강박을 통제할 수 없다' 등의 증상으로 '신경스펙트럼장애'를 구별하는 기준에 대해 이야기한다.

분명한 것은 유머는 부담을 덜어주고 긍정적인 정서적 연결을 공유하게 해준다는 점이다.

자폐 아이와 부모에 대한 존중의 가치를 일깨워 준 카렌

처음 테디를 만난 날, 여섯 살 테디는 내 진료실을 난장판으로 만들었다. 테디는 에너지가 넘쳤는데 세 살 때 발작을 일으킨 이후 말을 하지 않았다. 부모인 잭과 카렌은 수많은 전문가들을 만나 본 뒤에야 내가 외래 환자를 보고 있던 병원으로 찾아왔다.

부모에게 아이의 사회성 능력이나 감정 통제에 대한 이야기를 듣고 평가하려는데 갑자기 테디가 몹시 흥분하더니 진료실을 가로질러 내 책장에 있던 책들과 서류들을 집어 던지고 완전히 폭발해버렸다. 상담이 끝날 무렵 아이를 진정시켰고 부모가 사과를 했지만 나는 괜찮다고 안심시켜 주었다.

테디는 극도로 혼란스럽고 불안정한 상태였다. 나는 아이의 눈을 보고 알았다. 나중에 그들은 나의 태도 덕분에 얼마나 마음이 놓였는지 몰랐다고 했다. 전에 만났던 사람들은 다들 왜 아이를 통제하지 못하는지 의아해하는 것 같았다고 했다. 직접 말로 하지는 않았지만 표정이나 말투에서 느낄 수 있었다면서 말이다.

그 뒤로 나는 수십 년 동안 학교 프로그램의 자문으로 테디와 부모를 만났다. 그는 계속 말을 하지 않았지만 점차 첨단 기술로 만든 보조 장치를 이용해서 효과적으로 의사소통 방법을 배웠다. 몇 년 뒤 카렌은 선생님들과 치료사들을 만났을 때 자신이 평가받는 기분이 들면 얼른 자리에서 일어났다고 했다.

"이런 엄마가 되었다는 것만으로 죄의식은 충분해요. 그 표정과 말들은 우리에게 더 이상 필요하지 않아요."

아이에게 자폐가 있는 걸 알게 된 지 얼마 안 된 부모는 무력감과 혼란에 빠지는 경우가 많다. 아이가 하는 행동 때문에 당황해서 어떻게 해야 할지, 누구를 믿어야 할지 갈피를 잡지 못한다. 바로 이때가 카렌이 해준 조언이 꼭 필요할 때다.

몇몇 부모들, 특히 의료 기관과 학교의 행정 체계, 자폐가 있는 어른들을 위한 지원 서비스를 접해 본 경험이 별로 없는 사람들은 선택권이 없다고 생각한다. 거들먹거리며 잘난 척하는 전문가들을 상대하고 꾹 참는 것도 아이를 키우고 가족을 돌보는 일의 일부라며 떠맡는다. 그렇지 않다. 모두 더 귀한 대접을 받을 자격이 충분하다.

어느 해 부모들의 피정이 끝나 갈 무렵, 한 아버지가 카렌의 마음과 같은 말을 했다.

"우리는 많은 것을 바라지 않습니다. 학교 직원이든 전문가든 친척이든, 우리가 바라는 것은 부모로서 우리를 존중해 주고 아이들도 존중해 달라는 것뿐이에요."

정말 깊은 울림을 느끼게 해준 말이었다. 주위를 둘러보니 거의 모든 사람이 고개를 끄덕이고 있었다. 다행히 배려심 많고 공손하고 열의에 찬 전문가들이 분명히 있으며 그들도 기꺼이 돕고 싶어 한다는 사실이다. 그런 이들을 찾기가 힘들다는 것이 문제지만 말이다.

사례 자폐가 있는 아이한테 고난이 아닌 새로운 가능성을 본 사람들

내 소중한 친구 일레인 홀은 생후 23개월인 아들 닐을 입양한 지 얼마 되지 않아 아이에게 문제가 있다는 것이 확실히 알게 되었다. 아이는 잠을 잘 못 잤고, 한 자리에서 계속 빙빙 돌았다. 찬장의 문을 모두 닫고 다녔고, 벽에 걸린 그림들을 다 떼어냈으며 종종 폭발했다. 닐은 세 살 때 자폐 진

단을 받았다.

일레인은 아들 주변을 예술가와 배우들로 채웠고 거기에 닐도 반응을 보였다. 그들의 창의적인 노력과 에너지 덕분에 닐은 자신이 가진 능력을 드러내기 시작했고, 일레인은 닐이 한 번도 보지 못한 방식으로 사람들과 가까워지는 것을 보았다. 하지만 일레인은 자폐가 있는 많은 아이들이 너무 힘들어하고, 그런 아이들 때문에 좌절하고 혼란스러운 부모도 많다는 것을 알았다.

그래서 닐에게 효과가 있었던 방법을 그들도 쓸 수 있도록 프로그램을 만들기로 했다. 그리고 2004년에 드디어 자폐가 있는 아이들을 위한 연극과 미술 프로그램, 즉 미러클 프로젝트Miracle Project를 시작했다. 로스앤젤레스에서 시작된 프로그램은 몇 년도 되지 않아 몇 개 도시에 지부를 가진 전국 단체로 성장했다. 그리고 2012년에는 HBO(미국의 케이블 TV 민영 방송)에서 〈자폐: 뮤지컬〉이라는 다큐멘터리를 만들어 에미상을 수상했고 2020년에는 후속작 〈자폐: 그 후에〉를 제작했다. 또 일레인은 세계 자폐 인식의 날에 UN에서 여러 차례 연설도 했다. 말을 하지 않는 닐도 UN에 와서 음성 출력 장치가 있는 컴퓨터를 통해 계속 프레젠테이션을 했다. 청년이 된 닐은 유기농 농장에서 일을 하며 전문 모델링도 한다.

일레인의 이야기에 감동을 받고 우리의 친밀한 우정에 힘입어 그리고 그녀의 고무적인 지원 덕분에 나와 내 동료는 브라운 대학에서 미러클 프로젝트-뉴잉글랜드를 시작했다. 일레인과 나는 《독특해도 괜찮아》를 처음 출간한 뒤 몇 년 동안 이 책에 영감을 받은 연극도 가능하지 않을까 꿈꾸게 되었다. 로스앤젤레스에 기반을 둔 미러클 프로젝트의 구성원은 자폐가 있는 십 대와 청년 그들의 멘토였고 〈나무Namuh, Human을 거꾸로 쓴 것로의 여행)의 극본을 써서 공연했다. 2021년에 데뷔한 오리지널 장편 뮤지컬 영화였다.

영화의 주요 메시지는 자폐가 있는 이들이 자신의 진정성과 정체성을 발견하는 것이 중요하며 사회도 이들을 가치 있고 소중한 구성원으로 여겨야 한다는 것이다.

모든 것은 아이 때문에 당황하고 혼란에 빠졌던 한 엄마로부터 시작되었지만 세상을 바꾸었다. 자폐가 있는 아이를 키우는 것은 정서·신체·심리적으로 엄청나게 진을 빼는 일임에 틀림없다. 하지만 나는 자기가 처한 어려움도 훌륭히 헤쳐 갈 뿐 아니라 다른 부모들을 돕기 위해 실제로 자신의 생활까지 바꾸는 부모들을 많이 봤다.

좌절과 분노에 빠져 있기는 쉽다. 하지만 이들은 선생님이나 학교 관계자들에게 엉뚱한 분노를 표출하는 대신 참신한 방향으로 자신들의 에너지를 쏟아 냈고, 그 경험을 바탕으로 새로운 일을 시작하기도 했다.

사실 처음에는 장벽을 마주하고 불의를 목격했을 때, 아이에게 가장 적절한 것과 최상의 지원을 위해 싸우려는 본능이 깨어났을 때 공격적으로 에너지를 분출하려는 부모들이 많다. 학교 직원에 대한 개인적인 싸움이 되기도 하며 법정 싸움으로 번질 수도 있다. 변호사와 전문 대변인들이 싸우는 분위기를 조장할 때도 있다. 하지만 시간이 지나면 그들도 점점 건설적인 방향으로 에너지를 쏟는다. 그래서 기금을 모으고, 자원봉사를 하고, 정책 변화를 지지한다. 특수 교육이나 카운슬링, 치료 분야에 학위를 따는 사람들도 있다.

한 변호사는 자폐가 있는 사람들에게 큰 영향을 미치는 정부 정책의 전문가가 되었고, 한 아버지는 지역 교육 위원회의 임원이 되었다. 간호사인 어머니는 자폐에 흔히 동반되는 질병에 초점을 맞추는 진료소를 열었다. 세 자녀가 자폐스펙트럼장애를 가지고 있는 한 부모는 오랜 시간 자폐에 집중하다가 결국 그쪽 일을 직업으로 갖게 되었다. 그 어머니는 영양학 학위를 따서 장애가 있는 아이들을 위한 상담실을 열었고 아버지는 비영리 단체를 설립해서 지역에 여러 장애가 있는 아이들이 다양한 활동에 참여할 수 있게 해줬다.

아들의 이름으로 재단을 설립한 어떤 어머니는 기금을 모아 자폐가 있는 아이와 가족들을 돕는다. 주립 교도소에서 근무하다 20년 전 은퇴한 한 아버지는 보조 교사가 되어 '사람들의 삶에 변화를 만들어 주고 싶다'는 뜻을 표했다. 작곡가이며 대학에서 음악을 가르치는 또 다른 아버지는 어린 아들의 발성을 위한 합창곡을 만들고, 자폐가 있는 사람들에 대한 인식과 이해를 높이기 위해 대학 합창단과 공연을 열었다.

이들 중 처음부터 직업을 바꾸려고 시작한 사람은 아무도 없었다. 그들은 자신이 가는 길을 고난이 아니라 가능성으로 보았다. 그리고 다른 사람들을 돕고 전문성을 나누며 자폐가 있는 사람들의 재능과 그 가족들의 삶의 질을 높이는 과정에서 모두 희열을 느끼고 영감을 얻었다.

9장

진짜 자폐 전문가들에게
배우기

천재적인 동물학자이자 자폐인인 템플 그랜딘은 1986년에 자신의 이야기를 담은 첫 책《어느 자폐인 사람 이야기》를 출간함으로써 자폐에 대한 사람들의 인식을 완전히 바꿔 놓았다. 책에서 그녀는 처음으로, 자폐스펙트럼장애를 가지고 사는 것이 어떤 것인지 생생히 묘사한다. 자기 생각이 뚜렷하고 총명했던 그녀는 자신이 사고하는 과정과 감각 자극에 대한 민감함을 자세히 설명하고 평범한 사람과 다른 학습 스타일, 그리고 자라면서 겪은 수많은 어려움에 대해 이야기했다.

템플이 대중을 상대로 글을 쓰고 말을 하기 전까지, 우리가 자폐에 대해 아는 것은(오해하는 것도 마찬가지로) 자폐가 있는 아이를 둔 부모들의 의견과 그들을 지켜본 주변 사람들의 잘못된 생각, 그리고 몇몇 연구들에 바탕을 둔 것이 전부였다.

템플은 사람들이 오랫동안 가지고 있던 생각을 확인해 주기도 했고 부정하기도 했다. 한 가지 분명한 것은 자폐가 있는 사람들도 온전한 정신세계와 강력한 자기 생각이 있고 큰 잠재력, 자신이 한 경험에 놀랄 만한 식견을 갖추고 있다는 사실이었다. 수십 년이 지난 지금도 템플은 자폐가 있는 사람들 중 가장 유명한 사람으로 남아 있다.

자폐가 있어도 자신이 겪은 일을 또렷하게 설명하고 순서까지 정확히 기억하는 영리한 사람들도 많다. 나는 업무의 특성상 그런 사람들을 많이 알게 되는 특혜를 누렸고 그들 중 일부는 소중한 친구이자 동료가 되었다. 그들과 그들의 친구, 가족과 많은 시간을 보내면서 이야기를 듣고 쓰고 함께 워크숍을 열었다. 덕분에 그렇게 하지 않았다면 얻지 못했을 폭넓은 식견과 시각을 얻었고 자폐에 대해서도 더욱 깊이 이해할 수 있게 되었다.

이 책에서 영감을 받아 같은 이름으로 만든 내 팟캐스트는 나와 공동 진행자인 데이브 핀치에게 전 세계의 자폐가 있는 사람들과 그 가족, 선구적인 이론가들에 대한 뜻 깊은 이야기를 나눌 수 있는 특별한 기회를 주었다.

자폐가 있는 데이브 역시 최신의 중요한 주제를 다루는 수십 개의 에피소드들에 자신의 통찰을 더한다.

그중에서도 특히 세 사람, 오랜 시간 귀중한 우정을 나눈 로스 블랙번, 마이클 존 칼리, 스티븐 쇼어는 내 생각과 이해의 깊이를 크게 늘려 주었고, 놀라운 통찰력으로 내가 하는 일에 많은 도움을 주었다. 그들은 나뿐만 아니라 많은 사람들에게 자폐를 이해시켰고, 어떻게 하면 자폐가 있는 사람들이 행복하고 의미 있는 삶을 살도록 도울 수 있는지 알려 주었다.

내가 그들에 대해 이야기하면 사람들은 의심부터 품는다.

"제대로 말도 못하고 심한 장애가 있는 사람들이 겪은 일들을 그들이 어떻게 그렇게 정확히 알아듣고 말할 수 있겠어?"

그러면 나는 이렇게 답한다. 그들이 할 수 없다면 누가 할 수 있겠느냐고. 날마다 자폐 렌즈를 끼고 평생을 살아온 사람들보다 자폐에 대한 경험을 더 잘 설명할 사람이 어디 있느냐고 말이다. 최근 몇 년간 말을 하지 않거나 말하지 않았던 적이 있는 자폐가 있는 사람들, 또는 더 심한 장애가 있는 자폐인들도 자폐를 가지고 사는 것에 대해 깊은 통찰을 발전시킨다. 그들은 긴 수년간의 침묵 끝에 그 사실을 공유할 수 있어 기뻐한다(11장 '자폐, 하나의 정체성으로 이해하기' 참고).

수십 년간 나와 함께한 로스, 마이클, 스티븐의 이야기를 시작하자. 나는 이 세 사람에게 진심으로 깊은 감사를 표한다. 그들은 어떤 방대한 연구로도 밝혀내지 못했을 많은 것들을 알려 주었다. 그리고 나는 이들이 가르쳐 준 것들을 많은 사람들과 나누게 되어 정말 행복하다.

⟫ 자신의 욕구와 한계를 정확히 파악한 로스 블랙번 ⟪

나는 미시간에서 열린 자폐 간담회에서 그녀를 처음 만났다. 자폐 전문가로 유명했던 내 동료 캐럴 그레이가 나를 손짓해 부르더니 영국에서 온 이 젊은 여성을 소개해 주었다. 그녀는 자폐가 있는 사람으로 성장한 경험에 대해 강연을 할 예정이었다.

나와 악수를 한 뒤 당시 30대 중반이었던 로스는 빠른 영국 억양 때문에 이렇게 들리는 말을 했다.

"스티어티르 브고 시퍼요?"

나는 다시 말해 달라고 부탁했다. 몇 번을 연속으로 듣고 나서야 나는 그녀가 무슨 말을 하는지 알아들었다.

"스튜어트를 보고 싶냐고요?" 나는 무표정한 표정으로 그렇게 말했다.

"스튜어트, 스튜어트 리틀." 그녀가 말했다.

내가 고개를 끄덕이자, 로스는 장난기가 가득한 미소를 지으며 코트 주머니에 넣고 있던 손을 꺼내어 쥐고 있던 것을 보여 주었다. 그것은 영화에 등장하는 캐릭터를 본떠 만든 작은 생쥐 인형이었다.

"배리, 스튜어트예요. 스튜어트, 배리야." 그녀가 말했다.

그게 로스였다. 장난기 많고, 엉뚱하고, 짓궂고, 독특한, 그리고 주변을 늘 놀라게 하는 사람(자신이 좋아하는 영화에 대한 열정은 말할 것도 없다). 그녀는 이것이 진짜 자신, 자폐를 가진 자신의 모습이라고 말한다.

그녀는 절제되고, 예의 바르고, 스스로 통제할 줄 아는 자신의 다른 모습도 세상에 보여 주기 위해 오랫동안 노력했다. 그 두 가지 모습을 갖게 된 것은 어릴 때부터였다. 그녀는 어릴 때 자폐 진단을 받았다. 부모는 아이가 겪을 어려움을 충분히 이해했지만 세상을 살아가는 데 필요한 사회적인 기술들을 애써 가르쳤다. 그녀의 부모는 자애로운 사람들이었지만 자폐를 이유로 적절치 못하게 행동하는 것은 용납할 수 없다며 엄하게 대했다.

그런 부모 밑에서 자란 로스가 우리에게 자주 하는 말이 있다. "부모는 자폐가 있는 아이에게 많은 지원을 해주는 만큼 기대치도 높게 가져야 한다"라는 것이다.

로스는 자폐에 대해, 끊임없는 불안과 두려움 속에서 사는 것과 같다고 말한다. 그녀는 군인이나 경찰관, 소방관들에 빗대어 말하는 것을 좋아한다. 그들은 극심한 공포 속에서 차분함을 잃지 않는 훈련을 받지만 자폐가 있는 사람들은 그러지 못한다는 것이다.

"우리도 날마다 그 사람들만큼 공포를 느끼며 살아요. 그런데 우리는 그런 훈련도 받지 못해요."

억지로 사람들을 만나야 하는 상황에 처하면 두려움은 극대화된다. 수많은 청중 앞에서 그녀는 조금도 불안해하지 않고 편안한 모습으로 강연을 한다. 하지만 사적인 자리에서는 다른 사람들이 무슨 말을 하고 어떤 행동을 할지 모르기 때문에 두렵다는 것이다.

"나는 사교 활동을 안 해요." 그녀가 즐겨 하는 말 중 하나다. 언젠가 호텔 로비에서 그녀를 만나고 있는데, 주변에 있던 다 큰 아이들 몇 명이서 서로를 쫓기 시작했다. 그러다 한 아이가 커피 테이블을 스치며 그녀 위로 넘어질 뻔했다. 그녀는 깜짝 놀랐고 약간 충격까지 받은 얼굴로 이렇게 말했다. "보셨죠? 나는 이래서 아이들이 싫어요!"

사람들과 모이는 자리를 싫어하긴 하지만 로스는 자신을 부끄러워하지는 않는다. 남들이 자신에 대해 어떻게 생각할지 걱정하지 않기 때문이다.

그녀는 자기가 제일 잘하는 것 때문에 힘들어질 때가 많다는 말을 자주 한다. 즉 사람들은 그녀가 말을 잘하고 영리하고 유능한 강연가라고 생각하기 때문에 자신들과 있을 때도 전혀 불편해하지 않을 거라 믿는다는 뜻이다.

사실 로스에게 세상은 예기치 못한 일들과 이해할 수 없는 규칙들로 가득하며 시끄럽고 혼란스럽고 통제도 안 되는 곳이다. 그래서 늘 그녀를 당황하게 만든다. 격한 감정이 들거나 공황이 올 때면(어렸을 때보단 덜하지만) 대화가 잘 안 되고 사람들 속에 섞여 있는 것조차 힘들어진다. 자신이 통제되지 않을 때 로스는 같이 있는 사람들에게 조언한다. "저는 확실히 안전하지만 조용히 저를 도와주세요. 거기에 그냥 있어주세요."

몇 분이 지나면 로스는 다시 정신을 차리지만 다른 사람들은 아무리 좋은 뜻이라 해도 그녀에게 말을 시키고 건드린다. 불난 데 기름을 붓는 격이다.

로스에게는 이런 어려움들을 극복하는 자기만의 방법이 있다. 가장 좋아하는 것은 트램펄린 위에서 폴짝폴짝 뛰는 것이다. 재미도 있지만 마음이 편안해진다고 한다. 여행을 떠날 때 늘 같이 다니는 일행도 있다. 그녀는 그 사람들을 자신의 '보호자'라고 부른다. 피곤해지면 '사교 활동'이라고 부르는 것도 불안의 원인이나 증가 요소가 된다.

한번은 내가 기획을 도운 간담회에 로스도 참석한 적이 있었는데 그 자리에서 나는 여배우 시고니 위버를 접대하는 특혜를 누리게 되었다. 그때 시고니는 영화 〈스노우 케이크〉에서 자폐가 있는 여성의 역할을 맡게 되었는데, 나는 그녀가 자신의 역할을 좀 더 잘 이해할 수 있도록 로스와 함께 있을 기회를 마련했다.

간담회가 끝난 뒤 나는 이 두 여성을 포함한 지인들을 우리 집으로 초대해 저녁 식사를 대접했다. 우리가 뭔가에 대해 한창 대화를 나누고 있을 때 로스가 불쑥 이렇게 말했다.

"배리, 지금 트램펄린을 뛸 수 있다면 정말 좋겠어요."

트램펄린이라고? 그때 로드아일랜드는 한겨울이었고 바깥에는 눈이 쌓여 있었다. 대체 어디서 트램펄린을 구한단 말인가. 그때 우리 모임에 같이 있던 한 엄마가 이렇게 말했다. "배리 선생님, 우리 집 뒷마당에 아들이 쓰는 트램펄린이 있어요. 눈만 좀 치우면 될 것 같은데요."

로스는 다시 크리스마스라도 맞은 아이처럼 좋아하며 미소를 지었다. "가도 돼요?"

로스와 시고니 위버는 교외의 어느 집 뒷마당에서 두꺼운 겨울 코트를 입고 폴짝폴짝 뛰었다. 그날 로스는 5백 명이 넘는 사람들 앞에서 두 시간짜리 멋진 강연을 했고 질문에 훌륭하게 응대했다. 하루 종일 '사교 활동'을 했으며 차분한 모습을 유지해야 했다. 이제 진짜 로스로 돌아올 시간이었다(이 경험을 바탕으로 시고니는 〈스노우 케이크〉의 감독 마크 에반스에게 트램펄린 장면을 넣자고 제안했다).

그날 가장 재미있었던 것은 로스가 시고니에게 '자폐'를 가진 사람처럼 행동하는 법을 가르친 것이었다.

시고니: 로스, 내가 보니까 당신은 흥분할 때마다 두 손을 양쪽 귀 옆에 들고 앞뒤로 흔들면서 날개처럼 퍼덕이더군요(시고니가 바로 서면서 그대로 해보였다).

로　스: 아니요, 그건 이렇게 하는 거예요(로스는 몸을 오른쪽으로 약간 기울였고 시고니도 그대로 따라 했다). 훨씬 나은데요. 잘했어요!

로스는 피겨스케이팅과 몇 가지 영화들도 무척 좋아한다. 그녀가 강연을 하러 처음 프로비던스를 다녀간 이후 내가 또 와달라고 부탁했을 때 그녀는 주저하는 모습을 보였다. 그때 이미 자기 이야기를 다 했는데 왜 다시 초대하는지 이해가 되지 않는다는 것이었다. 게다가 여행은 그녀를 몹시 지치게 했고, 간담회에 참석하다 보면 사람들과 만나는 자리에도 어쩔 수 없이 가야 한다(때문에 로스의 보호자들은 그녀가 낯선 상황과 장소를 잘 견딜 수 있도록 많은 도움을 준다).

내가 뉴욕의 센트럴 파크에 있는 울먼 링크에서 스케이트를 타게 해주겠다는 말을 하고 나서야 그녀는 나의 제안을 수락했다. 울먼 링크는 그녀가 제일 좋아하는 영화에 나온 곳이었다. 탁월한 식견으로 수많은 청중을 매료시켰던 로스는 그날 대단히 기쁨을 만끽하며 얼음 위를 신나게 지치며 다녔다. 물론 주머니 속에는 스튜어트 리틀이 들어 있었고 나중에는 센트럴 파크 여기저기에서 스튜어트의 사진도 찍었다.

로스가 방문 중일 때 나는 다른 사람 네 명과 함께 혼잡한 이탈리아 식당에 갔다. 주인은 우리를 식당 한가운데 있는 테이블로 안내했는데 우리가 막 자리에 앉으려 하자 로스가 불안한 듯 머리를 흔들기 시작했다. "여긴 앉을 수 없어요."

다른 자리는 없었다. 그런데 로스의 모습을 본 주인이 식당 안에서 아직 문을 열지 않은 다른 구역의 테이블들을 가리켰다. 로스는 벽에 등을 대고 앉을 수 있게 벽에 붙어 있는 테이블을 골랐다.

"저는 입체적으로 들리는 소리를 아주 싫어해요." 그녀가 말했다.

"그리고 시야에 너무 많은 움직임이 보이면 몹시 불안해지죠."

여러 어려움에도 로스가 가진 최고의 강점은 자신의 욕구와 한계를 정확히 파악한다는 것이다. 그래서 조절장애를 일으킬 만한 상황을 피하려고 할 때 자신의 입장을 잘 설명할 수 있다. 반면에 로스는 대다수의 사람들이 중요하게 여기는 것들을 잘 모른다. 어쩌면 그래서 더 행복할 수도 있다.

트램펄린 일이 있고 몇 년 뒤 다시 만났을 때, 최근 시고니 위버와 연락한 적이 있는지 물어보았다. "그럼요. 작년에 런던에 왔을 때 만난 걸요." 그녀가 대답했다. 자세히 이야기해 달라고 하자, 로스는 시고니가 어떤 영화 시사회에 자신을 초대했고 그곳에서 둘이 함께 레드 카펫 위를 걸었다고 했다. 잘 연결해 생각해 보니 로스가 무슨 말을 하는지 알 것 같았다. 로스는 역대 최고의 수익을 올렸던 영화 〈아바타〉의 시사회에서 영화에 나오는 배우와 같이 참석한 것이다.

"우와, 정말 굉장하군요! 어땠어요?" 내가 물었다. 그러자 로스가 무뚝뚝하게 대답했다. "정말, 정~말 시끄럽고 복잡했어요."

그녀가 또 힘들어할 때가 있다. 솔직하지 않아야 할 때다.

"나는 거짓말을 하는 것이 정말 힘들어요. 속으로는 트램펄린을 뛰고 싶어 죽겠는데 사람들한테는 '만나서 정말 반갑습니다'라고 해야 할 때요."

그래도 장난기만큼은 억누르지 못한다. 그녀는 여행할 때 여러 가지 장난감이 든 상자를 가지고 다니는데 강연의 청중에게 고무 도마뱀을 나눠준 적도 있다. 비행기 안에서는 거울로 장난을 치기도 한다. 다른 승객들의 눈을 향해 빛을 반사시키면서 그들이 짜증스러워하는 얼굴을 보고 혼자 좋아하는 것이다.

언젠가 로스가 한 이야기를 마친 뒤 청중이었던 한 어머니에게 어떤 느낌이 드는지 물어본 적이 있었다. 그녀는 로스의 이야기가 좋기도 하고 싫기도 하다고 했다. 로스라는 창을 통해 자기 아들이 겪을 세상을 알게 된 것은 좋지만, 그녀가 너무 힘든 삶을 사는 것 같아 싫다는 것이었다.

나는 그녀의 말이 무슨 뜻인지 알 수 있었다. 로스는 불안하고 무서운

이 세상에서 자폐를 가진 사람들이 겪는 어려움들을 누구보다 잘 알게 해준 사람이다. 시끄럽고 혼잡한 방에 억지로 끌려온, 말을 못 하는 세 살 아이의 눈을 들여다보면 나는 로스가 떠오른다. 그리고 이 어린아이는 어른들의 말에 불응하거나 반항하는 것이 아니라 그저 겁을 먹고 있을 뿐이라는 사실을 깨닫게 된다.

로스를 처음 만난 지 거의 15년 후 나는 팟캐스트에서 로스와 시고니 위버를 다시 만나 두 사람이 몇 년 전 함께 했던 경험을 되돌아보았다. 시고니는 로스의 솔직함에 깊은 감사를 표했다. 아이들을 위해서 하는 연기가 아니라는 사실을 가르쳐주고 감각에 대한 감수성, 열정을 새롭게 해준 계기가 되어 고맙다는 말이었다. 나도 로스에게 언제나 고마운 마음일 것이다. 신경학상의 문제가 이 사회와 감각의 세계에서 그녀를 취약하게 만들었겠지만 장애에 맞서 앞으로 나아가는 용기를 보여주고 경험을 공유해주었기 때문이다. 이 모든 것은 셀 수 없이 많은 사람들을 도왔다.

⟩ 통찰력과 지성을 갖춘 외교관이 된 마이클 존 칼리 ⟨

마이클 존 칼리가 서른여섯 살이었을 때 네 살이었던 아들이 아스퍼거 증후군 진단을 받았다. 의사는 그렇게 진단을 내린 뒤 마이클을 향해 말했다. "자, 이제 당신 이야기를 해봅시다."

며칠 뒤 마이클 역시 아스퍼거 증후군 진단을 받았다.

충격 그 자체였다. 어떻게 35년이 넘도록 자신에게 자폐스펙트럼장애가 있다는 것을 모르고 살 수 있단 말인가? 그는 행복한 결혼 생활을 하고 있었고 외교관으로서 보스니아나 이라크 같은 분쟁 지역을 돌아다니며 일도 잘해냈다. 또 그는 재능 있는 극작가이자 야구팀의 인기 있는 투수였고 기타도 잘 쳤으며 지역 라디오 방송의 진행자이기도 했다.

처음에 그는 자기가 받은 진단을 숨겼다. 하지만 자신의 삶을 돌아보니 조금씩 이해되기 시작했다. 그는 늘 사람들과 가까워지는 것을 힘들어했다. 사립 고등학교에 다닐 때는 틀에 박힌 학교생활에 적응하지 못하는 그를 보며 선생님들은 문제라고 했고 심리적으로 심각한 문제가 있는 것이 아니냐고도 했다. 결국 그는 좀 더 탄력적이고 다양한 방식으로 운영되는 차터 스쿨(대안 학교 성격을 가진 공립학교)로 전학을 갔는데 그곳에서는 아주 잘 지냈다.

하지만 사회에 나와 많은 사람들을 만나고 경험을 쌓으면서 다시 힘들어졌다. 그는 사람들이 왜 끼리끼리 모여 잡담을 하는지 알 수 없었고, 그런 시시덕거림에 감춰진 규칙들도 이해하지 못했다. 누군가가 정치나 뉴스 등 어떤 주제에 관해 물어보면 그는 지나치게 상세하고 장황하게 자기 의견을 펼쳐서 듣는 사람들이 자리를 피할 정도였다. 마이클이 자기를 화나게 했다며 갑자기 관계를 끊는 친구들도 있었다. 하지만 그때 자기가 뭘 잘못했는지 도무지 알 수 없었다. 진단 결과에 대한 충격은 머지않아 안도감으로 바뀌었고 나중에는 자랑이 되었다. 몰랐던 것을 알게 되니 오히려 속이 시원해졌다.

자신이 맡은 일에 늘 열정적이고 세세하게 집중했던 마이클은 그날 이후 서서히 삶의 방향을 바꾸어 자폐스펙트럼장애가 있는 사람들을 옹호하는 데 자신의 열정과 에너지를 쏟았다. 2003년에 그는 세계및지역아스퍼거증후군파트너십 GRASP 을 설립했다. 그리고 GRASP의 이사로서 자폐스펙트럼장애를 가진 성인들로 구성된 국내 최대의 단체로 성장하도록 힘썼다.

당시 그는 특히 필요한 혜택을 제공받지 못한 채 많은 오해를 받으며 살고 있는 청소년과 성인들에게 중점을 두었다. 또《아스퍼거 안에서 밖으로 Asperger's from the Inside Out》라는 책을 출간해 큰 호응도 얻었다. 그 책은 자폐스펙트럼장애를 가진 많은 사람이 혼자서도 쉽게 활용할 수 있는 안내서로 자전적인 성격을 띠고 있다.

그는 계속해서 많은 기업이 직장 내 책임자들을 교육할 수 있도록 아스퍼거 증후군 교육 및 고용 파트너십도 설립했다. 그래서 기업들이 자폐가 있는 직원들을 더 효율적으로 관리할 뿐 아니라 더욱 안심하고 고용할 수 있게 했다.

2012년 아스퍼거 증후군을 공식 병명에서 제외할 것을 고려 중이던 미국정신의학협회^{APA}의 결정을 두고 그는 격렬하게 비난했다. 그는 병명으로 인정하지 않을 경우 정확한 진단이 어려워져 결과적으로 아스퍼거 증후군에 대한 사회의 이해가 줄어들 것을 우려했다. 또 그는 자폐스펙트럼장애가 있는 사람들이 자신들에게 영향을 미치는 정책에 대해 직접적인 목소리를 낼 수 있어야 한다고 강력히 주장했다.

몇 년 전 마이클을 처음 만났을 때, 나는 기금 모음을 위한 심포지엄에 그를 초대해 연설을 부탁했다. 그때 열정적으로 자기 일에 집중하면서 의사 표현이 분명한 그의 모습에 큰 감동을 받았다. 자신을 흥분시킨 것에 대해 말을 하기 전에는 자폐스펙트럼장애가 있다는 생각조차 들지 않을 정도였다. 말하는 속도가 빠르고 웃음소리는 활기가 넘치며 전염성이 있었다. 악수를 하려고 잡은 손엔 힘이 넘치고 사람을 안을 때도 힘을 줘서 꽉 끌어안는다. 대화를 나눌 때는 유난히 가깝게 붙어 서서 강한 시선으로 응시한다. 아마 누구라도 그와 함께 있으면 다른 생각을 하지 못할 것이다.

한때 마이클이 평화재향군인회라는 퇴역 군인 단체의 대표였다는 말을 듣고 나는 아스퍼거 증후군이 있는 사람이 외교관으로 그처럼 성공했다는 것에 정말 깜짝 놀랐다. 올바른 복장을 갖춰 고위 관리들과 인사를 나누고, 정해진 자리에 계속 서 있고 상황에 따라 적절한 언행을 하는 등 매사에 바르게 처신하려면 상당한 사회적 지식과 융통성, 대인 민감성이 있어야 한다고 생각하기 마련이다. 하지만 외교 의례는 모두 엄격한 규정과 문서로 된 규칙들이라 일단 습득한 뒤 그대로 행하기만 하면 된다고 그는 말했다. 그는 오히려 정해진 체계가 없고 앞으로의 상황을 예측하기도 힘들며 어디에 쓰여 있지도 않은 비공식적인 자리가 자신에게는 훨씬 힘들다고 했다.

그 자신이 장애를 딛고 일에서 성공했기 때문에 아들의 장애를 받아들이는 것도 다른 부모들보다 쉬웠다. 다른 부모들은 막연히 아이의 밝은 미래를 기도하겠지만 그는 이렇게 말했다.

"저는 확신이 있고 그럴 만한 근거도 있습니다."

그의 삶 자체가 자폐스펙트럼장애 진단을 받은 사람이 힘든 과정을 이겨 내고 어떤 능력을 발휘할 수 있는지 보여 주는 증거였다.

의욕적이고 진지하게만 보였던 마이클은 유머 감각도 있었다. 언젠가 그와 휴가를 떠나 별장에서 같이 지낼 때 나는 기타를 발견하고 연주를 청했다. 마이클은 기타를 들어 손가락으로 기타 줄을 뜯으며 블루스 곡을 연주하기 시작했다. 그러더니 웃으며 이렇게 말했다.

"좋아요, 그럼 지금부터 12분 동안 계속 들어 주셔야 합니다. 아시다시피 저는 아스퍼거 증후군을 가지고 있어요. 뭐든 끝을 봐야 하죠. 절대 중간에서 멈추지 않을 겁니다."

헌신적인 남편이자 아빠인 그는 두 아들이 속해 있는 야구팀의 코치이기도 하다. 그는 특히 아스퍼거 증후군이 있는 아들에게 긍정적인 롤 모델이 되어 주기로 결심했다면서 자폐가 있는 어린이들 역시 자폐를 안고 열심히 노력해서 성공한 인생과 가족, 직업이 있는 어른들과 자주 만나는 것은 매우 중요하다고 했다.

마이클의 식견 중 가장 탁월한 것은 이것이다. 자폐가 있는 청소년이나 성인은 자신이 가진 장애 자체보다 살면서 겪은 경험들에 더욱 큰 영향을 받는다는 것이다. 그는 자폐가 있는 사람들이 사회적 상황에 대한 이해가 부족하거나 다른 사람들의 오해 때문에 생기는 정신 건강 문제, 약물 남용과 중독, 학대를 받는 극단적인 경우까지 우려하고 있었다.

사람들은 보통 자폐가 가장 큰 원인이 되어 그들이 힘들어하거나 실패를 겪는다고 생각한다. 하지만 마이클은 적절한 도움만 받는다면 그들도 정신적으로 건강하게 살면서 성공한 삶을 이룰 수 있다고 말한다.

그는 깊은 통찰력과 지성을 갖춘 대변인으로서 자폐스펙트럼장애를 가지고 사는 것이 어떤 것인지 누구보다 잘 설명할 수 있다. 그는 신뢰 관계를 맺는 것이 무엇보다 중요하지만 자폐가 있는 사람들은 여러 요인 때문에 그런 관계를 맺는 것을 어려워한다고 했다.

또 평범한 사람들은 전혀 불쾌하거나 힘들게 생각하지 않는 상황을, 자폐가 있는 사람들은 고통스럽게 여길 때가 많다고 했다. 즉 자폐가 있는 사람이 자신을 억누르는 것은 몸과 마음을 주먹으로 계속 두들겨 맞는 것만큼 힘들 수 있다는 것이다. 특정한 소리에 몹시 민감한 사람은 높은 톤의 소음이나 외마디 외침에도 고통을 느낀다. 이런 불쾌한 경험이 계속 쌓이면 심각한 문제로 이어질 수 있다.

마이클이 또 중점을 두는 부분은 자폐가 있는데도 가족의 도움이 부족한 사람, 그리고 불안과 두려움, 스트레스를 이기지 못해 알코올 중독이나 마약 중독에 빠진 사람들을 돕는 것이다. GRASP는 여러 도시에서 지원 단체를 운영하며 같은 문제를 가진 사람들을 직접 혹은 온라인으로 연결해 준다. 그는 책도 쓰고 자폐가 있는 사람의 직업, 행복하고 긍정적인 성생활 같은 삶의 질에 관한 문제를 다루는 발표도 한다.

그는 처음 진단을 받은 이후 완전히 달라진 자신의 관점을 같은 장애가 있는 많은 사람들과 나누고 있다. 즉 그들이 겪는 고통스러운 경험들은 그들의 성격 때문이 아니라 신경학상의 독특한 연결 방식 때문이며 그에 대한 다른 사람들의 불편하고 해가 되는 반응 때문이라는 사실 말이다.

2012년 11월 미국 하원 정부 개혁 위원회가 자폐 진단의 급증을 두고 역사적인 청문회를 개최했을 때, 그가 미국 의회에 전달한 메시지도 바로 이것이었다. 증인 두 사람(다른 한 사람은 자폐 자기 옹호 네트워크의 회장인 아리 네에만이었다) 중 한 사람이었던 마이클은 자폐를 치료가 필요한 질환으로 취급하는 데는 '어떤 의학적 근거'도 없다는 감동적인 발언을 했다. 그는 계속해서 이렇게 말했다. "자폐라는 장애가 있든 없든 사람은 성장하면서 자신이 할 수 있는 것에 귀를 기울여야 합니다. 할 수 없는 것이 아니고요."

최근 뉴욕 대학교는 마이클이 했던 말의 중요성을 인정하며, 그에게 뉴욕, 상하이, 아부다비 캠퍼스를 잇는 신경 다양성 컨설턴트 자리를 마련해 줌으로써 마이클의 의사소통 능력을 공인했다.

스티븐 쇼어는 자신의 어린 시절을 이렇게 말한다. 자신은 원래 다른 사람들과 똑같이 성장하고 있었는데 태어난 지 딱 18개월쯤 되었을 때 '자폐증이라는 폭탄'을 맞았다고.

그때 이후 간간이 하던 의사소통 능력이 사라졌다. 아이가 계속 머리를 바닥에 찧는 것을 당황해서 바라보는 엄마와 아빠는 아이와 눈을 마주치지 못했다. 아이는 세상에 아무 관심이 없는 듯 보였고, 몸을 흔들거나 제자리를 빙빙 돌거나 양팔을 날개처럼 퍼덕이는 등 제어하기 위해 끊임없이 자신을 자극하는 행동을 했다.

1960년대 초에는 그런 문제가 드물었기 때문에 스티븐의 부모는 거의 일 년이나 걸려서 아이를 데려갈 만한 곳을 찾았다. 1964년에 드디어 자폐 진단을 받았을 때 의사는 외래 치료를 받기에는 스티븐이 너무 많이 '아파' 보인다고 했다. 의사가 추천한 유일한 방법은 아이를 적당한 기관에 맡기는 것이었다. 다행히 부모는 충고를 무시했다. 대신 자신들의 직관에 따라 지금으로 말하면 집에서 하는 조기 중재 프로그램을 시작했다. 당시에는 보기 드물게 확고한 양육 방식이었다.

스티븐의 엄마는 자기의 시간을 다 바쳐서 음악과 운동, 감각 통합 활동 같은 것에 아이를 참여시키며 늘 아이의 관심을 자극했다. 처음에 부모는 자신들을 흉내 내게 하는 것으로 스티븐을 가르쳐 보려고 했다. 하지만 효과가 없자 그들이 아이를 따라 하기 시작했다. 이 방법은 스티븐의 관심을 끌었고 덕분에 의미 있는 방식으로 사람들과 가까워지는 아이의 능력이 드러나기 시작했다.

"우리 부모님이 저에게 가장 잘해 준 일은 저를 있는 그대로 받아준 거였어요. 하지만 앞으로 극복해야 할 많은 문제가 있다는 것도 알고 계셨죠." 네 살이 되도록 말을 하지 못했던 스티븐이 이렇게 말했다.

어른이 된 스티븐은 자폐가 있는 사람과 그 가족들이 그런 어려움들을 이겨 내고 행복한 삶을 살도록 돕는 데 자신의 삶을 바치고 있다. 그는 특수 교육 분야의 학위를 땄고 여러 권의 책을 썼으며, 자폐와 관련된 정부 정책에 관해 의견을 제시했다. 아델피 대학에서 학생들을 가르쳤고 UN에서 연설도 했다. 또 시간이 날 때마다 해외 여러 곳을 다니며 상담과 강연을 통해 부모와 전문가들을 교육했다. 자폐가 있는 아이들에게 피아노도 가르쳤는데 보통 아이들은 가르치지 않았다. 보통 아이들이 어떻게 생각하고 배우는지 자기 자신이 이해하지 못하기 때문이었다.

사람들은 그에게 자폐가 있는데도 그렇게 많은 사람 앞에서 오랜 시간 강연을 하는 것에 놀라곤 한다. 하지만 스티븐에게 강연은 긴 독백 같은 것일 뿐이다. 자폐가 있는 사람들은 좋아하는 것에 대해서는 하루 종일도 떠들 수 있다고 그는 말한다.

담담하게 던지는 위트 있는 말들도 그의 매력 중 하나다. 내가 만나본 많은 사람 가운데 그는 자폐를 겪는 삶을 가장 유머러스하게 말할 줄 아는 사람이다. 한번은 같이 산책을 한 적이 있었다. 그때 스티븐이 바닥에 떨어져 있는 막대기를 주워 눈앞에 가까이 대고 자세히 살펴보더니 활짝 웃으며 이렇게 말했다.

"이봐요, 배리, 최고의 감각 자극용 장난감이네요!"

결혼에 관한 이야기가 나오면 스티븐은 늘 농담을 하듯 말한다. 나는 당시 중국에서 교환 학생으로 와있던 그의 아내를 처음 만났다. 그때 두 사람은 음악 공부를 하고 있었고 서로의 과제를 점검해 주는 사이였다. 그때까지는 그저 알고 지내는 관계였는데 어느 날 해변을 걷다가 그녀가 스테판의 손을 잡고 키스를 하더니 꼭 끌어안았다고 했다.

그는 '사회적 이야기' 차원에서 자신이 그때 보인 반응을 설명했다. '사회적 이야기'란 자폐가 있는 사람들이 사회에서 벌어지는 여러 상황을 이해하고 적절히 행동하는 것을 돕기 위해 내 친구 캐럴 그레이가 개발한 기술이다.

"내가 아는 사회적 이야기는 이런 거였어요. 어떤 여자가 당신의 손을 잡고 입을 맞추고 끌어안는 것은 여자 친구가 되고 싶다는 뜻이라고요."

이럴 때 그가 아는 반응은 '좋아요' '안 돼요' '좀 더 생각해 볼래요' 세 가지였다. 그는 '좋아요'를 선택했고 1990년에 결혼해서 지금까지 잘 살고 있다.

사람들은 자폐가 당사자에게나 가족에게나 삶을 평생 어둡게 만들 만큼 무거운 짐일 거라고 생각한다. 하지만 스티븐은 자신과 자기 앞에 놓인 많은 문제들을 밝고 긍정적으로 생각하면서 사람들을 안심시키고 새로운 관점을 갖게 만든다. 이런 유머 감각이 또 다른 면으로 이어져 그를 돋보이게 하는지도 모르겠다.

자폐가 있는 사람으로서는 독특하게 그는 늘 침착함을 잃지 않는다. 자폐증이 있으면 불안감을 호소하는 경우가 많은데 항상 여유로워 보이는 스티븐을 보면 자폐가 있더라도 사람마다 다르다는 것을 알 수 있다. 나는 여러 장소에서 그를 보았다. 청중 앞에 서 있는 그도 보았고 사적인 모임이나 둘만 만난 적도 있었다. 스티븐은 늘 침착했고 사려 깊었으며, 편안해

보였고 같이 있는 사람까지 편하게 해주었다. 여타의 자폐가 있는 사람들과 다르게 그는 새롭고 익숙하지 않은 상황을 탐험하기를 즐긴다.

하지만 스티븐도 다른 사람들이 겪는 조절장애 때문에 힘들 때가 있다. 그가 가장 못 견뎌 하는 것은 아주 가끔이지만 정장을 입고 타이를 매는 것이다. 그리고 시야를 가리기 위해 야구 모자를 자주 쓴다. 그는 또 어린 시절 머리를 깎는 것은 거의 고문에 가까웠다고 했다. 부모에게 자신이 얼마나 불편한지 말로 표현하지 못했기 때문에 더욱 그랬을 것이다. 사람들의 얼굴을 기억하는 것도 힘들다. 대학에서 강의를 할 때는 학기가 다 끝나 가도록 학생들의 얼굴을 봐도 이름을 부르지 못할 때가 많았다.

한편 그는 자신을 차분하게 진정시킬 수 있는 방법을 잘 알고 있다. 그가 자주 여행 계획을 세우는 이유 중 하나는 비행기 타는 것을 무척 좋아하기 때문이다. 자폐가 있는 사람들은 보통 비행기로 여행할 때 무척 혼란을 느끼는데 역시 그는 독특하다. 특히 아이들은 대개 비행기 내부가 너무 좁고 사람들과 가깝게 붙어 앉는 것을 힘들어한다. 그래도 스티븐은 비행기가 이륙할 때 몸에 전달되는 느낌을 너무나 좋아한다. 그래서 계속 여행한다. 이런 소소한 이야기들과 함께, 그는 지금도 자신에게 가장 중요한 것들을 사람들에게 알리기 위해 애쓰고 있다.

내가 만난 자폐가 있는 성인들은 개인적인 경험을 통해 특별한 메시지를 전하며 사람들을 교육하고 있다. 템플 그랜딘은 무언가에 대한 특별한 관심을 직업으로 승화시켰다. 마이클 존 칼리는 가족의 도움을 받지 못하는 사람들을 돕는 것, 그리고 장차 자폐가 있는 사람을 고용할 고용주를 교육하는 것에 중점을 두고 있다. 스티븐 쇼어가 전하는 핵심 메시지 중

하나는 드러내는 것의 중요함이다. 적절한 시기에 가장 사려 깊은 방법으로 아이에게 자폐가 있음을 알려야 한다는 뜻이다(11장 '자폐, 하나의 정체성으로 이해하기' 참고). 그가 이런 세심함을 갖게 된 것은 그에게 문제가 있음을 알릴 때 부모가 보여준 따뜻한 배려와 관심 덕분이었다. 스티븐은 내가 아는 어떤 사람보다 자신의 이야기에 깊은 의미를 두었고 자신의 특별한 여정을 어떻게 나누어야 다른 사람들을 위할 수 있는지 잘 알고 있었다.

이야기의 중심에는 아들에게 희망이 없다는 말을 들었음에도 전문가의 말을 무시하고 자신들의 직관을 따랐던, 그리고 창의력과 사랑으로 자신들의 아이를 키워 낸 부모가 있다. 그 아이가 자라서 비슷한 고통을 겪고 있는 다른 사람과 그 가족들을 돕고 자폐 진단을 받은 아이라도 상상할 수 없는 잠재력을 지니고 있다는 것을 부모들에게 보여 주기 위해 헌신하고 있는 것을 보면 그 부모에 그 아이가 맞는 것 같다.

10장

자폐 안에서
성장하는 법 배우기

자폐가 있는 아이를 키우는 부모와 가족이 어떤 관점을 갖기는 꽤 쉽지 않다. 부모들은 날마다 적절히 살펴줘야 한다는 부담에 사로잡혀서 지금 일어나는 일이 그 순간뿐이라는 생각을 못 할 때가 많다. 아이가 당황스럽고 곤란한 행동에 빠져 있는 것 같을 때면 앞으로 좋아질 거라는 희망을 갖기 힘들다.

당사자의 문제 행동에 패턴이 있다면 더 좋아지리란 기대를 하기 힘들다. 특히 아이가 아주 어린 경우 부모는 아이가 말을 아예 못하게 되거나 몇 가지 말만 되풀이할 뿐 더 좋아지지 않을까 봐 걱정한다. 또 부모는 아이가 인형들을 정확한 순서에 따라 늘어놓는 행동을 언젠가 멈출 수 있을지 아이가 다른 아이들에게 관심을 보일 날이 오기는 할지 친구를 사귈 수는 있을지 청소년이 되면 새로운 음식을 먹을 수는 있을지 회의에 잠기곤 한다.

자폐가 있는 사람들의 부모 역시 같은 문제로 힘들어한다. 불확실성. 이 경우는 특히 미래에 대한 불확실성 때문이다. 꼭 알아야 할 것은 자폐가 있는 사람들도 평범한 다른 사람들처럼 각 발달 단계를 거치며 성장한다는 것이다. 자폐가 있는 아들의 엄마 데나 개스너는 이렇게 말한다.

"자폐를 벗어나서 성장할 순 없어요. 그 안에서 자라는 거죠."

이 자각의 여정은 당사자와 가족에게 평생이 걸리는 일이며 모두에게 저마다 다르다.

사람들이 지혜와 통찰력, 장기적 시각을 기르게 하기 위해, 나는 이번 장에서 다음 네 가족의 이야기를 하려고 한다. 나는 그 아이들이 유치원에 다닐 때부터 만나 사춘기를 거쳐 성인으로 성장하는 과정을 쭉 지켜봤다. 내가 이들의 이야기를 하는 것은 그들이 모범적인 가정이거나 대표적인 사례여서가 아니라 이 젊은이들을 관찰하고 함께 시간을 보내며 알게 된 것, 그리고 그 가족을 지켜보며 배운 것들 때문이다.

이들이 어떻게 성장하고 어려움을 극복했는지 그리고 어떻게 바람직한 관점을 갖게 되었는지 잘 보기 바란다. 사랑은 당신의 여정에도 귀한 가르침을 줄 것이다.

⟩ 가족 사례 ① 랜들 부부 그리고 아들 앤드류 ⟨

"그 아이는 자폐아가 아니에요. 놀라운 능력을 가진 한 인간이죠"

무언가 잘못된 것 같다며 아이의 상태를 확인해 보라고 부모에게 처음 권한 것은 앤드류 랜들의 할머니였다.

앤드류는 세 살이었지만 전부터 여러 가지 문제를 보였다. 태어난 지 20개월쯤 되었을 때 엄마 잔은 앤드류가 그동안 익힌 말들을 자꾸 잊어버리는 것이 이상했다. 그 무렵 앤드류는 단어를 15개 정도 알고 있었는데 그중 몇 가지를 쓰지 않았고, 새로운 말도 더 이상 배우지 못했다. 소아과에 데리고 가자 의사는 별 문제가 없다며 잔을 안심시켰다. 그로부터 얼마 뒤 앤드류보다 두 살 반 위였던 앤드류의 누나 앨리슨이 뇌전증 진단을 받았다. 잔과 남편 밥 랜들은 당연히 당장 닥친 문제에 모든 관심을 쏟았다.

하지만 잔은 앤드류가 조금씩 바뀌는 모습에 점점 당혹스러워졌다. 아이는 엄마와 좀처럼 눈을 마주치지 못했고 사물이나 사람을 가리키려고 하지 않았다. 초등학교 1학년 선생님이었던 잔의 친정어머니는 위험한 신호라 느끼고 딸에게 알렸지만 잔은 엄마의 말을 귀담아듣지 않았다.

그러던 1988년 12월 어느 날, TV를 보던 잔은 〈엔터테인먼트 투나잇〉이라는 프로그램에서 〈레인 맨〉이라는 새 영화를 소개하는 것을 보고 눈을 떼지 못했다.

"누구한테 머리를 한 대 맞은 기분이었어요." 그녀는 그때의 기분을 이렇게 회상했다. "앤드류한테 무슨 문제가 있는지 바로 알게 되었죠."

학교 상담 교사에게 앤드류를 평가받게 한 뒤 잔은 단도직입적으로 자폐인지 물었다. 그녀는 자폐가 있으면 엄마와 이렇게 강한 애착을 맺지 못한다며 아니라고 했다. 틀렸다. 그녀가 내린 진단은 심각한 언어 발달 지연이었다.

잔은 한동안 안심했지만 앤드류는 계속 악화되었다. 그 무렵 앤드류는 아예 한마디도 하지 않았고 배가 고프면 엄마나 아빠를 냉장고로 끌고 갔다. 한번 폭발하면 한 시간 이상 갔고, 하도 심하게 펄쩍펄쩍 뛰어서 아래층까지 울릴 정도였다. 다행히 아래층 사람들은 앤드류의 사정을 이해해주는 좋은 사람이었다. 앤드류는 아홉 달 동안 계속 밤에 잠을 설쳤고 잔은 아이가 깰 때마다 달래주기 위해 밤새 아이 방 앞에 있는 소파에서 잠깐씩 눈을 붙였다.

잔이 결국 학군 내 특수 교육 상담사에게 도움을 청한 것은 앤드류가 다섯 살이 다 되었을 때였다. 학군에서는 앤드류가 아니라 엄마의 육아 기술에 도움을 줄 심리 교사를 추천했다. 하지만 잔의 이야기를 듣고 앤드류를 만나 자세히 살펴본 심리 교사는 아이에게 자폐가 있는 것이 분명하다고 딱 잘라 말했다.

잔은 그 말이 오히려 반가웠다고 했다. "캄캄한 방에 혼자 앉아 있는데 누가 들어와서 블라인드를 다 걷어준 느낌이었어요." 그녀는 그때를 이렇게 회상했다. "따스한 햇볕을 쬐고 있는 기분이었죠."

진단이 내려지자 잔은 새로운 힘이 솟는 걸 느꼈다. 그녀는 자폐에 관한 것이라면 뭐든 다 읽었다. 다른 부모들도 찾아다녔다. 자폐 옹호 단체에도 가입했다. 그리고 하루 종일 특수 교육을 진행하는 프로그램에 아이를 등록했다.

아빠는 더 시간이 지나고 나서야 아이의 장애가 얼마나 심각한지 깨달았다. 잔이 어딘가 안타까운 표정으로 앞으로 누나 앨리슨이 고모가 될 수 없을지 모른다고 했을 때 밥은 무슨 뜻인지 알아듣지 못했다고 한다.

"애 아빠는 나만큼 심각하게 생각하지 않은 거예요." 잔이 말했다.

1990년대에는 자폐 진단을 받은 사람이 요즘처럼 많지 않았고 언론에도 거의 언급되지 않았다. 때문에 그들 부부는 친구와 친척들에게 아이의 상태를 설명하고 곳곳에서 쏟아지는 비난을 막아 내느라 진땀을 흘렸다. 손자 이야기를 듣고 기가 막혔던 외할아버지는 모든 것을 딸 탓으로 돌렸다.

잔은 아이가 세상을 잘 살아가도록 돕기 위해 최선을 다했지만 친척들은 그녀의 육아 방식에 의심을 품었고 잔이 너무 애지중지하기만 해서 아이를 망친 것이라고 했다. 그런 비난들은 상처가 되었지만 그래도 자폐가 있는 아이를 둔 몇몇 부모들에게 위안을 얻을 수 있었다. 그들은 잔의 아픔을 이해해 주었다. 또 아이의 무한한 가능성에 제동을 걸면 안 된다면서 앤드류에 대한 기대를 놓지 말라고 격려해 주었다. 아직 브레이크를 밟지 마라. 아이를 과소평가하지 마라.

문제 속에서도 앤드류의 밝은 성격은 감춰지지 않았다. 앤드류는 안락의자를 뒤로 완전히 젖혀 물구나무를 선 것처럼 있는 자세를 좋아했고 그 자세로 요란스럽게 웃어 대곤 했다. 그 모습을 보면 부모도 웃지 않을 수 없었다. 다른 아이들도 모두 앤드류를 좋아했다. 같은 아파트에 사는 한 소녀는 앤드류를 정말 좋아해서 공원이나 운동장에 혼자 있으면 같이 놀자며 그네도 밀어 주고 게임도 같이 했다. 게임 규칙은 잘 알아듣지 못했지만 앤드류는 늘 다정하게 대했고 게임도 열심히 했다.

잔과 밥은 앤드류 때문에 다른 가족이 하고 싶은 것을 못 하는 일이 없도록 세심하게 배려했다. 또 앤드류가 어릴 때부터 많은 사람을 만나고 다양한 경험을 하게 해주기로 결심했다. 그래서 교회도 데리고 다니고 고모

집이나 이웃집에 보내서 자고 오게 한 적도 있었다. 아빠는 주말마다 지역 YMCA에 아이를 데리고 가서 수영을 했다. 부부는 아이와 같이 식당에도 자주 갔고 모임에도 다녔다. 이런 경험 덕분에 앤드류는 다양한 사람들과 환경 그리고 변화에 적응하는 법을 익힐 수 있었다.

앤드류는 자발적으로 말하는 경우가 거의 없었지만, 몇 가지 표현을 메아리처럼 계속 되풀이할 때는 많았다. 제일 좋아하는 말은 "우리는 밤새 싸웠다"였다. 닥터 수스의 동화책에 나온 문장이었는데 기분이 안 좋거나 누가 화난 것 같으면 늘 그 말을 했다.

하고 싶은 말이 있으면 여전히 몸으로 표현했다. 그래서 가지고 싶은 물건이 있거나 가고 싶은 곳이 있으면 사람들을 직접 끌고 가곤 했다. 할 말을 마음대로 못해 답답해지면 앤드류는 상점이든 식당이든 가리지 않고 폭발했다. 그래도 부모는 계속 가족들이 다 같이 가는 곳이면 어디든 앤드류를 데리고 다녔다.

앤드류가 사춘기가 되자 상황은 더욱 힘들어졌다. 부부는 그때가 정말 힘든 시기였다고 회상했다. 앤드류가 다니던 사립학교는 행동 접근법을 시행하는 곳이었지만 학교생활은 최악이었다. 앤드류가 불안을 못 이겨 폭발하면 담당 교사는 네 단계로 아이를 통제하려고 했고 옷장 안에 가두기까지 했다.

결국 앤드류는 틱 장애가 생겨서 머리와 어깨를 빠르게 움찔거리는 동작을 되풀이했다. 학교 측은 행동 치료로 없애 보려고 했지만 소용없었다. 집에서 아이를 본 치료사는 사랑해도 엄하게 대하라면서 아이의 얼굴을 똑바로 보고 '누가 윗사람인지 알게 해줘라'라고 했다. 이런 어려움 때문에 방과 후 활동은 꿈도 꾸지 못했다. 조절장애가 심했던 앤드류는 집에서도 난폭하게 행동했다. 집 안 곳곳의 벽을 주먹으로 치고 발로 차서 움푹 파이게 만들었고 자동차 유리창을 깨기도 했다. 앤드류는 늘 화가 나 있었고 혼란스러워했고 좌절했다.

앤드류의 부모는 평판이 좋았던 그 사립학교를 한동안 믿었다. 하지만 잔은 곧 앤드류가 그 학교에 계속 다녔다간 더 나빠지기만 할 것 같은 생각이 들었다. 특수 교육 상담사 역시 "앤드류도 이런 식으로 행동하고 싶지 않을 겁니다. 아이도 겁을 먹고 있어요"라고 말하며 그 생각에 확신을 심어 주었다.

결국 그것이 전환점이 되었다. "아이가 통제력을 잃으면 얼굴을 똑바로 쳐다보고 강하게 나가라고 했던 사람들이 모두 틀렸어요. 그들 전부 틀렸다고요. 앤드류는 상처를 받고 있었어요. 인간 이하의 취급을 받았죠. 아이가 흥분한 것도 다 그것 때문이었습니다."

앤드류가 열두 살 되던 해에 부모는 학교를 그만두게 했다. 잔은 그 학교에서 힘든 일들을 겪게 한 것에 눈물로 사과했고, 앤드류는 놀랍게도 엄마를 용서하는 듯했다.

"앤드류에게 더 좋은 곳을 찾아주고 싶었어요." 그녀는 이렇게 회상했다.

그들이 찾아낸 곳은 매사추세츠 남동부 지역에 있는 사우스코스트공동교육원South Coast Educational Collaborative이었다. 공립 특수 교육 기관이었던 학교에서 앤드류는 따스한 환대를 받았다. 선생님들은 부모의 조언을 적극적으로 수용하고 아이를 진심으로 이해해주었다. 자폐가 있는 아이들에게 특히 효과가 있다는 소리를 듣고 잔이 읽기 프로그램을 제안하자 선생님은 주저하지 않고 알아보았다. 프로그램을 시작한 첫날 앤드류는 처음으로 글이라는 것을 읽었다. 그때 아이는 열세 살이었다.

"그들은 앤드류가 가진 능력과 잠재력을 알아봐 줬습니다. 문제라는 생각은 조금도 하지 않고요. 늘 아이를 존중해 주었고 한 인간으로 소중하게 대했습니다. 저 역시 아이를 위한 팀의 일원으로 존중해 주었죠."

그래서 앤드류가 스물두 살이 되어 학교를 떠나야 했을 때 무척 힘들었다고 했다. 앤드류는 무엇이든 열심히 하는 학생이었다. 쓰레기통을 비우고 세탁을 하고 청소기를 돌리면서 바쁘게 움직일 때 가장 행복해했다. 잔은 장애가 있는 성인들을 위해 주에서 운영하는 프로그램 열 군데를 찾아보았다. 마음에 드는 곳은 없었지만 그래도 어딘가에는 들어가야 했기 때문에 한 곳을 찾아 등록했다.

결과는 실망스러웠다. 조직 자체가 허술했고 앤드류를 도와줄 시설도 제대로 갖춰져 있지 않았다. 그때 앤드류는 퇴행하는 모습을 보였지만 잔과 밥은 아들이 좋아질 거라는 희망을 버리지 않았다. 하지만 그런 일은 일어나지 않았고 그들은 결국 앤드류를 집으로 데리고 와야 했다.

그리고 이후 모든 관리를 잔이 도맡아 했다. 이제 앤드류에게는 살아가는 데 필요한 기술들을 알려 주는 코치가 생긴 것이다. 잔은 아들에게 직장에서 갖춰야 할 올바른 행동과 쇼핑이나 대중교통 이용법 등 일상에 꼭 필요한 것들을 가르쳐 주었다. 20대 후반에 앤드류는 슈퍼마켓에서 파트타임으로 쇼핑 카트 정리하는 일을 했다.

현재 30대 중반인 앤드류는 아직도 부모와 함께 살고 있으며 삶의 질을 보장하는 열쇠는 새로운 기회를 향한 열린 마음이라고 말한다. 그는 지원을 통해 많은 선택을 할 수 있는 '참가자 주도 프로그램'이라는 공공 서비스를 받고 있다. 취미로 카약, 서핑, 요가, 테니스, 수채화를 즐긴다. 직업 생활을 돕는 치료사와 일주일에 몇 시간씩 일을 하며, 좋아하는 직업을 얻었다. 시각적 도움과 함께 그는 계속 배우는 중이다. 앤드류는 지루할 때 가장 힘들어하고, 그럴 땐 활동에 참여하지 않거나 소극적이지만 질문을 거듭하고 이전보다 대화도 많이 하면서 언어 능력도 계속 발전하고 있다.

지난날을 돌아보며 밥은 아들의 자폐를 받아들이는 데 시간이 좀 걸린 건 사실이라고 인정했다. 어린이 야구단에도 못 들어가고 운전도 못하고 가정을 꾸리지 못할 수도 있다는 것을 받아들이기 힘들었다고 했다.

"그런 것들을 극복하고 나니 아이를 있는 그대로 보게 되더군요. 저는 지금의 제 아들이 자랑스럽습니다. 기회가 주어지면 그 아이는 뭐든 합니다."

몇 년 전부터는 누나 앨리슨을 '앨리캣'이라고 부르기 시작하더니 지금은 여자 이름마다 '-캣'이라는 접미사를 붙여서 부른다. 같이 있을 때 편안한 사람에게만 그렇게 부른다.

오래전 한 시리얼 광고를 본 뒤로는 여러 과자를 섞어 놓은 것이면 모두 '크런치 스타'라고 부른다. 미안하다고 말해야 할 일이 있을 때는 "엄마, 아야 하지 마"라고 말한다. 자신이 힘든 사춘기를 보내며 난폭한 행동을 할 때 엄마가 했던 말을 기억한 것이다.

짓궂은 구석도 있다. 앤드류는 멘토들과 많은 시간을 보내는데 그중 한 사람의 차를 타고 이동할 때는 차량 통풍구에 병마개를 잔뜩 끼워 놓고 그녀가 어떤 반응을 보이는지 장난스럽게 시험해 보기도 한다.

잔은 예전에 슈퍼마켓 같은 곳에서 아이가 우는 소리가 들리면 곧바로 아이 부모 탓을 했다고 했다. 물론 지금은 아니다.

"앤드류는 저에게 인내하는 법을 가르쳐 줬어요. 그리고 좋은 일들은 여러 가지 다른 모습으로 다가온다는 것도 알려 줬죠."

그녀는 아들이 세상을 살아가는 데 자폐가 아무리 안 좋은 영향을 미치더라도 앤드류에게는 이겨낼 힘이 있다고 말한다.

"그 아이는 자폐아가 아니에요. 놀라운 능력을 가진 한 인간이죠."

﹩ 가족 사례 ② 코레이아 부부 그리고 아들 매튜 ﹩
"매튜는 날마다 내가 어떻게 살아야 할지 가르쳐 줘요"

아들 매튜에게 처음으로 자폐가 의심되었을 때 캐시 코레이아는 엄청난 두려움에 빠졌다.

캐시는 대학을 졸업하자마자 자폐나 다른 장애가 있는 사람들이 쉼터에 있는 작업장에서 장신구 부속물들을 분류하는 것을 감독했다. 그들 중에는 기관에서 지내는 사람들도 있었는데 캐시는 자기 아들이 그렇게 될 수도 있다는 것이 믿기지 않았다.

"사람들이 내 아들을 보고 그런 단어를 쓰기 시작하자 이런 생각이 들더군요. '대체 저 사람들이 내 아들한테 무슨 말을 하려는 거지?' 그때 제 기분이 그랬어요."

그녀는 둘째인 매트에게 어떤 문제가 있다고 생각해 본 적이 단 한 번도 없었다. 매트는 걸음마를 시작할 때부터 말을 잘했고 원하는 것에 대한 표현도 확실했다. 하지만 대화를 할 때 엄마가 바라는 대로 반응하지 않았다. 상대방이 말을 걸면 대답을 하는 것이 아니라 그 사람이 한 말을 계속 되풀이하기만 했다.

형이 TV를 보고 있어도 아무것도 모르는 것처럼 TV 앞을 딱 막고 서 있기도 했다. 소아과 의사에게 이런 이야기들을 해 봤지만 그는 매튜가 유치원에 들어가 다른 아이들과 지내는 것을 보기 전에는 성급히 판단하지 말자고 했다. 유치원에 입학하고 두 달 정도 지나자 선생님들은 아이에게 문제가 있다는 것을 알아차렸다. 캐시와 남편 데이비드가 참석한 회의에서 그들은 매트가 다른 아이들과 거의 놀지 않고 늘 혼자 있으면서 몇 가지 행동들을 되풀이하고, 불안해지면 두 팔을 날개처럼 퍼덕거린다고 했다. 그런 말을 듣고 놀라지 않은 것은 아니었지만 자폐일 거라는 생각은 하지 못했다. 이웃 중에 매트보다 몇 살 많은 아이가 자폐 진단을 받았었는데 그 아이는 말을 전혀 하지 않았다. 하지만 매트는 수다스러운 아이였고 엄마나 아빠가 한 말을 따라 할 때도 많았다.

의사가 전반적 발달장애(당시 자폐스펙트럼장애 대신 쓰였던 용어)라는 진단을 내리자 이들 부모는 각자 달랐지만 서로 보완이 될 수 있는 반응을 보였다. 데이비드는 아들에게 내려진 평가가 정확하다고 믿는 한편, 앞으로 어떻게 진행될지 기다려 보자는 입장이었다. 하지만 캐시는 구할 수 있는 모든 정보와 지원 내용을 알아보기 위해 곧바로 다른 부모들과 연락하고 자폐 단체에 가입했다. 힘들어하는 아이를 지켜보며 캐시는 다른 엄마들에게 위안을 얻었다.

하고 싶은 말들을 마음대로 할 수 없어 짜증이 폭발하면 매트는 엄마나 주변에 있는 사람들에게 달려들어 할퀴곤 했다. 외출할 때 준비를 마치지 못하면 온몸을 마구 흔들어 대며 거칠게 굴었다. 가끔 가족 모임이 있을 때는 사촌들을 향해 팔을 휘두르거나 손톱으로 할퀴기도 했다. 친척들이 매트의 상황을 이해해 주는 배려심 깊은 사람들이라 다행이었다.

매트의 1, 2학년 담임이었던 트레이시도 그런 사람이었다. 공립학교에 갓 부임한 그녀는 아이들의 대화를 이끌어 내고 활동에 참여시킬 수 있는 방법을 찾는 데 타고난 능력이 있었다.

1학년이 되고 처음 며칠 동안 매트는 하루 종일 울었다. 하지만 트레이시는 아이에게 관심을 가지고 무엇이 문제인지 알아보며 도와주려 애썼다. 매트가 밤에 꾼 꿈 때문에 무섭다고 하자 그녀는 반 아이들과 꿈의 내용을 재미있게 재현해 보였다. 덕분에 매트는 꿈 때문에 생긴 두려움을 물리칠 수 있었다.

과거를 돌아보며 데이비드는 매트의 두 가지 모습을 기억한다고 했다. 하나는 트레이시를 만나기 전 자기 속에 갇혀 늘 짜증만 부렸던 소년의 모습이고, 다른 하나는 세상으로 나와 훨씬 풍부하게 표현하면서 행복해하는 모습이었다. 그에 따라 아빠로서 겪은 느낌도 달랐다. "아이가 어렸을 때는 저도 정말 힘들었습니다. 그런데 아이가 밝아지자 세상이 달라지더군요."

또 한 선생님은 부드러운 솔로 몸을 마사지하는 법을 알려 주었다. 그렇게 하면 촉각이나 여러 감각 자극을 받아들이기 편해진다고 했다. 가끔은 그 방법도 매트에게 효과가 있는 것 같았다.

하지만 2학년 이후 매트의 학업은 실망스러웠고 방법에서도 끊임없는 문제에 부딪쳤다. 선생님들은 아이의 독특한 학습법을 파악해서 감안하는 대신 모두에게 적용되는 보편적인 방식만 고집했다. 자폐가 있는 다른 많은 아이처럼 매트는 페이지에 쓰여 있는 단어들을 기계적으로 읽긴 했지만 이해력은 상당히 떨어졌다.

캐시는 아들의 행동을 문제시하면서, 아이의 장점은 보지 않고 학습 장애에 대한 이야기만 늘어놓는 선생님들에게 실망했다. 그들이 행동 수정기법, 보상, 제재 같은 말들을 남발하는 것도 거슬렸다. 그런 방법은 매튜에게 도움이 되기는커녕 스트레스만 가중시켰다.

캐시는 자폐에 대한 모든 것을 알기 위해 끊임없이 노력했고 노력은 결실을 맺었다. 한 간담회에서 상영한 영화를 보며 그녀는 잘 느껴지지 않는 사소한 좌절이 아이 내부에 어떻게 쌓이는지 알게 되었고, 결국 그것이 문제 행동으로 표출된다는 것도 알게 되었다. 영화에 나오는 선생님들의 행동은 아이들을 더욱 힘들고 불안하게 만들었다. 그 순간 캐시는 최근 매트에게 생긴 틱 장애가 생각났다. 매트는 손가락으로 머리카락을 비비 꼬다가 한 움큼씩 잡아 뜯곤 했다.

"영화를 보고 모든 게 아이 잘못이 아니라는 것을 알게 되었어요." 그녀가 이렇게 회상했다. "아이가 처한 상황이 문제였죠." 며칠 후 캐시는 학교 상담 교사를 만나 자신의 생각을 말했다. 그녀는 매튜의 시간표를 바꿔 줄 것, 그리고 아이가 받는 스트레스를 줄이고 스스로 정서 상태를 조절할 수 있도록 학교 측의 접근 방식도 바꿔 달라고 요청하고 자신이 바라는 내용도 제안했다. 다행히 상담 교사와 선생님들은 기꺼이 변화를 받아들였다.

고등학교 생활은 훨씬 행복했다. 매트는 특수 교육 기관에 등록해서 다녔고, 그 뒤로도 3년 동안 성인의 삶을 준비하는 데 도움이 되는 프로그램에 참여했다.

캐시는 매트가 의사소통을 하고 스스로 조절하는 법을 익히는 데 도움이 될 만한 것들은 무엇이든 읽고 살펴보며 자폐에 대한 지식과 이해의 폭을 넓혔다. 반면 남편 데이비드는 정반대로 행동했다. 자폐를 주제로 하는 책이나 강연은 무조건 피했다.

"자폐에 대해서라면 책이 아니라 글도 한 줄 안 읽었습니다." 알고 싶지 않아서가 아니었다. 그는 진단이 아니라 아들 자체에 집중하고 싶었던 것이다. "처음부터 저는 매트 자체와 소통을 하고 싶었고, 제 직관을 믿고 싶었습니다."

그가 그렇게 할수록 아빠의 눈에는 정직하고 순수하고 사랑스럽고, 기쁨에 차 있는 한 젊은이가 보였다. 매트는 시간, 시계, 달력, 스포츠(특히 축구처럼 시간이 정해진 것들) 등 자신이 열정을 느끼는 것들로 주변 사람들을 즐겁게 만들었다.

유치원에 다닐 때는 그렇게 짜증스럽고 불편해 보이기만 했던 아이가 십 대를 거쳐 청년이 되어서는 차분하고 느긋해졌다. 한계가 있긴 했지만 그 안에서는 편안하고 독립적으로 자신의 능력을 발휘하는 사람이 되었다. 언젠가 아이가 다니던 학교 직원의 추도식에 매트를 데리고 다녀온 캐시는 이렇게 말했다.

"매트는 사람들이 그렇게 많이 있는데도 편해 보였어요. 사람들과 악수를 하고, 반갑게 인사하고, 고인에 대한 추억도 나누었죠."

매트는 혼자서 잘하는 것이 무척 많다. 지하철역에 식당이 보이면 혼자들어가 먹고 싶은 샌드위치를 고른 뒤 능숙하게 계산한다. 집 근처 슈퍼마켓에 가면 어떤 물건이 어디에 있는지 다 꿰고 있다. 그래서 가족끼리 장을 보러 가면 도움이 될 때가 많다. 집에서는 자기 물건들을 깔끔하게 정리해 놓는다. 식사 메뉴를 정할 때는 자기가 좋아하는 것들을 말하며 영향력을 발휘한다. 자기가 싫어하는 것을 캐시가 사왔을 때는 꼭 짚고 넘어간다. 컴퓨터도 능숙하게 다루고 가족들의 스케줄도 줄줄 외운다.

예전만큼은 아니지만 지금도 곤란한 부분들은 있다. 헌혈 캠페인 광고판을 보면 불안해하고, 다른 사람들과 대화를 할 때는 여전히 자기가 좋아하는 것들에 지나치게 집중한다. 그는 자신의 한계도 잘 안다. 물론 그중에는 스스로 한계라 생각하는 것들도 있다. 방향 감각도 뛰어나고 차에 대해 잘 알지만 운전 연수를 받지 않는 것도 그런 이유다. "매트는 자신에게 도움이 되는 것과 아닌 것을 구분할 줄 알아요. 특별히 우리가 못하게 하지 않는데도 자신이 할 수 있는 것과 할 수 없는 것을 아는 것 같아요." 캐시의 말이다.

자폐의 영향을 그가 아느냐 모르느냐 하는 것은 별개의 문제다. 매트가 고등학교 3학년일 때 가족들은 매트의 담임 선생님이 자폐에 관한 학급 회의를 계획 중이라는 것을 알았다. 부부는 머리를 맞대고 어떻게 대처해야 할지 고민했다. 결국 그들은 매트에게 그 시간에 빠지라고 말하기로 했다.

캐시는 매트가 왜 형과 같은 학교 버스를 타고 다니지 않았는지, 왜 다른 사람들은 쉬워하는 것들을 자신은 어려워하는지 설명해줘야 한다는 생각은 하고 있었지만 한 번도 "너한테 자폐가 있기 때문이야"라는 말은 하지 않았다. 담임 선생님은 매트도 자신의 장애를 알아야 직장을 구할 때 등 여러 경우에 스스로를 옹호할 수 있다고 했다. 하지만 부모는 매트가 자신의 장애를 알게 되면 자신에게 문제가 있다는 생각을 갖게 될까봐 걱정하는 마음이 더 컸다. 데이비드는 이렇게 말했다.

"아이를 장애 위주로 인식해서는 안 됩니다. 아이에 대한 생각이 아니라 아이 자체와 소통해야 해요."

가끔 캐시는 매트와 자폐에 관한 이야기를 나눈다. 그럴 때 그녀는 사실적이고 객관적인 입장을 유지하면서 왜 매트에게는 더 많은 도움이 필요한지 알아듣도록 차분히 설명해 준다. 이제 30대인 매트는 자신의 강점, 장애 그리고 자폐에 대해 더 자유롭게 이야기한다. 자신을 변호하고 이해할 능력이 생겼을 만큼 성숙해졌으며 계속 질문하고 건설적이고 긍정적인 방법으로 감정을 표현한다. 그는 미러클 프로젝트-뉴잉글랜드의 내가 함께 만든 연극, 표현 예술 프로그램에도 참여한다. 선뜻 자신의 아이디어와 창의성을 공유하면서 말이다.

매트는 주민들에게 식사를 배달하거나 체육 수업, 레크리에이션, 수학여행이 중심인 지역 활동에도 나간다. 그는 프로그램 관계자들에게 칭찬을 받으며 특히 의사소통에 심각한 문제가 있는 사람들에게 열정과 인내심이 있다고 명성을 얻었다.

가족들은 집 밖에서의 매트의 미래에 대해 조바심을 내지 않았고, 매트 역시 성급하게 세상에 나갈 생각이 없는 것 같다. 가족들은 매트와 함께 있는 것을 즐거워하고, 매트도 가족이 친하게 지내는 친구들과 어울리는 것을 진심으로 좋아한다.

장애가 있는 사람들과 일하던 시절을 떠올리며 캐시는 가족과 같은 집에서 사는 사람들이 가장 좋은 삶을 누리며 일을 잘했다고 했다. 요즘 그녀와 데이비드는 매트에게 상을 받는 기분이 들어 행복하다고 말한다.

"매트와 사는 것은 서로에게 좋아요." 데이비드는 아들에게서 다정함과 정직, 열정을 배웠다고 했다. "그 아이는 날마다 내가 어떻게 살아야 할지 가르쳐줘요."

⫸ 가족 사례 ③ 도맹그 부부 그리고 아들 닉 ⫷

"한 번에 한 걸음씩 나아가면 되는 거예요"

아들 닉이 네 살 때 있었던 일은 밥 도맹그의 가장 고통스러운 기억 중 하나다. 닉은 말은 할 수 있었지만 갑자기 말문을 닫아 버릴 때가 있었고 가끔은 하고 싶은 말을 하지 못해 힘들어하기도 했다. 언어재활사는 밥과 그의 아내 바버라에게 가능하면 언제든 닉이 말을 하도록 억지로라도 시켜야 한다고 했다.

어느 날 오후, 닉이 부엌에 있는 아빠에게 오더니 손을 잡고 냉장고 앞으로 끌고 갔다. "뭘 줄까, 닉?" 밥이 물었다. 닉은 아무 말 없이 아빠의 손을 냉장고 문에 갖다 댔다. "뭘 먹고 싶니?" 재활사의 조언에 따라 밥이 다시 물었다.

닉이 간신히 한마디 했다. "문."

밥은 아들이 뭘 원하는지 알고 있었다. 주스였다. 하지만 아들이 스스로 말을 하도록 계속 몰아붙였고 닉은 끙끙거리기만 했다. "우유를 마시고 싶니?" 아빠가 우유병을 꺼내 들고 물었다. 닉은 끙끙거리며 고개를 저었다. 이번에는 피클통을 들고 물었다. "피클이 먹고 싶니?" 실망해서 풀이 죽은 닉은 얼굴을 잔뜩 찌푸린 채 한쪽 구석으로 터덜터덜 걸어가더니 바닥에 주저앉아 소리 없이 울기 시작했다.

오랜 세월이 지난 지금도 그날의 기억만 떠올리면 밥과 바버라는 속상해진다.

"닉은 분명히 자기 뜻을 전하고 있었어요. 그런 아이를 왜 그렇게 몰아붙였을까요." 밥이 말했다. "꼭 그럴 필요는 없었는데…."

바버라는 그 일로 중요한 것을 배웠다고 했다. 아들에 대해서만큼은 자신들의 직관을 믿어야 한다는 것이다. "부모로서 어떤 것을 꼭 해야 할 것 같은 기분이 들면, 그건 꼭 해야 하는 일인 거예요. 우리는 직관을 따라야 합니다." 이 직관으로 가족은 고통과 비극, 놀라운 일들로 얼룩진 30년의 여정을 버텨왔다.

세 아이 중 둘째인 닉은 두 살이 채 안 되었을 때 듣는 것에 문제가 있어 보였다. 여정은 그때부터 시작되었다. 이름을 불러도 반응이 없었고 주전자나 프라이팬이 탕하고 떨어지거나 쨍그랑거리는 큰 소리가 나도 아무 반응을 하지 않았다. 하지만 엄마가 주방에서 "팝 시클(아이스 바의 일종)이다!"라고 하면 늘 뛰어왔다.

닉에게는 장난감을 줄 세우는 버릇이 있었다. 두 손과 팔도 퍼덕거렸다. 쉽게 짜증을 냈고 아무 이유도 없이 소리를 질렀다. 한번은 누나의 어깨를 너무 세게 물어서 피가 난 적도 있었다.

두 살 반일 때 닉은 자폐 진단을 받았다. 부모는 자폐에 대해 아는 것이 거의 없었지만 바버라는 앞이 보이지 않는 오빠와 같이 자랐고 밥의 여동생들은 발달 지연이 있었기 때문인지 큰 충격은 받지 않았다. 바버라는 즉시 작업에 착수했다. 자폐에 관한 것은 무엇이든 읽었으며 책 작가나 전문가들에게 전화를 걸어 필요한 조언을 구하기도 했다. 부부는 도와줄 수 있는 전문가들을 찾아냈고 로드아일랜드주 프로비던스의 브래들리 소아과에서 내가 운영을 돕던 프로그램을 통해 같은 처지에 있는 다른 부모들도 알게 되었다.

주변에서 많은 도움을 받았지만 닉의 상태는 여전히 심각했다. 단어들을 이어서 의사를 전달하지 못했고 몹시 흥분할 때도 많았다. 엄마, 아빠에게 달려들어 할퀴는 것은 보통이었고 그러다 밥의 오른쪽 눈 각막이 찢긴 적도 있었다.

닉은 또 툭하면 아무 데나 달려 나갔다. 언젠가 바버라는 닉이 만화를 보고 있어서 방에 혼자 둔 적이 있었다. 그런데 얼마 뒤 방에 들어가 보니 아이가 없었다. 집 안 곳곳을 다 찾아도 닉은 보이지 않았다. 바버라는 공황 상태에 빠져 밖으로 뛰쳐나갔다. 근처에 호수가 있다는 데 생각이 미치자 혹시 물에 빠지지 않았는지 너무 걱정되었다. 다행히 호수까지 가기 전에 행인이 아이를 보고 뭔가 이상하다는 생각에 붙잡고 있었는데 그때 바버라가 나타났다.

닉의 주된 의사소통 방법은 반향어였다. 가끔 꽤 복잡한 문장을 말해서 부모를 놀라게 할 때도 있었는데 누나 베서니가 맥락을 짚어 잘 연결해 보니 TV 드라마에 나왔던 대사를 따라 한 것이었다.

닉이 어릴 때부터, 밥은 아이의 발달을 위해서는 모든 활동을 재미있게 만들고 유머를 활용하는 것이 중요하다는 것을 알았다. 닉은 몸을 움직이는 활동을 할 때 정서적으로 가장 안정되었기 때문에 밥은 '스톱 앤 고'라는 게임을 만들었다. 아이들이 방 안을 자유롭게 뛰어다니다가 술래가 스톱이라고 외치면 얼음처럼 모든 동작을 멈추는 게임이었다. 또 간지럼 태우는 놀이를 할 때 닉이 좀 더 활발하게 사회적인 상호작용을 한다는 것을 깨닫고 밥은 기회가 있을 때마다 새로운 기술을 가르쳤다.

닉이 학교에 들어갈 나이가 되자 가족은 폴리버에서 스완지로 이사를 했다. 아이를 위해서는 그 지역의 학군이 가장 좋을 거라는 판단에서였다. 밥과 바버라는 모두 가톨릭 학교를 나왔고 아이들도 그렇게 할 생각이었다.

부부가 닉을 입학시킨 가톨릭 학교는 장애가 있는 아이들이 별로 없는 곳이었다. 닉의 담임 선생님은 아이를 위해 교실 안에 커튼을 단 작은 공간을 만들어 주었다. 그래서 닉이 자극을 너무 많이 받아 교실에서 벗어나고 싶어 하는 것 같으면 그곳으로 데려가 헤드폰으로 음악을 듣게 해주었다. 가끔 힘든 모습을 보이긴 했지만 닉은 몇몇 과목들을 아주 잘했다. 수학은 특히 뛰어나서 다른 아이들이 도움을 청할 정도였다.

중학교에 가서는 아이들로부터 종종 따돌림을 당했고 교장실에 갇혀서 벌을 받은 적도 있었다. 화장실에서 어떤 아이에게 '여기다 입을 대!'라고 협박했다는 것이었다. 하지만 그 말은 다른 아이들이 하는 말들을 따라하던 반향어 중 하나라는 것이 밝혀졌고 밥은 아이에게 정확히 설명해야 했다. "우린 다 이해해, 닉. 하지만 그런 말을 다른 사람에게 하면 그 사람은 네가 자기를 공격할 거라고 생각하게 돼."

닉은 일찍부터 비디오 게임에 푹 빠졌다. 2학년 때는 이런 글을 쓸 정도였다. "할 수만 있다면 비디오 게임으로 들어가고 싶다. 나는 닌텐도를 할 때 제일 행복하다."

닉이 여덟 살이었을 때 바버라는 아이들이 손을 눈앞에 들고 십자 무늬를 그리는 버릇이 있다는 것을 알았다. 왜 그러냐고 묻자 닉은 미로를 구상하는 데 도움이 되기 때문이라고 했다. 자신이 '자극 생명체'라고 이름을 붙인 상상 속의 캐릭터들이 자기 마음속에서 달리고 있는 미로라고 했다.

"그런 행동을 못하게 하는 것은 아이가 하는 창의적인 활동을 막아 버리는 거예요. 보기엔 좀 이상할지 몰라도 물어보면 다 말해줍니다." 바버라가 말했다.

같은 해 도맹그 가족에게 예기치 못한 비극이 생겼다. 닉의 동생인 네이

선의 생일을 맞아 다 같이 저녁을 먹은 뒤에 차를 타고 집에 돌아오는 길이었다. 그때 맞은편에서 트럭 한 대가 신호를 무시한 채 달려와 가족의 차를 들이받았다. 사고로 닉의 누나 베서니가 머리를 크게 다치고 말았다. 그 뒤 베서니는 거의 일 년 동안 입원을 해서 재활 치료를 받았지만 신체 일부가 마비되고 장애가 심각해 말을 거의 할 수 없게 되었다.

두 형제는 다행히 다치지는 않았지만 밥과 바버라가 베서니의 회복에 정신을 쏟고 있는 사이 닉의 상태는 퇴행하고 있었다. 누나의 상태를 알고 괴로워하던 닉은 신에게 편지를 썼다.

"저에게 누나가 있게 해주셔서 고맙습니다. 누나는 늘 날 이해해 주었고 친절하게 대해줬어요. 이 세상에서 딱 한 사람하고만 살아야 한다면 누나랑 살 거예요."

나중에도 닉은 고통스러웠던 사고의 기억을 떨쳐 버리지 못했다. 사고가 나기 전 밥은 닉이 언젠가 운전면허를 딸 수 있기를 바랐다. 하지만 막상 운전을 하게 되자 닉은 그날의 기억이 떠올라 극심한 공황 상태에 빠졌고 가족은 결국 그 기대를 포기했다.

닉은 여전히 비디오 게임을 만들겠다는 꿈을 갖고 세 개 대학 프로그램에서 컴퓨터 게임 프로그래밍과 디자인 학위를 따기 위해 열심히 노력했다. 또 대중교통을 이용해야 했기 때문에 버스 시스템을 완전히 익히고 시간표와 시내 지도도 모두 암기했다. 닉이 처음으로 혼자 외출하던 날, 밥은 차를 몰고 버스 뒤를 따라다니며 닉이 갈아탈 데서 정확히 갈아타는지 지켜보았다.

밥과 바버라는 가끔 닉의 방에 들어가 보곤 했다. 어떨 때 닉은 물건들을 완벽하게 줄 맞춰 세우고 있거나 원을 그리며 빙빙 돌고 있었다. 숙제할 시간이라고 말해도 계속 그러고 있었다. "모두 다 과정이었던 겁니다." 밥은 이렇게 설명했다. "빙빙 돌고 줄을 세우는 행동은 못하게 막아야 하는 것들이 아니었어요. 아이가 생각을 하는 데 도움이 되었죠."

그 무렵 닉은 대학 과정을 마쳤지만 게임 산업이 급변하는 바람에 그동안 배웠던 것들 대부분이 무용지물이 되고 말았다. 닉은 최신 3D 게임은 좋아하지 않았기 때문에 게임에 대한 관심은 점차 시들해졌다.

지금도 부모와 함께 살고 있는 닉은 상냥한 말투를 쓰는 사려 깊고 절제된 사람이다. 몸을 움직여 에너지를 발산하며 늘 산만했던 어린 시절과 달리, 어른이 된 그는 주변 사람들을 예민하게 의식하는 편이다. 그는 몇 년간 극장에서 파트타임으로 티켓과 할인권을 판매하는 일을 했다. 이 일에는 융통성 없는 사고방식이 도움이 되기도 한다.

한번은 닉이 성인 영화에 입장하려는 고객에게 생년월일이 나와 있는 신분증을 보여 달라고 강하게 요구한 적이 있었다. 그 사람은 고객으로 위장한 최고 관리자인 것이 밝혀졌고 닉은 그 일로 크게 칭찬을 받았다.

닉은 엄마 바버라가 설립하고 운영 중인 자폐자료원CAR, Community Autism Resources 이라는 비영리 단체에서 파트타임으로 회계 장부 기록하는 일을 하고 있다. 자폐자료원은 뉴잉글랜드 남부의 수천 가족에게 지원 프로그램을 제공하고 도움을 준다.

이 일 역시 닉의 철두철미한 성격과 규칙을 고수하는 완고함에 잘 맞을 뿐 아니라 흥미를 느껴 관련 자격증을 따는 것도 생각 중이다. 그는 한때 자신을 돌봐주었던 누나를 돌볼 때도 돕는다. 균형을 맞추는 것은 어렵다. 닉은 특정 작업을 기억하는 데 어려움이 따른다는 것을 인정하지만 시각적인 지원이 있으면 가능하다.

닉은 자신의 번 돈을 재정적 안정을 이루는 데 쓰기를 원하며 부모님을 잃었을 때의 두려움을 말하기도 한다. 바버라와 밥도 아이들이 자신의 나이가 되었을 때 어떤 모습일지 생각하기 힘들다고 말한다. 닉이 아무리 성인이라 한들 누군가의 '못된 말'이 닉을 상처 입힐까 걱정이다.

바버라는 자폐가 있는 아이를 둔 다른 부모와 처음으로 이야기했던 것을 기억한다. 그녀는 누군가가 알려 준 자폐 옹호 단체의 번호로 전화를 걸어서 세 살 된 아들이 얼마 전 자폐 진단을 받은 이야기를 했다.

"우리 아들은 여덟 살이에요. 괜찮을 거예요." 전화를 받은 상대방은 이렇게 말했었다.

전문가 수준의 부모들과 바버라가 하는 조언도 크게 다르지 않다. 하루하루에 의미를 두고 한 걸음씩 앞으로 나아가는 것. 미래를 생각하되 한 가지 계획에 올인하지는 말라는 것. 도맹그 가족은 그 교훈의 중요함을 누구보다 잘 알고 있다.

⟩ 가족 사례 ④ 카나 가족 그리고 아들 저스틴 ⟨
"그 아이는 그럼에도 불구하고가 아니라 그렇기 때문에 성공한 겁니다"

마리아 테레사는 저스틴이 두 살 때 찍은 가족 모임 영상을 지금도 가끔 본다. 화면 속의 저스틴은 막대기를 들고 여기저기 걸어 다니고 있다. 사촌들이나 다른 사람들은 전혀 의식하지 않는 것처럼 보인다. 부모가 불러도 저스틴은 쳐다보지 않는다.

세상과 떨어져 침묵 속에서 살던 아이가 오늘날 이렇게 활달하고 패기 넘치고 유쾌하고 재능 있는 화가로 성장해 다른 아이들에게 그림을 가르치고 있다는 것이 믿기지 않는다.

이렇게 바뀔 수 있었던 것은 모두 부모 덕분이다. 그들은 독특하고 유별난 저스틴의 성격을 있는 그대로 받아들이고 다독여 주었다. 또 필요할 때는 아들이 최대한 잘 지낼 수 있도록 주변 사람들을 몰아쳐 돕게 하기도 했다.

두 아들 중 둘째인 저스틴은 정상적으로 자라다가 두 살 무렵부터 그동안 익힌 말들을 대부분 잊어버렸다. 마치 세상에서 떨어져 사는 아이처럼 보였다. 마리아는 그때를 이렇게 회상한다.

"갑자기 모든 것이 제로가 된 것 같은 기분이었어요."

의사는 자폐가 아니라 전반적 발달장애라고 했는데 마리아는 그 진단 때문에 큰 피해를 봤다고 했다. "일 년이 더 지나서야 자폐라는 것이 밝혀졌죠."

진단을 받은 뒤 가족은 당시 보스턴 에머슨 대학에 있던 나를 만나러 왔다. 닉을 만난 나는 아이가 주변 자극에 빠른 반응을 보이진 않지만 호기심이 많고 기민하고 집중력이 매우 뛰어나다는 것을 알게 되었다. 자폐증은 확실했다. 그러나 적절한 도움을 받고 기대를 높이면 아이는 무한한 능력을 발휘할 수 있을 거라고 말해 주었다.

아빠 브라이언트는 그런 식의 접근을 간단히 이렇게 정리했다.

"많이 해주고 많이 바라는 것."

당시 카나 가족은 브라이언트의 일 때문에 벨기에에 살고 있었는데 그곳에서는 필요한 도움을 거의 받지 못했다. 저스틴이 다니던 국제 학교에서는 아무것도 해주지 못했고 마리아는 점점 더 낙담했다. 아이가 말은 할 수 있을지조차 걱정이었다. 아들을 도울 방법을 찾던 브라이언트는 저스틴의 미술 재능을 발견하고 스토리보드와 비디오 영상으로 화장실 이용법이나 위험을 피하는 법 같은 기본 기술을 가르쳤다. 저스틴은 그들이 상상하지 못했던 방법으로 즉각 반응했다. "그때 저스틴이 영리한 아이라는 것을 알았죠. 정보를 형상화해서 보여주면 저스틴은 그 자리에서 바로 이해했습니다."

카나 가족은 저스틴이 제대로 된 삶을 살기 위해서는 많은 도움이 필요하다는 것을 알았다. 유럽에서 방법을 찾지 못한 그들은 미국으로 돌아와 로드아일랜드 근처에 자리를 잡았다. 그곳에서 통합 교육을 실시하는 한 공립학교에 아이를 입학시켰지만 몇 년 뒤 남은 것은 실망뿐이었다. 선생님들은 독단적으로 저스틴을 다른 아이들과 같은 수업에 참여시키지 않고 별도로 가르쳤다. 저스틴에게 배정된 보조 교사는 자격 요건은 매우 인상적이었으나 저스틴에게 깊은 관심을 갖지 않았다.

그때의 실망으로 카나 가족은 큰 교훈을 얻었다. 그들에게 가장 필요한 사람은 저스틴에게 모든 노력을 기울이는 사람이었다.

"학벌이나 다른 조건들은 신경 쓰지 않았어요." 마리아가 말했다.

"아이를 믿어 주고 아이와 같이하는 것에 열정을 갖는 사람이면 충분했죠. 그런 사람들이 아이에게 관심을 갖고 열심히 지도해 주면 아이도 따라가게 되어 있으니까요."

프로비던스의 공립학교에서 그런 교사를 찾지 못해 좌절한 가족은 다시 뉴저지에 있는 몬트클레어로 이주했고 그곳에서 한 학교를 찾아냈다. 그 학교는 장애가 있는 아이들의 통합 교육에 전념하면서 아이의 수준에 맞는 지원을 제공하고 있었다. 환경이 갖추어지자 저스틴이 가진 좋은 면들이 드러나기 시작했다. 저스틴의 유머 감각은 훌륭했고, 동물을 헌신적으로 사랑했다. 누구보다 부지런했으며 늘 부모와 선생님들을 기쁘게 해주고 싶어 했다. 어릴 때부터 껴안는 것을 좋아했던 저스틴은 가족에 대한 애정도 남달랐다.

말을 하기 전에 저스틴은 그림을 그렸고 시간이 지날수록 부모는 자신들이 키워줄 수 있는 아이의 엄청난 잠재력을 확신했다. 저스틴은 몇 시간씩 만화 캐릭터들을 그리곤 했으며, 특히 〈세서미 스트리트〉와 디즈니의 만화 시리즈 〈루니 툰〉의 주인공들을 좋아해서, 어릴 때는 그들과 대화하는 것이 아이가 하는 말의 전부일 정도였다.

그렇게 싹튼 재능도 마리아가 아이를 위해 할 수 있는 모든 길을 찾아보며 고집스러울 만큼 집요하고 창의적으로 지지해주지 않았다면 취미 이상은 되지 못했을 것이다.

"나만 위한 일을 하는 것은 부끄럽지만 아들에 대해서는 그렇지 않아요. 창피하지 않죠."

결국 마리아는 데니스 멜루치라는 미술 교사를 찾아냈다. 그녀는 당시 열 살이던 저스틴을 안전지대 밖으로 끌어내, 만화 캐릭터들만 그리던 수준에서 인물화와 풍경화라는 폭넓은 영역으로 아이의 재능을 확장하는 데 성공했다(7장 '아이에게 꼭 필요한 사람 되기' 참고).

마리아 테레사는 또 사회성을 키워 줄 헌신적이고 열의 넘치는 교사와 작업 치료사 등 아이의 능력을 최대화해 줄 다른 전문가들도 찾았다.

"부모들은 아이를 학교에 보내고 이런 생각을 합니다. '선생님들이 잘 돌봐 줄 거야.' 그 정도로는 안 됩니다. 부모가 목표를 세우고, 목표가 실현되는 현장에 같이 있어야 해요."

중고등학교를 다닐 때는 통합 교육을 하는 공립학교에서 보조 교사의 도움을 많이 받았다. 그는 몬트클레어 고등학교가 운영 중이던 혁신적인 프로그램에 참여했다. 학교는 프로그램을 통해, 과거 특수 교육 과정에 등록했던 학생들에게 쇼핑하는 방법과 대중교통을 이용하는 방법 등을 가르치고 인턴으로 취업할 수 있는 기회를 제공함으로써 성인의 삶을 준비하도록 도왔다. 또 사회성을 키울 수 있는 워크숍을 열어 면접 때 해야 할 행동과 취업 후 동료들과 잘 지내는 법도 가르쳤다.

그런 것들을 배우며 저스틴은 장기 목표에 집중하기 시작했다. 자신이 그린 그림을 팔고 그림을 가르치면서 자립적인 삶을 살겠다는 것이었다. 20대 초반에는 뉴욕의 리코 마리스카 화랑에서 전시회를 열어 그림을 팔고 후원도 받는 등 모든 것이 순조로웠다. 그는 또 자원해서 많은 아이에게 그림도 가르쳤다. 평범한 아이든 자폐가 있는 아이든 구분하지 않았다. 하지만 미술 시장은 늘 불안했고 스물한 살이 되어 사회에 나온 저스틴은 안정적인 직장을 구하지 못했다.

그래도 그의 의지는 꺾이지 않았다. 20대 초반에도 부모와 같이 살았지만 그는 대중교통을 이용해 뉴욕 곳곳을 자유롭게 돌아다녔다. 자신이 독립적인 삶을 원했기 때문에 부모가 태워 준다는 것도 거절할 때가 많았다.

처음에 부모는 저스틴을 위해 사회적 기술이 별로 필요하지 않은 일을 구해주려고 했다. 하지만 베이커리 여러 곳에서 일하는 동안 저스틴은 손님들과 소통할 수 있는 기회를 일부러라도 찾는 것 같았다. 그는 몬트클레어의 초등학교 학생들과 자폐가 있는 아이들이 다니는 뉴욕의 한 학교에서 그림을 가르쳤는데 교실에 있을 때는 진정으로 빛이 났다.

또 그는 생일 케이크를 장식하고 아이들의 생일 파티를 준비하는 일로 돈을 벌기 시작했다. 고객들이 부탁하면 그림도 그려주었다. 저스틴은 대규모 간담회에서 청중을 상대로 강연도 했는데 사람들이 많이 와있으면 무척 즐거워했다. 청중 가운데 누군가 마음에 안 드는 질문을 하면 그는 무뚝뚝한 듯 솔직하게 말했다. "다음 질문요!"

그렇게 저스틴을 만난 사람들은 다들 그의 밝은 성격에 끌린다고 부모는 말한다. 패기 넘치고 매력적인 그는 디즈니 영화에 나오는 노래들을 즐겨 부르며, 자기 식대로 만들어 낸 독창적인 말들도 잘한다. 누가 짜증을 내고 있으면 '뭔가가 빠진 사람'이라고 말한다. 엄마가 앞으로의 계획에 대해 묻자 그는 결혼할 생각은 없다고 했다. 너무 복잡하다는 것이 이유였다.

아빠는 사람을 끌어당기는 아들의 아이러니한 매력을 잘 알고 있다.

"저스틴의 가장 큰 강점은 사람들과 소통하는 능력이 탁월하다는 것이었습니다. 저는 아직도 서툴러서 노력 중인데 말이죠."

20대 후반이 되면서 더욱 독립을 원하게 된 저스틴은 형과 함께 아파트를 얻어 독립하는 큰 결정을 했다. 이후 노인들이나 장애가 있는 사람들을 위해 정부가 보조금을 주는 건물에서 주기적으로 도움을 받으며 혼자 살게 되었다. 어렸을 때부터 동물을 좋아했던 저스틴은 고양이 토미와 함께 산다. 그는 운전을 하지는 않지만 혼자 대중교통과 차량 공유 서비스를 이용한다. 그리고 뉴저지의 야생 동물 보호 구역의 베이커리에서 자원봉사를 하며 구조된 동물들의 먹이를 준비한다. 그리고 동물에 대한 애정을 공유하는 투어를 나가기도 한다.

세상과 연결되는 것과 마찬가지로 저스틴은 자신만의 휴식을 즐긴다. 그는 혼자 시간을 보내며 컴퓨터도 하고 음악도 듣고 영화에 나오는 장면이나 머릿속에 맴도는 대사들을 끊임없이 혼잣말하며 자유롭게 지낸다. 부모님 집에 온 저스틴이 위층에서 찢어질 것처럼 큰소리를 내는 것이 바버라에게 특별한 일은 아니다. 영화에서 봤던 장면을 떠올리고 연기하는 것이다.

부모는 그런 모습들이 자폐 때문이란 것을 안다. 브라이언트는 사회의 기준에 아들을 맞추기 위해 애썼던 것을 인정했다. 그는 아들이 평범한 행동들을 배울 수 있도록 자폐가 없는 아이들과 어울릴 수 있는 환경을 만들어 주려고 했었다. 하지만 시간이 지나면서 별 효과도 없고 무의미한 짓이라는 것을 알게 되었다.

그런 생각은 몇 해 전 로스앤젤레스를 여행하면서 더욱 확연해졌다. 그때 저스틴은 역시 자폐를 가지고 있던 대니 보우먼과 공동 작업을 진행 중이었다. 십 대였던 대니 보우먼은 작은 애니메이션 회사를 경영하고 있었는데 저스틴은 그 회사에서 스토리보드를 만들어 주기로 계약했다.

처음에 브라이언트는 저스틴과 대니 사이에 원활한 의사소통이 이루어지려면 자기가 해야 할 역할이 클 거라고 생각했다. 하지만 자폐가 있던 두 사람은 자신들의 언어로 대화를 하고 자신들의 방식으로 작업을 진행했다. 도움은 필요하지 않았다.

사촌들 사이에서 헤매고 다니며 세상과 떨어져 혼자 지내던 아들이 이제는 완벽하게 자신의 삶을 사는 것을 보니, 부모는 놀랍기도 하고 겸허해지는 마음도 들었다고 했다.

"저스틴을 만나면 무언가 다르다는 것을 금방 알게 될 거예요. 그런데 그 아이는 그럼에도 불구하고가 아니라 그렇기 때문에 성공한 겁니다." 브라이언트가 한 말이다.

Part 3

자폐의 미래

11장

자폐,
하나의 정체성으로 이해하기

미키가 내 정체를 밝힐 때까지 나는 없는 사람처럼 하려고 최대한 노력 중
이었다. 그날 아침 나는 자폐 아동을 돌보는 교사들의 자문역으로 한 공
립학교의 4학년 교실에 들어가 있었고 미키는 아직 만나지 못한 상태였다.
그런 방문에 익숙했던 나는 빙 둘러앉아 그날의 일과를 시작하는 아이들
에게서 좀 떨어져 앉아 있었다. 아이들이 낯선 사람을 의식하자 선생님은
내 쪽을 향해 미소를 짓고 고개를 끄덕이며 저분은 친구들이 공부하는 멋
진 모습을 보기 위해 와있는 거라고 자연스럽게 설명해 주었다.

　나는 조용히 아이들을 관찰하고 있었고 호기심이 발동한 미키는 계속
내 쪽을 바라보았다. 아이들이 각자의 책상으로 돌아갈 시간이 되자 미키
는 드디어 나를 향해 뛰어왔다. "안녕하세요, 배리 선생님. 선생님이 그 자

폐 선생님이에요?" 눈을 동그랗게 뜨고 미키가 물었다. 예상치 못한 질문에 조금 당황했지만 곧 나는 많은 학생을 만나고 있고 그중에는 자폐가 있는 아이들도 있다고 대답해 주었다. 그러자 미키는 까치발을 하고 서서 두 팔을 퍼덕이기 시작했다. "그럼 나를 보러 오신 거네요!" 미키가 흥분에 찬 목소리로 말했다. "내가 자폐거든요!" 미키는 자폐가 있는 아이들을 만나기 위해 누가 학교에 올 거라고 엄마한테 들었다고 했다. 또 자기는 자폐가 있어서 기억력이 아주 좋지만 너무 흥분하면 뒤죽박죽되어 버릴 때도 있다고 했다. 그러더니 자신은 축구팀 중 뉴잉글랜드 패트리어츠를 제일 좋아한다며 유명 쿼터백을 비롯해 그 팀에 관한 것들을 하나하나 늘어놓기 시작했다.

선생님이 끼어들어 미키에게 자리로 돌아가라고 말할 때까지 내 얼굴에서는 미소가 떠나지 않았다. 그런 상황에서는 늘 신중해야 하지만, 이 명랑하고 사랑스러운 4학년짜리 아이는 자신에게 자폐가 있다는 것을 있는 그대로 받아들이고 있었다. 아이는 아무것도 감추지 않았고 모든 것을 보여주었다.

그날 아침 미키가 해준 것은 축구 선수들 이야기만은 아니었다. 아무 거리낌 없이 나를 맞아준 미키를 보며 나는 자폐가 있는 사람들이 자신을 보는 시각 그리고 그들의 삶에 자폐가 미치는 영향에 큰 변화가 생겼음을 깨달을 수 있었다. 이제 자폐는 드러내놓고 말하지 못하거나 감춰야 할 것이 아니라 한 사람의 중요한 일부로 받아들여지고 있다. 이처럼 획기적인 관점의 변화는 자폐가 있는 사람들이 자신의 목소리를 내고 낡은 인식에 이의를 제기하고 자신을 보는 방식을 스스로 바꾸었기에 가능했다.

이 장에서는 자폐가 있는 사람들이 주도하는 이러한 변화가 그들이 알고자 하는 본질적이고 중요한 문제에 어떤 영향을 미치며 어떻게 답을 찾게 할지 알아볼 것이다. 자신에게 자폐가 있음을 언제, 어떤 방식으로 알게 되는 것이 좋을까? 자신에게 자폐가 있다는 것을 주변에 알리는 가장 좋은 방법은 무엇일까? 자폐를 하나의 정체성으로 받아들인다는 것은 어떤 의미일까? 본인이 가진 다른 정체성과는 어떻게 겹칠까? 보완 대체 의사소통 체계^{AAC, Augmentative and Alternative Communication}를 사용해 자신을 대변하는 자폐 옹호 단체를 통해서는 무엇을 배울 수 있을까?

⇟ 두 가지 차원의 자폐 공개 ⇞

아이에게 자폐가 있다는 것은 언제 알리는 것이 가장 좋을까? 부모들이 나에게 가장 많이 하는 질문 중 하나다. 가족들이 다 있는 곳에서 자폐란 단어를 꼭 써야 할까? 이 문제는 자폐가 있는 성인들에게도 해당된다. 자폐가 의심되거나 이미 진단을 받았지만 본인은 모르는 경우 어떻게 말을 하고 행동할 것인지에 대해 의견이 분분하다. 언제 꺼낼 것인가? 어떻게 말할 것인가? 공개에는 두 가지가 있다. 첫 번째는 자신이 자폐란 것을 모르는 당사자에게 알려주고 의논하는 것, 두 번째는 자신에게 자폐가 있음을 아는 상태에서 그 사실을 모르는 주변인들에게 알리는 것이다.

자폐에 대한 지식과 이해가 확대됨에 따라 이런 문제들을 생각하는 방식도 바뀌고 있다. 수십 년 전 심리학자인 이바 로바스는 '끔찍한' 상황에 처한 것으로 간주되는 아이들을 '낫게' 할 목적으로 몇 가지 행동 치료법을 개발했다. 그는 부모와 전문가들에게 절대 자폐라는 말을 꺼내서는 안 된다고 조언했다. 아이가 자신에게 내려진 진단을 알면 해로울 거라는 것이 그의 생각이었다. 오늘날까지도 아이에게 사실을 알리는 것을 망설이거나 강하게 반대하는 부모가 많다. 아이에게 그런 꼬리표가 붙으면 어떻게든 뭔가가 제한되거나, 한마디로 표현할 수 없을 만큼 아주 복잡한 존재가 된 것 같은 느낌이 들기 때문이다.

나는 내 친구 스티븐 쇼어 박사가 제시한 방법을 적극 지지한다(9장 '진정한 자폐 전문가들에게 배우기' 참고). 자폐가 있는 그는 여러 분야에서 폭넓은 주제를 다루며 사람들을 가르치고 있다. 스티븐은 자폐에 거스르지 말고 함께 하라고 조언한다. 다시 말해서 자폐에 동반되는 여러 어려움들에 중점을 두지 말고 자폐 덕분에 가질 수 있는 좋은 점들을 부각하라는 뜻이다. 즉 할 수 없는 것이 아니라 할 수 있는 것을 찾으라는 것이다.

"아이에게 자폐가 있다는 것을 알릴 때는 일부 전문가들처럼 '당신의 아이는 절대 이러이러한 것들을 못할 겁니다'와 같이 말하지 말고 긍정적인 태도를 보여주어야 합니다." 아니타 레스코(12장 '돌아가기 그리고 나아가기' 참고)는 내가 사회를 맡은 한 간담회에 패널로 나와 이렇게 말했다. "긍정적인 말들을 해주세요. 그럼 아이는 '와, 내가 이렇게 대단한 걸 해냈어!' 같은 말을 하게 될 거예요." 심각한 문제가 있는 사람이라도 잘 찾아보면 긍정적인 자질이나 상대적 강점은 있기 마련이다.

이런 식으로 접근하면 첫 번째 공개, 즉 자폐가 있는 사람에게 그 사실을 알리는 과정이 조금이나마 수월해질 수 있다. 언제 알릴지보다 왜 알려야 하는지를 먼저 생각해보자. 자신에게 내려진 진단을 알게 되면, 자기 자신을 더 잘 이해하게 되고 닥친 문제들을 객관화함으로써 자존감을 높일 수 있다. 자폐 아동이 사회적 인식을 하게 되면 자신이 또래와 다르다는 것을 느끼기 시작하고, 왜 자기는 어떤 상황이나 사람들과의 접촉이 그렇게 어려운지 몰라 힘들어한다. 또 어떤 아이들은 자신의 지능과 능력에 의문을 품고 자신에게 뭔가 문제가 있는 것이 틀림없다고 생각한다. 끊임없이 엄마한테 "내가 이상해요?"라고 묻는 아이도 있었다. 자신에 대한 인식이 부족해서 이런 차이를 전혀 알아차리지 못하는 경우도 종종 있다.

명확한 진단을 받고 본인의 상태를 알게 되면 자신이 겪는 어려움들을 잘 이해하게 된다. 또 자신에게 결함이 있거나 모든 문제의 책임이 자신에게 있다는 생각에서 벗어날 수도 있다. 그리고 같은 진단을 받고 비슷한 어려움을 겪고 있는 이들과 친분을 맺을 수도 있다.

분명히 말하지만, 내가 아는 자폐인 중 자신에게 자폐가 있다는 것을 듣거나 자가 진단 같은 방법으로 직접 알게 되었을 때 비관하거나 상처를 받았다는 사람은 한 명도 없었다. 사실 그들의 반응은 어떤 연속선상에 있다. 어떤 사람은 자신의 상태를 이해하게 되었을 때 오히려 안도감이 들었다고 했다. 자기가 문제를 일으키는 것이 아니라 뇌신경의 구조 때문이라는 것을 알게 되었기 때문이다. 자폐라는 사실을 알게 된 순간 삶의 질이 올라가고 새롭게 시작할 수 있었다는 사람들도 있다.

"드디어 나를 이해하고 탓하지 않게 되었어요." 성인들은 진단을 받은 뒤부터 마음이 편안해지고 자신에 대한 부정적인 생각이 사라지기 시작했다고 말하는 사람들이 압도적으로 많다. 자신이 겪는 어려움의 원인을 이해하는 데도 도움이 되며 앞서 말했듯 자신이 가진 장점과 긍정적인 자질을 발견할 기회가 되기도 한다.

그렇다면 언제 알게 되는 것이 가장 좋을까? 부모들은 우선 자신들이 두렵거나 자폐에 대해 제대로 이해하지 못해서 아이에게 알리기 꺼리는 경우가 많다. 확실한 것은 자신이 또래와 다르다는 것을 느끼기 시작하거나 왜 다른 사람에게는 쉬워 보이는 일들이 자신에게는 어려운지 의문을 품기 시작했다면 이제 대화를 나눠야 할 때다. 아이가 낮은 자존감을 보이며 자신을 비하하는 말을 한다면 진단에 대해 말해줘야 한다. 아이가 놀림을 받거나 괴롭힘을 당할 때 아이에게 내려진 진단에 대해 설명해 주면 자신의 모습과 행동이 왜 다른 아이들과 다른지 이해하는 데 도움이 될 수 있다. 또 어른이든 아이든 자폐가 있는 사람이 또래의 다른 자폐인을 만나면 서로가 가진 차이와 어려움을 이야기하고 공유할 기회가 된다.

당사자에게 자폐가 있음을 알리는 것은 궁극의 목표도 아니고 어떤 평결을 내리는 것도 아니다. 개인과 가족마다 다르겠지만 이것은 순간적인 폭로가 아니라 몇 주, 몇 달 혹은 몇 년에 걸쳐서라도 함께 의논하고 대화하는 과정이 되어야 한다. '의논'은 꼭 말로만 할 수 있는 것이 아니다. 문자, 사진, 아이콘 같은 여러 가지 시각적인 수단을 이용해도 되고 자연스럽게 그림을 그리며 대화를 나눌 수도 있다. 나이에 맞는 자폐 관련 책들도 도움이 될 것이다.

스티븐 쇼어는 시간을 두고 4단계 과정을 거치는 것이 바람직하다고 말한다. 그러면서 자폐에 따를 수 있는 여러 가지 어려움들을 받아들이는 한편 각자가 지닌 강점에 중점을 두게 하는 것이다(성인이나 자기 인식 능력이 있는 아이는 1단계부터 3단계까지 자신의 의견을 말할 수 있다).

1단계: 아이가 특히 잘하는 것들과 좋은 면들을 분명하게 말해준다.
2단계: 아이가 겪는 문제들과 장점을 목록으로 만든다.

3단계: 잠재적인 롤 모델, 친구, 사랑하는 사람들의 장점과 아이가 가진 장점들을 비교한다. 단 평가는 금물이다.

4단계: 자폐라는 개념을 사용해서 아이가 겪는 일들과 힘든 부분을 설명해 준다.

스티븐 본인도 이 과정을 통해 오랫동안 음악을 가르친 한 십 대 소년에게 자폐임을 알려주었다. 아들이 자라면서 어릴 때 문제들이 없어지길 바랐던 부모는 자폐 이야기를 꺼내고 싶지 않았다. 하지만 사춘기가 되면서 다른 아이들과의 차이가 두드러지자 그들은 스티븐에게 조언을 구하며 도움을 청했다. 스티븐은 바로 다음 수업부터 1단계 과정에 착수했다. 음악적 재능, 그래픽 디자인과 컴퓨터 실력 등 아이가 잘하는 것들을 일깨워준 것이다. 그런 다음에는 친구 사귀는 것, 글씨 쓰기, 운동 등 아이가 힘들어하는 것들에 관한 대화를 나누었다('약점'같이 부정적인 감정을 자극하는 단어는 신중하게 피하면서). '약점' 대신 '힘든 것'이라고 말하는 것은 자폐를 미화하려는 것이 아니라 좀 더 객관적이고 덜 부정적인 의미를 담기 위해서다. 그동안 전문가로 통하는 많은 사람들이 자폐 진단을 내릴 때 아이가 절대 못할 것들을 함부로 나열하면서 상처를 줬지만, 이런 식으로 다가가면 아이가 받은 상처를 이기고 힘든 점들을 극복하게 하는 데 도움이 될 수 있다.

이어 스티븐은 2단계로 들어가 아이가 겪는 문제들과 장점들을 죽 적은 뒤 각각의 문제에 적용할 수 있는 장점들을 연결해 주었다. 그런 다음 아이와 가까운 사람들이 갖고 있는 문제와 장점들을 꼽아본 뒤 아이의 것과 '비교'해 보였다. 물론 어떤 판단이나 평가도 내리지 않았다. 그러면서 사람은 누구든 잘하는 것이 있는가 하면 못하는 것도 있다는 것을 보여주었다. 누나가 아이보다 잘하는 것도 있겠지만 아이가 더 잘하는 것도 분명 있었다. 사람마다 뇌가 다르게 작용하기 때문이라고 스티븐은 설명했다. 그리고 자폐가 있었던 유명인들과 역사적 인물들에 대해서도 말해주었다.

마지막으로 스티븐은 아이가 가진 독특한 특징들과 함께 자폐스펙트럼장애에 관한 설명을 시작했다. 이 소년에게 처음으로 자폐를 알리는 데 걸린 시간은 20여 분 정도였다. 사람에 따라 며칠, 몇 주, 몇 달이 걸리는 경우도 물론 있다.

이 과정이 쉬워질 수 있는 한 가지 방법이 있다. 사실을 알리기 전부터 대화 중 '자폐'라는 단어를 아무렇지 않게 쓰는 것이다. 일부러 회피하거나 금기시할 필요가 없다. 부모든 사랑하는 누군가든, 진단을 공개하기로 결심하기 훨씬 전부터 자폐와 관련된 아이의 강점과 문제들에 관한 대화를 나눌 때 종종 자폐라는 단어를 자연스럽게 언급하면 아이는 자폐에 대해 좀 더 균형 잡힌 관점을 갖게 된다. 다른 식으로 알게 되면 느낄지 모를 수치심도 예방할 수 있다.

나이에 상관없이 자신이 받은 진단을 이해하게 되면 정확한 정보를 찾는 데도 도움이 된다. 삶을 보다 잘 살기 위해서는 무엇을 해야 하고 어떤 도움이 필요한지 알아야 하기 때문이다.

또 다른 공개 즉 자신에게 자폐가 있음을 알릴 대상과 시기를 결정하는 문제 역시 매우 중요하다. 부모나 사랑하는 사람들에게 자신이 자폐 진단을 받았다는 것을 언제 알리는 것이 좋을까?

스티븐의 말처럼 자폐 때문에 어떤 상황이나 인간관계가 심각한 타격을 받을 때, 사람들의 이해가 좀 더 필요할 때, 또 특수 시설이나 지원이 필요할 때는 이 문제를 진지하게 생각해봐야 한다. 그렇다고 자신이 받은 진단에 대해 구구절절 설명할 필요는 없다. 특히 직장 같은 데서는 적절하지 않을 수도 있다. 사람들은 일과 관련 없는 사적인 일이나 건강 문제는 굳이 알리지 않는다. 하지만 자폐 때문에 직장인이 업무에 지장을 받고, 학생이 교실에 앉아 있지 못하거나 학업을 힘들어하고, 아이가 과외 활동에 좀처럼 참여하지 못한다면 공개할 필요가 있다. 최소한의 제한적인 범위 내에서 하면 된다.

집에 있을 때 업무 능력이 훨씬 좋은 경우도 공개를 고려해야 한다. 칼리 오트(12장 '돌아가기 그리고 나아가기' 참고)는 신경 다양성에 기인한 자신의 장점들이 은행 일에 큰 도움이 된다는 것을 알았다. 하지만 초기에는 그녀도 여러 가지 감각 상의 문제 때문에 사무실에 있는 것이 힘들었다. 그녀가 있던 곳은 공간의 구분 없이 전체가 트인 사무실이었고 그에 따라 생기는 소음이 만만치 않아 집중을 할 수가 없었다. 따라서 그녀는 매일 밤 몇 시간씩 야근을 해야 맡은 일을 끝낼 수 있었다. 얼마 뒤 칼리는 회사에 한 가지 협상안을 제시했다. 자신이 소리에 매우 민감하다는 것을 상사에게 설명하고 집중이 잘 되는 집에서 일을 할 수 있는지 물은 것이다(코로나19 유행으로 재택근무가 흔해지기 이전의 일이다). 그런 요청을 할 때는 자신이 원하는 것보다 회사나 팀의 일원으로 일을 더 잘 할 수 있는 기회가 된다는 것에 중점을 두는 것이 현명하다.

대개 이런 상황에서는 자폐라는 단어를 쓰거나 실제 받은 진단명을 공개할 필요까지는 없다. 하지만 자폐를 계속 숨기면서 지내다 보면 진이 빠지고 힘들어질 수밖에 없다. 이처럼 자신의 진짜 모습을 감추려 쉴 새 없이 에너지를 쓰면서 심적으로 완전한 고갈되고 극심한 조절장애를 일으키는 것을 사람들은 '자폐성 탈진^autistic burnout'이라고 부른다. 성소수자들이 '커밍아웃'을 하는 것처럼 자폐가 있는 사람들도 자신의 상태를 공개했을 때 얻을 수 있는 상대적인 이점들을 따져봐야 한다. 물론 사람마다 주변의 관심을 받아들일 수 있는 정도도 다르고 사생활을 유독 중시하는 사람도 있다. 무엇을 말하고 무엇을 숨길지 정하는 것을 특히나 어려워하는 사람도 있다. 이럴 때 위험도를 판단해 보면 결정이 쉬워질 때가 많다. 자폐를 공개하면 내 상황이 좋아질까, 나빠질까? 공개의 범위는 목적에 따라서도 달라진다. 칼리는 일하는 장소를 바꾸고 싶었다. 자폐에 대해 잘 모르거나 잘못 알고 있는 사람들을 가르치고 싶어서 자신의 자폐를 세세히 공개하기로 결심하는 사람도 있을 것이다.

동료들에게 알릴 때가 되었다는 판단이 섰다면 무심하게 툭 던지듯 말하되 자신의 강점을 부각시키라는 것이 칼리의 생각이다. 자신이 가진 상대적 강점 때문에 업무적인 칭찬을 듣게 되면 그 부분을 자폐와 연계시켜도 좋다. "아, 그건 아주 쉬웠어요. 제가 자폐라 오히려 도움이 됐죠. 저 같은 사람한테는 별로 어렵지 않은 일이거든요." 그러면 듣는 사람은 자폐를 긍정적으로 느끼게 되고 당신이 어떤 편의를 필요로 할 때 기꺼이 도우려 할지도 모른다. 이 방법을 썼을 때 얻을 수 있는 두 번째 이점은 자폐나 신경 다양성을 자연스럽게 알릴 수 있다는 것이다. 사람은 누구든 어떤 사람이나 집단에 대해 고정관념을 갖고 있다. 여기에서 벗어나 상대를 더욱 잘 이해할 수 있는 가장 좋은 방법은 인간관계 속에서 직접 부딪치는 것이다.

모레니크 기와 오나이우는 자폐가 있는 대학 교수이며 작가이자 자기 옹호자다. 새 학기 첫날이 되면 그녀는 늘 미국 장애인법에 명시된 편의 사항들을 언급하면서 자신에게 자폐가 있다는 것을 자연스럽게 공표한다.

그러면 학생들은 깜짝 놀라며 자폐가 있는 선생님은 한 번도 본 적이 없다고 말하곤 한다. 이어서 자신도 자폐 진단을 받았거나 의심된다고 털어놓는 아이들도 있다. "아이들은 이렇게 말해요. '자폐가 있는 사람도 대학 교수가 될 수 있는지 몰랐어요.' 그럼 저는 이렇게 대답하죠. '여러분은 그보다 더한 것도 될 수 있어요.'" 모레니크의 말이다.

자신의 자폐를 공개하는 것은 자기 옹호, 즉 자신에게 필요한 도움이나 편의를 요청하는 것으로 시작되는 경우가 많다. 그 과정은 점차 일반적인 자기 옹호 활동으로 이어져 같은 집단 내의 다른 자폐인들을 위한 길을 마련하게 되기도 한다. 또 동료들이 자폐 같은 신경 다양성을 가진 사람들에게 더욱 마음을 열고 좀 더 깊이 이해하게 만들 수도 있다.

⸾ 자폐, 하나의 정체성으로 보기 ⸾

얼마 전 자폐에 관한 한 간담회에 참석했을 때 나는 우연히 두 사람의 대화를 듣고 우리 사회가 자폐를 보는 시각 그리고 자폐가 있는 사람들이 자기 자신을 보는 시각에 얼마나 큰 변화가 생겼는지 실감할 수 있었다. 나는 대형 컨벤션 센터의 로비를 지나던 중이었는데 유모차와 함께 서 있는 한 젊은 여성이 눈에 띄었다. 그녀는 테가 가는 안경을 쓴 한 중년 남자와 대화 중이었고 그 남자는 흐뭇한 눈으로 그녀의 아이를 바라보고 있었다.

그들을 향해 걸어가면서 나는 그 신사가 존 엘더 로빈슨임을 알아보았다. 그는 회고록 《내 눈을 바라봐 Look Me in the Eye》를 썼고, 자폐 사회에서 가장 진보적이고 거침없는 목소리를 내는 것으로 유명했다. 나는 그들 곁으로 다가가 대화에 방해가 되지 않도록 조심하면서 내 소개를 했다. 그 여성은 자신에게 자폐가 있고 딸은 태어난 지 석 달이 되었다고 존에게 말하던 중이었다. 미소를 지으며 아기를 바라보던 존은 이렇게 말했다. "장담하는데, 이 아기는 나중에 건강한 개구쟁이 자폐아가 될 겁니다."

건강한 개구쟁이 자폐아. 그 표현은 내 마음에 큰 반향을 불러일으켰다. 몇 년 전만 해도 부모에게 그들의 아이가 자라서 자폐아가 될 거라는 말은 큰 모욕이며 저주로까지 간주되곤 했다. 그런데 이제 자폐 사회에서 가장 영향력 있는 인사 중 한 사람이 자폐를 가진 또 다른 사람에게, 그녀의 아이도 자라면 그들이 속해 있는 확장된 사회의 일원이 될 거라고 말한 것이다.

우리가 얼마나 먼 길을 걸어왔는지 새삼 느끼게 해주는 말이었다. 이제 자폐는 치료해야 하고 극복해야 하고 없어져야 할 무언가에서 사회에서 수용하는 하나의 정체성으로 진화한 것이다.

분명한 것은 우리는 아직도 가야 할 길이 멀고, 잘못된 정보와 오명은 여전히 많다는 사실이다.

앤드류 솔로몬은 다양한 발달장애 아동과 그 가족들의 이야기를 다룬 책 《부모와 다른 아이들Far From the Tree》을 쓴 유명한 작가다. 그는 동성애자로 살면서 겪은 만성적인 우울과 여러 어려움을 토로했고 결국 동성애를 자신의 정체성으로 받아들이고 나서야 힘을 찾을 수 있었다고 했다. "정체성을 갖는다는 것은 어떤 사회로 들어가 그 사회로부터 힘을 얻고 또 본인도 그 사회에 힘을 주는 것을 뜻합니다." 그가 TED 강연에서 한 말이다. "정체성은 'but' 대신 'and'를 쓰게 합니다. '나는 지금 여기 있지만 암에

걸렸어요'가 아니라 '나는 암에 걸렸고 지금 여기에 있어요'라고 하는 것이
죠."(물론 암에 걸리면 삶의 질이 떨어지고 생명에 위협을 받을 수도 있다. 자폐도 힘든 상
황이긴 하지만 삶의 질을 높일 충분한 가능성이 잠재되어 있다)

점점 많은 사람들이 자폐를 자신의 정체성으로 받아들여 그들이 속한
사회로부터 힘을 얻고 그들도 사회에 힘을 보태고 있다. 자폐의 역사에 비
추어 보면 이런 현상은 대단히 고무적이다. 긴 시간 동안 자폐와 자폐가 있
는 사람에 대해 쌓인 오래된 관념들은 대부분 잘못된 것으로 판명되었다.
문제의 원인을 심인성Psychogenic에 두었던 한 학파의 초기 학자들은 자폐
가 부모의 정서적 학대 때문에 생긴다는 잘못된 주장을 내세웠다. 오스트
리아의 정신과 의사인 레오 카너는 '냉장고 엄마'라는 신조어까지 만들어
서, 아이에게 차갑고 냉정하게 대하는 부모가 아이를 자폐로 몰아간다고
주장했다(후에 그는 자신의 주장을 철회했다). 심리학자인 브루노 베텔하임은 자
신의 책《텅 빈 요새Empty Fortress》에서, 자폐 아동은 본질적으로 인간의 텅
빈 껍질 같다고 표현했다. 자폐 역사에서 가장 논란이 된 인물 중 한 명인
이바 로바스는 자폐가 있는 사람들을 온갖 기이한 행동의 집합체라고 묘
사했다. 그는 자폐가 있는 사람들에게 나타나는 행동을 병리학적으로 판
단했고, 문제의 원인을 찾는 대신 행동 분석적으로 접근해서 그 행동들을
'수정'하는 것을 목표로 삼았다. 그의 목표는 자폐가 있는 아이들을 또래
와 전혀 차이가 없는 이상적인 보통 사람으로 만드는 것이었다. 물론 이것
은 겉모습만 그렇게 보일 뿐 허울에 불과한 것이었다.

자폐 진단을 받는 과정도 부정적이고 비관적인 말들로 가득했다. 많은
의사나 심리학자들은 부모에게 아이를 자폐라고 진단한 다음 곧바로 이
아이는 자폐 때문에 친구도 못 사귀고 대학도 못 가고 직장도 못 구하고,

제대로 된 삶을 살기가 힘들 거라는 말들을 늘어놓곤 했다.

안타깝게도 이런 잘못된 주장과 관례는 오랫동안 주요 접근법으로 간주되어 지금도 우리 주변에서 흔히 접할 수 있다. 일부 전문가들은 아직도 자신들이 제시한 치료법을 따르지 않고 아이의 미래를 너무 낙관하거나 어둡게 만든다며 은연중에 부모를 탓하곤 한다. 자폐를 여전히 병으로 생각하는 사람들도 많다.

이런 사회적 풍토와 시각을 바꿔놓은 것이 바로 자기 옹호 운동이다. 자기 옹호 운동이란 자폐가 있는 사람들, 특히 이런 잘못된 접근 때문에 직접적인 고통을 받았던 자폐가 있는 많은 사람들이 자신을 포함한 자폐 사회의 권익을 대변하고 자폐가 하나의 정체성으로 수용되도록 노력하는 운동이다.

몇 년 전 템플 그랜딘은 내가 준비를 맡은 한 연례 간담회에서 강연을 했다. 그 때 어떤 사람이 만약 그녀에게서 자폐가 사라질 수 있다면 받아들일 것인지 물었다. 그녀의 대답은 간단하고 명확했다. "만약 당신이 나에게서 자폐를 없앤다면 그것은 나의 본질을 없애버린 것과 같습니다."

이러한 인식의 변화는 자폐에 대한 표현의 진화를 봐도 알 수 있다. 1980년대 말까지만 해도 전문가들은 지적장애나 발달장애가 있는 사람들에게 지체^{retard}, 백치^{idiot} 같은 말들을 흔하게 썼다. 자폐스펙트럼상에 있는 사람들은 '자폐아'라고 칭했는데 이 말에는 온전히 부정적인 뜻밖에 없었다. 1980년대부터 1990년대까지는 '사람 우선 언어^{person-first language}'를 쓰자는 움직임이 생겨났다. 한 개인을 그가 가진 장애로 규정하지 말고 온전한 인간으로 인식하자는 선의의 운동이었다. 그러다 최근에는 자폐가 있는 많은 사람들이 그 운동에 이의를 제기하면서 그런 표현은 자폐가 한 인간의 개성과 정체성의 본질임을 부정하는 것이라고 주장했다. 자기 옹호자들이 자신의 경험담에 목소리를 높일수록 점점 많은 사람들이 '자폐가 있는 사람'이라고 불리는 것을 선호한다. 비언어적 자폐인인 후안은 이렇게 말한다. "나의 자폐는 곧 나입니다. 여러분은 나를 보고 베트남인이라고 하지 베트남 유산을 가진 사람이라고 부르지 않을 것입니다."

물론 정체성을 받아들이는 정도는 사람마다 다르다. 자폐스펙트럼장애도 하나의 연속선상에서 보면 사람에 따라 해당하는 정도가 다 다르다. 이 책 12장 '돌아가기 그리고 나아가기'에 소개된 사람들은 자폐를 정체성으로 받아들인 뒤 자신의 삶을 자폐 중심으로 재구성하고 자폐 옹호가로서 여러 가지 일들을 만들어가고 있다. 베카 로리 헥터는 자신의 모습을 이해하고 도움을 받기 위해 노력했던 과정에서 알게 된 것들이 다른 이들에게도 유용하다는 것을 깨닫고 진로를 바꿔 자폐 옹호가가 되었다. 현재 그녀는 자폐가 있는 사람들을 위해 온라인 세미나인 웨비나^{Webinar}를 열고 정서적 지원 서비스도 제공하고 있다. 한편 나와 함께 팟캐스트 〈유니클리 휴먼〉을 진행하고 있는 데이브 핀치는 남편과 아빠의 자리를 최우선시하며 엔지니어가 자신의 주된 일이라고 말한다. 그에게 자폐는 자신을 설명하는 목록에서 하위권에 속한다.

스웨덴의 환경 운동가인 그레타 툰베리는 자폐가 있는 유명인 중 한 사람이다. 그녀는 여러 인터뷰에서 자신의 자폐가 환경 문제에 관심을 집중하는 데 어느 정도 도움이 되었고 덕분에 세계적인 리더가 될 수 있었다고 말했다. 그녀는 기후 변화와 관련된 문제들에 대해선 종종 목소리를 높이지만 자신의 자폐에 중점을 둔 발언은 공개적으로 한 적이 없다. 확실히 그녀는 자기 옹호자가 아니라 기후 운동가로 자신의 정체성을 표방하고 있다.

이외에 많은 이들이 자신을 자폐가 있는 사람으로만 보는 것을 원치 않는다. 자폐 때문에 좋지 않은 일을 겪은 사람들은 더욱 그렇다. 강연 중에 나는 HBO의 다큐멘터리 방송 〈자폐: 뮤지컬〉에 나온 장면을 사용할 때가 많다. 이 방송은 로스엔젤레스 미러클 프로젝트 초기 과정에 있던 다섯 명의 아이들 이야기로, 자폐가 있는 다섯 아이들은 음악 공연장에서 여러 가지 작품을 만들고 공연도 한다. 방송에 당시 5학년이던 와이어트가 특수반 때문에 짜증이 난다며 엄마한테 불평하는 장면이 있다.

"학교에서 무슨 일 있었니?" 엄마가 묻는다.

"애들은 백이면 백 다 저능아예요." 아이가 대답한다.

엄마가 그럼 통합반으로 옮기면 좋겠냐고 묻자 아이는 주저한다.

"학교에서 누굴 괴롭힌다는 얘기 들어보셨어요, 엄마?" 엄마와 아이는 잠시 그에 관한 이야기를 주고받는다. 그런 다음 아이가 또 묻는다. "제가 특수반에 다녀서 그런 걸까요? 그래서 아이들이 저를 괴롭히는 거라고 생각하세요?"

그 나이 때의 와이어트처럼 일부 자폐가 있는 사람들은 자신의 증상을 부정적이고 외적인 정체성으로 결부시킨다. 그들에게 자폐는 뭔가를 할 수 없게 만들고, 어디에 속하지 못하게 하며, 괴롭힘을 당하게 만드는 원인이다. 그래서 자폐 옹호자들은 자폐에 씌워진 이런 오명을 바꾸기 위해 필사적으로 노력한다.

청소년과 성인도 이런 오명에서 벗어나는 것은 어렵다. 즉 자폐가 있는 사람은 영화 〈레인맨〉에 나오는 형처럼 천재거나 책임질 일은 아무것도 못하는 무능한 사람일 거라는 세상의 편견 때문이다. 언젠가 한 젊은이가 나에게 이런 말을 했다. "저는 힘든 일은 아무것도 하지 않고 살든지 아니면 컴퓨터 천재라도 되어야 하나 봐요. 현실과 너무 동떨어진 얘기죠. 저는 컴퓨터가 끔찍이 싫고 어려운 일들도 늘 겪으며 살아요. 그래서 제가 가진 자폐를 장애로 보게 된 것 같아요."

안타깝게도 자폐와 관련된 이런 사회적 낙인은 내면화되기도 한다. 성인이 되어 자폐 진단을 받은 스콧 스테인도르프(12장 '돌아가기 그리고 나아가기' 참고)는 영화제에서 상까지 받은 성공한 감독이자 TV 방송 제작자다. 자폐 진단을 받았을 때 그는 가장 먼저 수치심을 느꼈다고 했다. 구어^{spoken} ^{language} 능력을 지나치게 중시하는 서구 사회에서, 말을 하지 못하거나 언어 능력에 문제가 있는 사람들은 특히 더 오해받기 쉽고 이런 낙인의 희생자가 되기 쉽다.

이런 상황에 우리가 할 수 있는 일은 외적인 편견들을 거부하고, 자신만의 정체성을 추구하면서 그런 편견과 오명을 깨부수기 위해 노력하는 사람들을 지지하는 것이다. 저스틴 카나는 자신을 동물을 사랑하는 전문 예술인이라고 칭한다. 미키는 단순히 자폐가 있는 4학년 학생이 아니라 운동에 해박한 지식과 열정이 있으며 언제든 보여줄 준비가 되어 있는 아이다. 론 샌디슨은 자신을 전문 의료인이자 자폐가 있는 성직자라고 말하며, 교회와 유대교 회당, 모스크 사원에서도 강론을 한다. 유능한 셰프인 대니 휘티(11장 '자폐, 하나의 정체성으로 이해하기' 참고)는 온라인상에서 비언어성 자폐가 있는 사람들을 옹호하는 활동을 하고 있다. 이들은 자폐에 대한 세상의 편견에 신경 쓰는 대신 자폐가 있어서 갖게 된 강점과 관심 분야에 따라 자신의 정체성을 만들어 낸 사람들이다.

자폐가 있는 사람들은 정신적으로 또 다른 문제가 생길 위험이 크기 때문에 긍정적인 자의식을 확립하는 것이 무엇보다 중요하다. 저스틴과 라이언도 자폐와 관련된 몇 가지 문제들을 겪고 있지만 자신에 대한 자부심이 강하며 주변에서 매우 재미있다거나 놀라운 사람이라는 말들을 종종 듣곤 한다.

많은 이들이 자폐를 자신의 정체성으로 받아들이고서 공동체를 알게 되었다고 말한다. 자폐가 있는 성인들이 공동체를 통해 본인의 경험과 어려움들을 공유하면서 자폐가 다른 있는 사람들과 이어져 있는 기분을 느끼게 된다. 베카 로리 헥터는 서른여섯 살 때 자폐 진단을 받았다.《스펙트럼 위민 Spectrum Women: Walking to the Beat of Autism 》이라는 문집에 자신의 이야기를 소개하고 나서 그녀는 새로운 여성 공동체와 연결된 기분을 느꼈다. 나이와 국적, 배경은 저마다 다르지만 각자가 겪은 일들과 어려움, 인생관 등을 공유하면서 유대감을 느꼈다고 했다. "꼭 집 같은 기분이 들었어요." 그녀가 말했다. "어쩌면 다시 친한 친구를 사귀게 될지도 모르겠어요. 네 살 이후엔 친구를 가져본 적이 없거든요!"

집단 정체성 group identity 은 유머 감각을 통해 만들어지기도 한다. 데나 개스너와 스티븐 쇼어는 자폐가 있는 사람들로 둘 다 내 친구다. 그 두 사람은 자폐인들이 스스로 만든 기이한 상황들 속에서 가식적으로 행동하는 모습들을 꼽으며 서로를 웃게 만들곤 한다. 매사추세츠의 한 자폐 캠프에 모인 친구들은 '우리는 아스퍼거 Aspergers Are Us '라는 희극단까지 만들었고 후에 넷플릭스와 HBO는 이들을 주제로 한 다큐멘터리를 제작했다. 그들은 무대 위에서 자폐를 제외한 모든 것을 풍자하지만, 그들이 공유하고 있는 자폐 감수성이 공연의 원동력이 된다고 말한다.

자폐를 정체성으로 받아들이면 진단을 받은 지 얼마 안 된 사람도 좀 더 편안해질 수 있다. 레베카는 스물두 살 때 자폐 진단을 받았다. 진단을 받기 몇 년 전부터 그녀는 자폐 아동들을 돌보는 일을 하고 있었다. "아이들의 모습에서 내가 보였어요." 그녀가 말했다. "우리는 특별한 방식으로 통했죠. 저는 늘 알고 있었어요. 하지만 아이들을 다루는 요령에 익숙한 것일 뿐 그 이상일 거라는 생각은 하지 않았죠. 진단을 받고 나자 저부터도 나 자신에게 낙인을 찍기 시작하더군요. 제 마음속 깊숙이 그런 생각들이 자리 잡고 있었기 때문인지 제 상태를 받아들이는 데 시간이 좀 걸렸어요. 자폐가 있는 사람에 대한 부정적인 시각은 어디서든 볼 수 있어요. 아주 선한 사람들에게서조차 느낄 수 있죠."

그런 다음 레베카는 이렇게 덧붙였다. "우리는 분명히 아주 먼 길을 걸어왔습니다. 그리고 더욱 많은 자폐인들이 날마다 자신의 이야기를 공유하면서 미래를 준비하고 있어요." 현재 레베카는 자폐가 없는 일반 치료사들을 교육하고 있다. 본인의 경험을 토대로 그들에게 자폐가 있는 사람의 삶을 느낄 수 있게 해줌으로써 자폐에 대한 몰지각한 인식을 바꾸고 좀 더 '친근한' 시각과 태도를 갖게 하는 것이다.

레베카를 포함한 수많은 자폐인들에게 미래는 지금보다 훨씬 밝고 긍정적이다.

⸎ 자폐는 다른 정체성과 어떻게 겹칠까 ⸎

자폐를 자신의 중요한 정체성으로 인정하는 것은 분명 의미 있고 고무적인 일이다. 그러나 자폐만이 자신의 유일한 정체성은 아니다. 자폐가 있는 사람들도 다른 사람들처럼 여러 정체성을 갖고 있다. 사람은 누구나 다차

원적이며 다양한 공동체에 속해 있다. 자폐가 다른 정체성에 영향을 미치듯 다른 정체성도 자폐에 영향을 미친다.

킴벌리 크렌쇼는 이렇게 겹치는 정체성의 개념을 가장 잘 설명한 사람이다. 그녀는 흑인 변호사이자 시민권 옹호자로 1989년에 발표한 획기적인 보고서에서, 흑인이나 여성이라는 단순한 용어로 흑인 여성의 현실을 이해할 수 있는 사람은 없으며, 그 두 정체성은 하나로 결합되어 서로에게 영향을 미친다고 언급했다. 또 그녀는 '두 길의 교차점에 서 있는 사람'이란 비유를 사용했는데 여기서 두 길이란 각기 다른 두 정체성을 뜻한다. 사람은 누구든 하나의 길로만 정의될 수 없으며 여러 가지 길들의 복합체이다. 즉 우리에게는 다양한 정체성이 있고 그것들은 서로 겹치며 교차한다는 뜻이다.

나에게 이 '교차성 intersectionality'의 개념을 가장 명확하게 설명해 준 사람은 자신 역시 다양한 정체성을 갖고 있던 한 여성이다. 그녀는 이민자의 딸로서 자폐가 있었고 자폐 아이를 키우는 흑인 엄마이자 대학 교수였다. 모레니크 기와 오나이우의 삶은 겹치는 정체성이 서로 어떤 영향을 미치며, 삶의 방향을 어떤 식으로 결정짓는지 분명히 보여준다. 그녀는 미국에서 태어났고 부모는 나이지리아와 카보베르데(아프리카 서쪽에 위치한 섬나라)에서 미국으로 건너온 이민자들이었다. 자라면서 그녀는 늘 자신이 또래들과 다르다고 느꼈지만 그 이유를 정확히 알 수는 없었다. 어릴 때는 주변에 온통 남자아이들 뿐 여자는 혼자였기 때문인지 선머슴 같았다고 했다. 그녀는 아프리카계 미국인으로서 주로 백인들이 다니던 학교에 다녔다. 흑인들과 함께 있는 자리도 불편하게 느껴지곤 했는데 가족에게 익숙한 서아프리카 문화가 다른 흑인 문화들과 달랐기 때문이었다. 나이지리아에 사는 친척들을 방문했을 때는 자신이 너무나 미국인 같아서 역시 편하게 있지 못했다.

"무엇 때문인지 늘 생각했어요. '그것'만 알면 잘 맞춰서 편해질 수 있을 텐데 하면서 말이죠." 그녀는 팟캐스트 〈유니클리 휴먼〉에 출연해 이렇게 말했다.

그녀는 ADHD와 우울증 진단을 받았지만 어린 두 아이에 이어 본인도 자폐 진단을 받고 나서야 자신을 진심으로 이해하게 되었다고 했다. "그때부터 신경 다양성을 가진 사람들 특히 자폐가 있는 사람들에게 각별한 동질감을 느꼈습니다."

얼마 후 그녀는 자폐가 있는 사람들의 권익을 옹호하는 운동가가 되었고, 자폐와 신경 다양성에 관한 책들도 썼다. 그러면서 자폐가 다른 정체성과 겹쳐서 나타나는 여러 모습을 소개했다. 자신의 경험을 이야기하며 모레니크는 어릴 때 분명 자폐 특성을 보였지만 교사와 의사들은 그녀가 자폐일 가능성을 배제한 채 모든 원인을 흑인이기 때문인 것으로 몰아갔다고 했다.

사실 흑인 여성뿐 아니라 여성들은 대체로 제때 진단을 못 받는 경우가 많다. 문화적 편견 때문이다. 최근 조사에 따르면 남자 네 명당 여자는 한 명꼴로 자폐 남성의 수는 여성보다 월등히 많은 것으로 나타났다. 일부 연구에서는, 자폐 진단을 내리는 의사나 정신 건강 전문의들이 여성의 상태를 간과하기 때문에 그들이 한참 더 자랄 때까지 진단을 내리지 않는 경우가 많다고 했다. 또 남자와 여자는 분명 행동 패턴이 크게 다른데도 남성에게 적합하게 개발된 진단 기준을 여성에게 적용하는 것도 문제라고 했다.

마찬가지로, 흑인 아동은 백인 아동에 비해 제때 정확한 진단을 받을 가능성이 낮다. 백인 아이가 학교나 다른 곳에서 문제 행동을 보이면 곧바로 위험 신호가 켜지며 대처에 들어간다. 하지만 흑인 아이는 같은 행동을 해도 교사나 의사가 세심한 주의를 기울이는 대신 인종적인 문제나 문화적 차이로 치부해 버리곤 한다.

본인에게 자폐가 있는 부모가 겪는 문제도 있다. 많은 부모가 자신에게 자폐가 있다고 하면, 부모로서의 자질을 의심하는 의사나 교사들이 많다고 토로한다. 자폐 부모는 단지 자폐가 있다는 이유로 복지 기관이나 법원이 무능한 부모로 판단해 아이를 데려가 따로 보호할지 모른다는 두려움을 갖고 있다. 자폐가 부모 역할을 제대로 못 하게 만든다는 증거는 어디에도 없다. 자폐가 있는 부모는 오히려 아이가 필요로 하는 것들을 더욱 세심하게 받아들일 수 있다. 자폐의 암흑기 때부터 이어진 잘못된 관념들은 지금도 곳곳에 남아 이런 안타까운 결과를 만들고 있다.

≷ 자폐와 성 다양성 ≶

자폐 옹호자들이 정체성과 관련해 성공적으로 부각시킨 또 한 가지 이슈는 자폐와 성* 다양성이 교차하는 영역에 관한 것이다. 점점 많은 자폐가 있는 사람들이 트렌스젠더나 논바이너리nonbinary (생물학적 차이에 따른 성별 구분과 다른 성 정체성을 가진 사람), 젠더퀴어gender-queer 같은 자신의 성 정체성을 공개적으로 받아들이고 있으며 반대의 경우도 마찬가지이다. 성소수자로 확실히 결정되지 않은 사람들 중에도 자폐를 자신의 정체성으로 받아들이는 수는 늘고 있다.

2020년에 행해진 주요 연구에 따르면, 타고난 성별과 다른 성 정체성을 가진 사람이 자폐를 갖게 될 가능성은 시스젠더^{cisgender}, 즉 타고난 성별과 성 정체성이 일치하는 사람들에 비해 3~6배까지 높은 것으로 나타났다. 자폐가 있는 사람들도 자폐스펙트럼이라는 한 연속선상에서 다양한 위치를 차지하듯 성 다양성도 그렇다. "우리는 모두 아주, 아주 다릅니다." 자폐가 있는 트렌스젠더이자 영국의 심리학자로서 이런 문제들에 폭넓은 의견을 제시하고 있는 웬 로슨은 한 연설에서 이렇게 말했다. "아주 여자다운 여자가 있는가 하면 남자처럼 구는 여자도 있지요. 중간에 해당하는 여자도 있고요. 남성도 마찬가지입니다."

웬은 이 분야를 아주 잘 알고 있다. 여성으로 태어난 그는 두 살 때 지적장애 진단을 받았고 다섯 살이 되도록 말을 하지 않았으며 열일곱 살 때는 조현병이라는 꼬리표가 붙었다. 웬이 자폐 진단을 받은 것은 마흔두 살 때였다. 자폐라는 것을 알고 나자 자신을 새롭게 이해하게 되면서 좀 더 편안해졌지만, 뭔지 모르게 불편한 부분은 여전했다.

웬은 가슴이 생기고 주기적으로 생리를 하고 여성 전용 탈의실을 쓰는 것들이 다 불편했다. 하지만 자신이 어떤 소음이나 질감을 특별히 싫어하는 것과 비슷한 것일 거라고 오랫동안 생각해왔다. "그냥 감각의 문제라고 생각했는데 사실은… 성적 문제였던 거죠."

웬이 알게 된 것처럼, 그가 겪은 것은 성 불쾌감^{gender dysphoria}이었다. 즉 자신은 원래 남성인데 생리학적으로는 여성이라는 사실이었다. 웬은 예순두 살이 되어서야 정신과 의사로부터 그의 진정한 성 정체성은 태어날 때 지정된 것과 반대라는 확답을 받았다. 그때부터 웬은 몇 년에 걸쳐 본인의 몸을 바꾸었다. 자신의 성 정체성을 신체적으로도 바르게 보여주기 위함이었다. 이제 그는 이렇게 말한다. "더욱 완벽하고 완전한 사람이 된 기분이 듭니다. 그동안은 한 번도 느껴보지 못했는데 이제야 집에 온 것처럼 편안해요."

자신의 성 정체성에 의문을 품고 우울증이나 다른 정신적 문제들을 겪고 있는 많은 자폐인들과 자신의 정체성을 감춘 채 힘들게 살아가는 이들을 위해 웬은 계속해서 강연을 하고 자신의 이야기를 한다. 자신의 성 정체성을 이해하기 위해 애쓰는 아이들을 위해 부모는 어떤 것을 해줄 수 있느냐는 물음에 웬은 이렇게 대답했다.

"그냥 들어주세요. 곁에서 함께 걸어 주세요. 있는 힘껏 도와주세요. 그리고 변화가 생기면 같이 바뀌어 주세요."

⟩ 무언의 목소리 ⟨

2018년 2월 나는 샬러츠빌에 있는 버지니아 대학을 방문한 적이 있다. 그곳에서 나는 자폐 공동체의 문화가 얼마나 놀랍게 변모되었는지 실감하면서 눈이 번쩍 뜨이는 기분을 느꼈다. 이틀 동안 나는 아홉 명의 학생들로 이루어진 트라이브라는 단체와 함께 지냈다. 그들은 모두 자폐가 있고 무발화nonspeaking 상태였으며 청소년기부터 통신 제어 파트너CRPs, Communication Regulation Partners라는 장치의 도움을 받아 문자판이나 키보드에 있는 글자들을 찍어서 의사를 전달하는 법을 익히고 있었다. 그 학생들은 어릴 때부터 청소년기까지 지적장애가 심각하다는 평가를 받았다.

그때 봤던 것들 또 그 후에 배운 것들을 통해 나는 제대로 된 인정을 받지 못하고 누구보다 하찮은 대접을 받고 있는 자폐가 있는 사람들을 새로운 눈으로 바라보게 되었다. 통계에 의하면 자폐인들의 30~40퍼센트는 무발화인 것으로 추산된다. 즉 이들은 소리를 통한 언어를 주요 의사소통으로 사용하지 않는다는 뜻이다(여기서 알아야 것이 있다. 말을 하지 않는다고 해서 '비언어적nonverbal'이라고 표현하는 경우가 있는데 사실 '언어적verbal'이라는 것은 소리를 내서 하는 말이든 수어나 글이든 상관없이 언어에 기반을 두고 소통하는 모든 행위를 뜻한다. 그래서 말을 잘하는 사람도 때로는 비언어적인 의사소통을 할 수 있다). 소리를 내지 못하는 사람이 있는가 하면 소리는 내지만 의미 없는 말들만 하는 사람도 있다. 또 최소한의 단어만 말하거나 확실치 않은 말들을 하는 사람도 있는데 이것은 자신의 의지로 되는 일이 아니다. 투렛 증후군tourette's syndrome이 있거나 뇌졸중을 겪은 사람이 자신이 하는 말을 통제하지 못하는 것과 같다.

무발화는 자폐에 따른 고유한 특성이 아니라, 신경학적인 원인 즉 발화에 필요한 운동 신경에 장애가 있을 때 나타나는 경우가 많다.

우리 사회는 말을 지적 능력과 동일시하곤 한다. 말하는 것을 보면 그 사람이 얼마나 지적인지 알 수 있다고 하고, 말로 하는 의사소통 능력이 부족하면 덜 똑똑하다고 여긴다. 수십 년 동안 교육자와 정신과 전문의들을 포함한 많은 사람들은 소리를 내서 의사소통을 하지 못하는 자폐가 있는 사람과 신경 다양인들에 대해 잘못된 편견을 만들어 냈다. 그런데 뇌졸중이나 중풍을 앓았던 사람도 알아듣게 말하는 것은 힘들어하지만 정보를 받아들이고 처리하는 능력은 그대로인 경우가 많다. 자폐가 있는 사람들 역시 소리를 내서 말을 하지 못한다고 정신 기능에 문제가 있는 것은 아니다.

이들은 왜 말을 하지 않을까? 남들이 알아들을 수 있게 말을 하려면 그에 필요한 운동 신경이 협응해서 함께 작용해야 하는데 이렇게 하기가 쉽지 않다. 즉 혀와 입술, 치아, 구개, 턱 같은 조음 기관을 움직여 특정한 소리를 만들고 연속적인 소리를 내는 동시에 호흡도 해야 한다. 신경학적인 문제가 있는 일부 자폐인들은 조음에 필요한 신체 부위에 뇌가 신호를 보내지 못해서 말을 하지 못하는 경우도 있다. 요약하자면, 생각을 말로 표현하는 기능에 문제가 있는 것이다.

최근에는 복잡한 것이든 간단한 것이든 상관없이, 신경상의 문제가 있어도 사람들과 소통할 수 있는 장치를 사용하는 자폐인들이 급속히 늘고 있다. 이들은 새롭게 얻은 목소리로 힘을 얻어 사람들과의 대화를 통해 자신의 의견을 내고 자신들에게 찍힌 고정관념들을 깨뜨리고 있다. 그러면서 자신들만의 문화와 정체성을 만들어가고 있다.

나도 버지니아 대학에서 트라이브와 함께 지냈을 때 이런 모습을 봤다. 이틀 동안 나는 자폐가 있는 아홉 명의 학생들 사이에 앉아 있었는데 그들은 언어 병리학자인 엘리자베스 보슬러가 만든 프로그램에 참여하는 중이었다. 그녀는 CRPs의 도움을 받아 문자판이나 키보드에 적힌 철자를 찍으면 각 철자마다 소리가 나고 이어 단어와 문장을 구성해 크게 읽어주는 장치를 개발했다. 발화 능력이 어느 정도 있는 사람은 철자를 찍으며 일부 단어를 소리 내서 말하기도 한다.

보완 대체 의사소통^{AAC}에 사용되는 몇 가지 방법들은 오랫동안 논란이 되어왔다. 누가 옆에서 도와야 쓸 수 있는 장치들이기 때문에 자폐가 있는 사람들의 의지대로, 진짜 하고 싶어 하는 말들이 표현되는지 확실치 않았기 때문이다. 즉 그렇게 표현된 의사의 주체가 도와주는 사람인지 도움을 받는 사람인지 분명치 않은 것이 문제였다. 나도 의문을 품은 부분들이 있었지만 혼자 판단하기보다 다른 이들의 의견을 묻고 귀를 기울였다.

트라이브와 함께 지낸 시간은 내 의문이 해소되는 데 도움이 되었고, 이런 식의 의사소통법이 가진 놀라운 잠재력을 깨닫는 계기가 되었다. 그들은 내가 아직 보지 못했던 AAC의 한 형태를 사용하고 있었다. 자폐가 있는 사람들이 여러 첨단 장치나 단순 기술 장치를 이용해 자신의 의사를 전달하는 것은 이미 알고 있었고 오랫동안 봐왔지만 트라이브 단원들과 나눈 수준 높은 대화는 한 번도 경험해 보지 못한 것이었다. 그들은 너무도 오랫동안 많은 오해를 받고 제대로 된 인정도 받지 못했다.

나는 이 청년들이 나에게 또 자기들끼리 '이야기하는 것'을 내 눈으로 직접 보고 내 귀로 직접 들었다. 그들의 파트너들은 신체적으로 돕는 일은 일절 하지 않았다. 문자판이나 키보드를 들고 있으면서 학생들 앞에서 글자와 단어를 소리 내서 말해주고, 학생들이 잘 통제된 상태에서 집중을 할 수 있게 해주고 그들의 의사가 제대로 전달되도록 도왔다. 엘리자베스는 이 부분이 가장 중요하다고 했다. 평소 말을 잘하는 사람도 화가 나거나 아플 때처럼 자기 조절이 잘 안 될 때는 말하는 것이 어렵거나 운동 신경을 제어하는데 문제가 생길 수 있기 때문이다. 그러니 무발화 자폐가 있는 사람들도 도움을 받지 못할 이유는 없다.

나는 특히 이안 노들링에게 큰 감명을 받았다. 엘리자베스는 그가 어렸을 때부터 지켜봐 왔고 후에 나는 팟캐스트에 그를 초대해 인터뷰를 했다. 이제 20대가 된 이안은 말을 못 했던 어린 시절 치료를 받으며 많은 시간을 보냈지만 모두 의미 없는 일이었다고 했다. "아주 무서운 상황에서 소리를 지르려는데 아무 소리도 못 내는 악몽을 꿔본 적 있으세요?" 그가 물었다. "제가 그랬습니다. 하지만 깨어났죠."

그에게 기적이 일어난 것도 아니고 하루아침에 말하는 법을 배운 것도 아니다. 발화에 필요한 신경 조절에 문제가 있으면 문자판에 있는 철자를 가리키는 능력도 영향을 받는다. 그래서 이안은 철자는 다 알고 있었지만, 문자판을 능숙하게 사용하게 되기까지 오랜 시간이 걸렸다. "운동 신경을 잘 쓰기 위해 몇 년이나 연습한 결과입니다." 문자판을 사용하며 이안이 말했다.

말하는 데 문제가 없는 사람들은 대부분 말은 자동으로 하게 되는 것이며 생각이나 연습할 필요가 거의 없다고 생각한다. 하지만 태어나면서부터 말을 할 수 있는 사람은 없다. 소리를 내서 말을 하려면 생각도 해야 하고 말하는 데 필요한 몸의 각 기관을 훈련시키며 수년간 연습해야 한다. 엘리자베스는 이 과정을 아이가 야구를 배우는 것에 비유한다. 처음에는 공을 치다가 몇 시간 동안 연습하면 공을 던지고 받는 것도 익힐 수 있다. 중요한 것은 할 수 있다는 생각이다. 의사소통을 막는 것은 뇌신경의 문제이므로 방법을 찾으면 많은 이야기를 나눌 수 있게 된다.

대니 위티도 이런 경우였다. 무발화 자폐가 있는 그는 세 살 때 진단을 받았다. 이후 그의 부모는 아이에게 더 나은 기회를 찾아주고픈 마음에 일본에서 샌디에이고로 이주했다. 말하기 시작한 지 얼마 안 돼서, 대니는 그 능력을 잃어버렸고 의사들은 행위상실증apraxia, 즉 말운동장애라고 했다. 뇌신경과 운동 기능의 협응이 원활하지 못한 상태였기 때문에 대니는 힘겹게 발화에 필요한 소근육 운동을 해야 했다. 오랫동안 그는 자신이 아는 것들을 표현할 수 없었다. "학교는 끔찍하고 치욕적인 곳이었어요. 트라우마로 남을 정도였죠." 우리 방송의 인터뷰에서 그는 이렇게 말했다. "의사소통도 할 수 없고 그런 나를 거의 무가치한 존재로 보는 사회에서 사는 것은 영혼이 부서지는 일이었습니다."

자신을 지지해주는 부모와 두 누나가 있는 집은 그에게 늘 따뜻한 곳이었다. 특히 그는 부엌에서 엄마를 돕는 것을 좋아했는데 신체적인 제약 때문에 기본적인 것밖에 하지 못했지만 많은 요리와 조리과정을 그대로 흡수했고 십 대가 되어서는 《본 아페티 Bon Appétit》, 《푸드앤와인 Food&Wine》 같은 요리 잡지들을 탐독했다.

20대에 대니는 엘리자베스에게 연락했고 그녀는 그를 샌디에이고에 있는 한 기관에 연결해 주었다. 코로나19가 한참 유행일 때는 집에 와 있던 누나 타라가 그의 의사소통 과정을 돕기 시작했다. 그리고 서른네 살이 되자 그는 능숙하게 철자를 찍어서 자신의 꿈과 생각을 말하고 재치 있는 말들도 종종 하면서 각종 조리법을 소개할 수 있게 되었다.

의사소통이 가능해지자 그의 삶은 완전히 바뀌었다. "그날 입을 옷을 정하는 사소한 것부터 어떤 고민이나 미래의 꿈, 무발화 자폐가 있는 사람들의 인권 옹호 같은 아주 중요하고 진지한 주제에 이르기까지 저에게는 모든 것이 열려 있어요. 태어나서 처음으로요."

그는 혼자가 아니다. 이안과 대니 같은 사람들의 이야기 그리고 그들이 하는 옹호 활동은 무발화인들에 대한 사회의 인식을 바꾸고 있으며, 다양한 형태의 AAC를 사용해 의사소통을 할 수 있는 기회도 점점 더 많이 열어주고 있다. 그들은 문자판뿐 아니라 키보드나 태블릿 피시, 또 글로 적거나 그림 카드를 가리키는 방법도 사용한다. 일부 자폐가 있는 사람들은 목소리를 낼 수 있어도 자신의 생각을 먼저 글로 적은 다음 소리 내서 읽는 것을 선호한다. 그렇게 하면 다른 사람과 대화할 때마다 느끼는 불안감이나 스트레스 없이 잘 통제된 상태에서 자신이 말하고자 하는 내용을 전달할 수 있기 때문이다.

이제 무발화인들은 여러 가지 주목할 만한 방법으로 자신을 옹호할 준비를 하고 있다. 철자의사소통국제협회The International Association for Spelling as Communication는 철자로 소통하는 사람들의 모임으로, 훈련과 교육, 연구를 통해 무발화인들이 의사소통을 할 수 있는 기회를 가질 수 있도록 돕고 있다. 장애인 인권 변호사 투나 치멘스키가 설립한 커뮤니케이션퍼스트Communication First라는 단체도 발달장애나 언어 관련 장애가 있는 사람들 특히 자폐가 있는 사람들을 포함한 무발화인들의 존엄성과 자주성, 인권을 보호하고 확대하기 위해 폭넓게 활동하고 있다.

의사소통이 인간의 기본적인 권리가 되도록 노력하는 이런 단체들과 함께 이안과 대니, 조딘 짐머만(12장 '돌아가기 그리고 나아가기' 참고) 같은 사람들도 자신의 이야기를 공유함으로써 중요한 역할을 하고 있다. 그들이 옹호하는 것은 진실을 표현하는 것 그리고 자신의 목소리를 알리는 것이다. 이안은 이렇게 말한다.

"여러분이 할 수 있는 가장 사랑스러운 일은 내 말을 듣고 믿어주는 거예요."

12장

돌아가기 그리고 나아가기

최근 자폐가 있는 사람들의 사회에 생긴 가장 의미 있는 변화는 자폐에 관한 논의라면 어떤 것이든 자폐 당사자들을 중심으로 이루어져야 한다는 인식이 생겨난 것이다. 누가 대신 말해주거나 옹호해 주는 것이 아니라 자폐가 있는 사람들 스스로 자신의 의견을 밝히는 것이다. 사실 자폐를 겪으며 사는 삶을 우리에게 알려준 것은 다름 아닌 자폐가 있는 바로 그 사람들이다. 그들이 말과 행동을 통해 자신을 이해하도록 만든 것이다.

지난 20년 동안 나는 자폐스펙트럼장애를 가진 많은 유명인을 만나고 함께 일하는 특권을 누렸다. 그들은 당당하게 자신의 목소리를 내면서 활동가와 옹호자로서 중요한 공인의 역할을 맡은 사람들이다. 그들은 사회와 법체계의 변화를 촉구하면서 의료 제공자들의 자폐에 대한 인식을 늘리고 자폐가 있는 사람들이 자율권을 가질 수 있도록 무수히 많은 방법으로 노력하고 있다. 그리고 당연한 말이지만, 이들 각자는 자신만의 독특한 방식으로 그 역할을 수행하고 있다. 그들은 자신이 갖고 있는 독특한 관심 분야와 강점을 활용함으로써 독특한 사람이 가진 힘을 보여준다.

나에게 이들은 자폐 공동체와 우리 사회가 미래로 나아가도록 이끄는 숨은 영웅이다. 내가 이 사람들을 알게 되고 같이 일하게 된 것은 행운이다. 또 그들이 자신의 이야기를 통해 보여준 힘겨운 노력과 엄청난 회복력, 끈기에 경이감마저 느낀다. 또한 힘든 여정 속에서 만났던 멘토와 협력자들에게 감사를 표하고 있다. 그중 여덟 사람의 이야기를 소개한다.

⟩ 사례 ① 은행 임원 자리에 오른 칼리 오트 ⟨

"자폐가 없었다면 일을 못했을 거예요."

- 미국자폐협회 올해의 자원봉사자 상 수상
- 자폐를 공개하는 방법의 전문가
- 직장 생활을 잘하고 싶은 자폐인들에게 멘토 역할을 함

칼리 오트를 만나서 감동을 받지 않기란 쉽지 않다. 그녀는 자신의 생각을 분명히 표현할 줄 알고 늘 확신에 차 있는 사람이다. 국내 최대 은행 중 한 곳의 부지점장이자 고위급 팀장인 칼리는 요즘 미국자폐협회와 몇몇 비영리단체 이사회에서 자원봉사를 하며 자폐 옹호자로서 열심히 활동하고 있다. 그녀는 또 엄마이기도 하다.

이런 그녀가 20대 중반까지만 해도 아무것도 하지 못한 채 정부 보조금에 의지해 작은 아파트에 살면서 아주 가끔 병원이나 식품점에 갈 때만 밖

으로 나오는 생활을 했다고 하면 믿기 어려울 것이다.

몇 년 전 처음 만났을 때 캘리포니아 벤투라 카운티 자폐 협회장이었던 칼리는 자신이 자폐라는 사실을 모른 채 사는 것이 얼마나 힘든 일인지, 또 적절한 지원과 조건이 갖춰진다면 자폐 특성이 일의 수행과 성공에 얼마나 중요한 기여를 할 수 있는지 보여주는 산증인이다.

돌이켜 보면 그녀에게도 자폐가 있는 사람들에게 흔한 여러 특성이 있었다. 어릴 때는 수시로 두 손을 퍼덕거렸고, 옥죄는 느낌이 좋아서 담요로 몸을 꽁꽁 싸매고 있곤 했다. 한편 사회적 상황에 대한 이해가 부족해 문제가 될 때가 많았다. 한번은 극장에서 대머리인 남자 뒷자리에 앉아 있던 칼리가 주변에 다 들릴 만큼 큰 소리로 동생에게 이렇게 말했다. "이 커다란 수박이 내 앞에 앉아 있지 않았다면 영화가 훨씬 재미있었을 텐데 말이야!"

아무 제한을 두지 않는 것이 도움이 될 때도 있었다. 고등학교 때 생물 선생님의 권유로 주지사 앞에서 지구의 날 연설을 한 적이 있는데 그때 칼리는 조금도 떨지 않았다.

하지만 친구 사귀기는 너무 힘들어서 계속 전학을 다녀야 했고 7학년 때는 자살까지 생각했었다. "똑같이 사회성이 부족해도 여학생보다는 남학생이 견디기가 더 수월한 것 같아요. 진짜 못된 여자애들이 있거든요."

대학에 다닐 때도 친구 문제는 여전히 힘들었다. 하지만 졸업 후 뉴욕에 자리를 잡고부터는 다소 무뚝뚝하고 직설적인 현지인들의 대화법이 오히려 편안하게 느껴졌다.

그러다 얼마 후부터는 이상하게 몸과 마음이 자꾸 피곤하고 힘든 기분이 들었다. 나중에 그녀는 이것이 '자폐성 탈진'이었던 것 같다고 했다. 즉 그 사회에 적응하려고 노력하느라 심신이 지친 것이다. 로스앤젤레스로 거처를 옮긴 후 그녀는 심각한 우울 장애 진단을 받았고, 자신을 챙길 생각은 거의 하지 못한 채 온갖 잡동사니로 가득 찬 비좁은 아파트에서 갇혀 있다시피 지냈다.

그러던 어느 날 드디어 해법을 찾았다. 식품점 계산대에 서 있던 그녀는 잡지를 한 권 집어 들었는데 그 잡지에는 자폐와 관련된 내용이 표지 기사로 실려 있었다. "글을 읽으면서 머릿속에 하얘지는 걸 느꼈어요." 칼리가 말했다. 그녀는 노란 형광펜으로 기사 내용에 줄을 긋고 치료사에게 가져가 보여주었다. "세상에, 바로 당신이잖아요!" 그녀가 외쳤다.

스물여덟 번째 생일 직후 그녀는 공식적인 진단을 받았고 정부로부터 지원을 받을 수 있는 자격이 주어졌다. 자폐라는 것을 알게 되자 오랫동안 자신을 괴롭히던 문제들을 새롭게 바라볼 수 있었고 그제야 모든 게 이해가 되었다고 그녀는 회상했다.

자기 내부에서 새로운 힘을 느낀 칼리는 자산 관리 일을 시작했고, 모기지 사태로 금융 위기가 한창이던 2008년부터는 한 은행에서 자산 보전과 관련된 일을 하게 되었다.

곧 그녀는 다른 부서로 이동했는데 그 부서의 팀장은 칼리가 아무도 하지 않던 방식으로 자신의 업무를 이해하고 있다는 것을 알아보았다. 그녀가 갖고 있던 독특한 사고 체계 때문에 일 처리도 매우 정확했다.

운이 좋았는지 상사와 동료들은 그녀가 가진 비범한 능력을 인정하고 그녀가 겪는 어려움에도 공감해 주었다. 덕분에 그녀는 회사 생활에서 많은 도움을 받았다.

직급이 올라가면서 칼리는 자신에게 자폐가 있다는 사실을 공개하고 싶었지만, 때로는 그냥 사적인 부분으로 남기고 싶은 마음도 컸다. 그녀는 사회생활 중 일반인들이 자연스럽게 하는 여러 행동들을 아주 세세한 부분까지 익히기 위해 많은 시간을 TV와 영화를 보며 공부했다.

"우연히 맞닥뜨릴 수 있는 모든 상황에 적절히 대처할 수 있는 목록을 머릿속에 만들었어요. 누가 우유를 쏟았을 때는 어떻게 해야 하고 외계인이 침공했을 때는 또 어떻게 해야 하는지 모두 그 목록 안에 있었죠." 그녀가 말했다.

한편 그녀는 동료들과 떨어져 있을 때 일이 더 잘되고 불편한 상황들도 피할 수 있다는 것을 깨달았다. 직원들로 가득한 좁은 공간에서는 일하기가 힘들었고 끊임없는 소음 때문에 집중을 할 수도 없었다. 그래서 조용한 시간을 찾아 야간 근무를 하게 될 때가 많았다. 그런 일들이 너무 힘들어지자 칼리는 결국 재택근무를 신청했다.

"주변을 직접 통제할 수 있게 되면 종일 가면을 쓰고 사느라 지칠 일이 없죠. 그러면 일에 더 집중할 수도 있고요." 칼리의 말이다.

아직도 직장 내 따돌림이 두려워 자폐를 숨긴 채 사는 여성들이 많다고 한다. "우리 같은 사람들은 살아남기 위해 필사적으로 가면을 쓰고 사는 법을 익힙니다." 그녀가 말했다.

이와 같은 사회적 편견 때문에 여성들은 진단 시기가 훨씬 늦춰지는 경우가 많고, 일부 의사와 전문가들은 여성에게 자폐 진단을 내리는 것에 편향적인 태도를 보이기도 한다. 칼리는 이런 세태를 바꾸기 위해 목소리를 내며 열심히 노력하고 있다.

동료들에게 자신에게 자폐가 있다고 알리고 싶다면, 되도록 긍정적으로 말하라고 칼리는 권한다. "누가 어떤 칭찬을 하면 신경 다양성에 기인한 장점 덕분이라고 말하는 식이죠. 그냥 이렇게 말하세요. '아 네, 저에게 자폐가 있거든요. 그래서 저한텐 쉬운 일이에요!'"

칼리는 이런 말들이 전혀 과장이 아니며, 자폐가 있어도 직장에 도움이 될 수 있는 부분이 많다고 확신한다. 이런 이유로 그녀는 미국자폐협회에서 열심히 일하고 있으며 2018년에는 협회로부터 올해의 자원봉사자 상을 받았다. 또 여러 박물관의 이사로 활동하면서 장애가 있는 사람들이 사회에 속할 수 있도록 목소리를 높이고 있다.

그녀가 가진 용기와 결단력 덕분에 한때는 그렇게 심적인 고통을 주고 혼란스럽게 만들었던 자폐 특성은 그녀를 매우 강인한 사람으로 만들어 주었다. "누가 치료법을 제시하면서 백만 달러까지 얹어 준다고 해도 저는 거절할 겁니다." 그녀는 말한다. "내가 가진 자폐 때문에 새로운 생각을 할 수 있고 남들이 어려워하는 문제들도 해결할 수 있다고 믿습니다. 자폐가 없었다면 저는 아마 일을 못했을 거예요."

⁑ 사례 ② 블로거이자 강연가 베카 로리 헥터 ⁑
"자폐는 큰 가능성으로 내 세상에 색을 입혀 주었습니다."

- 자폐가 있는 사람들의 삶의 질을 좌우할 문제들에 조언과 상담을 하고 있음
- 자폐가 있는 사람들과 자립 방법을 공유함

베카 로리 헥터는 늘 날씨에 관심이 많다. 그래서 햇볕이 쨍하고 습도가 낮았던 어느 봄날의 오후를 선명하게 기억한다. 그날 그녀는 자폐스펙트럼장애 진단을 받았다.

그녀 나이 서른여섯 살 때의 일이었다.

엄마 차의 조수석에 앉아서 그 사실을 받아들이고 있던 그녀에게 엄마가 물었다.

"너 괜찮니?"

엄마의 물음에 그녀는 한동안 생각에 잠겼다. 그동안 얼마나 많은 시간을 슬퍼하고, 화를 내고, 혼란스러워하고, 분노하며 지냈는지 그리고 그토록 자신을 괴롭히던 불안감과 공황장애, 우울증은 또 어땠는지 생각해보았다.

"아니, 괜찮지 않아요. 그리고 지금껏 한 번도 괜찮았던 적은 없었어요." 그녀가 말했다.

"그런데 이제부터는 괜찮아질 것 같아요."

그녀는 일 년 여에 걸쳐서 앞으로 나아갈 준비를 마쳤다. 그때부터 그녀에게는 누구도 막을 수 없는 힘이 생겼다. 그리고 그녀는 말한다. 롱아일랜드에서의 그 화창한 봄날 일어난 일이 모든 변화를 만들었다고.

베카와 나는 콜로라도에서 진행되었던 한 프로젝트에 참가하면서 친해졌다. 나는 그녀의 지적 수준과 강한 자의식, 그리고 자폐에 관한 오랜 오해에 맞서 싸우는 헌신적인 모습에 감명받았다. 자폐에 대한 잘못된 관념을 바로잡으려는 그녀의 굳은 의지는 '자폐가 내 삶을 구했다'라는 매력적인 제목의 글에 잘 나타나 있다.

진단을 받기 전에 그녀는 우울증과 좌절감, 실패감 등으로 고통스러웠다고 했다. 하지만 진단을 통해 자신의 상태를 이해하게 되자 많은 것이 바뀌었다. 이것은 그녀의 글에도 일부 드러나 있다.

"자폐는 큰 가능성으로 나의 삶에 색을 입혀 주었습니다. 그전까지의 삶은 혼란과 혼돈의 소용돌이였어요. 자폐라는 렌즈를 끼고 보니 세상을 이해하게 되었고 드디어 내 기준에서 삶을 살아갈 준비를 할 수 있게 되었습니다. 오랫동안 켜켜이 쌓여있던 사회적 제약과 요구들이 한 겹씩 벗겨져 가자 그 밑에 있던 내가 나타났죠… 전에는 절대 생각지 못했던 방식으로 나 자신을 알아갔고, 그렇게 알게 된 내 모습이 좋았어요. 그렇게 바뀐 삶도 좋았습니다. 그렇게 바뀐 나의 삶이 좋았어요."

또 베카는 성인의 경우 자폐 진단을 받으면 많은 정보를 구하게 되지만 어떤 지침을 따라야 할지 모를 때가 너무 많다는 것을 알게 되었다. 자폐 아동들은 다양한 학교 프로그램과 치료 과정, 또래와의 활동 등으로 도움을 받을 수 있지만 성인은 혼자 알아서 해야 하는 경우가 많다. "삶을 바꿀 만한 정보는 엄청나게 많아요." 그녀가 말했다. "그런데 자신과 연계할 수 있는 건 별로 없어요."

그 한 가지 이유는 사람들이 어떻게 도움을 청해야 할지 모르기 때문이라고 그녀는 말한다. 지원을 요청하는 것도 배워야 익힐 수 있는 하나의 기술이다. 따라서 자폐 진단을 받은 사람은 다양한 사례를 통해 어떻게 도움을 청하고 자신의 권리를 옹호할 수 있는지 배워야 한다.

사실 많은 부모와 전문가들은 자폐가 있는 사람들의 독립성을 키우는 것에 가장 중점을 둔다고 말한다. "너무 뻔한 거짓말이죠. 나는 완전히 독립적인 사람은 한 번도 본 적이 없어요."

대신 그녀는 '상호 의존interdependence'이란 개념을 최우선시한다. 즉 누구에게 어떤 도움을 어떤 방식으로 언제 청할지 배우는 것이다.

"재정에 관한 조언이 필요하면 할아버지를 찾아가곤 했어요. 회계사셨거든요." 그녀가 예를 들어 설명했다. "하지만 할아버지께 어떤 옷을 입을지 여쭤본 적은 없어요. 바보 같잖아요."

도움에 관해 배우기 위해 그녀는 도서 분야를 샅샅이 뒤져서 가장 인기 있는 자기 계발 서적들을 모았다. 그리고 책에서 지혜를 얻기 위해 하나하나 세심히 읽으며 공부했다. 그 결과 그런 책들은 한계, 자신을 위한 시간 갖기, 자신이 가진 가치 깨닫기 같은 주제를 반복적으로 다루고 있다는 것을 깨달았다. 베카는 그렇게 배운 내용을 자폐가 있는 사람들에게 적합한 조언으로 바꾸어 소개했다.

"우리처럼 자폐가 있는 사람에게는 일정한 패턴과 규칙이 필요합니다. 그래서 우리는 삶에 필요한 규칙을 다시 쓰고 있는 거죠."

그 가장 좋은 예가 존 카밧 진의 마음 챙김에 관한 이야기다. 자폐가 있는 사람들은 미래를 미리 걱정하거나 과거를 곱씹는 경향이 있다. "대신 현재에 집중하면 걱정을 제거할 수 있죠. 사실 우리가 통제할 수 있는 것은 과거도 미래도 아닌 지금뿐이니까요."

자신의 지혜를 나누는 과정에서, 그녀는 세계 각국에 거주하는 자폐 여성 열네 명으로 이루어진 한 공동체를 알게 되었다. 《스펙트럼 위민》이라는 특별한 문집에 자신의 사연을 기고한 여성들이었다.

자폐 진단을 받고 나서 고립된 기분이 드는 것은 자연스러운 일이다. 그런 어려움을 겪는 사람도, 자폐에 대해 알아야 할 사람도 이 세상에 자기뿐인 것처럼 느껴진다. 하지만 베카는 다른 자폐 여성들과 연결되면서 살면서 처음으로 친한 친구를 가질 수 있게 되었다. 그녀는 이렇게 말한다. "당신은 어디가 고장 난 사람이 아니라 사실은 자폐가 있는 좋은 사람입니다. 세상에는 당신 같은 사람이 많아요. 당신만큼 괴상한 사람도 많지요. 당신은 그들에게 이상하게 굴어도 돼요. 그럼 그들도 당신에게 이상하게 굴 거예요."

다른 사람과 연결되는 능력, 서로에게 의존해서 살아가는 것 그리고 자신을 있는 그대로 받아들이고 사랑해주는 사람을 갖는 것, 이것들은 분명 자폐가 있는 사람들에게 가장 훌륭한 삶의 도구가 되어줄 것이다. 롱아일랜드에서의 봄날, 베카 로리는 괜찮지 않았을지 모른다. 하지만 지금은 틀림없이 괜찮을 것이다.

≳ 사례 ③ 의사소통을 돕는 작가 클로에 로스차일드 ≲
"저는 사람들을 돕는 게 좋아요."

- 제8의 감각인 내수용감각에 관한 책을 공동 집필
- 다양한 보완 대체 의사소통 체계(AAC) 기법을 활용한 자폐인들(말을 할 수 있는 사람도 포함)의 의사소통 증진과 사회적 수용을 위한 옹호 활동 중

내가 클로에 로스차일드를 알게 된 것은 이 책을 처음 출간한 지 얼마 되지 않을 때였다. 그녀는 두 가지 내용이 담긴 이메일을 나에게 보냈다. 하나는 자폐 관련 책들을 모아 놓은 자신의 서재에 내 책이 백 번째로 소장되었음을 알리는 것이었고, 또 하나는 자폐가 있는 사람들이 사용하는 다양한 의사소통 방법을 개방적인 태도로 다루어준 것에 대한 감사의 말이었다.

그 후 나는 당시 20대 초반으로 국내 여러 협의체의 회원이었던 클로에와 종종 시간을 보내곤 했다. 그녀와는 늘 의미 있는 대화를 나눌 수 있었고 기분도 좋아졌다. 클로에는 의사 표현이 분명했고 자신을 잘 알고 있었으며 본인의 인권을 옹호하고 다른 자폐가 있는 사람들을 돕는 일에 열정적이었다. 통제가 잘 된 상황에서는 말로 완벽한 의사소통이 가능하여 강

연도 아주 멋지고 재미있게 잘하지만 그녀는 종종 대체 수단을 쓰는 것을 선호한다. 즉 하고 싶은 말을 태블릿 피시에 입력한 뒤 태블릿 피시에서 소리를 내 읽게 할 때도 있고, 종이에 직접 써서 자신이 쓴 내용을 읽기도 한다. 시간이 지날수록 그녀는 AAC를 사용하는 사람들의 거침없는 옹호자가 되었고, 자폐가 있는 사람들이 AAC를 사용해 말하는 것을 허용치 않는 상황에서는 당당히 맞서 싸우기도 한다.

더욱 주목할 것은 그녀부터가 이런 다양한 수단을 활용해서 중요하고 독창적인 메시지를 전달한다는 것이다. 클로에에게는 자폐가 있는 사람들이 가진 긍정적인 면과 힘든 점들을 그들 고유의 색채와 뉘앙스를 담아 표현할 수 있는 귀한 능력이 있다.

우리가 보는 클로에는 분명 유쾌하고 열정적이며 자기 확신에 차 있는 사람이지만, 그녀라고 자폐를 늘 편하게 받아들인 것은 아니다. 클로에는 힘든 어린 시절을 보냈다. 그녀는 조산아로 태어났고, 엄마인 수잔 돌란은 그녀를 배앓이가 심해 늘 보채던 아기로 기억한다. 클로에는 심각한 시각 장애가 있어서 앞을 거의 볼 수 없었고 여러 행동 장애를 보여 엄마를 걱정시켰다. 세 살 때는 한 신경과 전문의에게 행위상실증이란 진단을 받았다. 신경상의 문제로 발화에 필요한 운동 기능에 장애가 생겨서 남들이 이해할 수 있게 말을 하기가 어렵다는 것이었다. 몇 년 후, 또 다른 의사는 그녀에게 ADHD가 있으며 아스퍼거 증후군이 의심된다고 했다.

클로에의 엄마는 운명이 결정된 것처럼 말하던 의사의 모습을 생생히 기억한다. "아이를 집에 데리고 가 사랑해주라고 하더군요. 마치 아무 희망도 없는 것처럼요."

자신에게 일어난 일들을 어느 정도 알고 있었던 클로에에게 다음 단계는 고통스럽다기보다 덤덤한 느낌이었다. "다시 내가 다니던 소아과 의사를 찾아갔더니 이렇게 말했어요. '농담하세요? 클로에는 그냥 자폐입니다.'" 진단은 그것으로 충분했다.

처음에는 자폐 진단을 받아도 별 도움이 되지 않았다고 엄마는 말했다. 클로에가 다니던 오하이오 지역의 학교들은 한 학생당 한 가지 장애에 대한 지원 프로그램만 제공되었기 때문이다. 그래서 부모는 시각 장애아를 위한 프로그램을 선택했다. "그러지 않으면 큰 활자로 인쇄된 책들을 구할 수 없었거든요."

클로에는 말을 일찍 하기 시작했지만 다른 아이들에게는 거의 관심을 보이지 않았다. 여럿이 모여서 노는 날에도 엄마만 찾거나 또래가 아닌 다른 부모들 옆에 붙어 있었다. 그녀는 감각상의 문제도 겪고 있었다. 바람을 유난히 무서워했기 때문에 바람이 많이 부는 날에는 어른이 안고 다녀야 했다. 걸음걸이가 서툴러서 넘어져 다치는 일도 잦았다. 늘 다니던 소아과 병원 바로 앞에서 넘어져 크게 다친 적도 있다.

"앞이 잘 안 보여서 그랬는지 아니면 내 몸이 어디에 있는지 인식이 안 돼서 그랬던 건지 잘 모르겠어요." 클로에가 말했다.

고등학교 시절은 시련 그 자체였다. 선생님들은 클로에가 늘 관심을 끌려 하거나 사람들을 자기 멋대로 다루려 한다고 생각했다. "생각보다 훨씬 심했어요. 의사소통에 행동은 목적에 부합되기 마련이죠."

그러다 20대 초반에 드디어 클로에는 전환점을 맞았다. 당시 그녀는 여름 캠프에서 있었던 일 때문에 트라우마가 생겨 힘들어하던 중이었다. 얼마나 힘들었는지 자신이 겪은 일을 말로 할 수도 없었다. 아주 가까운 사람에게조차 그랬다. 나중에 그녀는 외상 후 스트레스 장애(PTSD) 진단을 받았다. 가장 타격이 컸던 부분은 그런 일을 겪고도 본인의 입장을 제대로 해명하지 못했다는 것이었다. "일 년쯤 후에 클로에가 말하더군요. '진짜 말하고 싶어요. 내가 겪은 일을 또 다른 누군가가 겪게 하고 싶지 않아요.'"

클로에는 책을 써서 자신이 이 사회에서 겪은 일들을 알리고 자폐가 있는 사람들에 대한 이해를 불러일으키고 싶었다. 말하는 것이 힘들었던 그녀는 태블릿 피시에 미리 프로그램된 메시지들을 이용해 의대생들을 대상으로 강연을 시작했다. 그렇게 하면 직접 말로 할 때보다 훨씬 유창하고 명확하게 본인의 생각을 전달할 수 있었기 때문에 그녀는 계속해서 다양한 의사소통 수단을 활용했다.

클로에는 더욱 효율적인 의사소통 방법을 개발해 다른 자폐가 있는 사람들이 세상과 소통하는 것을 도왔다. 그뿐 아니라 무거운 담요, 집 지하실에 마련해 놓은 감각 치료실, 템플 그랜딘이 개발한 장치의 소형 버전이라 할 수 있는 '꼭 안아주는 기계squeeze machine'(템플 그랜딘이 목장에서 소들을 안정시킬 때 사용하는 장치에서 착안해 만든 특수 기계 장치) 등 효과가 있는 것이면 무엇이든 이용해 자기 통제력을 키우는 데 열중했다. "감각 발달에 도움이 되는 장난감들이 얼마나 많았는지 가끔 하나씩 망가져도 아쉽지 않았어요." 그녀가 말했다.

본인의 생각과 경험을 공유하고 싶은 마음이 간절했던 클로에는 결국 작업 치료사인 켈리 말러, 마찬가지로 자폐가 있는 자비스 알마와 함께 《내수용감각을 위한 나의 워크북My Interoception Workbook》이란 책을 공동 집필했다. 그녀에 따르면 내수용감각은 제8의 감각으로 우리의 몸과 내부 장기가 보내는 신호를 잘 느끼도록 도와서 배고픔, 갈증, 피로, 통증 같은 여러 상태를 감지하게 해주는 것이라고 한다. 이제 클로에는 시력 보조 장치를 포함한 다양한 방법을 통해 자기 몸이 전하는 '메시지'를 보다 잘 이해할 수 있게 되었다.

"저는 사람들을 돕는 게 좋아요." 그녀가 말했다.

엄마인 수잔은 자폐가 있는 아이를 키우는 부모들에게 이렇게 말하고 싶다고 했다. "조금만 더 많이 도와주면 돼요. 그리고 우리의 직감을 믿으면 됩니다. 그러면 당신의 아이는 뭐든 할 수 있다는 것을 알 수 있어요. 원하는 것은 뭐든 다 할 수 있죠."

그리고 클로에는 이런 말을 했다. "하지 못할 거라고 미리 판단하지 마세요. 아이를 진심으로 이해하고 기회를 주세요. 아마 상상 이상의 놀라운 능력을 보여줄 거예요."

⟫ 사례 ④ 간호사, 사진작가로 활동 중인 아니타 레스코 ⟪

"중요한 것은 넘어진 것이 아니라 일어나는 것입니다."

- 마취 전문 간호사이자 항공사진작가
- 50세에 자폐 진단을 받음
- 의료 종사자들에게 자폐인을 대하는 법을 교육함

아니타 레스코는 정말 우연히 자신에게 자폐가 있다는 것을 알게 되었다고 즐겨 말한다. 그녀가 쉰 살이었을 때 직장 동료의 아들이 아스퍼거 증후군으로 진단받았다. 그녀는 아스퍼거 증후군이란 말을 그때 처음 들었다고 했다. 궁금했던 그녀는 친구에게 병원에서 가져온 서류를 보여줄 수 있는지 물었다. 그것은 몇몇 특성에 관해 묻는 설문지였다.

"열두 개 항목 중 열 개에 해당하면 아스퍼거 증후군이라고 하더군요. 그런데 열두 개 모두가 다 제 모습이더라고요." 그녀가 말했다. "갑자기 모든 퍼즐이 딱 맞아떨어지는 기분이 들었어요."

3주 후 그녀는 신경 심리학자를 찾아갔고 그곳에서 자폐 진단을 받았다. "평생 받은 것 중 최고의 선물이었습니다. 드디어 내 삶의 미스터리에 대한 해답을 알게 되었으니까요."

집에 오는 길에 그녀는 서점에 들러 자폐를 주제로 한 책들을 몇 권 샀다. 그날 밤 그녀는 한숨도 자지 않았다. 토니 앳우드의 《아스퍼거 증후군》을 읽으며 꼬박 밤을 새운 것이다.

그녀의 마음은 안도감으로 가득 찼다. 평생 그녀는 혼자인 기분 속에 살았고 자기 주변의 많은 사람 중 혼자만 달라서 어디에도 어울리지 않는다고 생각했었다. 초등학교 5학년 때는 교장 선생님이 아니타는 앞으로 아무것도 하지 못할 거라고 엄마한테 말하는 것을 들었다. 엄마는 그 말을 무시했고 딸을 위해 든든한 지원을 아끼지 않았다. 또 평생 친구를 사귀지 못하고 누구와도 가깝게 지내지 못했던 딸에게 최고의 친구가 되어주었다.

"예닐곱 살 때의 저는 길 잃은 어린 양 같았어요. 그런데 중요한 것은 넘어지는 것이 아니라 일어나는 것이었죠. 잊지 마세요. 우리에겐 늘 목표를 향해 나아갈 다음 날이 있다는 것을요."

실제로 그녀는 단호히 자신의 목표를 향해 나아갔다. 스물두 살 때 그녀는 마취에 특별한 관심이 생겼고, 의사로부터 마취 전문 간호사가 되어보라는 권유도 받았다. 결국 그녀는 컬럼비아 대학에서 마취 전문 간호 석사 과정을 마치고 30년이 넘도록 그 분야에 종사했다. 그녀의 전문 분야는 신경외과 수술과 트라우마 치료, 장기 이식, 화상, 관절 치환술 등에 필요한 마취이다.

또 그녀는 1995년 영화 〈탑건〉을 처음 본 다음부터 오랫동안 항공 사진에 흥미를 갖게 되었다. 결국 그녀는 군 항공 사진가로 일하게 되었고 한번은 F15 전투기에 탑승한 적도 있었다.

아니타는 《삶이 그대에게 레몬을 주면 레모네이드를 만들어라》 같은 회고록을 포함해 여러 권의 책을 쓰면서 자폐 커뮤니티에도 이름을 알렸다. 나는 2013년 세계 자폐 인식의 날 UN본부에서 처음 그녀를 만났고 그 뒤 몇 차례의 간담회에서 함께 일했다.

의료와 관련된 문제 해결에 도움이 되고 싶었던 그녀의 열정적인 바람은 《자폐와 의료에 대한 완벽한 가이드》란 책을 출간하는 것으로 결실을 맺었다. 이제 그녀는 자폐가 있는 사람들에 대한 의료 시스템과 전문가들의 서비스가 근본적으로 개선되도록 노력하고 있으며 국제적인 자폐 옹호자가 되는 것을 목표로 삼고 있다. 그녀는 의료 분야 종사자들이 자폐가 있는 사람들이 하는 말을 일반인들만큼 믿어주지 않는 것을 너무 많이 봐왔다. 그래서 자폐가 있는 사람들과의 의사소통이 더욱 효율적으로 이루어지도록 의료인들을 교육하는 것에 중점을 두고 있다.

하지만 그녀가 가장 자랑스러워하는 일은 아마 2015년 아브라함과의 결혼일 것이다. 아브라함 역시 자폐가 있다. 그들의 결혼은 자폐가 있는 사람끼리 한 최초의 결혼으로, 주례는 스티븐 쇼어가 맡았으며 미국자폐협회가 주관한 전국 간담회 중에 열려 대중에 공개되었다. 자폐가 있는 사람들도 사랑과 관계에 대한 욕구는 여느 사람들과 다를 바 없다는 인식을 높이기 위한 노력의 일환이었다.

아니타는 이렇게 말한다. "내 삶에 아브라함이 들어온 뒤부터는 하루하루가 힘들어도 늘 그와 대화를 나누며 함께 평화를 느끼고 안락함과 안전한 기분을 느낀답니다."

⦚ 사례 ⑤ 미키마우스 모자가 트레이드 마크인 코너 커밍스 ⦚

"오늘 나의 노력은 덧없을지 몰라도 내일의 노력이 또 나를 기다리고 있습니다."

- 이혼 가정 출신의 장애가 있는 사람들을 위한 법안 마련에 영향력을 행사함
- 미키마우스 모자를 쓰고 의회에서 발언한 것으로 유명함

코너 커밍스에 대해 첫 번째로 알아야 할 것은, 2015년 버지니아주가 코너 법 Conner's Law 을 통과시키는 데 그의 엄마인 샤론 리 커밍스와 함께 결정적인 영향력을 미쳤다는 사실이다. 그 법이 통과됨으로써 장애가 있는 한부모 가정의 엄마나 아빠는 자녀 양육에 대한 지원을 받을 수 있게 되었다.

두 번째는 미키마우스 모자를 쓰고 미국 의회에서 연설한 것이다. 그는 50개가 넘는 미키마우스 모자를 갖고 있는데 일 년에 두 번씩 엄마와 디즈니 월드를 여행하면서 모은 것들이다. 사람들로 붐비는 곳에 가야 할 때마다 그는 그 모자를 쓴다. 그러면 마음이 좀 편안해지고 자신감도 생기는 것 같기 때문이다. "좋아하는 야구팀 모자를 쓰고 다니는 것과 다르지 않아요." 그가 말한다.

몇 년 전 미국자폐협회의 패널로 만난 뒤부터 나는 그와 꾸준히 연락을 하고 있다. 그에게 미키마우스 모자에 대한 열정과 옹호자로서의 활동은 똑같이 중요하다. 코너는 아주 독특한 방식으로 자신을 표현하고 통제하며 매력적인 개성으로 사람들의 마음을 움직이는 존경할 만한 활동가로

인정받고 있다. 미국자폐협회는 그의 헌신적인 노력을 인정하여 올해의 뛰어난 옹호자 상을 수여했다.

걸음마 시절 자폐 진단을 받은 코너를 보고 후에 그가 이런 명예를 얻을 거라고는 누구도 예상하지 못했을 것이다. 코너는 네 살이 되도록 말을 하지 않았고 의사들은 앞으로도 하지 못할 거라고 했다. 한다고 해도 간단한 명령어 한두 마디 정도 따라 하는 것이 전부일 거라고 했다. 학교에 입학한 코너는 통합반에서 수업을 시작했는데 그는 무척 힘들었다고 했다. "혼자 뚝 떨어진 기분이었어요." 그가 말했다. "친구를 많이 사귀고 싶었는데… 한 명도 없었죠. 사회성도 떨어지고 말도 잘 못했으니까요."

설상가상으로 교사들까지 그의 능력을 제대로 알아주지 않았고 그에게 도움이 될 만한 프로그램에 넣어 주지도 않았다. 그들 중 한 사람이 코너의 숙제를 엄마가 해주고 있다는 소문까지 내자 샤론은 아들을 학교에서 데리고 나와 전직 교사를 고용해 집에서 공부하게 했다. 집안의 조용한 분위기는 코너가 집중하는 데도 훨씬 도움이 되었다. 그러는 동안 코너는 엄청난 끈기와 의지를 보여주었다. "저는 늘 노력합니다. 오늘 나의 노력이 덧없을지 몰라도 내일의 노력이 또 나를 기다리고 있다는 걸 저는 잘 알고 있어요."

홈스쿨링을 하면서 코너는 자신의 독특한 학습 스타일을 깨닫게 되었다. "뭔가를 배울 때, 듣는 것보다는 보는 것이 이해하기가 훨씬 쉬웠습니다. 엄마는 공부든 뭐든 남들과 다르게 해도 아무 문제 없다고 말씀해 주셨어요. 그런다고 내가 부족한 사람이 되는 게 아니라 오히려 그 반대라고 하셨죠. 기업들은 사물을 독창적으로 보는 사람을 찾기 위해 많은 돈을 쓴다고 하시면서요. 저는 재능을 타고난 거죠."

일곱 살 때 그는 완전한 문장으로 말을 하기 시작했다. 하지만 지금도 글로 쓰는 것을 선호한다. 자신을 좀 더 안정적으로 통제할 수 있고, 들은 내용을 머릿속에서 처리하거나 하고 싶은 말을 정리할 시간을 가질 수 있기 때문이다. 이런 방식은 그에게 전혀 걸림돌이 되지 않았다. 그는 프랑스어와 스페인어를 공부했고 또 선생님에게 쇼핑하는 것, 가격을 비교하는 것 등 생활에 필요한 여러 가지 기술도 배웠다.

하지만 자신이 가진 잠재력을 최대로 발휘할 수 있었던 것은 엄마의 역할이 누구보다 컸다고 코너는 말한다. "엄마는 항상 나를 지지해 주세요. 한 번도 날 포기하지 않았고 어떤 상황에서도 날 사랑하시죠. 우리는 재미있는 것들을 찾아서 함께 해요." 그가 한 말이다.

그래서 엄마와 디즈니 월드도 자주 다니는데 그곳에 가면 너무 행복해지고 마법에 걸린 기분이 든다고 했다.

2013년 코너의 아버지와 이혼 절차가 진행 중일 때 샤론은 양육비 지급을 요청했지만 법적인 허점 때문에 소송에서 지고 말았다. 변호사는 그녀에게 법을 바꿔 보라고 농담처럼 말했는데 이에 고무된 그녀는 실제로 작업에 착수했다. 샤론은 주지사가 도와주길 바랐지만 발의된 법안이 사람들의 관심을 끌기 시작한 것은 코너가 직접 연설하기 시작하면서부터였다.

엄마와 아들은 리치먼드에 있는 버지니아 국회의사당에서 수은 연설을 했다. 그때마다 코너는 미키마우스 모자를 썼고 덕분에 주의회 의원들 사이에서 유명해졌다. 법안은 상원과 하원 모두의 지지를 받은 채 통과되었고 당시 주지사였던 테리 매콜리프가 최종 서명했다. 코너는 법안 통과를 축하하는 의미로 양쪽 귀에 사인을 한 미키마우스 모자를 주지사에게 선물했다.

코너는 옹호 활동에도 열심이지만 이미 세 편의 영화 촬영 현장에서 스틸 사진을 찍은 재능 있는 사진작가이기도 하다. 그는 피아노 연주도 하고, 스페셜 올림픽에 아이스 스케이팅 선수로 출전해 여러 개의 메달도 땄다. 또 법 집행관들이 자폐가 있는 사람을 이해하도록 돕고 소통하는 방법을 알릴 목적으로 제작된 911 영상에 출연하기도 했다.

자폐가 있는 사람들을 위한 조언을 구하면 그는 단호한 어조로 이렇게 말한다. "자신을 자랑스럽게 생각하세요. 누구도 당신이 다르다고 말하도록 내버려 두지 마세요. 겁내지 말고 자기 생각을 말하세요. 자신을 사랑하고 인정하세요. 절대 포기하지 말고 늘 배우기 위해 노력하세요."

물론 이렇게 한다고 상황이 쉬워지는 것은 아니다.

"나에겐 날마다 도전해야 할 일들이 있습니다. 하지만 이제 나는 그런 것들에 당당히 직면하고 있고 모두 극복할 수 있길 기대합니다. 나는 아주 긍정적인 사람이니까요." 코너는 말한다. "못할 일은 아무것도 없습니다."

⇟ 사례 ⑥ 자폐가 있는 n잡러 론 샌디슨 ⇟

"열심히 노력해야 합니다. 사랑과 연민, 새로운 비전도 필요해요."

- 정신과 전문의이자 목사
- 다양한 자폐 관련 도서의 저자

어떤 사람들은 본인의 삶을 들여다볼 때 안 좋은 것들에 중점을 두지만 론 샌디슨은 축복받은 부분에 초점을 맞춘다. 그가 보여주는 낙관적인 사고와 결단력, 굳은 신념, 그리고 자폐가 있는 사람들을 도우려는 의지는 한 덩어리로 결합되어 주변으로 전파되고 사람들을 고무시킨다.

론은 병원에서 정신과 전문의로 일하지만 사실 그는 자폐가 있는 사람들의 권리를 높이는 일에 열정을 쏟고 있다. 목사 안수를 받은 그는 신앙심과 자폐에 관해 교회와 유대교 회당, 이슬람 사원 등에서 정기적으로 설교를 한다. 그는 또 남편이자 아버지이고 세 권의 책을 쓴 작가이기도 하다. 그가 이렇게 책을 쓴 이유는 자폐가 있는 사람들의 참모습을 알리고 그들의 권리를 보호하고 우리 사회가 그들을 이해하도록 돕기 위해서다.

어린 날의 론을 생각하면, 그가 이룬 것들은 실로 대단하다. 아기 때는 그저 평범했는데 생후 18개월이 지난 어느 날부터 론은 그동안 배웠던 아주 쉬운 단어들도 잊어버렸고 엄마와 눈도 맞추지 않았다.

또래 아이들과 노는 것도 무척 힘들어했고 멍한 상태에 빠지는 경우도 자주 있었다. 한 의사는 그를 정서장애로 진단했지만 받아들일 수 없었던 론의 엄마는 그를 신경과 전문의에게 데려갔고 자폐 진단을 받았다.

전문가들은 론이 중학교 1학년 수준 이상의 말은 하지 못할 것이며, 대학도 못 갈 것이고, 어쩌면 주위 사람들과 의미 있는 관계를 맺는 것도 불가능할 거라고 론의 부모에게 말했다.

론의 엄마 자넷은 전문가들이 틀렸다는 것을 입증하겠다고 다짐했다. 그래서 미술 교사 일을 그만두고 아들의 전담 교사가 되었다. 그녀는 미술을 포함한 다양한 활동으로 론의 관심을 유도하고 많은 것을 가르쳤다.

어느 해 크리스마스 날 그녀는 프레리도그 인형을 아들에게 선물했다. 그는 인형에게 프레리펍이라는 이름을 붙여 주었다. 그날로 관심이 폭발한 론은 프레리도그에 관한 모든 것에 푹 빠져들었다. 그래서 외출할 때면 항상 오른손에는 동물 책을 들고 왼손에는 프레리펍을 안고 다녔다.

자넷은 아들의 열정을 놓치지 않았다. 그녀는 프레리펍을 이용해 읽기와 쓰기를 가르쳤고 사람들과 교류할 기회도 만들어 주었다. 론은 자기가 갖고 있던 동물 인형들에 대해 이야기 꾸미는 것을 좋아했다. 아들이 이야기를 지어내면 자넷은 받아 적었고 그렇게 적은 글을 이용해 다시 론에게 독해와 철자를 가르쳤다.

한편 학교는 어려운 문제였다. "언어 발달이 너무 늦어서 형은 나를 사람들에게 소개할 때 '내 생각에 론은 노르웨이에서 온 것 같아요'라고 말하곤 했죠." 그가 말했다. "내가 하는 말을 알아듣는 사람은 아무도 없었어요." 그는 감각적인 문제가 있었고 사회적인 신호를 해석하는 능력도 부족했기 때문에 친구를 잘 사귀지 못했다.

그는 지금도 곤란했던 일들을 몇 가지 기억한다. 우연히 그는 디트로이트 라이언스 풋볼팀의 코치인 웨인 폰테스가 해고되었다는 것을 알게 되었다. "어느 날 그 사람이 내가 일하는 세차장에 왔더라고요. 그래서 나는 취업 지원서를 내밀며 이렇게 말했죠. '웨인, 당신은 이제 더 이상 실업자가 아닙니다. 우리가 지금 고용했어요!'"

그가 또래들과 가까워지고 친구를 사귀는 데 도움이 되었던 것은 새로운 것에 대한 열정이었다. 론은 열심히 훈련해서 뛰어난 육상 선수가 되었고 크로스컨트리 달리기 대회에도 참가했다. 또 그는 수천 개의 성경 구절을 암송하는 독실한 기독교인이 되었다.

이런 노력에 힘입어 결국 그는 작은 기독교 대학에서 육상 선수로 장학금을 받았고 그 후에는 미국 오클라호마의 기독교 대학인 오럴 로버츠 대학에서 성적 장학금을 받으며 신학 석사 학위까지 받았다.

그는 모든 것이 자신의 재능을 알아봐 주고 지지해준 부모님 덕분이라고 말한다. 아무도 그를 인정해 주지 않을 때 그의 곁에는 늘 부모님이 있었다. 그는 자넷을 '엄마 곰'이라고 부른다. "아기 곰에게 필요한 것은 뭐든 꼭 해주거든요."

지금도 그는 늘 프레리펍을 곁에 두고 지낸다(인터넷 방송 중 화상 통화로 만났을 때도 그는 카메라를 향해 자랑스럽게 인형을 들어 보였다). 원래 갖고 있던 인형들을 다른 것으로 대체하기도 했다. 신혼여행 때는 라텔 인형을 샀고, 코로나19가 한창 유행할 때는 태즈메이니아데빌 인형을 샀다.

시간이 지나면서 그의 열정은 진화했다. "동물에서 미술, 트랙 경주, 크로스컨트리 달리기, 설교 그리고 사람들한테 자폐를 알리는 것으로 옮겨 갔어요."

그는 열심히 암송했던 신약 성경의 한 구절에 따라 매년 스물다섯 곳의 교회에서 설교를 하고 여러 간담회와 세미나에서 강연도 하고 있다. "사람은 자신이 받은 재능을 남을 위해 봉사하는 데 써야 합니다. 신의 은총을 여러 형태로 충실히 드러내야 하지요."

그는 자신이 사람들에게 자폐에 관해 가르치는 일 그리고 장애가 있는 사람들이 삶의 목표를 찾고 필요한 지원을 받도록 돕는 일에 재능이 있다고 생각한다. 그는 말뿐 아니라 글을 통해서도 같은 일을 하고 있다. 그가 쓴 《자폐가 있는 사람이 보는 세상 Views from The Spectrum》은 스무 명의 비범한 자폐가 있는 사람들과의 인터뷰 내용을 바탕으로 한 것이다. 그들 중에는 전미 스톡 카 레이싱 NASCAR 선수인 아르마니 윌리엄스, 프로 야구 선수인 타릭 엘아부르, 미인 대회 참가자이자 사회 운동가인 레이철 바르셀로나도 있다.

"인생에서 성공의 90퍼센트는 사람들과 연결되는 것에 있습니다. 그런데 자폐가 있는 사람들은 다 닳아버린 벨크로 같아서 잘 연결되지 않아요." 그는 이렇게 말한다. "하지만 잘 연결되는 법을 배우고 자신이 가진 재능이나 자원을 사용할 수 있다면 우리도 놀랍도록 멋진 것들을 해낼 수 있을 겁니다."

론처럼 낙관적이기도 쉽지는 않다. 하지만 그의 삶은 소위 전문가라는 사람들의 판단이 얼마나 많이 잘못될 수 있으며 부모와 멘토 같은 주변 사람들의 도움이 얼마나 큰 차이를 만들 수 있는지 보여준다.

론은 평소 종교에 대해 많은 이야기를 하지만 자폐가 있는 사람이나 그들의 부모에게 필요한 조언을 청하면 이렇게 말한다. 인생에서 성공하려면 믿음 이상의 것이 필요하다고. "열심히 노력해야 합니다. 사랑과 연민, 새로운 비전도 필요해요. 그리고 절대 포기하지 말아야 해요." 그가 한 말이다.

그의 삶은 분명 이 모든 것을 여실히 증명하고 있다.

⸖ 사례 ⑦ 의사소통 전문가 조딘 짐머만 ⸖

"내 생각과 열망을 표현할 수 있게 되자 나의 삶은 극적으로 바뀌었습니다."

- 오랫동안 과소평가받고 이해받지 못했으나 철자 입력으로 의사소통하는 법을 배움
- 자신과 같은 무발화 자폐인들을 위해 '시점의 변화' 운동에 힘씀

억지로 받아야 하는 치료, 견디기 힘든 따분함, 세상에 혼자인 것 같은 고립감… 조딘 짐머만이 기억하는 어린 시절은 이런 기억뿐이어서 늘 가혹하고 고통스러웠다고 말한다. 초등학교 어느 학년에는 반에서 학생들에게 종일 비디오 게임만 시켰다. 고등학교 때는 교사들의 이름이 적힌 카드를 알파벳 순서로 나열하기, 학교 버스 창문 닦기, 옷걸이에 옷 걸기 같이 지

루하고 반복적인 일만 해야 했다.

"정말 비참한 기분이었어요." 우리 방송에 출연한 그녀는 음성합성^{text-to-speech} 애플리케이션이 깔린 자신의 태블릿 피시에 철자를 입력해서 이렇게 말했다.

조던은 말을 하지 않는 아이였다. 교사들은 대부분 그녀에게 별 기대를 하지 않았고, 간혹 관심을 갖고 애썼던 교사들도 특별히 더 힘든 아이라고 했다. "조던은 나와 같이 일한 아이들 중 가장 어려운 아이였어요." 30년 경력의 자폐 프로그램 감독인 웬디 버전트는 조던을 주인공으로 한 다큐멘터리 영화 〈이건 내 모습이 아니에요^{This Is Not About Me}〉에 나온 인터뷰에서 그녀에 대해 이렇게 말했다.

조던은 4학년 때 보조 교사가 자기가 바로 앞에 있는데도 없는 사람처럼 취급하며 자신의 문제를 크게 떠들어댔던 일을 기억한다. 어릴 때부터 교사의 꿈을 키워왔던 그녀는 선생님들이 자신을 과소평가하는 모습을 보고 과연 그 꿈을 이룰 수 있을까 하는 생각이 들었다고 했다.

중학교 때는 상황이 더 나빠졌다. 여러 감각 자극들이 과부하를 일으켜 통제 불능의 상태가 잇달았다. 고등학교 때는 그녀를 억제할 방법을 찾다가 교실에 따로 밀폐된 공간을 마련했다. 조던은 그 안에서 다른 학생들과 분리되어 담당 교사 한 분에게 개별 지도를 받았다.

자기 뜻이 통하지 않고 좌절감이 들면 조던은 벽에 머리를 찧는 자해 행위를 하거나 무작정 달리는 두 가지 반응을 보였다. 조던이 달리면 선생님들이 쫓아와 붙잡고 억제 시켰다. 이런 패턴이 몇 년 동안 지속되었다.

이런 행동은 크리스티 라팔리아라는 선생님을 만날 때까지 계속되었다. 그녀는 조던에게 특별한 관심을 보였고 달리고 싶을 땐 언제든 선생님 사무실로 뛰어오라는 표지판을 건물 곳곳에 붙여 놓았다. 조딘이 오면 선생님은 불빛을 어둡게 낮추어 주었다. 그러면 조딘은 피난처를 찾듯 책상 밑으로 들어가 마음이 진정되고 스스로 통제할 수 있을 때까지 머물렀다.

"가끔 선생님께 '저는 뭘 도와드릴까요?' 같은 메모를 남기기도 했어요."

주변에서 의사소통에 도움이 되는 방법들을 추천해 줬지만 조딘은 모두가 너무 제한적이고 단순한 것들이었다고 했다. 10학년 때 썼던 책에는 여러 단어와 구절, 그림들이 나와 있었는데 모두 '원한다' '냄새가 난다' '본다' 같은 단순한 것들이었고 고를 수 있는 음식도 쿠키 사진 하나뿐이었다. 다큐 영화에서 본인의 감정과 원하는 것이 제대로 전달되지 못하면 무슨 일이 벌어지냐고 묻자 그녀는 이렇게 대답했다. "엄청나게 좌절해요."

그런 좌절감은 달리기, 공격 행동, 자해, 통제 불능 상태로 이어졌다.

그러다 열여덟 살이 되었을 때 드디어 돌파구를 찾았다. 물론 한순간에 이뤄진 것은 아니다. 조딘은 태블릿 피시 화면을 터치하는 것으로 의사소통하는 법을 배우기 시작했다. 처음에는 더뎠지만 이미지와 상징 기호부터 시작해 차근차근 글자와 단어들로 확대해 나갔다. 그녀는 점차 자신의 생각과 감정을 표현할 수 있게 되었고 일 년이 지나자 음성합성 애플리케이션이 깔린 자신의 태블릿 피시로 효과적인 의사소통을 할 수 있게 되었다.

"내 생각과 열망을 표현할 수 있게 되자 나의 삶은 극적으로 바뀌었습니다." 조딘이 말했다.

그녀에 대한 사람들의 인식도 바뀌었다. 그동안 많은 교사와 주변 사람들은 조딘이 말을 하지 않는 것 때문에 지적 능력이 낮고, 말이 안 통하고, 아무것도 하지 못하는 아이라고 생각했었다. 유창한 의사소통이 가능해지자 조던은 섬세하고 재치 있고 생기발랄한 소녀의 모습을 보여주었고, 고립감과 오해로 오랫동안 트라우마를 갖게 한 이 사회에 간절히 속하고 싶어 했다.

의사소통 능력이 급속히 향상되고 자신감과 주변의 지지까지 얻게 된 조던은 고등학교를 졸업한 뒤 오하이오 대학에 진학해 '스파클스'라는 이름의 응원단을 만들었고 교육 정책학 학사 학위를 받았다. 현재 그녀는 보스턴 대학에 입학해 교과 과정 및 교육 분야 석사 과정을 밟고 있다.

"이제 내가 무엇을 원하는지 알고 싶다면 먼저 나한테 묻고 내가 대답할 시간을 줘야 해요. 그렇지 않으면 누구도 내가 뭘 원하는지 안다고 본인 마음대로 말할 수 없어요." 조던이 말했다.

그녀는 사람들을 가르치고, 도움이 필요한 사람들을 돕고 간담회에서 기조연설을 하고 무발화인들이 다양한 보완 대체 의사소통 수단을 접할 수 있도록 목소리를 내는 등 여러 옹호 활동에도 활발히 참여하고 있다.

조던은 타이핑으로 글자를 입력해 하고 싶은 말을 자유롭고 유창하게 하는 편이지만 늘 쉽지만은 않다. "아직도 메워 나가야 할 부분이 많아요. 머릿속에 말하고 싶은 단어들은 가득한데 아직 철자를 모르는 것들이 많거든요."

외적인 장벽도 여전히 존재한다. 2019년 여름, 전국장애인권네트워크 National Disability Rights Network 라는 옹호 단체에 가입해 워싱턴 D.C.에서 인턴 활동을 하던 중 그녀는 청문회가 진행 중인 미국 대법원을 방문했다. 그런데 보안 요원이 태블릿 피시 반입을 허용하지 않았다. 얼마간의 실랑이 끝에 펜과 종이는 허용되었지만 별 도움이 되지 않았다. "이 나라에서 제일 높은 법원에도 의사소통 수단을 제공하는 기준이 제대로 마련되어 있지 않왔어요."

이 일로 조딘은 자신이 하는 일이 얼마나 중요한지 새삼 깨닫게 되었다. 그녀는 무발화인들의 의사소통 욕구를 충족시킬 기회와 선택의 폭을 넓히는 일을 개인적 사명이라 생각할 만큼 중요시하고 있다. 그녀의 목표는 '우리의 삶과 우리가 할 수 있는 것들에 대한 시점을 바꾸는 것'이다.

조딘은 이런 원대한 목표를 향해 나아가는 한편 무발화인들 주변에 있는 가족과 교육자들에게도 실용적인 조언을 해주고 있다. 그녀는 사람들이 관심을 두는 시간이 너무 짧다고 말한다. 조딘처럼 글자를 입력해야 하는 사람과 대화를 나눌 때는 말없이 몇 분간 기다려주는 시간이 필요하다. 그래야 그 사람이 말하고 싶은 내용을 정리해서 입력할 수 있기 때문이다. 아직 답을 끝내지 않았는데 자리를 뜨는 사람도 종종 있다고 한다. 그녀의 제안은 단순하면서도 심오하다.

"제가 해드릴 수 있는 가장 중요한 조언은 인내심을 갖는 것입니다."

⟩ 사례 ⑧ 할리우드의 TV 프로듀서 스콧 스테인도르프 ⟨

"나는 세상을 보는 나의 눈을 사랑하고 나의 독창성을 사랑하며 섬세함을 사랑합니다."

- 알코올과 마약 중독을 극복하고 할리우드에서 성공을 거둠
- 늦은 나이에 자폐 진단을 받은 뒤, 신경 다양성에 대한 사회적 인식을 높여 자폐가 있는 사람들이 성공적인 삶을 살 수 있도록 돕는 것을 목표로 함

미네소타의 한 작은 마을에서 자란 스콧 스테인도르프는 자신이 어디에 어울린다고 느껴본 적이 한 번도 없었다. 그는 발성 기능이 완전하지 못해서 말하는 데 어려움이 있었고 사람들과 눈도 잘 맞추지 못했다.

"아버지가 엄마한테 나는 그냥 느린 아이라고 말했던 것을 기억합니다."
그가 말했다.

스콧은 주위와 늘 단절된 기분을 느끼고 불안해했지만 왜 그런지 알 수 없었다. 선생님은 부모님께 당시 열 살이던 스콧이 마약을 하는 것 같다고 했다.

이런 문제들 때문에 스콧은 끊임없이 괴롭힘을 당했다. 어느 날 참다못한 스콧이 그중 한 아이를 때려눕히자 다른 아이들도 겁을 먹고 물러났고 괴롭힘은 그렇게 스콧의 시원한 복수로 끝이 났다.

어릴 때부터 스콧은 글을 쓰는 것을 피난처로 삼았다. 글로 상상의 나래를 펼치는 시간만큼은 현실의 어려움을 잊을 수 있었다. 운동할 때도 마음이 편했던 그는 결국 뛰어난 스키 선수가 되어 미국 스키팀에 큰 공헌을 했다.

선수 생활이 끝나자 우울증이 찾아왔고 상태는 점점 나빠졌다. 부동산 사업 쪽으로 눈을 돌렸지만 다른 신경 다양인들처럼 그도 개인적인 문제들을 겪으며 술에 빠졌고 마약까지 하게 되었다. "코카인을 하면 내가 아주 힘이 세고 완벽한 사람처럼 느껴졌어요. 전에 한 번도 느껴보지 못한 기분이었죠." 스콧은 몇 번이나 응급실에 실려 갔다. "계속하면 죽는다는 걸 알고는 있었어요."

결국 중독 치료까지 받게 된 그는 의식의 변화라는 것을 체험했고 보다 덜 해로운 방법을 찾기로 했다. 그는 일주일에 서너 권씩 닥치는 대로 책을 읽었다. 결혼도 했고 사업도 시작했다. 그러나 어떤 것도 그를 괴롭히던 부족한 기분을 채워주지 못했다.

"늘 놀림 받고 괴롭힘을 당하던 열 살짜리 아이 같은 기분으로 살았습니다. 자존감도 낮았고 아무 쓸모없는 존재처럼 여겨졌어요." 그가 말했다.

다시 술이나 마약을 시작하면 살아남지 못할 거라는 걸 알았기에 그는 어떤 것도 하지 않기로 결심했다. 대신 일에 전념하면서 TV와 영화감독으로 경력을 쌓아갔다. 그는 베스트셀러를 원작으로 한 작품을 주로 만들었으며 그의 포트폴리오에는 〈링컨 차를 타는 변호사〉 〈셰프〉 〈엠파이어 폴스〉 등이 포함되어 있다. 〈엠파이어 폴스〉는 폴 뉴먼과 함께 작업한 TV 미니시리즈로 에미상까지 받았다.

그런 성공에도 여전히 그는 힘들었다. 의사들은 그에게 '매우 예민한 사람'이며 ADHD라는 진단을 내렸다.

그러다 딸아이 중 하나가 ADHD 진단을 받고 치료 중이었는데 그 치료사가 스콧에게 검사를 권했고 결국 그는 60대가 되어서야 자폐 진단을 받았다.

처음에는 수치심이 들었지만 생각하면 할수록 스콧은 자신이 받은 진단이 이해되었다. "치료사를 만나 상담을 시작했고 나에게 일어난 일을 이해하기 시작했습니다." 자폐에 대해 알아갈수록 그는 그동안 자신이 왜 그렇게 힘들었는지 깨닫게 되었다. 그는 늘 사람들과의 관계가 어려웠고 본인이 느끼는 감정을 정확히 알지 못했으며, 업무상 참석해야 하는 회의에서도 사람들과 눈을 맞추지 못했다. 또 사람들이 자신에게 관심을 보이는 것을 극도로 싫어했다.

"나를 가리고 있던 것을 벗겨내고 진정한 나를 찾아가는 과정을 시작했습니다. 그러자 과거에 대한 인식이 완전히 바뀌었어요."

딸은 아빠가 너무 큰 목소리로 이야기하고, 눈치 없이 행동하고, 대화 중에 갑자기 말을 끊고 자리를 뜨곤 해서 친구들을 데려올 때마다 당황스러웠다고 했다.

시간이 지나면서 그는 자신에게 자폐가 있다는 사실을 받아들이게 되었다.

"저는 결함이 있는 게 아니라 독특한 것이었어요." 그가 말했다.

또 스콧은 자신의 독특한 신경 구조 때문에 한 가지 주제나 프로젝트에 강렬한 레이저를 쏘듯 몰입하는 능력을 얻게 되었고 덕분에 운동, 사업, 저술 활동 등에서 성공을 거둘 수 있었다고 했다. "누가 나에게 '당신을 바꾸고 싶나요?'라고 물으면 저는 이렇게 대답할 겁니다. '아니요, 바꾸고 싶지 않아요. 나는 세상을 보는 나의 눈을 사랑하고, 나의 독창성을 사랑하고, 나의 섬세함을 사랑하기 때문입니다.'"

스콧이 딱 한 가지 안타까워하는 것은 그가 조금이라도 일찍 자신의 상태를 깨닫도록 도와주는 사람이 아무도 없었다는 것이다. 자폐에 대한 올바른 지식과 적절한 도움만 있었다면 그동안 겪었던 많은 힘든 일들을 피할 수 있었을 거라고 말한다.

이런 이유로 그는 자폐에 대한 사회적 관심을 불러일으키고 정신 건강 전문가들과 교육자들이 신경 다양성을 더욱 효과적으로 다루도록 만들기 위해 헌신하고 있다. 또 그는 자폐에 대한 대중의 인식이 확대되어야 한다고 말한다. 신경 다양성을 갖고 있지만 그 사실을 모른 채 오해받으며 살거나 그냥 '벽장'에 갇혀 지내는 것을 택하는 사람이 너무 많다고 생각하기 때문이다. 현재 그는 애리조나 주립 대학에서 진행 중인 신경 다양성 프로그램을 통해 학생들도 자폐에 관심을 갖고 세심하게 받아들일 수 있도록 애쓰고 있다. NBC, 넷플릭스, HBO맥스 등에서 다양한 프로그램을 제작한 스콧은 할리우드에서 자신이 가진 영향력을 이용해 자폐가 있는 사람들에게 찍힌 낙인과 그들이 느낄 수 있는 수치심을 없애기 위해 노력 중이다.

그의 목표는 자신이 해낸 것처럼 많은 자폐인들이 개인적으로든 직업적으로든 성공을 경험하게 하는 것이다. "내 인생에서 가장 중요한 일입니다." 그는 이렇게 말했다. "나에게는 자폐가 있고 내가 자랑스럽습니다."

13장

마음에 생기 불어넣기

가끔은 질문으로 새로운 사실을 알게 될 때가 있다. 얼마 전 부모들의 피정 모임에 참석했는데 옆 자리에 앉아 있던 어떤 엄마가 내 팔을 툭툭 치면서 관심을 끌었다. 그 날은 신시아가 처음으로 모임에 참석한 날이었다. 두 살 반인 그녀의 아들은 자폐 진단을 받은 지 얼마 안 되었기 때문에 모임에서 들은 모든 것들이 생소하기만 했다. 피정이 진행된 이틀 동안 그녀는 몇 년 혹은 몇십 년씩 자폐와 함께 살아온 부모들의 회의에 참석했다.

그 자리에서 신시아는 여러 부모들로부터 아이들의 열정과 특이한 성격에 대한 이야기, 또 학교 직원들과 마찰이 생겨 다툰 이야기를 들었다. 어떤 엄마는 열아홉 살인 아이에게 꼭 맞는 기숙학교를 찾게 해줘서 고맙다고 했고, 한 엄마는 부모 역할과 일 사이에서 균형을 잡는 것이 얼마나 힘든지 솔직하게 털어놓았다.

피정 마지막 날, 감동적으로 마무리할 시간을 코앞에 두고 신시아가 말했다. "프리전트 선생님, 여쭤보고 싶은 것이 있어요." 그녀는 우연히 알게 된 한 웹사이트에 대해 물어보았다. 그곳에서는 자폐가 있는 아이들을 위해 온라인 프로그램을 제공하고 있었는데, 그들의 주장에 따르면 그 프로그램 덕분에 자폐를 '회복'한 아이도 있다는 것이었다. 신시아는 내 생각을 듣고 싶어 했다.

그녀는 그 프로그램에서 권하는 활동만 했는데 몇 주 혹은 몇 달 만에 여러 가지 특징적인 행동들이 놀랄 만큼 줄었다며 부모들이 추천하는 글도 읽었다고 했다. 비용은 천 달러 정도였다. "선생님 생각은 어떠세요?"

많은 부모들이 그녀와 비슷한 것들을 묻는다. "돈이 문제되지 않고, 집이나 직장을 어디로든 옮길 수 있다면 어디에 사는 것이 아이를 위해 가장 좋을까요?" 이런 부모들은 자폐를 치유할 수 있는 최고의 방법이 어딘가 있다는 생각을 하는 사람들이다. 아이가 자폐 때문에 겪는 모든 문제에서 벗어날 수 있게 해줄 학교나 의사, 치료사가 있다고 생각하는 것이다.

그들은 어디로 가야 되냐고 묻는다. 어떤 도시, 어떤 학교로 가야 할까?

사실 이에 대한 답은 간단하지 않다. 또 가족들이 아무 걱정 없이 자신들의 삶을 살 수 있게 아이를 '정상'으로 만들어 줄 완벽한 해답이나 계획을 제시하는 전문가나 병원, 치료법은 없다.

젊은 엄마인 신시아가 주변에서 알게 된 모든 방법을 다 해본다고 해서 비난할 사람은 없다. 최고의 시설을 찾기 위해 애쓰는 가족들도 비난받을 이유는 없다. 그들 역시 다른 모든 부모처럼 자기 아이가 행복하게 살고 만족스러운 삶을 이루고 자신의 능력을 마음껏 발휘하면서 누구에게든 존중받고 귀한 사람으로 대접받길 원한다. 간단히 말해서 부모라면 누구든 아이를 위해 최고의 것을 원한다는 뜻이다. 하지만 자폐와 그로 인해 유발되는 여러 상황이 결부되어 그 부분에 초점이 맞춰지면 중요한 것들을 놓치게 되기 쉽다.

⁂ 자폐에서 '회복'이 의미하는 것 ⁂

자폐에 대한 접근 방식 중에는 '회복'을 명백한 목표로 삼는 것들이 있다. 즉 자폐를 암이나 심장병 같은 질환으로 여겨 완전한 회복이 가능하다고 생각하는 것이다. 그것이 가능하든 또 그런 생각이 바람직하든 상관없이, 이 질문에 대한 답은 아직 없다. 2019년 〈소아 신경학 저널Journal of Child Neurology〉에 발표된 한 연구에 따르면 아동 569명을 추적 관찰한 결과 증상이 호전되어 DSM이 분류하는 자폐 기준에 해당하지 않게 된 아이들이 극소수 있긴 하지만 대부분은 여전히 '치료와 교육적 지원이 필요한 문제들'을 가진 것으로 나타났다. 또 연구에서는 어떤 아이들이 그렇게 회복되고 그 이유는 무엇인지 밝혀내지 못했다고 했다.

이런 관점에서 생각하는 회복이란, '자폐성 행동'이 나타나는 횟수가 일정 수준 이하로 줄어서 더 이상 DSM이 제시한 자폐 기준에 부합되지 않게 되는 것을 뜻한다. 하지만 자폐스펙트럼장애가 있어도 성공한 많은 사람들(템플 그랜딘, 스티븐 쇼어, 마이클 존 칼리, 베카 로리 헥터, 데이브 핀치, 데나 개스너 등을 포함한 수백 명)은 삶을 충분히 즐기고 있으면서도 자신들이 회복되었다고 말하지 않는다. 그들은 만족스러운 직업을 가졌고 지역 사회의 일원으로 활발히 활동하고 있으며 행복한 가정을 이룬 사람들도 있다. 어떤 사람들은 어릴 때 이미 자폐가 다 나은 것으로 알았지만 어른이 된 후 자가 진단을 통해 다시 자폐를 확인하기도 한다. 또 자폐성 행동이 거의 안 보이거나 엄청난 에너지를 쏟아 자폐를 완벽히 감추는 법을 익혀서 '일반인'으로 통하는 사람이라도 회복을 강조하면 불편해한다. 자폐는 자신의 본질이며 뗄 수 없는 것이라고 생각하기 때문이다.

자신의 행동이 자폐에 해당하든 그렇지 않든 사람은 누구나 행복한 삶을 영위할 수 있다. 한 십 대 아이는 부모로부터 자폐라는 말을 처음 듣고 이렇게 말했다고 한다. "저는 저한테 자폐가 있다는 것이 너무 좋아요."

'회복'이 가능하든 불가능하든 그것만을 목표로 삼고 그것만이 성공적인 결과라고 생각하는 접근 방식은 부모와 아이 또 자폐를 가진 성인 모두를 정서적으로나 경제적으로 지치게 만든다. 특히 '자폐성 행동'을 줄이거나 감추는 법을 배우는 데 중점을 두면 더욱 그렇다. '회복'을 어떻게 정의해야 할지 또 그것을 추구하는 것이 바람직한지에 대해 많은 논란이 있는데도 회복 가능성을 말하는 전문가들은 전문직의 윤리를 위반하는 것이다. 자신들을 홍보하기 위한 것이라면 말할 것도 없다. 자폐와 관련된 문제를 최소로 줄일 수 있다는 가능성에 희망을 두고 행복한 삶을 살기 위해 노력하는 것을 '회복' 개념으로 생각해서는 안 된다(어떤 이들은 단순히 크게 호전되었다, 문제들을 극복했다는 식으로 말한다).

회복을 가장 우선시하다 보면 아이들이 커가면서 보여주는 사랑스러운 모습들을 놓치기 쉽다. 운전자가 목적지에만 너무 집중하느라 가는 길에 펼쳐진 아름다운 풍경을 놓치는 것과 같다.

반면에 나는 아이들이 거둔 사소한 성과와 작은 발전에 큰 기쁨을 얻는 부모들을 많이 봤다. 그들이 그럴 수 있는 이유는 긴 여정에 중점을 두기 때문이다. 작은 성과라도 계속 쌓이면 큰 변화가 생겨서 자폐가 있는 사람은 물론 그 가족들까지 삶까지 향상되는 경우가 많다.

쉴라는 그 차이를 누구보다 잘 말해 주었다. 그녀의 아들 파블로는 사랑스러운 열 살짜리 소년이었는데 불안 정도가 심했고 감각적인 자극에 몹시 예민했다. 말은 할 수 있었지만 조절장애가 일어나면 말을 계속 이어서 하지 못했고 자꾸 끊겼다. 오랫동안 쉴라는 수많은 식이 요법과 각종 치료를 병행하며 아들을 변화시키고 자폐에서 벗어나게 해주기 위해 필사적으로 노력했다. 그녀는 우리 피정에 와서 같은 처지에 있는 다른 부모들을 만나 그들이 싸워서 승리한 이야기들을 듣고 나서야 자신이 하던 방식을 멈추고 새로운 시각을 갖게 되었다.

그녀는 눈물을 흘리며 자신이 깨달은 것을 사람들에게 전했다. "저는 파블로를 고치기 위해 한순간도 쉬지 않고 노력했습니다. 그런데 아이는 원래 완전했고 행복했어요. 그걸 이제 알게 되었습니다." 그녀는 떨리는 목소리로 이렇게 덧붙였다. "아이가 편안하고 행복하게 살 수 있다면 부모로서 뭐든 해야 한다고 생각합니다. 하지만 우리 아이들은 정말 완전한 존재에요. 그리고 오히려 아이들이 우리를 치유해주죠."

⟩ 희망은 관점을 바꿔 가며 조금씩 나아가는 것 ⟨

부모마다 아이를 키우는 방식이 다르듯 긴 여정에 임하는 모습도 가정마다 다르다. 개업의로 일할 때 나는 상담을 위해 두 가정을 며칠 간격으로 방문한 적이 있었다. 두 집 모두 양쪽 부모에 세 살이 안 된 아이가 하나 있었는데 최근에 그 아이들이 자폐 진단을 받았다. 내가 할 일은 진단이 맞는지 확인한 다음 미래에 대해 어떤 생각을 갖고 가족들이 어떻게 해야 할지 상담해주는 것이었다.

진단에 대해 여러 가지 이야기를 하고 나서 첫 번째 집의 아버지가 나에게 물었다. "아이가 대학은 갈 수 있을 것 같습니까?" 그의 가장 큰 걱정은 그것이었다. '아이가 공부를 잘 할 수 있을까.'

두 번째 집에서도 진단에 관한 이야기는 비슷했다. 하지만 그 엄마는 이렇게 물었다. "우리가 알고 싶은 것은 우리 딸이 행복할 수 있을까 하는 거예요." 그 질문에는 이런 많은 의미가 담겨 있다. "친구는 사귈 수 있을까요? 사랑하는 사람들을 곁에 둘 수 있을까요? 그 아이가 사는 세상에서 존중받을 수 있을까요?"

이처럼 가족은 다 다르다. 같은 진단을 받고, 같은 단계를 거치고 있어도 그들이 생각하는 우선순위는 모두 다르다.

나는 언젠가 내 친구 바버라 도맹그(10장 '자폐 안에서 성장하는 법 배우기' 참고)에게 받은 그림을 사무실에 걸어 놓았다. 어떤 남자가 저 멀리, 태양처럼 보이는 빛을 향해 줄을 타고 걸어가는 초현실적인 그림이었다. 줄은 한쪽 끝만 안전했다. 그가 걸어온 방향의 뒤쪽 끝이었다. 그가 서 있는 곳에서 앞으로 뻗어 있어야 할 줄은 그가 손에 감아 들고 있었기 때문에 다음 번 걸음은 공중에 내디뎌야 할 참이었다. 바버라는 그 남자가 이제 막 자폐 진단을 받은 가족 같다고 했다. 아이가 진단을 받고 나면 부모는 긴 여정이 될 거라는 사실을 직감한다. 그런데 중요한 것은 그 여정의 한 걸음 한 걸음을 모두 스스로 만들어가야 한다는 것이다. 한 걸음을 택할 때마다 옳은 선택인지 불안할 것이며 행여 잘못된 선택을 해서 아이와 가족이 불행해지면 어쩌나 두려운 마음도 들 것이다.

이런 기분은 진단을 받은 후 오래도록 이어질 수 있다. 사실 이 여정의 모든 부분이 그렇다. 상황이 안정적이고 안전한 땅 위를 걷고 있는 것 같은 기분이 들어도 상황은 순식간에 바뀔 수 있다. 아이를 사랑해주던 치료사가 다른 데로 떠날 수도 있고 학교 프로그램이 아이에게 맞지 않을 수도 있고, 아이가 사춘기에 접어들 수도 있다. 그러면 부모는 다시 줄을 타고 위태롭게 걸어야 한다.

복잡한 문제가 생길 수도 있다. 균형을 잡고 한발 한발 잘 걸어가고 있는데 주변에서 갖가지 충고와 지시가 들려와 집중이 안 되고 죄책감마저 드는 경우다.

"여기서 오른쪽으로 돌아요!"

"저기에서 왼쪽으로 돌아야 해요!"

"이제 그 자리에서 두 번 공중제비를 도세요!"

부모는 자기가 잘하고 있는지 끊임없이 의심하며 만성 스트레스에 시달린다. 고비는 많은데 분명한 해결책은 없고 선택할 수 있는 범위도 없다. 전문가는 일주일에 마흔 시간씩 치료를 받아야 한다고 우긴다. 어떤 부모는 자기 아이가 놀라운 효과를 봤다며 이런저런 치료를 받아보라고 계속 권한다. 누구는 통합교육이 좋다고 하고 누구는 자폐를 전문으로 하는 사립학교가 좋다고 한다. 글루텐이 첨가되지 않은 식단은 필수다. 부모는 한 걸음만 잘못 내딛어도, 단 한 번만 잘못된 선택을 해도(혹은 선택을 하지 못했을 때도) 걷잡을 수 없는 일이 벌어질까 노심초사한다.

그렇기 때문에 미래를 생각하는 것이 어렵다는 것이다. 부모는 늘 '내가 무엇을 향해 가고 있지? 나의 빛은 어디에 있지? 아이를 위해 어떤 꿈과 희망을 가져야 하지? 그 꿈들을 이루려면 어떤 선택을 해야 하지? 이게 정말 우리 아이가 원하고 필요로 하는 것일까?' 하는 생각을 하게 된다.

이에 대한 답들은 부모마다 다르다. 가족마다 우선순위가 다르고 꿈과 목표도 다르기 때문이다. 그리고 당연한 말이지만 자폐가 있는 많은 성인과 청소년 심지어 어린아이들도 미래에 대한 자기만의 목표와 희망이 있다.

미래는 누구에게나 불안하다. 다섯 살짜리 아이를 둔 한 엄마는 아들이 열다섯 살 때는 어떤 모습일지 너무 걱정이 된 나머지 밤에 잠까지 깰 때가 있다고 했다. 어떤 부모들은 아예 미래를 생각하고 싶지 않다고 말한다. 저스틴 카나가 십 대였을 때 누가 그의 엄마에게 아들이 어른이 되면 어떤 삶을 살 것 같은지 묻자 그녀는 이렇게 대답했다. "거기까지 생각할 수는 없어요. 한 발 한 발 천천히 나가야죠."

아이가 세 살, 다섯 살, 일곱 살 등 나이에 맞는 획기적인 발달을 보이지 않으면 너무 늦된 것은 아닐까 걱정하는 부모들이 많다. 아이가 다섯 살이 되었는데도 얼마만큼의 단어를 말하지 않으면 희망이 없다는 말들을 듣기도 한다. 언어 능력에 중점을 두는 사람들은 AAC를 사용하는 것은 진정한 의사소통이 아니라고 한다. 지능이나 성적으로 아이의 미래를 예측하는 사람들도 있다(물론 늘 맞는 것은 아니다).

역경이 너무 크게 느껴지면 희망을 갖기 힘들다. 나는 아이가 말을 할 나이가 되었는데도 말을 하지 않아 걱정하는 부모들을 많이 봤다. 그들은 아이가 다섯 살까지 말을 못하면 앞으로 영영 못하게 될 거라는 소리도 들었다고 한다. 또 AAC를 쓰면 오히려 언어 발달에 방해가 되며 발화 훈련만이 답이라고 말하는 전문가들도 있다. 모두 사실이 아니다. 발달은 평생에 걸쳐 진행되는 과정이다. 또 AAC는 매우 효과적인 의사소통 방법일 뿐 아니라 언어 발달에 실제로 도움이 될 수도 있다. 하지만 이런 부모들은 아이가 어서 빨리 말을 하기만을 간절히 기다린다. 아무리 기다려도 말문이 트이지 않으면 부모는 낙담하고 진이 다 빠져버린 기분을 느낀다. 희망도 잃는다. 특정한 목표에 지나치게 집중하며 모든 것을 그 관점에서만 바라보기 때문에 아이가 가진 강점들과 다른 쪽에서 보이는 성장, 심지어 아이 자체도 제대로 보지 못한다. '회복'하는 것에만 치중하면 부모와 아이 모두 만성적인 스트레스에 시달리게 되며, 아이의 행복과 정서적 안정이 희생되는 안타까운 경우도 생길 수 있다.

그럴 때는 틀을 다시 짜야 한다. 아이를 가만 보면 말은 하지 않아도 의사 표현을 하려는 신호를 보낼 때가 많다. 엄마나 아빠 얼굴을 유심히 들여다보기도 하고 뭔가를 가리키거나 손을 흔들기도 한다. 이런 것들은 모두 사회적인 관심을 드러내는 징표이며 의사소통의 발판이 되는 것들이다. 또 이럴 때 여러 가지 방법(몸짓, 소리, 단어, 다양한 AAC 시스템 등)을 활용하면 의사소통 능력이 더욱 좋아질 수도 있다. 하지만 부모는 아이가 말을 하는 것에만 초점을 맞추느라 희망적인 징표들을 못 보고 넘어갈 때가 많다. 아이가 엄마의 손을 잡고 냉장고 앞으로 끌고 가는 것은 '사람을 도구로 이용'하려는 속셈 때문이 아니다. 그것은 아이의 의도로 의사소통을 하려는 행위이며 시작점이다. 사람들은 한 번에 큰 도약을 꿈꾸곤 하지만, 실제로는 이런 작은 걸음들이 성장의 바탕이 되고 희망을 갖게 해줄 때가 많다.

같은 길을 가는 가족들과 가깝게 지내는 것도 도움이 된다. 우리가 주관하는 부모들의 피정에서, 세 살짜리 아이를 둔 한 엄마는 다 큰 딸을 둔 어떤 아버지를 알게 되어 희망을 얻었다. 그 딸은 말은 못하지만 태블릿 피시를 이용해 의사소통을 한다. 그래도 부모는 늘 긍정적인 모습으로 아이를 사랑과 애정으로 감싸주고 있으며 그 딸은 행복하고 만족스러운 삶을 살고 있다.

아미르는 말을 거의 하지 않는 청년으로 쿠키 만드는 일을 하고 있다. 그가 만든 쿠키는 대부분 부모님이 운영하는 마을 극장과 상점에서 판매된다. 부모는 아들이 십 대였을 때만 해도 그런 일을 하게 되리라고 생각하지 못했다. 아미르는 양질의 삶을 영위하고 있으며 뚜렷한 목표도 갖고 있다. 지역 사회에도 성실히 참여하고 있고 자기 일에 자부심도 갖고 있으며 자존감도 높다. 부모는 아들과 같이 살지 않는 삶은 꿈도 꿀 수 없다고 말한다.

이 사례만 봐도 인간의 발달은 평생 동안 이루어지는 과정이며 우선순위는 언제든 바뀔 수 있다는 것을 알 수 있다. 한 때는 무척이나 중요하게 느껴졌던 것이 몇 년 뒤에는 그렇게 느껴지지 않기도 한다.

⁝ 행복과 자아의식이냐 학업의 성공이냐 ⁝

부모들은 학교의 어떤 프로그램에 주력해야 아이가 자라서 크게 성공할 수 있을지 알고 싶어 한다. 최상의 삶을 살기 위해서는 어떤 능력과 자질들을 갖춰야 할까? 내가 가장 중요시하는 것들은 이런 것들이다. 자기 표현력과 자존감을 갖출 것, 행복감을 느낄 것, 긍정적인 경험을 할 것, 건전한 인간관계를 맺을 것. 또 자신에 대한 인식을 높이고 자신의 감정을 스스로 조절할 수 있는 능력 그리고 필요할 때는 타인의 도움을 받아들일 수 있는 태도도 매우 중요하다.

정서적으로 긍정적인 경험을 하면 학습과 탐험에 대한 욕구가 고취되고, 사람들과 좋은 관계를 맺고 싶어지며 더욱 다양한 경험을 추구하게 된다. 한마디로 삶의 질이 높아진다는 뜻이다. 당신이 행복해 하면 다른 사람들도 당신과 있고 싶어 하며 어디서든 당신을 찾는다. 아이들이 무리 속에서 노는 모습을 보면 잘 알 수 있다. 어떤 아이가 늘 불안해하고 초조해하거나 시무룩하고 뚱한 모습으로 있으면 아이들은 그 아이를 피하려고 한다. 하지만 명랑하고 밝게 웃고 장난치는 것을 좋아하는 아이에게는 언제나 아이들이 따른다. 이처럼 행복감은 사람과 사람을 자연스럽게 이어준다.

하지만 많은 부모와 교육자, 치료사들은 아이의 행복보다 학업 성적을 우선시한다. 아이가 스트레스에 시달려 힘들어해도 그렇다. 실제로 행복을 중시해야 한다는 생각에 반론을 제기하며 자폐가 있는 아이들은 특히 행복보다 여러 가지 기술을 익히는 것에 중점을 둬야 한다는 접근법들도 있다. 행복보다는 기술을 중시해야 한다는 말이다.

이런 식의 사고는 잘못되었을 뿐 아니라 중요한 핵심도 놓치고 있다. 아이들 그리고 모든 인간은 행복감을 느낄 때 학습 효과가 크다. 사람은 긍정적인 기분을 느낄 때 정보를 훨씬 효과적으로 받아들이고 보유하게 된다. 끊임없는 스트레스 속에서 배운 것들은 오래 가지 못하고 필요할 때 제대로 활용하기도 어렵다. 하지만 긍정적인 기분을 느끼고 우리가 속한 세상에 신뢰가 생기면 적극적으로 배울 자세가 갖춰지기 때문에 훨씬 효과적이고 깊이 있는 학습이 이루어진다. 주변 사람들을 좋아하고 믿으면 배우고자 하는 의욕이 생기고 어려운 일도 도전해보고 싶은 욕구가 생긴다.

나는 큰 그림을 보지 못하고 성적만 중시하면서 너무 심하게 학생들을 몰아치는 교사들을 많이 봤다. 그런 교사들은 학업 성과만으로 성공을 평가하는 교육 정책 때문에 중압감을 느끼고 있는 경우가 많다. 하지만 극단적인 경우 아이가 등교를 거부하는 사태가 발생할 수도 있다. 아예 아무것도 안 해버리는 아이들도 있다. 그런 부담감 때문에 생긴 스트레스와 부정적인 기억들은 극복하기 어렵다. 성적에만 치중하거나 표준 교과 과정만 따르려 하지 말고 전인적인 발달을 중시하자. 그리고 아이의 장점과 학습 능력, 그리고 행복감을 높이는 데 필요한 여러 가지 방법들을 진지하게 생각해 보자. 그렇게 하면 삶의 질도 최고 수준으로 높일 수 있다.

⟩ 행복한 삶을 살도록 돕는 가장 좋은 방법 ⟨

언젠가 나는 한 워크숍에 초대되어 뉴질랜드의 주요 도시이자 아름다운 경치로 유명한 크라이스트처치를 찾은 적이 있다. 어떤 행사를 시작할 때는 간단한 기도 의식을 갖는 것이 그 지역 토착민인 마오리족의 관습이었다. 사람들로 북적이는 회의장에 도착하자 기획자는 나에게 마오리족 원로 한 분을 소개해 주었다. 그는 큰 키에 강한 악센트를 가진 신사였고 깎아서 만든 나무 지팡이를 짚고 있었다. 그분은 나를 그들의 의식에 초대해 주었고 나는 깊은 감동을 받았다. 의식은 참석자들끼리 인사를 나누는 것으로 시작되었다. 그들은 두 줄로 서서 줄이 끝날 때까지 서로 코와 이마를 맞대고 인사를 했다. 홍이^{Hongi}라는 이 인사법은 상대방과 인사하며 영혼을 공유하는 의식을 상징한다.

그런 다음 내가 강연을 하기 전에 그 원로가 나에게 다가와 몸을 숙이고 내 귀에 입을 대더니 이렇게 속삭였다. "우리의 정신을 높이려면 먼저 마음에 숨을 불어넣어야 한다는 뜻을 전해주리라 믿습니다."

그 말을 들은 나는 온몸을 훑는 강한 전율을 느꼈다. 그분이 한 말에는 자폐를 겪으며 살아가는 사람들에 대해 내가 가진 생각이 고스란히 담겨 있었기 때문이다. 즉 자폐가 있는 사람들과 신경 다양성을 가진 이들이 의미 있고 행복한 삶을 살도록 도울 수 있는 가장 좋은 방법은 그들이 진심으로 존중받는 기분을 느끼고, 건전한 자의식을 쌓으며 즐거운 경험을 만들 수 있는 방법을 찾는 것이다.

우리는 마음에 숨을 불어넣어야 한다. 매년 나는 수많은 자폐인들을 만난다. 그들을 생각할 때면 늘 정신적인 차원에서 말을 하게 된다. '그의 정신세계는 훌륭해' '저 소녀는 기운이 넘쳐' '그들은 자유로운 영혼을 가졌어.' 이런 말을 듣는 이들은 사람을 끌어당기는 매력이 있고 주변을 늘 기쁨으로 가득 채운다. 반면 '그의 정신세계는 무너졌어' '우리는 그 아이의 기운을 북돋아줘야 해' 같은 말을 듣는 사람은 무기력하고 수동적이고 늘 조심스럽고 의욕이 없고 두려워 보이고 트라우마에 갇힌 채 사는 것처럼 보이는 사람들이다.

이런 차이가 생기는 것은 심각한 감각 기능의 손상이나 의학적인 문제 등 타고난 요인의 영향도 크다. 하지만 기상이 넘치는 사람들은 제때 필요한 도움을 받으며 스스로 선택하는 삶을 산다. 그들의 열정은 주위로부터 존중받으며 그로 인해 더욱 키워갈 수 있다. 자신의 입장을 스스로 옹호할 줄도 안다. 그렇다고 모든 것을 혼자 힘으로 할 수 있다는 뜻은 아니다. 그럴 수 있는 사람도 있겠지만 그것만을 당장의 목표로 삼지는 않는다. 사실 '독립적인 삶'을 바람직한 목표로 삼는 것이 늘 옳은 것은 아니다. 베카 로리 헥터 같은 사람을 보면 알 수 있듯 삶의 질은 '상호의존성'과 훨씬 관련이 깊다. 즉 주변인들과 안전하고 탄탄한 관계를 맺고 그들에게 어떻게 기대야 할지 또 필요할 때는 어떻게 도와달라고 말해야 할지 알아야 한다. 중요한 것은 자기 결정력self-determination이다. 자기 결정력이 있는 사람은 자신이 어떤 사람이며 무엇을 원하는지 잘 알고 자신의 삶을 주도한다. 그리고 다른 사람들에 의해 좌우되는 삶을 살지 않으며 즉각적인 욕구에만 부응하는 생활을 하지 않는다.

어떤 부모는 자폐가 있는 자녀가 십 대 후반이나 성인이 되어 몇 가지 선택을 해야 할 때가 되어서야 자녀의 자기 결정력에 대해 생각하기 시작한다. 하지만 자기 결정력에 관한 대화는 훨씬 빨리, 유치원 때부터 시작되어야 한다. 자폐가 있는 아이를 키우고 가르치고 도와주면서 우리는 끊임없이 이런 생각을 하게 된다. '이 아이가 자기 스스로 결정하는 만족스러운 삶을 살 수 있게 해주려면 어떻게 해야 할까?' 그래서 부모 마음대로 기대를 정해 놓고 강요하는 대신 가능하면 언제든 아이에게 선택권을 주는 것이 중요하다. 우리가 세워야 할 목표는 아이를 고쳐서 '정상'으로 보이도록 만드는 것이 아니라, 스스로 결정하는 능력을 키워서 자신의 삶을 통제할 수 있게 하는 것이다.

한때 심한 조절장애를 겪었던 제시는 중학교 시절 친구들과 우편물을 배달하고 재활용품을 정리하고 학교에 봉사할 기회를 갖게 되면서 자존감이 높아졌고 조금씩 자기 결정력을 키워나갔다.

예전 치료사에게 짜증이 났던 스콧은 나에게 '잘한다'라는 말을 하지 못하게 했다. 이미 자기 결정력이 생기기 시작한 것이다.

페리 타는 것이 무서웠던 네드는 현장 학습을 가지 않아도 되었지만 자기 스스로 결정할 수 있다는 것을 알고 용감해지기로 결심했다.

저스틴은 역시 자폐가 있는 한 친구로부터 사람들과 눈을 맞추고 예의 있게 행동하라는 말을 듣고 이렇게 대답했다. "예의는 무슨!" 그는 자기 결정력을 발휘하는 연습 중이었다.

트램펄린을 뛰고 나서 저녁을 먹겠다고 한 로스는 자폐가 있는 사람도 자신을 완전히 이해하고 본인의 삶을 통제할 수 있다는 것을 잘 보여주었다.

부모와 선생님, 또 같은 공동체에 속한 사람들이 자폐가 있거나 신경 다양성을 가진 사람에게 선택권을 주고 자율적인 권한을 행사할 기회를 주면 그들의 정신을 드높일 수 있다. 그리고 그들의 마음에 생기를 불어넣을 수도 있다.

14장

자폐에 대한 오해 풀기

얼마 전 나는 자폐에 관한 워크숍에 참석하기 위해 두바이를 다녀온 적이 있다. 워크숍에는 중동 각 지역은 물론 저 멀리 나이지리아에서도 많은 부모와 전문가들이 참석했다. 그들은 내가 미국과 유럽, 호주 등에서 강연을 하며 익숙해진 청중들과 외모부터 완전히 달랐다. 여성들은 대부분 부르카를 입고 있었고 일부는 히잡까지 두르고 얼굴을 가렸다. 하지만 그들이 알고 싶어 하는 것들은 중국과 뉴질랜드, 이스라엘 등지에 사는 부모 및 교육자, 전문가들과 다르지 않았다. 우리 아이는 왜 자꾸 몸을 흔들고 빙빙 도는 걸까요? 아들이 하루 종일 태블릿 피시를 갖고 사는 데 그냥 둬도 괜찮나요? 우리 딸이 말을 할 수 있을까요? 어떻게 하면 아이에게 자폐가 있으며 앞으로도 계속 자폐와 살아야 한다는 사실을 배우자가 받아들이게 할 수 있을까요? 우리 반 학생 하나가 다른 아이들과 통 어울리지 못하는데 저는 어떻게 해야 할까요? 우리 반 아이가 자기 손을 물어뜯지 못하게 하려면 어떻게 해야 하죠? 성인이 된 아들이 깊은 관심을 보이는 분야를 직업으로 이어지게 하려면 어떻게 해야 할까요? 나라에 상관없이 부모는 아이에게 가장 좋은 것을 주고 싶어 하고 교육자들은 답을 알고 싶어 하고 각 분야의 전문가들은 취할 수 있는 최고의 정보를 원한다. 그들을 위해 내가 가장 자주 듣는 질문들과 답을 마련해 놓았다.

⚡ 가장 궁금한 자폐에 대한 질의응답 ⚡

Q 고高기능 자폐와 저低기능 자폐는 어떻게 구분하는가? 또 아스퍼거 증후군은 무엇인가?

두 살 반인 에릭은 네 살짜리들도 어려워하는 퍼즐을 쉽게 맞춘다. 하지만 아직 말을 못해서 주로 몸짓으로 의사를 표현한다. 에릭은 고기능 자폐일까, 저기능 자폐일까?

여덟 살인 아만다의 수행 능력은 그 학년에 맞는 적당한 수준이다. 하지만 보조 교사의 도움을 받지 못하면 금방 불안해져서 교실 밖으로 뛰어나가거나 학교 밖으로 나갈 때도 있다. 아만다는 고기능 자폐일까, 저기능 자폐일까?

열다섯 살인 도미니크는 말을 하지 않기 때문에 음성 발생 장치를 통해 의사소통을 한다. 학교에 있는 시간의 반은 특수 교육 교실에서 지낸다. 같은 반 친구들과 선생님은 모두 도미니크를 좋아하며 도미니크도 운동장에서 친구들을 만나 인사하는 것을 무척 좋아한다. 도미니크는 고기능 자폐일까, 저기능 자폐일까?

30대 레일라는 예술가다. 그녀가 그리는 애완동물 초상화는 온라인상에서 인기가 좋아 찾는 사람들이 많다. 하지만 그녀는 주기적으로 심한 우울증을 겪고 있으며 감각적으로 너무 예민하고 불안해지면 온몸이 마비될 것처럼 힘들어서 부모님 집 지하실에 틀어박혀 좀처럼 나오지 않는다. 레일라는 고기능 자폐일까, 저기능 자폐일까?

A 이런 식의 진단명은 아이의 능력을 미리 결정짓는 부당한 행위다.

이런 말들이 흔히 쓰이는 것은 사실이지만, 나는 그런 표현을 쓰지 않는다. 오랫동안 나는 아동과 인간 발달을 공부해 왔고 이렇게 규정짓는 말들이 사실을 얼마나 단순화하는지 잘 알고 있다. 사람은 끝을 알 수 없을 만큼 복잡한 존재이다. 그리고 발달은 여러 차원에서 복합적으로 이루어지기 때문에 그런 이분법적인 표현으로 단순화할 수 없다.

그런 표현은 또 너무 모호해서 정확한 의미를 알기 힘들다. '고기능' '저기능' '중증 자폐' '경증 자폐' 같은 말들은 일반적으로 인정되는 기준이 없고 그에 따른 진단도 내리지 못하는 허위 진단의 범주에 속한다. 최근 개정된 DSM-5는 자폐스펙트럼장애의 하위 범주들을 모두 없애서 많은 논란을 불러일으켰다. 그래서 아스퍼거 증후군이라는 진단명도 더 이상 볼 수 없게 되었다. 아스퍼거 증후군과 고기능 자폐가 같은 것이냐 다른 것이냐에 관한 논란은 오래 전부터 있었다. 명확한 진단 기준이 없었기 때문이다.

내가 잘 아는 아이들과 어른들에게 적용해보면 고기능 자폐나 저기능 자폐 같은 말들이 얼마나 부정확하고 잘못된 표현인지 알 수 있다. 나는 그런 표현 자체가 무례하게 느껴진다. 부모에게 아이가 저기능 자폐라고 하는 것은 아이의 전체 모습은 무시한 채 제한적이고 단편적인 시각으로 아이의 능력만 표현하는 말이다. 아이가 '고기능 자폐'라고 하면 부모는 아이가 많은 어려움을 겪게 될 것이 분명한데 전문가들이 너무 축소하거나 가볍게 판단한 것은 아닌지 의심하는 경우가 많다. 또 통제가 잘 된 상태에서는 우수한 능력을 발휘하고 일반인처럼 보이기까지 하는 사람들은 눈에 보이는 장애가 분명한 사람들에 비해 훨씬 혹독한 평가를 받을 때가 많다.

전문가라는 사람들이 어린 아이에게 이런 식의 진단명을 붙이는 것은 아이의 능력을 미리 결정짓는 부당한 행위이다. '저기능'이라고 하면 많은 기대를 갖지 말라는 뜻이고 '고기능'이라고 하면 별다른 도움이 필요하지 않을 만큼 괜찮을 거라는 뜻일 것이다. 이런 진단명은 자기만족적인 예언일 뿐이다. 어릴 때는 상태가 심각해 보였던 아이들(그래서 더 많은 도움이 필요했던 아이들)이 시간이 지나면서 놀랄 만큼 좋아진 경우는 많다. 아이에 따라 늦게 트이기도 하고 발달은 평생에 걸쳐 진행된다. 모호하고 정확하지도 않은 진단명에는 신경 쓰지 말자. 대신 아이가 가진 장점과 문제들에 집중해서 가장 효과적으로 도울 수 있는 방법들을 찾자.

Q 다섯 살 이후에는 자폐가 있는 아이들을 도울 길이 막힌다고 들었다. 그 뒤는 너무 늦은 건가?

A 간단히 말해서, 그렇지 않다.

몇몇 부모들이나 치료사, 인터넷 사이트 등에서는 최대한 빨리 개입하는 것이 중요하다고 한다. 어느 시기가 되면 나아질 기회가 사라지기 때문이라는 것이다. 또 다섯 살까지 특정 치료를 몇 시간씩 받지 않으면 좋아질 가능성이 영영 없어진다는 말도 있다. 이런 말들을 들으면, 주변에서 권하는 집중 치료들을 받게 해주지 못한 부모는 자신들 때문에 아이의 상태가 나빠졌을 수 있다는 생각에 죄책감까지 느낄 수 있다.

자폐를 치료하는 데 다섯 살까지가 적기라는 증거는 없다. 어릴 때 개입할수록 더 좋은 성과를 거둘 가능성이 있다는 연구 결과는 있지만 일찍 시작하지 않았다고 해서 희망이 없어지는 것은 아니다. 여덟 살부터 열세 살 그 후에도 놀랄 만큼 발전하고 성장한 아이들이 많다. 인간의 발달에 있어서 결정적인 시기가 있는 것은 사실이다. 어릴 때 언어를 접하지 않으면 나중에 배우기가 훨씬 힘든 것도 그런 이유 때문이다. 하지만 그 밖의 부분에 있어서 발달은 평생 진행되며 자폐가 있는 사람은 물론 우리 모두도 평생 능력을 키우고 기술을 익힌다. 사실 어릴 때 잘못된 진단을 받거나 아예 진단받지 않은 자폐가 있는 사람들 중 뒤늦게 심지어 50대 후반이나 60대가 되어서야 전문가나 자가 진단을 통해 본인의 상태를 알고 나서 삶의 질이 크게 향상되는 것을 경험한 사람들은 많다.

나는 잘 짜인 포괄적인 프로그램을 일찍 시작할 것을 강력히 권한다. 가족의 생활 방식과 문화와도 잘 맞는 것을 택해야 한다. 하지만 부모들은 주변에서 들리는 소리들에 '결정적인 시기'를 놓치게 될까봐 아이에게 맞지도 않는 치료에 돈과 에너지를 쏟게 된다는 말들을 많이 한다. 별 도움도 안 되고 힘들어도, 불안하고 겁이 나는 마음에 시키는 대로 따르는 부모들도 많다. 그런 짓은 아무 필요 없으며 부모와 아이가 받는 스트레스만 많아질 뿐이다. 우리 피정에 온 한 엄마는 네 살 된 아들을 위해 매일 새벽 세 시까지 인터넷을 뒤지며 좋은 방법이 없는지 찾았다고 했다. 그런 행동이 남은 가족과 결혼 생활을 힘들게 한다는 것은 깨닫지 못했다. 잘 짜인 치료 과정은 자폐가 있는 성인에게도 유의미할 수 있다. 각자가 지닌 삶의 목표와 생활 방식에 잘 맞는 과정이라면 자신이 속한 환경과 일, 여가 시간과 잘 융화되고 사회적인 연결에도 도움이 될 것이다.

연구를 보면 미취학 및 취학 아동의 경우 사회적 상호작용과 감정 조절, 학습에 집중된 활동들을 일주일에 25시간 정도 활발히 하게 하는 것이 적당하다고 하니 참고하기 바란다. 그 시간에는 전문가들이 제시한 치료 방법뿐 아니라 날마다 하는 일상적인 일들 또 양치질이나 팝콘 만들기, 형제자매와 함께 놀기 같은 단순한 일들을 해도 된다. 그 시간 외 일대일 치료 시간을 추가로 늘리는 것은 별 도움이 되지 않는다.

Q 자폐가 있는 사람 중에 어떤 사람은 행동이 과해 보이는 반면 어떤 사람은 둔해 보인다. 왜 그런가?

A 같은 자폐라도 증상이나 개인의 능력에 따라 다른 모습을 보인다.

자폐는 스펙트럼(범주성)장애라고 한다. 사람들마다 나타나는 증상이나 능력이 달라 자폐라고 해도 똑같은 모습을 보이는 사람들이 없기 때문이다. 잠시도 가만있지 못하고 몸을 활발하게 움직이는 아이가 있는가 하면 느릿느릿 움직이며 멍해 보이는 아이도 있다.

이런 현상이 나타나는 것은 각성 편향arousal bias 때문이다. 모든 사람은 날마다 여러 상태의 생리적 각성을 겪는다. 소아과 의사인 T. 베리 브레즐튼 박사는 유아들의 '생행동^{biobehavioral}' 상태에 대해 언급했는데 이것은 모든 사람들에게 해당된다. 각성 상태는 가장 낮은 것에서(깊은 잠을 잘 때나 졸릴 때) 가장 높은 것까지(불안하거나 초조하거나 아찔하거나 무척 신이 날 때) 다양하다.

사람은 누구든 어느 한쪽으로 편향되어 있다. 자폐가 있는 많은 사람이 힘들어하는 이유 중 하나는 너무 '낮은 편향'이나 너무 '높은 편향'으로 치우쳐 있기 때문이다. 즉 각성이 덜 되거나 너무 심하게 되는 경향이 있다는 뜻이다. 해야 할 일이나 환경은 조용한 상태를 요구하는데 아이는 흥분해 있고 산만하다. 반면 상황은 적극적인 태도를 요하는데 아이는 졸려하거나 멍한 상태다. 더 복잡한 문제는, 사람들은 때로 너무 높은 편향에서 너무 낮은 편향으로, 그것도 몇 시간 만에 급변할 때가 있다는 것이다.

자폐가 있는 사람들은 자신이 해야 할 활동이나 처한 환경에 적합하도록 다른 각성 상태를 오가는 것을 힘들어한다. 즉 운동장에서는 높은 각성 상태로 잘 놀다가도 수업 시간이 되면 조용하고 기민한 상태로 바뀌어야 하는데 그렇게 하지 못한다는 뜻이다. 우리가 해야 할 일은 각 활동에 적합한 상태로 있을 수 있는 시간을 최대화하도록 돕는 것이다.

자폐가 있는 사람과 일을 하거나 같이 지낼 때는 반드시 그 사람의 각성 편향을 염두에 두어야 한다. 그런 편향은 시각, 청각, 후각, 촉각 등 여러 감각 채널을 통해 드러난다. 각성 상태가 낮고 반응이 둔한 아이는 사람의 음성 같은 소리를 예민하게 감지하지 못하기 때문에 누가 이름을 불러도 별다른 관심을 보이지 않는다. 각성 상태가 높고 과잉 반응을 보이는 사람은 소리와 촉각에 아주 민감해서 보통 정도의 소리에도 기겁을 하고 긁혀서 난 작은 상처에도 몹시 괴로워한다.

에너지가 넘치거나 부족한 아이, 행동이 과하거나 무기력해 보이는 아이는 각각 어떻게 도와야 할까? 가장 필요한 것은 아이들이 타고난 편향을 보완시켜주는 것이다. 아이가 무기력한 편이라면 활발히 움직일 기회를 만들어주고, 과하게 행동하거나 쉽게 불안해하면 차분한 상황을 만들어주자. 늘 말하지만 가장 좋은 접근법은 사람을 바꾸려고 하는 것이 아니라 우리의 태도를 바꿔서 가장 효과적이고 많은 도움이 되어야 하는 것이다. 그러려면 우선 그가 보내는 신호를 섬세하게 알아차릴 수 있어야 한다. 그래야 우리의 행동과 주변 환경을 그 사람에게 맞게 적절히 맞출 수 있다(과잉 행동과 불안증이 너무 심해서 일반적인 도움이 별 효과가 없을 때는 의사의 진료를 받거나 약을 처방받는 것도 포괄적인 계획의 일부로 좋은 방법일 수 있다).

Q 자폐가 있는 사람들을 위해 부모와 주변 사람들이 할 수 있는 가장 중요한 일은 무엇인가?

A 필요한 도움을 주면서 세상으로 데리고 나오는 것이다.

내 경험상, 부모와 교사 그리고 주변인들이 자폐가 있는 아이와 성인들을 위해 할 수 있는 가장 좋은 일은 필요한 도움을 주면서 그들을 세상으로 데리고 나오는 것이다. 물론 자폐가 있는 사람뿐 아니라 누구든 다 그렇다. 사람은 다양하고 폭넓은 경험을 할 때 가장 크게 발전하며 자신이 가진 능력을 최대로 발휘한다.

자폐가 있는 아이를 십 대나 청년이 되도록 키우며 하루하루를 잘 헤쳐가고 있는 부모들은 아이의 삶에 가장 긍정적인 변화를 만든 것이 무엇인지 다 안다. 그들은 아이를 안전한 곳에 두고 보호하는 대신 세상으로 끌고 나와 주류에 포함될 수 있도록 평생 노력했다. 자폐가 있는 성인들도 대부분 동의하는 내용이다. 그들은 적절한 도움을 받을 수 있는 상태에서 다채로운 경험을 하면, 새로운 것들을 추구하고 각 상황에 알맞게 대처하고 낯선 것들을 받아들일 자신감이 생긴다고 말한다. 그러면서 힘든 상황을 극복할 수 있는 기술을 배우고 자신의 상태를 잘 조절하는 법도 익히게 된다. 사람들 한가운데서 흥분해 당혹스럽게 하거나 놀이공원에서 소리를 질러대거나 가만히 앉아 있지 못하는 아이와 비행기를 타는 것을 좋아할 사람은 없다. 하지만 삶의 모든 어려움에서 보호해 주기만 하면 아이는 사회적으로나 정서적으로 성장하지 못한다. 자신이 통제할 수 없는 낯설고 힘든 상황에 내몰리고 싶어 하는 자폐인은 없다. 그러나 다양한 환경이나 상황에서 적극적으로 행동하고 실수 없이 잘 대처한 경험이 많아지면 사정은 달라진다.

자폐가 있는 청년 데이비드 샤리프는 자신의 모든 열정을 세계 여행에 쏟는다. 그는 뛰어난 문제 해결 능력과 유연성, 모험을 즐기는 성격 덕분에 여행이 즐겁다고 말한다. 내 친구 로스 블랙번은 영국 출신인데 처음에는 불안증 때문에 비행기 여행은 엄두도 못 냈으나 동행인이 있을 때는 타기 시작하더니 결국은 세심한 계획하에 혼자서도 탈 수 있게 되었다.

자폐를 겪는다면 시끄러운 식당에 가거나 특정한 놀이 기구를 타는 것이 불안하고 겁날 수도 있다. 하지만 필요한 도움을 주며 그 상황을 극복하게 이끌어주면 모든 것이 배움이 되고 즐거움마저 느낄 수 있다. 부모는 다음에 이렇게 말할 수도 있을 것이다.

"지난번에 했던 거 기억하지? 그때도 불안해했지만 괜찮았잖아." 기회를 주지 않으면 어떻게 성장하겠는가?

새로운 경험을 하면서 힘들어한다면 그 상황을 벗어나거나 참여하는 시간을 줄여도 괜찮다. 적절한 도움을 받으며 다시 할 기회는 늘 있기 때문이다. 중요한 것은 언제든 본인이 느끼는 기분을 바탕으로 선택하게 하는 것이다.

Q 사랑받고 안는 것을 좋아하는 아이도 자폐가 생길 수 있는가?

A 자폐가 있는 사람들은 신체적인 접촉과 애정 표현에 다양하게 반응하다.

감각 자극에 예민한 아이들은 신체적인 접촉을 극도로 싫어해서 피하려 하며 그 밖에 모든 사회적인 접촉도 다 피하려고 한다. 통제가 안 되는 상태에서는 특히 더 그렇다. 반면 신체적으로 가까워지는 것을 몹시 좋아하는 아이들은 늘 사람들과 껴안고 싶어 한다. 부모들과는 더욱 그렇다. 이런 아이들에게는 택배 배달원 같은 낯선 사람과는 절대 껴안지 말아야 한다고 꼭 가르쳐야 한다. 손을 잡는 것을 좋아하는 사람도 있고 친밀함과 애정이 담긴 다른 행동들을 좋아하는 사람도 있다. 자폐가 있는 내 친구 중에도 본인이 꽉 안아주거나 안기는 것을 좋아하는 친구들이 몇 명 있다.

누가 주도하는지가 문제일 때도 있다. 늘 먼저 다가가 안는 것을 좋아하는 아이는 가까운 사람이라도 누가 갑자기 안으려고 하면 깜짝 놀라며 불안해할 수 있다(아무리 따뜻한 마음에서 그런 것이라고 해도). 중요한 것은 그 사람이 어떤 감각에 민감하며 감정 상태는 어떤지 또 선호하는 것은 무엇인지 늘 염두에 두는 것이다. 더욱 중요한 것은 안는 것을 거부했다고 해서 정서적으로 가까워지거나 사회적인 친분을 맺는 것이 싫어서 그런 거라는 오해는 하지 않는 것이다.

Q 아이가 사람들 앞에서 이상한 행동을 했을 때 모르는 사람들의 시선을 견디기가 힘들다. 그럴 땐 어떻게 해야 하나?

A 평소 활달하고 창의적인 한 엄마가 준비한 대처법 4가지

자폐가 있는 가족을 둔 부모와 형제들은 거의 모두 겪어봤을 일이다. 평소 돌봐주는 사람이나 전문가들도 어떤 식으로든 겪어봤을 것이다. 아이가 놀이터에서 갑자기 흥분해 방방 뛰거나 이웃 사람의 머리 모양을 보고 대놓고 이상하다고 하거나 낯선 사람과 부딪쳤는데 사과를 하지 않거나 학교 모임 때 강당 안을 여기저기 뛰어다니거나 다 큰 어른이 슈퍼마켓에 도착하자마자 좋아하는 시리얼을 찾아 질주할 때 내가 설명을 해야 할까? 뭐라고 해야 할까? 아이가 받은 진단을 말해야 하나? 그러면 안 될까? 그 순간 부모나 가족은 당혹감, 혼란스러움, 반항심, 화, 슬픔 등 갖가지 감정이 치솟는 걸 느낄 것이다. 이럴 때 아주 자연스럽게 설명하면서 아이의 상태를 알리는 부모가 있는가 하면 사적인 문제라고 생각해서 말을 아끼는 부모들도 있다. 그들은 사람들의 시선을 모른척하며 말할 필요가 없다고 생각하거나 왜들 그러냐며 오히려 발끈하기도 한다.

평소 활달하고 창의적인 한 엄마는 그럴 때에 대비해 4가지 대처법을 갖고 있다고 했다. 그 사람과의 관계 또 그 사람과 다시 만나게 될 가능성 등을 생각하며 대응 방법을 달리한다는 것이었다(성인도 해당된다).

대처법 레벨 4: 부정적으로 반응하는 낯선 사람. 말로 불쾌감을 드러내거나 노려보는 등 분명하게 반응하는 사람도 있고 억지로 자제하거나 감추는 사람도 있다. 그렇게 반응해 봤자 그 사람만 손해이므로 이쪽에서는 별다른 반응을 보일 필요는 없다.

대처법 레벨 3: 이웃처럼 알고 지내는 사람. 그런 사람은 다시 만날 가능성이 크기 때문에 사실적으로 간단하게 설명하면 된다. "우리 애한테 자폐증이 있어서요. 그래서 그런 거예요."

대처법 레벨 2: 그리 친하지 않은 친구나 지인들. 그 사람도 아이의 상태를 알고 있다면 아이가 왜 그런 행동을 하는지 설명하고 어떻게 반응하는 것이 가장 좋은지도 알려준다.

대처법 레벨 1: 조부모, 친하게 지내는 친척들, 선생님 등 아이와 아주 가까운 사람들. 아이와 함께 있는 것을 편안해하고 최대한 많은 도움을 받을 수 있도록 열심히 노력한다. 계속해서 함께 의논하는 시간이 필요할 수도 있다.

　일부 학교나 기관에서는 선생님들과 직원들에게 명함을 만들어 나눠주고 현장 학습을 가거나 지역의 시설을 방문할 때 또 많은 사람과 섞여야 할 때를 대비해서 늘 갖고 다니게 한다. 아이들의 행동이 주위의 관심을 끌면 선생님은 학교 연락처가 적힌 명함을 구경하는 사람들에게 나눠준다. 명함 뒷면에는 아이에게 자폐가 있으며 담당 교사는 적절할 때 아이를 돕고 개입하도록 교육받았다는 내용이 간략하게 적혀 있다.

　많은 가족이 쓰고 있는 또 한 가지 창의적인 방법은 자폐 단체의 이름과 로고들이 그려진 티셔츠나 옷을 입는 것이다. 또 티셔츠에 '나에게 자폐가 있어요. 그러니 인내심을 가져 주세요' '자폐는 내가 가진 큰 힘이에요' 같은 글귀를 적어서 설명을 대신하기도 한다. 낯선 사람이라도 그런 것을 알아본다면 불필요한 질문을 하지 않을 것이며, 본인도 가족이나 친구 중 자폐가 있는 사람이 있는지 생각해보거나 자폐에 대해 알고 싶은 마음에 몇 가지 물어보기도 할 것이다. 하지만 중요한 것은 자폐가 있는 당사자가 이런 것들을 편하게 느껴야 하며, 적당한 나이가 되면 본인이 동의한 경우에만 자폐 사실을 공개해야 한다는 것이다. 자폐에 대한 대중의 인식이 확대되면 자폐에 대해 공개적으로 말하는 일이 점점 더 흔해질 것이다.

Q 아이가 자신을 자극하는 행동(스팀)을 할 때 그냥 놔두는 것은 잘못인가?
A 잠깐씩 하는 행동은 아무 문제가 없다.

스팀^{stim}이나 스티밍^{stimming} 같은 용어는 신경 전형인^{neurotypical}에 속하는 전문가들이 주로 부정적인 의미를 담아 쓰던 말이었다. 그들은 스팀을 '왜' 하는지 생각하는 대신 바람직하지 못한 '자폐성 행동'이며 못하게 해야 한다고 주장했다. 나는 그들의 말을 절대 믿지 않는다. 사람은 누구나 감정과 생리 상태를 조절하는 자기만의 방법을 갖고 있다. 자폐가 있는 사람들은 자폐가 없는 사람들이 하는 행동에 비해 좀 더 강렬하고, 색다르고, 눈에 잘 띄는 행동을 하면서 마음의 안정을 느끼고 기민한 상태를 유지한다. 한 가지 대상만 계속 보는 것, 머리를 흔드는 것, 한 자리에서 빙빙 도는 것, 손가락을 계속 접었다 펴는 것, 두 팔을 퍼덕이는 것, 제자리 뛰기를 하거나 같은 말을 계속 되풀이하는 것, 장난감들을 줄지어 세우는 것 등 모두가 그런 행동이다. 이런 행동들에는 사실 아무 문제가 없다.

그런데 그런 행동을 지나치게 많이 하거나 아이에게 해가 될 수 있거나 비난까지 듣게 된다면 문제가 될 수 있다. 아이가 혼자 앉아 몇 시간씩 계속 눈앞에서 손가락을 튕기며 다른 아이들과 어울리지 않으려고 한다면 다른 식으로 자신을 조절할 수 있도록 도와줘야 한다. 아니면 그런 행동을 조금씩 수정하도록 유도해야 한다. 소음을 줄이거나 눈앞에 펼쳐진 어수선한 것들을 치우는 등 환경을 바꿔주는 것도 도움이 될 수 있다.

하지만 쉬는 시간 혹은 긴 하루를 마감할 때 잠깐씩 그런 행동을 하는 것은 본인 또는 타인에게 해가 되거나 파괴적이지 않다면 크게 걱정하지 않아도 된다. 요즘 일부 교사나 부모들은 특정한 '스팀' 행동을 허용하거나 바쁜 하루를 보낼 때 자신을 '진정시킬' 시간을 마련해 주기도 한다. 그런 시간을 갖고 나면 자폐가 있는 사람들은 자신이 하던 활동에 더욱 적극적으로 참여할 수 있기 때문이다.

한편 그런 행동 때문에 사람들이 아이를 피하거나 안 좋게 볼까 걱정하는 부모들도 있다. 그럴 때는 왜 그런 행동을 하는지 사람들에게 설명해주고, 아이가 부정적인 관심을 끌지 않을 다른 방법을 찾도록 돕는 것이 좋다. 사회에 대해 조금씩 알아가는 아이나 청소년이라면 그런 행동에는 아무 잘못이 없는 게 맞지만 다른 사람들은 이해하지 못하거나 산만하게 만들 수 있다는 것을 차분히 설명해주는 것도 좋다. 그러면 아이는 손가락을 튕기는 대신 낙서를 하거나 공을 꼭 잡는 것으로 마음을 진정시키는 법을 바꾸고 싶어 할지 모른다. 또 집중이 힘들어질 때는 몸을 움직이며 쉴 수 있는 시간을 달라고 말하게 하자. '시간과 장소'의 전략을 쓰는 것도 유용하다. 어느 때, 어떤 곳에서는 그런 행동을 마음껏 해도 되는지 아이에게 잘 설명해주자.

Q 자폐가 있는 아이는 일반 학급과 특수 교육반, 사립학교 중 어디에서 공부하게 하는 것이 좋은가?

A 자폐가 있는 아이는 다 다르기 때문에 모두에게 효과적인 프로그램은 없다.

아이들은 다른 친구들이 하는 것들을 보고 같이 참여하면서 정식 수업을 받는 것처럼 많은 것을 배운다. 아이의 능력에서 너무 벗어나지만 않는다면 친구들이 쓰는 언어와 사회적인 활동들은 수준이 높을수록 좋다.

그렇다고 특수 교육반보다 일반 학급에서 공부하는 것이 언제나 더 좋다는 뜻은 아니다. 가장 중요한 것은 학생이 소속감을 느끼고 존중받는 기분을 갖는 것이다. 특수 교육반은 지원 프로그램이 많고 통합반은 그런 프로그램이 거의 없지만 꼭 이 둘 중에서 선택하지 않아도 된다. 요즘 일부 학교에서는 통합 교육 시간을 다양하게 운영하고 있다. 즉 하루 중 일부는 소그룹으로 수업하고 나머지는 일반적인 환경에서 지내게 하거나 통합반에서 수업을 듣되 보조 교사가 옆에서 계속 도와주는 식이다. 또 필요한 시설을 다 갖추고 발달장애가 있는 아동이나 성인만 다닐 수 있는 공립 기관이나 사립학교들도 있다. 중요한 것은 이런 지원 방안들이 학생에게 필요한 부분과 잘 맞아떨어져서 혜택을 볼 수 있어야 한다는 것이다. 자폐가 있는 아이에게는 사회적 모델이 되어 주는 친구들, 교육 방법, 각종 시설, 학습 환경의 질, 교육적 차원에서 제공되고 얻을 수 있는 모든 것들이 도움이 될 수 있다.

그렇다면 아스퍼거 증후군이 있는 아주 영리한 아이는 통합 교실에서 일반적인 아이들과 같이 공부해야 할까? 꼭 그렇지는 않다. 통합반처럼 적절한 도움이 지원되지 않는 환경에 처하면 아이들은 자신이 제대로 이해받지 못한다고 느끼거나 주눅이 들기도 한다. 규칙은 딱 정해져 있어서 융통성이 없고 선생님들은 자폐에 대한 교육을 받지 못했기 때문에 그런 아이의 행동을 고집스럽고 반항적이라고 오인할 수 있다. 이렇게 되면 수업 자체가 모두에게 고통스러워진다.

보통 잘 갖춰진 프로그램에서는 6~10명의 학생이 집과 같은 분위기에서 부족한 과목을 추가로 지도받거나 정서적인 도움을 받으며 공동체 의식을 갖는다. 아이들은 같은 진단을 공유하고 있기 때문에 자신이 느끼는 기분이나 경험을 솔직하게 나누고 각자가 겪은 어려움과 극복해낸 이야기를 통해 함께 배우고 성장한다. 이와는 완전히 대조적으로 자폐가 있어도 일반 학교에서 잘 지내는 아이들은 발달에 문제가 있는 아이들과 어울리고 싶은 생각이 없다고 말하기도 한다.

교실 하나만 보고 전체를 판단해서는 안 된다. 가장 중요한 것은 아이가 속한 환경을 더 넓은 시야로 보고 아이가 하루 혹은 일주일 내내 접하는 다양한 사회적 기회, 또 친구를 사귀고 의미 있는 관계로 만들어 갈 가능성에 대해 생각해보는 것이다. 아이가 친구들 사이에서 소속감을 느끼고 있을까? 혹시 혼자 고립되어 오해받고 있는 것은 아닐까? 형제가 많거나 학교 밖에서 하는 활동이 있거나 이웃에 사는 아이들과 잘 지내는 아이는 일상에서 겪는 사회적 경험을 통해 많은 것을 배운다. 연극반이나 음악반, 표현 예술 프로그램, 교회 같은 종교 활동 또 평범한 아이들과 함께 스포츠 활동을 하는 아이라면 통합반이 꼭 필요하지 않을 수도 있다. 아이가 그런 수업 방식을 힘들어한다면 더욱 그렇다. 또 자폐가 있는 청소년이나 성인들은 공식, 비공식적인 모임을 통해 다른 자폐가 있는 사람 및 신경 다양성을 가진 사람들과 교류함으로써 사회적, 정서적으로 많은 혜택을 누릴 수 있다.

Q 치료가 너무 과할 수도 있는가?

A 치료 시간이 길다고 해서 좋은 치료는 아니며 상태가 더 나아지는 것도 아니다.

어떤 전문가들은 일주일에 최소 서른 시간에서 마흔 시간은 개별 치료를 받아야 효과를 볼 수 있다고 부모들에게 말하기도 한다. 이 말에는 치료 시간이 길수록 더 좋고, 그 시간을 채우지 않으면 얻을 수 있는 성과를 놓칠 수 있다는 뜻이 담겨 있다. 그러나 시간만으로는 프로그램의 강도나 효과를 판단할 수 없다. 그보다 중요한 것은 아이와 가족, 치료사와의 관계를 포함한 접근 방식의 질이며, 그 방식이 아이가 속한 환경 및 사람들과 얼마나 조화를 잘 이루고 있고 아이의 삶에 필요한 목표와 얼마나 깊은 관련이 있느냐 하는 것이다.

아이가 아주 어리거나 성인이라도 문제가 심각할 때는 개별 치료를 집중적으로 받는 것이 중요할 수도 있다. 이럴 때는 아이의 다른 삶을 놓치거나 큰 그림을 보지 못하는 일이 없도록 조심해야 한다. 외부 치료를 집중적으로 받은 유치원 아이는 너무 힘들어서 교실 활동에 참여하지 못할 수도 있다. 학교가 끝나면 어떤 부모는 아이를 데리고 언어 치료와 작업 치료를 받으러 다니고 집에서 행동 치료까지 받는다. 그러다 보면 아이와 가족 모두 금방 지치고 만다.

치료사가 치료 시간을 늘리자고 할 때 아이가 거부하는 경우도 있다. 그러면 치료사는 아이의 마음은 알겠지만 싸워서라도 밀고 나가야 한다고 말한다. 다시 말하지만 부모는 자신의 직관을 믿어야 하며 아이가 보일 정서적 반응과 가족에게 진정으로 필요한 것들을 생각해야 한다. 아이가 몹시 부담스러워하고 힘들어하면서 치료를 거부할 때는 이렇게 생각해볼 필요가 있다. "우리가 왜 이걸 하고 있지? 이걸 왜 이렇게 많이 하고 있는 거지?" 부모가 지쳐서 우왕좌왕하게 되면 자폐가 있는 아이뿐 아니라 그 아이의 형제자매에게도 바람직하지 못한 영향을 끼치게 된다.

대부분 문제는 치료 시간이 아니라 그 치료가 아이의 생활과 연계되지 못하고 가족의 일상에 심각한 방해가 될 때 생기는 경우가 많다. 그럴 때는 시야를 넓혀서 큰 그림을 보자. 그리고 아이와 가족을 위해 세운 전반적인 목표들과 잘 맞는 치료법을 선택하자. 어떤 치료든 시간보다는 팀으로 접근하는 것 그리고 자폐가 있는 당사자와 가족이 바라는 것들을 늘 염두에 두고 모두가 합심해서 노력하는 것이 훨씬 중요하다. 또 의사 결정 과정에는 당사자들도 참여하게 해서 그들의 의견도 반영해야 한다.

Q 자폐가 있는 아이를 가르치길 싫어하고 준비도 안 되어 있는 교사나 치료사한테는 어떻게 대처해야 하는가?

A 결정적인 요인은 선생님 한 사람이 아니라 학교의 리더십이다.

어떤 교사들은 자폐가 있는 아이가 자기 반에 들어오는 것은 찬성이지만 행정적인 도움이나 보조 교사 등 필요한 지원이 부족하다고 한다. 한편 자신은 그에 관한 교육을 받지 않았고 또 그 일은 자기 일이 아니라면서 자폐가 있는 아이를 가르치는 것을 완강하게 거부하는 교사들도 있다.

어떤 경우든 결정적인 요인은 교사 한 사람이 아니라 학교의 리더십이다. 학교를 통합적으로 이끌어가면서 모든 학생을 소중히 여기고 각각에 대한 지원을 중시하는 교장 선생님은 교사와 학생을 돕기 위한 노력을 아끼지 않으며, 자폐 학생과 가족들이 포함된 팀을 꾸리는 것도 적극적으로 지원한다. 그리고 어떤 교사가 자폐가 있는 학생을 받아들이려 하지 않으면 교사는 좋든 싫든 팀의 일원이며 학생을 도와야 할 의무가 있다는 것을 확실히 한다. 그러면서 학교 차원에서 필요한 교육을 받게 하고 여러 가지를 지원하면서 그런 교사를 도와야 한다.

아이가 학교생활을 잘하기 위해서는 부모의 역할도 매우 중요하다. 평소 늘 노력하는 선생님이 지원이 부족하다고 느끼는 일이 없도록 부모는 자신이 할 수 있는 일들을 열심히 도와야 한다. 그동안 아이를 키우며 갖게 된 생각들 또 아이가 잘 통제된 상태로 수업에 참여할 수 있게 만드는 특별한 방법이 있다면 알려주자. 그리고 더 필요한 것이 있다면 아이뿐 아니라 교사들을 위해서라도 지원을 요구해야 한다.

무조건 선생님들만 압박하지 말고 가끔은 아이가 진짜 힘들게 할 때도 있다는 것을 인정하자. 아이가 힘든 하루를 보냈다고 해서 선생님을 탓해서는 안 된다. 간단히 말하면 부모는 학교에 있는 여러 전문가와 협력할 준비가 되어 있으며, 모든 일에 관심을 갖고 적극적으로 참여하는 파트너라는 것을 선생님들께 알려야 한다는 말이다. 그리고 선생님들 역시 좋은 파트너가 되어 주길 바란다는 뜻도 분명히 전해야 한다.

선생님과 아이가 전혀 맞지 않는 경우도 있다. 그럴 때는 선생님이나 학교를 비난하는 대신 문제가 순조롭게 해결되도록 적극적으로 나서야 한다. 그러면서 반을 옮기거나 수업 환경을 바꿔주거나 교육 지원이 되는 홈스쿨링을 알아보는 등 아이에게 맞는 곳을 찾기 위해 노력하자.

Q 말을 잘 못하는 아이는 태블릿 피시나 여러 장치, 그림이나 수화로 의사소통하는 법을 배운다. 그러면 말 배우기는 더 어려워지는 게 아닌가?

A 실제로 언어 발달을 돕는 효과가 있다.

자폐가 있는 아이나 성인에게 AAC를 이용한 의사소통 방식을 가르치는 것은 언어 발달의 가능성을 낮추고 말을 사용할 기회를 막는 것처럼 보이는 것이 사실이다. 수화, 사진, 그림, 문자판, 음성 발생 장치 등을 쓰게 하면 말을 배우려는 욕구가 사라지거나 어른의 경우 언어를 사용할 필요성을 느끼지 못할 거라는 생각이 들 수도 있다.

하지만 내 경험에 따르면, 이런 방법으로 사회적인 의사소통을 하게 하는 것은 실제로 언어 발달을 돕는 효과가 있다. 여러 연구 결과를 봐도 그렇다. 이유는 간단하다. 의사소통이 잘 이루어지면 말을 배우고 싶어지는 욕구가 더욱 강해지기 때문이다. 말이 아닌 다른 방법을 통해서라도 사람들과 가까워지고 좋은 관계를 맺게 되면 아이는 자신도 다른 사람들과 같은 수단 즉 언어로 의사소통을 하고 싶다는 욕구를 느끼게 된다. 성인 중에도 문자판에 철자를 입력하거나 다른 AAC 체계를 통해 소통하는 법을 배우고 나서야 의미 있는 대화를 나누게 되었다는 사람들이 많다(11장 '자폐, 하나의 정체성으로 이해하기' 참고).

어떤 사람들은 말을 할 수 있어도 보완 대체 수단을 선호한다. 다양한 의사소통 방법을 활용하면 각각의 상황 및 상대방에 따라 가장 효과적으로 의사소통을 할 수 있기 때문이다. 젊은 친구인 클로에 로스차일드는 말을 할 수 있지만 가끔은 자신의 태블릿 피시에 깔린 문자 음성 변환 애플리케이션을 쓰는 것을 더 좋아한다.

그녀는 의사소통이 필요할 때 자신이 좋아하는 방식을 선택하는 것은 개인의 권리라고 생각하며 그 방법은 때에 따라 얼마든지 달라질 수 있다고 말한다.

의사소통이 원활해지면 정서적으로 더욱 안정된다는 연구 결과도 있다. 화가 나거나 통제가 안 될 때 문제가 되는 행동을 하기보다는 바람직한 의사소통 방식을 이용해 필요한 것을 요구하거나 항의할 수 있기 때문이다. 어떤 방법을 쓰든 본인의 의사를 능숙하고 자신 있게 전달할 수 있게 되면 더욱 열심히 여러 가지 것들을 배우고 참여하게 될 것이다. 또 사람들이 말을 할 때 어떻게 관심을 보여야 할지도 배우고 그러다 보면 결국 말을 하는 법도 배우게 된다.

Q 자폐가 있는 아이의 삶에서 형제자매들은 어떤 역할을 해야 하는가?
A 자녀의 나이에 맞게 도움이 될 만한 일을 선택해서 하는 게 좋다.

자폐가 있는 아이를 이해하고 도울 때 형제자매들이 할 수 있는 역할은 크다. 하지만 연구를 보면 그 역할도 매우 다양하게 나타난다는 것을 알 수 있다. 다른 아이에게 부모처럼 행동하길 바라며 너무 많은 짐을 지우는 것은 발달상으로도 적합하지 않고 잘못하면 적개심을 품게 만들 수도 있다. 반면 다른 자녀들까지 걱정하게 만들거나 개입시킬 필요는 없다며 아무것도 알려주지 않는 부모들도 있다. 일반적으로 자폐가 있는 아이의 형제자매에게는 그 나이에 맞는 책임감을 느끼게 하면서 도움이 될 만한 일들을 택해서 하게 하는 것이 좋다.

단 그 아이들도 자폐가 있는 형이나 동생을 이해하려 애쓰며 자신만의 성장을 겪고 있다는 사실을 늘 유념하자. 내가 아는 한 소녀는 자폐가 있는 오빠를 돕는 것을 무척 좋아했고 공부를 가르쳐주기도 했다. 하지만 십 대로 접어들자 오빠와 같이 있는 것을 피하기 시작했다. 사람들이 있는 데서는 더욱 그랬다. 그러다 2년 뒤에는 다시 오빠를 돕기 시작했고 더욱 따뜻한 동생이 되었다. 평범한 아이들도 그렇지만 자폐가 있는 경우도 형제 관계는 복잡하다. 다른 자녀들과 솔직히 대화할 수 있는 시간을 자주 갖자. 또 그 아이들의 감정을 존중하고 언제든 귀를 기울이고 있다는 것도 알게 해주자.

Q 아이의 자폐 때문에 부부가 이혼할 수도 있는가?

A 이혼의 사유가 아이의 자폐만은 절대 아니다.

자폐가 있는 아이를 키우다 보면 부부 다섯 쌍 중 네 쌍이 이혼하게 된다는 속설이 있다. 그런데 최근 연구를 보면 자폐 아이가 있는 가정의 이혼율은 50퍼센트에 달하는 일반 가정의 이혼율보다 약간 높은 정도일 뿐이다.

지속적인 스트레스의 요인이 해결되지 않는 것은 이혼의 원인이 될 수 있다. 자폐가 있는 아이를 키운다는 것은 보통 힘든 일이 아니다. 결혼 생활에 이미 금이 가 있던 상태에서 자폐가 있는 아이까지 있으면 또 다른 압박으로 작용해 결국 이혼에 이르기도 한다. 하지만 아이의 자폐가 전적인 이혼 사유가 되는 것은 절대 아니다. 부모가 별거나 이혼을 한 뒤 가정이 훨씬 안정적이고 평화로워져서 아이들이 혜택을 본다면 꼭 나쁘다고만할 수는 없다. 그래도 안정성과 예측 가능성을 중시하는 자폐가 있는 아이에게 부모의 별거나 이혼은 분명 혼란스럽고 두려운 상황이다.

그런데 자폐가 있는 아이 덕분에 부부 관계는 물론 가족 간의 유대가 더욱 단단해졌다고 말하는 부모들도 있다. 사실 부부는 문제를 해결하고, 힘든 결정을 내리고, 아이를 위한 최선의 길을 찾으며 더욱 효율적으로 타협하고 대화하는 법을 배울 수 있다. 부모들은 그런 어려운 결정들을 내리면서 위기에 대처하는 능력에 자신감을 갖게 되었다고 말하기도 한다. 자신이 한 선택으로 모든 것이 순조로워지면 가족들은 다 같이 모여 축하를 나눈다.

하지만 부부의 생각이나 인식이 달라 부딪치는 경우도 많다. 여정 초기에는 특히 그렇다. 엄마는 아이에게 뭔가 문제가 있다고 확신하는데 아빠는 괜히 불안하게 하지 말라며 일축해 버릴 때가 있다. 또 아빠는 아이의 미래를 심각하게 걱정하는데 엄마는 그저 두고 보자는 입장일 수도 있다.

이런 차이는 계속 이어지기도 한다. 엄마는 사람들 앞에서 아이가 하는 행동 때문에 늘 곤혹스러워하는데 아빠는 면역이라도 된 것처럼 아무렇지도 않아 보인다. 엄마는 이런 방법을 쓰자고 하고 아빠는 다른 방법이 더 좋을 것 같다고 한다. 선생님과 전문가들은 아이에 관한 일인 것처럼 가장해서 자신들의 결혼 생활에 조언을 구하는 부모들도 있으며 가끔은 자기도 모르게 그들의 결혼 생활에 말려들게 될 때가 많다고 말한다. 부부라고 해서 늘 의견이 일치되어야 하는 것은 아니다. 하지만 부모는 함께 힘을 모아 자폐에 따르는 문제들을 극복할 방법을 찾아야 하며, 그 과정에서 더 큰 틈을 만드는 대신 더욱 단단한 관계가 되도록 노력해야 한다. 그런 고비를 훌륭하게 이겨낸 부부들은 모든 가족의 삶을 더욱 행복하게 만들면서 자녀들을 바르게 이끌고 성장시켰다.

Q 자폐가 있는 사람들은 지나치게 솔직해서 무례해 보일 때도 있는데 이럴 때는 어떻게 해야 하는가?

A 문화에 따라 또 사람에 따라 직설적인 것과 솔직한 것에 대한 기준은 다르다. 나는 브루클린에서 자랐는데 뉴욕 사람들은 내 말투나 태도에 별로 개의치 않는 편이다. 하지만 코네티컷의 작은 마을에서 자란 내 아내는 가끔 직선적인 내 태도가 예의 없어 보인다고 한다. 자폐가 있는 내 친구들 데나 개스너와 칼리 오트는 감각의 문제를 별도로 친다면 뉴욕은 어떤 곳보다 살기 편한 곳이라고 말한다. 뉴욕 사람들은 직설적인 화법을 많이 쓰며 단순하고 솔직한 내 친구들의 말투도 별 편견 없이 받아들이기 때문이다.

브루클린 출신들처럼 자폐가 있는 사람들은 솔직하고 직설적인 표현을 많이 쓴다. 특히 모르는 사람이나 아직 가까워지지 않은 사람들에게는 더욱 그렇다. 그래서 때로는 상대방을 불쾌하게 만들기도 한다. 그들은 그저 너무 솔직하게 말하거나 묻지도 않는 의견을 굳이 말하면 사람들이 당황할 수 있다는 것을 알지 못할 뿐이다. 우리가 사랑하는 사람이 이렇게 행동하면, 우리는 상대방이 기분 나빠 하지 않고 무례하다고 오해하지 않기를 바란다.

여기서 한 가지 생각해볼 것은 특정한 상황에서 그런 솔직함이나 직선적인 태도가 도움이 되는지 아닌지 따져보는 것이다. 도움이 안 되는 경우라면 듣는 사람에게 이런 식으로 말할 수 있다. "사람은 가끔 이렇게 직설적으로 말할 때가 있는 것 같아요." 자폐가 있는 사람의 이런 행동을 대놓고 고치려 하는 것은 나쁜 짓을 했다는 인식을 심어줄 수 있으므로 그보다는 바람직하게 대화하는 모습을 직접 보여주는 편이 좋다. 단 그가 한 행동이 나쁜 것이 아니라 남과 다른 것뿐이라는 것을 분명히 알려 수 있다면 직접 가르치는 것도 효과적이다.

언어학에서는 부호 전환$^{code-switching}$이라는 용어를 쓴다. 면접 때 쓰는 말과 친구들과 놀 때 쓰는 말은 다르다. 부호 전환이란 이처럼 상대에 따라 쓰는 말이나 태도가 바뀌는 것을 뜻한다. 부호 전환을 익힌 자폐가 있는 사람들은 신경 전형인, 즉 평범한 사람들의 대화 기준이 자신과 다르다고 여긴다. 그래서 같은 자폐가 있는 사람이나 가까운 친구들과는 원래대로 직선적인 말투를 쓰지만 신경 전형인들에게는 에둘러 말하려고 노력하거나 '예의 있는' 말투를 쓰곤 한다. 우리는 당연히 사랑하는 가족이 죄책감을 느끼거나 자신에게 문제가 있다는 생각을 갖지 않고 어느 사회에서든 인정받고 이해받기를 바란다.

Q 가면을 쓴다는 것, 즉 마스킹은 무엇인가? 부호 전환과는 어떤 연관이 있는가?
A 자폐가 있는 사람이 따돌림을 당하거나 차별받을까 두려워 자신의 자폐 특성을 감추고 위장하기 위해 노력하는 것을 마스킹^{masking}이라고 한다.

사람들은 사회적 상황에 따라 자신도 모르게 마스킹을 할 때가 있는데 이런 행동은 오히려 해가 될 수 있다.

자폐가 있는 사람들은 불안을 느끼면 자신을 자극하는 행동(스팀)을 하거나 도망치고 싶어 하는데 이런 본능적인 반응을 억누르고 말하는 방식을 바꿔야 할 때 주로 마스킹을 한다. 그런 행동을 하면 사람들에게 오해받거나 이상한 사람이라는 낙인이 찍힐까 봐 걱정되기 때문이다. 정직한 성품을 가진 자폐가 있는 사람들은 잡담을 나누거나 거짓으로 행동해야 할 때(선의의 거짓말을 하는 것처럼) 또 거짓으로 행동하는 사람들 속에서 따라 웃어야 할 때도 부담을 느끼곤 하는데 이런 것도 일종의 마스킹이다. 자폐가 있는 아이들은 수업에 '집중'하고 '착한 행동'을 보여주기 위해 애쓰지만 사실 그 아이들에게 필요한 것은 휴식과 혼자 있는 시간 또 자기 자극 행동을 할 수 있는 시간이다. 직장에 다니는 성인들은 진이 다 빠질 것처럼 힘들고 스트레스를 받아도 무리에 끼기 위해 애쓰거나 일반인들이 하는 행동을 모방하면서까지 사람들과 어울리기 위해 노력한다.

다시 말해서 마스킹은 남과 다르게 보이는 것이 싫어서 자신의 고유한 정체성을 숨기는 것이다. 이런 식으로 본능적인 반응을 억제하면 엄청난 스트레스와 불안이 야기될 수 있고, 신체·정신적으로 고갈된 상태, 즉 사람들이 말하는 '자폐성 탈진'으로 이어질 수 있다.

마스킹이 자신을 감추는 것이라면 부호 전환은 효과적인 의사소통의 한 가지 방법이다. 부호 전환은 어떤 상황이나 맥락에서 기대하는 관례에 부응하기 위해 자신이 쓰는 말이나 태도를 알맞게 조정하는 것이다(공식적인 상황과 비공식적인 상황 또 예의를 갖춰야 할 때와 일상적일 때 쓰는 언어와 말투가 다른 것처럼). 대체로 부호 전환은 사회적 결속을 돕고 효과적인 의사소통을 위해 자발적으로 선택하는 것이며 차별이나 괴롭힘, 낙인이 두려워서 또 어떻게든 무리에 속해야 한다는 압박감 때문에 하는 것이 아니다. 의사소통의 효율성을 높이기 위한 것이지 부정적인 결과를 피하려고 하는 것이 아니라는 뜻이다. 자폐가 있는 성인들의 취업 훈련 과정에는 면접을 연습하는 시간이 포함되어 있다. 그래서 타고난 성향과 맞지 않더라도 주어진 질문에는 간단히 대답하고 너무 세세한 이야기는 피하라고 가르치며 일에 대해 적절히 질문하는 법도 배운다.

나가는 글

매년 열리는 부모 피정이 끝나면 행사에 참여했던 부모들은 기쁨과 갈망
이 뒤엉킨 감정을 쏟아낸다. 며칠 동안 같은 처지에 있는 사람들끼리 연결
된 기분을 느끼며 서로를 이해하고 이해받았다는 것에 큰 기쁨을 느끼는
한편 이곳에서, 각자의 경험을 공유하며 울고 웃고 서로를 위로하던 사람
들을 통해 알게 된 것들을 집에 돌아가 다시 일상을 겪으며 잘 풀어낼 수
있을까 싶은 생각도 드는 것이다.

"피정을 와보니 함께 모여서 경험을 나눈다는 것이 얼마나 중요한 일인
지 알게 되었습니다. 어쩌면 우리의 슬픔과 좌절, 기쁨을 전부 이해해주는
사람들과 같은 자리에 있는 것만으로도 충분한 것 같아요." 자폐가 있는
아이 둘을 키우는 후안 카를로스가 한 말이다.

어떤 부모들은 비슷비슷한 문제와 스트레스를 겪고 있는 다른 가족들
을 만나니 고립된 기분이 크게 줄고 그야말로 자신들의 결혼 생활이 구원
받은 기분이 든다고 한다. 또 우리가 손님으로 초대한 성인 자폐인들을 만
나서 배운 것이 얼마나 중요한지 모른다고 말하는 사람들도 많다. 즉 우리
가 자폐자원커뮤니티의 부모 전문가들과 함께 가졌던 주말 행사에서 그

들은 자신을 지지해주는 공동체의 힘을 경험한 것이다. 이 공동체는 우리를 지켜봐주고 우리가 하는 말을 들어주고 우리를 이해해주고 우리의 모습 그대로를 가치 있게 여긴다.

이 책을 끝낼 때가 되니 피정을 마치고 떠날 때 드는 기분과 별반 다르지 않다는 생각이 든다.

세상은 자폐에 대해 온갖 부정적인 생각과 오해로 가득하며, 자폐가 있는 사람과 그 가족을 돕고 희망을 줄 것 같은 사람들이 오히려 자폐를 비극적이며 고통스럽고 힘든 일이라고 말하는 경우가 너무 많다. 그러나 우리는 지금껏 다른 면을 보기 위해 노력해왔다. 즉 독특한 사람으로 사는 것 그리고 독특한 사람과 가족으로 사는 것이 어떤 것인지 알아보았다. 로즈 블랙번과 저스틴 카나를 알게 되고, 모레니크 기와 오나이우와 조딘 짐머만의 목소리를 듣고 스티븐 쇼어와 칼리 오트, 클로에 로스차일드에게 배우면서 당신은 어떻게 하면 나도 이런 비범한 사람들과 그들의 인생관, 또 그들이 전하는 메시지를 내 삶으로 이끌어올 수 있을지 알고 싶을 것이다. 어떻게 하면 내가 사랑하는 사람들이 이들처럼 독특한 사람으로 인정받고 가치를 존중받게 할 수 있을까?

내가 알고 있는 최선의 답은 자신을 지지해줄 공동체를 찾는 것이다. 신체·정신·사회적인 장소 혹은 가상의 공간이라도 사람들과 연결되고 배우고 대화를 나눌 수 있는 곳, 또 있는 모습 그대로 인정과 존중을 받고 도움받을 수 있는 곳 말이다. 다시 말하면 자폐가 있는 사람들을 좀 더 '정상적'으로 보이게 하거나 네모난 구멍에 둥근 못을 박으려는 식의 억지스러운 접근에 급급한 치료업체들이 아니라, 당신과 가족들이 그간의 경험과 통찰력을 나누고 유머를 공유하면서 제대로 이해받을 수 있는 곳을 뜻한다.

이런 공동체는 어디서 찾을 수 있을까? 내가 겪은 바로는 로스앤젤레스와 뉴잉글랜드에서 열리는 '미러클 프로젝트' 같은 공연 및 표현 예술 프로그램이 가장 좋을 것 같다. 일레인 홀이 기획한 이 프로그램에서는 자폐와 신경 다양성을 가진 어린이들과 십 대 청소년, 또 신경 전형인에 속하는 또래 친구들이 합동으로 뮤지컬 공연을 하고 여러 가지 고무적인 활동을 하고 있다. 가족들은 그들이 만들어 낸 창의적인 작품을 자랑스러워한다. 코로나19가 한창 유행일 때도 미러클 프로젝트는 화상 모임을 통해 유대를 이어가면서 참가자들이 계속해서 서로 연결되고 서로를 이해할 수 있는 공간을 마련해 주었다. "코로나19는 정말 무서워요." 배우 중 한 사람인 닉은 이런 글을 올렸다. "하지만 우리가 지금도 이렇게 한자리에 있다는 것이 더욱 놀라워요."

나는 내가 미러클 프로젝트와 성인으로 구성된 스펙트럼 시어터 앙상블의 일원이라는 것이 자랑스럽다. 이 프로그램들은 회원들이 각자의 관심거리를 공유하고 자신의 의견을 당당하게 말하고 같은 단체의 구성원이라는 소속감을 느끼게 해주면서 서로 연결될 기회를 만들어준다. "장애가 있다고 놀림 받거나 비난받지 않으면서 연기에 대한 사랑을 계속 키워갈 수 있는 곳이에요." 스펙트럼 시어터 앙상블의 배우인 줄리아는 이렇게 말한다. "여기에 있는 사람들은 나를 이해해주고 내가 엉망으로 대사를 해도 뭐라고 하지 않아요."

공연 예술 단체는 공동체의 한 종류일 뿐이다. 자신에게 맞는 학교도 좋은 공동체가 될 수 있다. 그냥 이야기만 나누는 모임도 마찬가지다. 베카 로리 헥터는 문집《스펙트럼 위민》에 글을 기고한 여성들을 알게 되면서 공동체가 만들어졌다고 했다. 자폐가 있는 이 여성들은 직접 만난 적은 없으나 이메일과 문자, 컴퓨터 화면을 통해 각자의 이야기를 공유하면서 시간과 장소를 초월해 실제로 깊이 연결되어 있다.

당신이 사는 건물, 이웃, 도시, 종교 단체, 가상 공간 또 우리가 여는 부모 피정처럼 가끔 열리는 행사까지 공동체는 어디든 있을 수 있다. 그런 공동체에 속하는 것은 독특한 사람들과 그들의 가족이 삶의 질을 높일 수 있는 가장 좋은 방법이다.

자폐가 있다고 하면 사람들은 자기만의 세계에 갇혀 살고 사회적 인식이나 사회성이 부족하며 공감 능력이 없고 다른 사람들과 연결되고 싶어 하지 않는다고 생각하는 경우가 많은데 이는 전혀 사실이 아니다. 이야기를 들으면 들을수록 그들 역시 다른 사람과 마찬가지로 주변과 연결되고 싶어 하고 자신의 존재를 확인받고 사랑과 인정을 받고 싶어 한다는 것을 알 수 있다. 사회 구조 때문에 그렇게 연결되는 것이 어려울수록 그들은 더욱 간절히 원한다.

좋은 소식은 우리를 도와줄 공동체들은 분명히 있다는 사실이다. 독특한 사람임에도 '불구하고'가 아니라 독특한 사람이기 때문에, 당신과 당신이 사랑하는 사람들을 있는 그대로 받아들이고 진가를 알아보고 존중해 줄 공동체 말이다.

끝으로 내 친구 데나 개스너의 말을 전하고 싶다. 자폐인인 그녀는 역시 자폐가 있는 아들을 키우고 있으며 세계적으로 알려진 자폐 전문가이자 사회사업가, 대학 교수로서 자폐가 있는 수많은 사람의 멘토 역할을 하고 있다. 데나가 〈유니클리 휴먼〉에 출연했을 때 나는 그녀가 멘토를 맡은 자폐가 있는 사람들 그리고 아직 공동체에 속하지 못한 사람들에게 어떤 이야기를 해줄 수 있는지 물어보았다. 그녀는 확신에 찬 목소리로 공동체가 가진 강력한 힘을 언급하며 점점 많은 자폐인과 그 가족들이 그곳에서 서로를 위하는 아름다운 모습에 대해 말해주었다.

"우리는 당신을 기다리고 있습니다." 데나가 말했다. "당신의 공동체가 당신을 기다리고 있어요. 우리는 당신의 문화입니다. 우리는 당신의 가족입니다. 우리는 당신과 같은 무리입니다. 그래서 우리는 당신을 기다리고 있어요."

나는 개인으로든 가족으로든 당신의 독특한 모습을 있는 그대로 포용해 줄 공동체를 찾았으면 좋겠다. 그것이 내가 가장 바라는 바다.

감사의 말

《독특해도 괜찮아》 개정판은 많은 분들의 도움과 응원 없이는 나올 수 없었을 것이다. 아래의 사람들에게 진심을 담아 감사를 표하고 싶다.

내 동료인 톰 필즈메이어에게. 그의 우정, 격려, 유머, 지난 50년간 배운 모든 것들을 한데 모을 수 있는 놀라운 필력을 또 한 번 같이 할 수 있었다. 톰의 가족에게도 특별한 감사의 말을 전한다.

아내 일레인 메이어의 관심과 사랑은 이 책의 초판을 쓸 때부터, 그리고 개정판을 낼 때도 나에게 영감을 주었다.

이 책과 내 일에 대한 아들 노아의 애정과 깊은 관심에도 고맙다. 초판을 쓸 때 대학 생활을 시작했던 아이는 지금 의대에 진학했다. 내가 그랬던 것처럼 아들도 직업을 통해 목표를 찾고 이루길 기도한다.

SCERTS 모델의 공동 연구자인 에이미 로렌트와 에밀리 루빈에게도 고맙다. 이 책에 나오는 많은 이야기에는 우리가 SCERTS 모델에 심은 가치가 보인다. 우리가 지금까지 해온 일이 매우 자랑스럽다.

전 동료이자 소중한 친구 고故 아드리아나 로즈 슐러 박사는 내가 아는 사람 중에 가장 재능 있고 독특한 사람이었다. 반향어에 대한 관심, 자폐인의 인지 방식에 대한 그녀의 뛰어난 업적을 기억한다. 귀한 친구이자 부모 피정의 멋진 파트너, 25년이 넘는 세월 동안 피정에 참여해 기억에 남을 경험을 만든 바버라와 밥 도맹그 가족도 있다. 이들의 놀라운 이야기, 아이를 향한 사랑, 유머, 다른 부모들을 돕는 관대함을 옆에서 보고 배우는 특권을 누려 매우 감사하다.

자폐를 가진 아이들과 그 가족을 위해 삶을 바치기로 한 전문가들과 보조 교사, 부모와 학교 및 행정가들에게도 감사하다. 우리를 향한 신뢰, 함께 일하고 배우려는 마음에 진심으로 고마움을 느낀다. 매일 최전선에서는 내 동료들, 특히 브라운 대학교의 동료들과 미러클 프로젝트 뉴잉글랜드의 구성원에게도 고맙다.

미러클 프로젝트 창립자이며 감독인 소중한 내 친구 일레인 홀과 그녀의 남편 제프 프라이머에게도 고마운 마음이다. 일레인과 내가 《독특해도 괜찮아》에서 아이디어를 얻어 연극을 떠올렸을 때 곧 현실이 될 수 있을 거라 생각했다. 일레인의 능력과 리더십, 프로젝트에 참여하는 모든 아티스트가 프로젝트에 생명을 불어 넣었다.

정말 친한 친구이자 동료인 데이브 핀치는 팟캐스트 〈유니클리 휴먼〉을 공동 기획하고 운영한다. 데이브의 유머, 오디오 기술, 자신의 자폐와 게스트들의 경험에 대한 궁금증은 팟캐스트를 정말 특별하게 만들었다.

개인적 경험담을 업데이트할 수 있도록 본인의 이야기를 너그럽게 공유해준 모든 자폐인과 그 가족은 내 삶과 공부에 정말 중요한 사람들이다. 동료, 친구, 멘토가 되어준 많은 이들 덕분에 평생의 고마운 마음은 정말로 끝이 없다.

배리 프리전트

함께 일할 기회를 준 프리전트 박사에게 이 페이지를 빌어 감사의 말을 전한다. 자폐가 있는 아이의 아버지로서, 아들의 인생에 가장 도움이 되는 사람들은 열정과 지혜, 애정을 가진 사람이라는 것을 알게 되었다. 프리전트 박사는 그 모든 것을 갖추고 있었고 그와 함께하는 일은 정말 유익했다. 몇 년 간 따뜻한 우정으로 환대해준 그의 아내 일레인 박사와 아들 노아에게도 고맙다. 우리 가족을 포함해 신경 다양인과 그 가족들을 위해 많은 일을 했던 내 친구 일레인 홀에게도 빚을 진 기분이다. 나와 배리를 만날 수 있도록 주선하고 책을 쓸 수 있도록 제안한 것도 그녀였다.

개정판을 쓰는 동안 아버지가 돌아가셨다. 많은 사람의 삶을 나아지도록 만들어준 멋진 분이었다. 아버지는 모든 이에게 열린 마음과 다정함을 가지고 다가가라고 하셨다. 특히 자폐에 관심이 많으셨는데 자폐 아이의 할아버지여서가 아니라 모두가 존중 받고 의미 있는 삶을 살 자격이 있다는 뜻에서였다. 관심과 격려를 전해준 어머니에게도 감사하다. 어머니는 자폐에 대한 새로운 뉴스나 라디오 방송을 거의 놓치지 않으시려고 한다. 끝없는 애정과 응원을 보내주시는 장인, 장모님께도 감사하다.

아들 아미, 에즈라, 노엄. 아이들의 사랑, 음악과 글은 나를 웃게 만들어준다. 누구보다 제일 고마운 사람은 지혜롭고 멋진 아내 숀 필즈메이어다. 아내는 책을 시작할 때부터 나를 격려해줬고 인내심과 통찰을 가지고 모든 이야기를 경청해주었다.

이 책을 쓸 수 있도록 도와준 모든 사람들에게 다시 한번 감사의 말을 전하고 싶다.

톰 필즈메이어

독특해도 괜찮아

초판 1쇄 발행 2016년 11월 1일
개정증보판 1쇄 발행 2023년 11월 30일

지은이 배리 프리전트·톰 필즈메이어
옮긴이 김세영
감　수 한상민
펴낸이 정용수

편집장 김민정
디자인 김민지
영업·마케팅 김상연 정경민
제작 김동명　**관리** 윤지연

펴낸곳 ㈜예문아카이브
출판등록 2016년 8월 8일 제2016-000240호
주소 서울시 마포구 동교로18길 10 2층
문의전화 02-2038-3372　**주문전화** 031-955-0550　**팩스** 031-955-0660
이메일 archive.rights@gmail.com　**홈페이지** ymarchive.com
인스타그램 yeamoon.arv

ISBN 979-11-6386-240-6 03590
한국어판 출판권 © 예문아카이브, 2023